既/有/建/筑/绿/色/改/造/系/列/丛/书

Series of Green Retrofitting Solutions for Existing Buildings

既有工业建筑绿色民用化改造

Green Civil Retrofitting for Existing Industrial Building

田　炜　主编

Tian Wei Editor in Chief

中国建筑工业出版社

图书在版编目（CIP）数据

既有工业建筑绿色民用化改造/田炜主编. —北京：
中国建筑工业出版社，2016.4
（既有建筑绿色改造系列丛书）
ISBN 978-7-112-19244-1

Ⅰ. ①既… Ⅱ. ①田… Ⅲ.①工业建筑-改造-无
污染技术 Ⅳ. ①TU27

中国版本图书馆 CIP 数据核字（2016）第 056895 号

责任编辑：张幼平
责任校对：陈晶晶 李美娜

既有建筑绿色改造系列丛书
既有工业建筑绿色民用化改造
田 炜 主编
＊
中国建筑工业出版社出版、发行（北京西郊百万庄）
各地新华书店、建筑书店经销
霸州市顺浩图文科技发展有限公司制版
北京同文印刷有限责任公司印刷
＊
开本：787×1092毫米 1/16 印张：22¾ 字数：545千字
2016年8月第一版 2016年8月第一次印刷
定价：**88.00**元
ISBN 978-7-112-19244-1
（28494）

既有建筑绿色改造系列丛书
Series of Green Retrofitting Solutions for Existing Buildings
指导委员会
Steering Committee

名誉主任：刘加平　中国工程院　院士，西安建筑科技大学教授

Honorary Chair： Liu Jiaping, Academician of Chinese Academy of Engineering, Professor of Xi'an University of Architecture and Technology

主　　任：王　俊　中国建筑科学研究院　院长

Chair： Wang Jun, President of China Academy of Building Research

副主任：（按汉语拼音排序）

Vice Chair：（In order of the Chinese pinyin）

郭理桥　住房城乡建设部建筑节能与科技司　副司长

Guo Liqiao, Deputy Director General of Department of Building Energy Efficiency and Science & Technology, Ministry of Housing and Urban-rural Development

韩爱兴　住房城乡建设部建筑节能与科技司　副司长

Han Aixing, Deputy Director General of Department of Building Energy Efficiency and Science & Technology Ministry of Housing and Urban-rural Development

李朝旭　中国建筑科学研究院　副院长

Li Chaoxu, Vice President of China Academy of Building Research

孙成永　科技部社会发展科技司　副司长

Sun Chengyong, Deputy Director General of Department of S&T for Social Development, Ministry of Science and Technology

王清勤　住房和城乡建设部防灾研究中心　主任

Wang Qingqin, Director of Disaster Prevention Research Center of Ministry of Housing and Urban-rural Development

王有为　中国城市科学研究会绿色建筑委员会　主任

Wang Youwei, Chairman of China Green Building Council

委　　员：（按汉语拼音排序）

Committee Members：（In order of the Chinese pinyin）

陈光杰　科技部社会发展科技司　调研员

Chen Guangjie, Consultant of Department of S&T for Social Development, Ministry of Science and Technology

陈其针　科技部高新技术发展及产业化司　处长

Chen Qizhen, Division Director of Department of High and New Technology Development and Industrialization，Ministry of Science and Technology

陈　新　住房城乡建设部建筑节能与科技司　处长

Chen Xin，Division Director of Department of Building Energy Efficiency and Science & Technology，Ministry of Housing and Urban-rural Development

李百战　重庆大学城市建筑与环境工程学院　院长/教授

Li Baizhan，Professor and Dean of Urban Construction and Environmental Engineering，Chongqing University

何革华　中国生产力促进中心协会　副秘书长

He Gehua，Deputy Secretary General of China Association of Productivity Promotion Centers

汪　维　上海市建筑科学研究院　资深总工　教授级高工

Wang Wei，Senior Chief Engineer and Professor of Shanghai Research Institute of Building Sciences

徐禄平　科技部社会发展科技司　处长

Xu Luping，Division Director of Department of S&T for Social Development，Ministry of Science and Technology

张巧显　中国21世纪议程管理中心　处长

Zhang Qiaoxian，Division Director of The Administrative of Center for China's Agenda 21

朱　能　天津大学　教授

Zhu Neng，Professor of Tianjin University

《既有工业建筑绿色民用化改造》
Green Civil Retrofitting for Existing Industrial Building
编写委员会
Editorial Committee

既有建筑绿色改造系列丛书
总　　序

　　截止到 2014 年 12 月 31 日，全国共评出 2538 项绿色建筑评价标识项目，总建筑面积达到 2.9 亿 m²。其中，绿色建筑设计标识项目 2379 项，占总数的 93.7%，建筑面积为 27111.8 万 m²；绿色建筑运行标识项目 159 项，占总数的 6.3%，建筑面积为 1954.7 万 m²。我国目前既有建筑面积已经超过 500 亿 m²，其中绿色建筑运行标识项目的总面积不到 2000 万 m²，所占比例不到既有建筑总面积的 0.04%。绝大部分的非绿色"存量"建筑，大都存在资源消耗水平偏高、环境负面影响偏大、工作生活环境亟需改善、使用功能有待提升等方面的不足，对其绿色化改造是解决问题的最好途径之一。随着既有建筑绿色改造工作的推进，我国在既有建筑改造、绿色建筑与建筑节能方面相继出台一系列相关规定及措施，为既有建筑绿色改造相关技术研发和工程实践的开展提供了较好的基础条件。

　　为了推动我国既有建筑绿色改造技术的研究和相关产品的研发，科学技术部、住房和城乡建设部批准立项了"十二五"国家科技支撑计划项目"既有建筑绿色化改造关键技术研究与示范"。该项目包括以下七个课题：既有建筑绿色化改造综合检测评定技术与推广机制研究，典型气候地区既有居住建筑绿色化改造技术研究与工程示范，城市社区绿色化综合改造技术研究与工程示范，大型商业建筑绿色化改造技术研究与工程示范，办公建筑绿色化改造技术研究与工程示范，医院建筑绿色化改造技术研究与工程示范，工业建筑绿色化改造技术研究与工程示范。该项目由中国建筑科学研究院、上海市建筑科学研究院（集团）有限公司、深圳市建筑科学研究院股份有限公司、中国建筑技术集团有限公司、上海现代建筑设计（集团）有限公司、上海维固工程实业有限公司等单位共同承担。

　　通过项目的实施，将提出既有建筑绿色改造相关的推广机制建议，为促进我国开展既有建筑绿色改造工作的进程提供必要的政策支持；制定既有建筑绿色改造相关的标准、导则及指南，为我国既有建筑绿色化改造的检测评估、改造方案设计、相关产品选用、施工工艺、后期评价推广等提供技术支撑，促使我国既有建筑绿色化改造工作做到技术先进、安全适用、经济合理；形成既有建筑绿色改造关键技术体系，为加速转变建筑行业发展方式、推动相关传统产业升级、改善民生、推进节能减排进程等方面提供重要的技术保障；形成既有建筑绿色改造相关产品和装置，提高我国建筑产品的技术含量和国际竞争力；建设多项各具典型特点的既有建筑绿色改造示范工程，为既有建筑绿色改造的推广应用提供示范案例，促使我国建设一个全国性、权威性、综合性的既有建筑绿色改造技术服务平台，培养一支熟悉绿色建筑的既有建筑改造建设人才的队伍。为有效推动本项目的科研工作，"既有建筑绿色化改造关键技术研究与示范"项目实施组对项目的研究方向、技术路线、成果水平、技术交流等总体负责。为了宣传课题成果、促进成果交流、加强技术扩散，项目实施组决定组织出版《既有建筑绿色改造技术系列丛书》，及时总结项目的阶段性成果。本系列丛书将涵盖居住建筑、城市社区、商业建筑、办公建筑、医院建筑、工业建筑等多类型建筑的绿色化改造技术，并根据课题的研究进展情况陆续出版。

既有建筑绿色改造涉及结构安全、功能提升、建筑材料、可再生能源、土地资源、自然环境等，内容繁多，技术复杂。将科研成果及时编辑成书，无疑是一种介绍、推广既有建筑绿色改造技术的直观方法。相信本系列丛书的出版将会进一步推动我国既有建筑绿色改造事业的健康发展，为我国既有建筑绿色改造事业作出应有的贡献。

中国建筑科学研究院院长

"既有建筑绿色化改造关键技术研究与示范"项目实施组组长　　王俊

Series of Green Retrofitting Solutions for Existing Buildings Foreword

By Dec. 31, 2014, altogether 2538 projects had obtained green building evaluation labels in China with a total floor area of 0. 29 billion square meters, among which 2379 projects had obtained green building design labels, accounting for 93. 7% with a floor area of 0. 271118 billion square meters, and 159 projects had obtained green building operation labels, accounting for 6. 3% with a floor area of 19. 547 million square meters. At present, the floor area of existing buildings in China has exceeded 50 billion square meters, among which the total floor area of projects with green building operation labels is less than 20 million square meters, accounting for less than 0. 04% of the total floor area of existing buildings. Most non-green "stock" buildings have such problems as high energy consumption, negative environment impacts, poor working and living conditions and inadequate functions. Green retrofitting is one of the best solutions. Along with the promotion of green retrofitting for existing buildings, China has released a series of regulations and measures relevant to existing building retrofitting, green building and building energy efficiency to support R&D and project demonstration of green retrofitting technologies for existing buildings.

To promote research on green retrofitting solutions for existing buildings and development of relevant products, the Ministry of Science and Technology and the Ministry of Housing and Urban-Rural Development approved the project of "Research and Demonstration of Key Technologies of Green Retrofitting for Existing Buildings" (part of the Key Technologies R&D Program during the 12th Five-Year Plan Period). This project includes the following seven subjects: research on comprehensive testing and assessment technologies and promotion mechanism of green retrofitting for existing buildings, research and project demonstration of green retrofitting technologies for existing residential buildings in typical climate areas, research and project demonstration of green integrated retrofitting technologies for urban communities, research and project demonstration of green retrofitting technologies for large commercial buildings, research and project demonstration of green retrofitting technologies for office buildings, research and project demonstration of green retrofitting technologies for hospital buildings, and research and project demonstration of green retrofitting technologies for industrial buildings. This project is carried out by the following institutes: China Academy of Building Research, Shanghai Research Institute of Building Sciences (Group) Co. , Ltd. , Shenzhen Institute of Building Research Co. , Ltd. , China Building Technique Group Co. , Ltd. , Shanghai Xian Dai Architectural

Design（Group）Co., Ltd., Shanghai Weigu Engineering Industrial Co., Ltd., and so on.

The targets of this project are to provide policy support for accelerating green retrofitting for existing buildings by putting forward promotion mechanisms; to provide technical support for testing and assessment, retrofitting plan design, product selection, construction techniques and post-evaluation and promotion of green retrofitting by formulating relevant standards, rules and guidelines, so that green retrofitting for existing buildings in China can be advanced in technology, safe, suitable, economic and rational; to provide technical guarantee for accelerating development mode transfer of the building industry, promoting upgrade of relevant traditional industries, improving people's livelihood and promoting energy efficiency and emission reduction by establishing key technology systems of green retrofitting for existing buildings; to produce products and devices of green retrofitting for existing buildings and to increase technical contents and international competitiveness of China's building products; to build a national, authoritative and comprehensive technical service platform and a talent team of green retrofitting for existing buildings by establishing demonstration projects of typical characteristics. To push forward scientific research of the project, a promotion team of "Research and Demonstration of Key Technologies of Green Retrofitting for Existing Buildings" are in charge of research fields, technical roadmap, achievements and technical exchanges and so on. In order to spread project accomplishments, promote achievement exchanges and to strengthen technical expansion, the promotion team decides to publish series of green retrofitting solutions for existing buildings, which will summarize project fruits in progress. Published in accordance with research progress, this series will cover green retrofitting technologies for various types of buildings such as residential buildings, urban communities, commercial buildings, office buildings, hospital buildings and industrial buildings .

Green retrofitting for existing buildings involves diversified subjects and technologies such as structure safety, function upgrading, building materials, renewable energy, land resources, and natural environment. Publication of research results of the project is no doubt a visual method of introducing and promoting green retrofitting technologies. This series is believed to further push forward and make contributions to the healthy development of green retrofitting for existing buildings in China.

Wang Jun

President of China Academy of Building Research

Head of the Promotion Team of "Research and Demonstration of

Key Technologies of Green Retrofitting for Existing Buildings"

目　　录

1. 研 究 背 景

1.1 引言

工业建筑是城市建筑的重要组成部分。以上海为例，至 2013 年年底，上海市既有建筑面积为 11.06 亿 m²，其中工业建筑面积 2.48 亿 m²，占比达到 22.4%。城市化的快速扩张与经济转型的双重背景使得工业厂区由原先的城市边缘地区逐渐转变为城市中心区，由于产业转型、土地性质转换、技术落后、污染严重等各种问题，大量的传统工业企业逐渐退出城市区域，在城市中遗留下大量废弃和闲置的旧工业建筑。如何处理这些废弃和闲置的旧工业建筑，是城市规划者、建筑师、企业、政府必须面对的问题。如果将这些旧厂房全部拆除，从生态、经济、历史文化角度来说，都是对资源的一种浪费，因而对既有工业建筑进行改造再利用成为符合可持续发展原则的有效策略。传统的改造设计中，建筑师是从艺术和文化角度来进行改造，虽然使建筑改变了使用功能避免被拆除的命运，但是由于缺乏对减少能源消耗、创造健康舒适生态环境等要求的考虑，旧工业建筑并未达到再利用的根本目的。

工业建筑改造再利用与绿色建筑相结合，是破解城市旧工业建筑改造问题的新思路。以绿色环保为契合点，实现城市的环境效益与社会效益共赢。同时，还可以发挥城市工业建筑再生模式来发挥城市优势生产要素，以及通过各项政策、技术等手段实现旧工业建筑再生与升级。将旧工业建筑改造为办公、宾馆、商场等类型的绿色建筑，使改造后的建筑最大限度地节约资源，保护环境和减少污染，为使用者提供健康、舒适的室内环境，这不仅是对工业建筑改造方式的拓展与提升，也是促进国内绿色建筑发展的有效措施。

1.2 既有工业建筑民用化改造现状

1.2.1 国外改造实践

国外对既有工业建筑的改造再利用往往是从近代工业起源地开始的。欧美许多发达国家在经历工业革命后，遗留下大量具备时代和历史特征的工业建筑，随着城市化和现代化的进程，各个国家逐步面临既有工业建筑的处理问题。对既有工业建筑的改造利用是伴随着工业遗产的理念而逐步发展的，1978 年在瑞典成立的国际工业遗产保护委员会（TICCIH）对既有工业建筑的保护和利用起到了关键作用。1970 年代中期至 1980 年代后期发达国家广泛兴起城市中心复兴运动，对工业建筑的保护和再利用是其重要的组成部分，许多城市开展工业厂区的改造和更新，范围遍及所有经历过工业化的国家。2003 年在俄罗斯召开的 TICCIH 第十二届大会通过《有关工业遗产的下塔吉尔宪章》，强调"工业活动的建筑物和设施应能够为现在和将来所用"，由此一大批工业建筑改造再利用项目开始在世界出现。

1. 英国的改造实践

英国是最早开展工业革命的国家，遗存的工业建筑资源非常丰富。从 20 世纪 70 年代起英国对既有工业建筑的改造再利用进行了丰富的创作实践和理论探索，其中以码头仓储区的改造最为典型。作为工业革命的发源地，英国有着众多的码头仓储区，所包含的工业建筑数量多、范围广，是英国城市环境的重要组成部分。在英国码头仓储区的众多城市复兴实践中，伦敦的道克兰地区码头区、利物浦码头区、维甘码头区、伯明翰运河码头区等都是成功案例。此外，文化创意产业的兴起也是促进英国工业建筑改造利用的重要推力。英国典型的既有工业建筑改造案例叙述如下。

（1）伦敦泰特现代美术馆

位于伦敦泰晤士河南岸的泰特现代美术馆于 2000 年建成开放，由瑞士著名建筑师赫尔佐格和德梅隆设计，它是由一座建于 1947 年的旧发电厂改建而成。泰晤士河南岸曾是伦敦旧的工业区，在历经繁荣走向衰落之后，这座庞大的发电厂于 20 世纪 80 年代被迫关闭。改造方案巧妙地利用了工业建筑的形象特征和空间组织来塑造新美术馆的独特气质。在原发电厂的顶端加建了一条两层高的矩形"光梁"，这条由玻璃组成的"光梁"在材质上与下层拙朴的砖墙形成鲜明的对比。在美术馆的空间塑造上，改造方案保留了电厂内部的涡轮大厅和基本的结构骨架，巨大的钢柱支撑着完全暴露的屋顶构架，光线透过天窗倾泻而下，将尺度雄伟的空间塑造得朦胧曼妙，整个美术馆笼罩在一种强烈的艺术氛围中。涡轮大厅不但可以作为参观者休息、集会、交往的共享空间，也是艺术家展示其公共艺术表演和大型装置作品的最佳场所（图 1.2-1）。

图 1.2-1　伦敦泰特现代美术馆

（2）利物浦阿尔伯特码头

利物浦阿尔伯特码头建成于 1846 年，占地 $200km^2$，1981～1988 年开发公司制定相应的地区复兴计划，一部分码头仓库被改建为海洋博物馆、现代美术馆，另一部分被改建为公寓、酒吧、餐厅、手工艺作坊和办公楼，经过长期的大规模再利用，阿尔伯特码头在保留建筑外貌的基础上，经过改造成为集购物、游艇设计和销售、休闲、地方文化展示、居住等多功能于一体的城市休闲中心（图 1.2-2）。

（3）伯明翰中心滨水区

伯明翰是英国重要工业城市之一，也是英国运河网络的中心枢纽所在，其中心滨水区

图 1.2-2　利物浦阿尔伯特码头

大部分用地曾经被产业类建筑设施所占据。"二战"被炸、城市更新、产业调整、河水污染给该地段带来了严重的社会和经济问题，周边房地产业一蹶不振。

为使伯明翰中心区重新焕发活力，1984 年，伯明翰市政厅宣布对中心滨水区进行整治改造和再开发。当局决定在此兴建的会议中心等项目加快了该地区的复苏，同时该地区原有的仓储建筑和河运设施得到了保护性再利用。一些铸铁结构、造型优美、历史上拖船纤夫所走的桥也得到了保护；节日码头古玩中心则设在了一幢旧仓库和一些修船设施中。今天，富有独特风情的游船携游客在运河中游弋转悠，而步行游客则可漫步在细部造型精美的滨水步道上，重新领略伯明翰中心滨水区的优美景致和魅力（图 1.2-3）。

2. 德国的改造实践

德国工业发展较英国稍晚，到 1850 年后才进入迅速发展时期。由于德国统一前邦国林立，地方性或区域性的中心城市较多，德国工业布局呈现出地区性集中模式的特点，政府采取了协调各州各地区经济发展的政策，使德国工业布局较均衡，主要工业区为以鲁尔为中心的西部工业区，以汉堡和不莱梅为中心的北部工业区，以慕尼黑为中心的东南工业区，

图 1.2-3　伯明翰中心滨水区

以斯图加特为中心的西南工业区和以柏林、哈勒为中心的东部工业区。旧工业区的代表鲁尔区自 20 世纪 70 年代后出现萧条，无数矿井和炼钢厂相继关闭，政府对鲁尔区开始大规模的改造，不到 30 年时间，鲁尔区成功转型为多元化综合型经济结构，如今鲁尔区成为德国乃至整个欧洲旧工业区改造的楷模。2001 年位于埃森的关税同盟煤矿工业建筑群被联合国教科文组织列为世界自然与文化遗产名录项目，成为德国既有工业建筑改造利用的典范。德国典型的既有工业建筑改造案例叙述如下。

（1）埃森关税同盟煤矿十二号矿（Zeche Zollverein XII）

该处工厂位于鲁尔工业区，于 1847 年开始运行，一度成为欧洲最大的煤井和世界第

二大钢铁公司，于 1986 年停产。政府并没有拆除占地广阔的厂房和煤矿生产设备，而是将矿场全部买下，利用这些闲置的建筑和废弃的设备进行改造利用。其煤矿建筑和焦化厂的改造与再开发中有数个世界顶级的建筑事务所参与，包括英国的诺曼·福斯特事务所、荷兰建筑师哈斯所领导的 OMA 事务所、德国埃森本地的事务所，以及日本著名的SANAA设计事务所。改造后的博物馆，包括游客中心、舞蹈中心、会议厅、著名的"红点"工业艺术博物馆、音乐厅，等等。该矿区内部的废弃铁路和旧火车车皮，有时被用于举办当地社区儿童艺术学校的表演场地。而焦碳厂基本保留下来，部分被改造成餐厅、夏季的儿童游泳池、冬季的滑冰场。这里除了吸引工业旅游外，还吸引了众多的艺术和创意、设计产业的公司、协会、社团、机构等，成为它们的办公场所和作品展览场地（图1.2-4）。

图 1.2-4　埃森关税同盟十二号矿

（2）奥伯豪森（Oberhausen）储气罐

奥伯豪森是一个富含锌和金属矿石的工业城市，1758 年这里就建立了整个鲁尔区第一家铁器铸造厂。随着工业产业结构的升级，工厂倒闭和失业工人增加，促使该地寻找一条振兴之路，就地保留了一个高 117m、直径达 67m 的巨型储气罐，它原先是作为炼钢厂的鼓风储气设备而被设计建造的，1988 年关闭，1993～1994 年被改造为鲁尔区最大的展示大厅。这里经常举办展览，这些展览使奥伯豪森储气罐成为欧洲乃至世界著名的工业设施改造案例，并成为鲁尔区的著名标志。每年这里举办高水平的摄影展与艺术作品展，储气罐内部设有观光电梯，可以把游客运送到 117m 高的罐顶，在这里，可以俯瞰整个城市风貌（图 1.2-5）。

3. 法国的改造实践

（1）迈涅（Menier）巧克力工厂保护改造

该厂房位于巴黎市中心往东 18km 郊外新城 Noisiel 基地，改造前为 Menier 巧克力工厂，原厂房建于 19 世纪末，被建筑师们评为世界最美丽工厂之一，也被认为是世界上第一座完全由铸铁构件建成的建筑，1993 改造为办公楼，用作雀巢公司法国总部（图 1.2-6）。

（2）奥赛博物馆

奥赛博物馆是当今巴黎三大艺术宝库之一，以收藏 19～20 世纪印象派画作为主，原来为废弃的火车站，始建于 1900 年，后因为车站发挥不了应有的功能，形同废置，1945年后成为野战医院、大会堂、讲演厅、戏院及其他。1971 年，季斯卡总统重新提出奥塞车站改建成美术馆的建议，这正好呼应了当时艺术界的心声。提案于 1978 年在国会通过后，废弃 47 年的奥赛车站被重新改造利用。改造设计充分尊重车站原有的特色，以华美的玻璃天篷作为展馆入口，将过去的走道作为主要展厅区，整幢建筑宏大唯美，与展出的印象派画作相映成趣。1986 年年底建成开馆。改造尽量保留原有建筑特点，利用原有建

图 1.2-5 奥伯豪森（Oberhausen）储气罐

图 1.2-6 雀巢法国总部

筑材料，保留其华丽的装饰，节约材料；大厅的基本结构被保留下来，以前的那个大挂钟依然在记录着历史的变迁；原来的火车站内部处理成中庭，也是人停留或行走的空间；利用车站原有的空间大跨度造就出展厅宏伟气势；改建后把大厅分两层，两层开敞，给人感觉是挑空的跃层结构（图 1.2-7）。

图 1.2-7 奥赛博物馆

（3）巴黎左岸计划

巴黎市区东部 13 区塞纳河边的"巴黎左岸商定发展区计划"（ZAC Paris Rive Gauche）（简称左岸计划）是自 19 世纪奥斯曼实施的规划之后巴黎最大的城市改造计划，专家们早在 1988 年已经开始左岸计划的策划。这个 130hm² 的区域一直是众多工厂的聚集地。1996 年巴黎政府变更了城市发展计划：为减轻巴黎 5 区大学园区的校舍拥挤状况，政府决定在左岸发展新的大学园区和商住区。按规划这里将有 30000 名学生和教职员工，以及

图 1.2-8 巴黎第七大学教学楼（仓库及面粉厂被改造成大学的图书馆和教学楼）

15000 居民和 60000 名上班族，并配建校舍、住宅、商业设施。2001 年各种改建新建项目设计竞标陆续开始，部分改造后的建筑于 2007 年初开始投入使用（图 1.2-8）。

图 1.2-9 巴黎塞纳河谷建筑学院（空压机厂的主体建筑如今成为建筑学院的图书中心和展厅）

1.2.2 国内改造实践

我国对旧厂房改造的实践和研究都起步较晚，真正意义上的旧厂房改造项目始于 20 世纪 80 年代，早期的经典案例是北京原手表厂的多层厂房改建为"双安商场"。这一阶段，不仅改造案例少，而且缺乏系统理论的指导。21 世纪以来，工业建筑遗产的改造与再利用在我国日益兴旺，成为建筑设计界的一大热点。2000 年后，北京、上海、深圳等一线城市的工业建筑改造利用案例日益丰富，例如北京"798"艺术区、上海苏州河沿岸地区旧厂房及仓库区改造，以及深圳华侨城 LOFT 等。2010 年上海世博会首次采用了大规模利用老建筑与近代工业遗产的建设策略，使得宝钢大舞台等工业建筑改造利用案例成为世博园的亮点之一。

1. 北京

北京与上海、南京、天津、武汉、沈阳等中国早期近代工业的重要城市相比，近代工业基础薄弱，但新中国成立后，北京开始向生产城市转变，工业特别是重工业发展迅速，成为重要的工业基地，在棉纺、电子、钢铁领域处于全国领先水平。20 世纪 80 年代以后，随着产业升级和城市发展的转型，特别是为了 2008 年奥运会的举办，许多大型工业企业纷纷停产外迁，为老工业区的更新改造提供了契机，出现了多个全国知名的改造案例。但老工业区更新改造大部分是采取推倒重来的办法进行开发建设，大量工业建筑物被拆除，直到 2006 年在北京市政府管理部门的组织下，通过调查和研究颁布一些导则和政策，既有工业建筑的改造利用才上升到新的台阶。北京市典型的工业建筑改造案例叙述如下。

（1）798 艺术区

"798"即原国营 798 电子工业的老厂区，位于北京东北方向大山子地区，它是 20 世纪 50 年代初由苏联援建、东德负责设计建造的重点工业项目。厂区内包豪斯风格的建筑简练朴实，讲求功能，几十年来经历了无数的风雨沧桑。随着时代的变迁，受我国工业生产结构调整的影响，大片的厂房逐渐荒寂。从 2002 年开始，一批艺术家和文化机构开始进驻这里，他们成规模地租用和改造空置厂房作为进行艺术创作的场地，798 工厂逐渐发展成为艺术中心、画廊、艺术家工作室、设计公司、餐饮酒吧等各种现代空间的聚合处，形成了具有国际化色彩的"Soho 式艺术聚落"和"Loft 生活方式"（图 1.2-10）。

（2）远洋艺术中心

远洋艺术中心位于北京东四环东八里庄 1 号，其前身是建于 1986 年的新伟纺纱厂，

图 1.2-10　北京 798 艺术区

该厂在 1999 年正式停产。作为远洋天地房地产开发项目的一部分，决定保留原有的两层厂房，改造设计由著名建筑师张永和主持。原有的开敞空间尽量不作分割，新做的玻璃建筑表皮将大跨度混凝土框架暴露出来。因场地规划的原因，原厂房被切掉三跨，与此同时，在建筑的北侧，将建筑内部的空间秩序延伸出去，形成一个不同元素平行组织的庭院。改建后，一层作为售楼处使用，二层为举行从展览到演出等多种当代艺术活动的场所（图 1.2-11）。

图 1.2-11　远洋艺术中心

2. 南京

南京作为中国最早的商埠城市之一和民国时期的首都，产生了一批优秀的早期工业建筑。新中国成立后，它又拥有众多老牌大型国企，工业遗存丰富。2006 年开始，南京市政府决定将城区十座大型老国企，搬迁改造为都市工业园。这十大老国企，包括金城、华电、晨光、熊猫产业、三乐、南汽、机电产业这些历史悠久、"地盘"庞大的企业集团，总占地面积 106 万 m²，相当于南京老城的 5 %。南京出台政策，鼓励企业"推二优二"，退出"老旧粗笨"的制造业，发展设计、研发、文化创意这些介于二三产业之间的都市工业。老厂房改造成都市工业园，厂房保留，土地性质不变（按商业用地价高），税收有优惠，这可以视为南京进行有目的有计划的工业建筑保护与再利用的一个开始。目前南京改造再利用的工业建筑主要集中在几个创意产业园区。南京市典型的工业建筑改造案例叙述如下。

（1）1865 创意产业园

1865 创意产业园是南京规模较大、较为成功的工业建筑改造群。该园区最早曾经是清朝晚期洋务运动时两江总督李鸿章所创建的金陵制造局。该地区自创建以来至今，已经连续运作了近 150 年，留下清代、民国、新中国成立后等各个时期发展的痕迹。1865 创意产业园 2007 年成立后开始了工业建筑的改造再利用，园区整体规划由建筑大师齐康院士领携的东大建研所设计团队完成，园区的整体定位是打造南京地区高档的商务活动和文化交流中心，集商务办公、科技研发、文化传媒、风险投资、餐饮、酒吧、时尚会所等功能于一体（图 1.2-12）。

（2）老门东"一院两馆"

老门东"一院两馆"指南京书画院、金陵美术馆和老城南记忆馆，依托原南京色织厂工业厂房改造而成，在建筑形态上力求和老城南的建筑风格相统一。老厂房从 2012 年底开始改造，其中金陵美术馆占地 1000m²，城南记忆馆 3800m²，南京书画院 5700m²。为了更好地和老门东的传统民居风格保持一致，这些现代厂房的屋顶均进行改造。经过结构加固和外立面改造，已于 2013 年 9 月开馆（图 1.2-13）。

图 1.2-12 南京 1865 创意产业园

图 1.2-13 南京"一院两馆"

3. 上海

作为近代中国最重要的工业基地之一，上海拥有丰富的城市工业建筑资源。近年来随着城市经济结构的调整以及环保措施的逐步落实，大量工业企业从市区迁出，而工艺落后和效益低下的工厂也被停产，因此城区内出现了大量的废弃工业厂房和仓库。对这些既有工业建筑的改造利用，上海经历从自发到政府引导的历程。

1990 年代中期以后，上海就有一些有着区位优势的厂房企业出于经济自救的目的转租改造为家具城、建材城或餐饮场所，成为第一批被商业性再利用的案例。这一时期的改造特征是整体水平较低，甚至破坏原有的历史文化风貌，缺少控制标准。

1998 年开始的以苏州河为代表的艺术家仓库改造实践，引起了社会的关注，在上海引发一股工业建筑再利用的热潮。包括登琨艳大样环境设计公司、东大名创库、陈逸飞工作室等一批有显著影响的艺术家工作室在上海各处的厂房和仓库中诞生。这些实践大都较好地保护和展示了工业建筑的文化和特征，但改造内容以功能调整为主，多停留在简单的室内或室外装修改造，在改造投入、市政配套、环境质量以及政府支持上均有缺陷，因此未得到更大的发展（图 1.2-14）。

a. 东大名创库   b. 大样环境设计公司

图 1.2-14 艺术家仓库改造

2004 年政府开始引导创意产业园的发展和建设，既有工业建筑的改造利用寻找到新的契合点，老厂房、旧仓库等蕴含大量历史文化信息，内部空间又适宜改建利用，为创意产业发展提供了良好的外部条件。自 2005 年 4 月起授牌第一批 18 家创意产业集聚区起，至 2011 年底，上海市正式授牌的市级创意产业聚集区已达到的 89 个。经统计整理，在上海市正式授牌的 89 个市级创意产业聚集区中，由工业厂房或仓库改造而来的项目为 72 个，占比达到 80%；一大批品牌创意园区，如 8 号桥、田子坊、M50、尚街、红坊、2577 创意大院、1933 老场坊，其前身均是不同时期的厂房或仓库（表 1.2-1、图 1.2-15）。

上海工业建筑改造创意产业聚集区典型案例   表 1.2-1

园区名称	原有名称	地址
1933 老场坊	工部局宰牲场	虹口区沙泾路 10 号/29 号
8 号桥	上海汽车制动器公司	卢湾区建国中路 8 号
田子坊	上海人民针厂等多个弄堂工厂	卢湾区泰康路 210 弄
M50	上海春明粗纺厂	普陀区莫干山路 50 号
红坊（新十钢）	上钢十厂冷轧带钢厂	长宁区淮海西路 570 号
2577 创意大院	江南弹药厂	徐汇区龙华路 2577 号
尚街	三枪内衣成衣车间	徐汇区建国西路 283 号

2010 年世博会场馆建设为城市工业建筑的改造再利用带来新的契机。上海世博会场总用地 5.28hm²，其 80% 左右为产业用地。规划方案保留了 25 万 m² 的工业建筑，根据建筑物所在的区位和建筑物本身的特点，改造成为文化设施、办公设施、服务设施以及景观设施。有百年历史的南市发电厂改造成为城市未来馆，世博会后转型为当代艺术博物馆；原江南造船厂西部的厂房被改造成世博博物馆；中部大型厂房被改造成为中国船舶

9

a. 8号桥　　　　　　　　　　　　　　　　　　　*b.* 新十钢

c. 1933老场坊

图 1.2-15　工业建筑改造为创意产业园

馆；城市最佳实践区中部利用老厂房改造，形成城市最佳实践区的四组展馆，占城市最佳实践区建筑规模的一半以上；原上钢三厂的特钢车间改建为宝钢大舞台；世博局利用上海第三印染厂的老厂房改建成为上海市世博建设大厦，作为行政办公中心。另外部分工业建筑根据划分布局被改造成为各种服务设施，如世博村里的商店、超市、临江餐厅等。这些改造项目使得上海世博园成为既有工业建筑改造利用的典范，积累了宝贵的经验，对全国的既有工业建筑改造都有参考价值（图 1.2-16）。

a. 城市未来馆　　　　　　　　　　　　　　　*b.* 宝钢大舞台

图 1.2-16　上海世博会工业建筑改造利用项目

c. 中国船舶馆　　　　　　　　　　　　　　d. 城市最佳实践区B2馆

图 1.2-16　上海世博会工业建筑改造利用项目（续）

1.3　既有工业建筑绿色民用化改造实践

当绿色建筑理念逐渐兴起并被广泛接受时，与绿色建筑的结合是既有工业建筑改造再利用理论与实践的再一次提升。国内已在既有工业建筑的绿色化改造方面开展了一些实践活动。

1.3.1　获得绿色建筑标识认证的项目

以中国的绿色建筑评价标准体系来衡量，在 2012 年之前，全国获得绿色建筑标识的既有工业建筑改造再利用项目案例很少。深圳南海意库 3 号楼由三洋厂房改造而成，获得国家三星级绿色建筑设计标识，现为招商地产总部办公楼；世博会城市未来馆由上海南市发电厂改造而成，获得国家三星级绿色建筑设计标识，现为当代艺术博物馆；苏州建筑设计院办公楼由美西航空厂区改造而成，获得国家二星级绿色建筑设计标识。

此外，一些既有工业建筑的改造利用项目获得了美国 LEED 绿色建筑体系的认证。上海花园坊节能环保产业园中的两栋工业厂房改造项目获得了美国 LEED 认证，是由原上海乾通汽车配件厂改建而成；澳大利亚 Hassell 建筑设计事务所上海总部位于幸福码头，是由原幸福摩托车厂房改造而成，凭借卓越的室内装饰设计，获得了美国 LEED 认证。

获得绿色建筑标识的既有工业建筑改造项目　　　　　　　　　　　表 1.3-1

序号	项目名称	绿色建筑标识	地点	改造时间	原使用用途
1	南海意库 3 号楼	中国三星	深圳	2008 年	三洋厂房
2	当代艺术博物馆	中国三星	上海	2010 年	南市发电厂
3	苏州市建筑设计研究院生态办公楼	中国二星	苏州	2010 年	美西航空厂区
4	上海花园坊节能环保产业园	美国 LEED	上海	2009 年	上海乾通汽车配件厂
5	Hassell 建筑设计事务所上海总部	美国 LEED	上海	2011 年	幸福摩托车老厂

1.3.2　体现绿色节能理念的项目

在国内的既有工业建筑改造项目中，有部分项目虽然没有取得绿色建筑认证，但其改造过程体现出的绿色节能理念，所应用的技术措施，仍不失为优秀的绿色化改造案例。如内蒙古工业大学建筑馆，是由铸造车间改造而成，其中对自然通风进行了非常精细的设计，值得借鉴和参考。

部分体现绿色节能理念的改造案例   表 1.3-2

序号	项目名称	地点	改造时间	原使用用途
1	上海世博会特钢大舞台	上海	2010 年	上钢三厂特钢车间
2	原作设计工作室	上海	2013 年	上海鞋钉厂
2	上海国际节能园一期	上海	2009 年	上海铁合金厂
3	内蒙古工业大学建筑馆	呼和浩特	2009 年	铸造车间
4	十七棉创意园区	上海	2012 年	上海第十七棉纺织总厂
5	上海虹桥临空经济园区东方国信工业楼改扩建	上海	2012 年	四层粮库
6	苏州市节能环保科技园一期厂房改造	苏州	2011 年	十二米高的工业厂房
7	平江府酒店改造工程	苏州	2010 年	苏州第三纺织厂
8	杭州近代工业博物馆	杭州	2011 年	红蕾丝织厂老厂房

1.4 既有工业建筑绿色民用化改造研究需求

虽然国内的既有工业建筑改造利用呈现逐步繁荣的态势，但是加入绿色环保因素的工业建筑绿色化改造却还处于起步阶段，全国范围内的改造案例较少。绿色建筑强调资源的节约和室内环境品质的提升，在实现绿色建筑改造目标方面，工业建筑既有其先天优势，也有其应用的劣势。整体来看，目前的工业建筑绿色化改造技术体系尚未形成，要向更大范围推广，还需要更深入的技术研究作支撑，对改造过程中的共性和个性技术进行研究。分析现有的改造案例，我们认为既有工业建筑绿色民用化改造存在如下四点研究需求：

1. 旧工业建筑是否适合进行民用化改造再利用，受技术、经济以及历史文化等多因素影响，在改造利用前需要进行可行性评估。当前的改造实践中未形成体系化的评估方法，包括对工业建筑改造再利用的功能取向分析，结合工业建筑特征的绿色建筑技术选择应用相关研究不多，因此需要通过研究既有工业建筑民用化改造综合评估技术，为工业建筑的改造再利用提供合理性判断和技术选择依据。

2. 目前既有工业建筑再利用功能以创意园区等服务产业为主，比较少关注其他建筑类型，发展方向单一，缺乏创新性，在功能类型、环境特色等方面表现出明显的趋同倾向。工业建筑在改造定位与功能转换时并未考虑与原有建筑空间特点、周边环境特点挂钩，改造带有盲目性，对原有空间与结构不能充分利用，增加了改造的工程量，造成经济与资源的浪费。改造设计多从文化角度出发，在节能与内部环境舒适性方面，缺少空间被动式调节方面的改造设计，忽视室内环境的同步更新，常规采光通风技术不适用，导致改造后形成的大进深空间采光困难、采光与通风和功能不匹配、高大空间气流组织混乱等问题，亟需专门针对高大空间的室内环境提升技术进行综合研究与统筹应用。

3. 旧工业建筑原有功能的特殊性使得这类建筑的围护结构往往没有采取保温隔热措施；以往的规范对节能技术方面的要求较少，特别是针对工业建筑围护结构热工性能和机电设备方面的指标要求更少。而目前现有规范对建筑物的围护结构、保温隔热性能以及供暖、空调设备、照明等节能都提出了强制性的指标与要求，因此需要考虑不同改造功能目标，对围护结构和机电设备提出满足现有绿色节能设计标准的优化措施。屋面面积较大，具备太阳能和雨水回收利用的良好条件，但是原来基本无太阳能和雨水等方面的利用措施。因此考虑工业建筑的特征，绿色化改造需要研究工业建筑围护结构热工性能提升技术措施、太阳能热水系统利用措施，以及雨水回用技术。

4. 旧工业建筑经长期使用，其原有结构在抗震性和整体结构延性措施不能满足现有的抗震规范要求，必须采取相应的加固措施，同时由于功能更新的需要，空间分割中会出现增层的需求。而绿色建筑强调材料的节约利用，因此要实现工业建筑的绿色化改造，需要研究如何在工业建筑结构加固和建筑增层的同时减少材料消耗。

基于上述背景，为提升国内旧工业建筑改造再利用的水平，研发工业建筑绿色化改造技术体系，"十二五"国家科技支撑计划项目《既有建筑绿色化改造关键技术研究与示范》设立课题七"工业建筑绿色化改造技术研究与工程示范"，由上海现代建筑设计（集团）有限公司作为课题承担单位，联合建研科技股份有限公司、北京建筑技术发展有限责任公司、北京交通大学、天友建筑设计股份有限公司共同研究。课题旨在从改造可行性评估、室内环境、能源利用、雨水资源利用、结构加固、改造施工等方面，解决工业建筑绿色化改造中的共性技术问题，以及办公建筑、商场建筑、宾馆建筑和文博会展建筑等不同改造目的下的个性技术问题，形成工业建筑绿色化改造技术体系，并建立工业建筑绿色化改造示范项目。

2. 改造综合评估技术研究

2.1 拆改决策及技术经济性分析

在新的经济发展转型时期，我国近代、新中国成立初期和改革开放的快速发展时期大量建设的工业建筑，很多已经不能满足现有产业结构的要求，面临拆除或改建的问题，这里研究的内容旨在帮助开发者，在前期策划时就拆改问题上进行决策，研究旧工业建筑拆改决策的影响因素，为开发者在单体阶段前期策划时提供可以进行拆改决策的原则和工具，研究成果适用于旧工业建筑的民用化改造，不适用于工业遗产建筑。

2.1.1 旧工业建筑的改造利用决策过程

在改变以往成片拆除、规划重建的思路上，对于工业建筑的保留和改造主要有以下 5 种形式：旧工业建筑群的自我集聚效应、政府规划主导下的旧工业改造、非营利性开发商的再利用改造、历史工业遗产的再利用改造、企业自用的再利用改造。

由首钢、世博园、南京 1865 三个案例可知，工业建筑改造利用决策主要因开发主体而不同，大体分为两类。第一类为政府开发，或者由代表政府利益的相关企业开发，主要决策步骤：第一，调查和研究，内容包括政府相关规划政策、建造年代、历史价值、艺术审美价值、结构现状、生态环境价值等因素；第二，定义工业建筑分类，不同类别的工业建筑采取不同的改造方式，如立面保护、结构保留或拆除重建等；第三，制定规划标准。第二类为企业开发，或者第三方商业企业开发，主要决策步骤：第一，确定原则和决策依据，如政府批文或规划文件等；第二，调查和研究，内容包括项目位置、建造年代、历史价值、艺术审美价值、结构现状、生态环境价值等因素；第三，确定工业建筑分类；第四，确定改造方式，考虑项目结合分类、项目特点和改造的经济性等因素（图 2.1-1、图 2.1-2）。

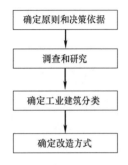

图 2.1-1 工业建筑改造利用决策的
整体评估流程（企业）

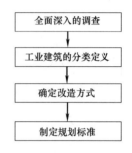

图 2.1-2 工业建筑改造利用决策的
整体评估流程（政府）

2.1.2 旧工业建筑保留及拆除的影响因素

1. 影响因素的梳理

近年来不同研究者从各自研究的领域提出了影响工业建筑改造的多项因素，具体如表2.1-1。

影响工业建筑拆改的因素　　　　　　　　　　　　　表 2.1-1

文献	一级指标	备注
1	经济价值、社会价值、历史文化价值、生态环境价值	
2	历史价值、科学技术价值、社会文化价值、艺术审美价值、经济利用价值、区域位置	
3	历史文化价值、科学技术价值、审美艺术价值、建筑自身可利用价值、社会价值、环境及景观价值、成本与收益价值	
4	历史价值、科学技术价值、社会文化价值、艺术审美价值、经济利用价值、景观环境价值	
5	经济效益、社会效益、环境效益	该指标主要用于评价改造方案的效益情况评价，即在确定已经再利用的情况下的评价体系，将效益分为经济、社会和环境三个方面。
6	历史价值、艺术价值、科学价值、环境价值、经济价值、社会情感价值	
7	政策法规、生态环境、社会发展、区位条件、建筑特点、经济效益	
8	适用性能、环境性能、经济性能、安全性能、耐久性能、历史文化价值	该指标主要用于评价改造方案的综合性能情况评价，即在确定已经再利用的情况下的评价体系，将性能分为经适用、环境、经济、安全、耐久和历史文化传承六个方面
9	社会环境影响因素、自然资源影响因素、社会经济影响因素、相互适应性因素	该指标主要用于已经改造后项目的社会价值方面单一因素的细化评价体系

由表 2.1-1 可知，大部分研究文献对于工业建筑前期评价具有很多相似的考虑因素，合并同类项并梳理归纳后的情况，如表 2.1-2。

梳理后工业建筑拆改的影响因素　　　　　　　　　　表 2.1-2

	合并同类项结果	梳理归纳后结果
一级影响因素	• 政策法规 • 区位条件 • 历史文化价值 • 生态环境价值 • 科学技术价值 • 社会文化价值 • 艺术审美价值 • 建筑自身可利用价值 • 建筑特点 • 经济利用价值 • 成本与收益价值 • 社会情感价值	政策法规 区位条件 历史文化价值 生态环境价值 科学技术价值 艺术审美价值 建筑自身可利用价值 社会情感价值 成本与收益价值

2. 影响因素的分析

（1）政策法规

政策法规具有很强的强制性、指引性和优惠性，将直接和间接影响工业建筑拆改利用的决策。

1）国家政策

国家发展改革委于2013年3月18日发布了《关于印发全国老工业基地调整改造规划（2013～2022年）的通知》（发改东北〔2013〕543号）。

全国老工业基地调整改造规划（2013～2022年）明确指出：城区老工业区改造要注重保护具有地域特色的工业遗产、历史建筑和传统街区风貌；做好工业遗产普查工作，确定需要重点保护的工业遗产名录，将具有重要价值的工业遗产列为相应级别的文物保护单位；在加强保护的同时，合理开发利用工业遗产资源，建设爱国主义教育示范基地、博物馆、遗址公园、影视拍摄基地、创意产业园等；研究建立工业遗产维护利用的长效机制。

2）地方政策

深圳市人民政府于2007年3月就发布了《关于工业区升级改造的若干意见》（深府〔2007〕75号）。

《关于工业区升级改造的若干意见》明确特区内工业园区定位以研发、创意设计型都市产业和先进制造业营运总部基地为主，鼓励按照"政府引导、市场运作、社会参与、共同受益"的原则，充分调动改造单位的积极性，依法保障建设单位、业主及其他利害关系人的合法权益，促进工业区与周边社区和谐发展。鼓励利用旧工业区改造推进产业集群化发展。工业区升级改造后达到特色工业园区认定标准的，经认定可享受特色工业园区相关优惠政策。

近几年，上海结合本地实情在创意产业发展道路上积极探索，为创意产业的发展开拓了具有上海特色的新模式：从培育单个的创意企业到集聚成封闭的创意园区再到形成开放式创意社区，上海创意产业的发展正进行着从形式到内容的双重突破，同时在提升产能及城市转型的过程中，为工业历史建筑的保护性开发注入新元素，不仅创造了更多的产业价值，改变了人们的生活方式，更加快了上海国际化进程的步伐，创意的力量有如醇香的美酒正悄然散发着它醉人的芬芳，悄无声息地改变着这座城市的面貌。

上海市经委旗下的上海创意产业中心将充分发挥全社会创意产业资源优势，积极配合政府制定上海创意产业发展规划及策略（包括《上海创意产业发展重点指南》、《上海创意产业"十二五"发展规划》、《上海市推进创意产业发展的指导意见》、《上海创意产业集聚区建设管理规范》等），强化导向、构筑平台、推动集聚、形成体系，发挥中心的综合性平台作用，调动各创意产业企业和机构与创意人才的积极性，整体推进上海创意产业发展。

3）影响因素

由以上分析可知，政策法规方面主要二级影响因素包括改造政策的力度（引导性、强制性、无）、改造优惠政策（税率、补贴对于改造投资回收期和增量成本的影响水平），具体见表2.1-3。

（2）区位条件

区位条件主要指项目所在的位置、区域现状规划发展情况以及交通情况。

项目在城市中的位置直接决定项目所在地未来的发展需要，主要关注项目所在地点是位于城市中心、城市边缘还是近郊或远郊。项目处于城市中心是由于土地利用效率、产业结构调整等因素的影响，拆除动力较大，随着距离中心的距离增大，土地利用价值的影响会逐渐减少，因此拆除的动力将随之减弱。

政策法规二级影响因素

表 2.1-3

名称	二级影响因素	判别条件或三级指标
政策法规	改造政策的力度	引导性、强制性、无
	改造优惠政策	税率、补贴对于改造投资回收期和增量成本的影响水平

区域现状规划发展方面，如产业工业区、商务区、创意特色园区、居住区、绿地休闲博览、其他等，将直接影响工业建筑的拆除和保留。根据目前改造保留的特征可见，工业建筑在创意园区范围大都得到较好的保护和保留；绿地休闲博览市区、旅游景区、校园等区域，受容积率控制较低，以及工业建筑外形和内部空间的特点较易再利用等因素的影响，保留再利用动因也较大；产业工业区园区内由于产业结构调整较快，难以适应新型产业的要求，因此改造和拆除的动力博弈较强；商务区、居住区由于经济利益的推动，周围居民的反对以及和周围环境的不和谐，保留难度较大。

交通方面，火车、地铁、轻轨、高架路、高速公路在占地、噪声、振动等方面对周围环境影响较大，因此其在选址时会避开重要区域，如果工业建筑本身临近或临近规划中相关线路，那么改造保留的动因将大大降低。其次，火车、地铁、轻轨、高架路、高速公路由于交通便利，地块再开发的商业价值又会急剧增加。

（3）历史文化价值

大部分文献都提到了历史文化价值，各文献所提到的历史文化价值二级指标内容如表2.1-4。

历史文化价值二级影响因素的梳理

表 2.1-4

文献	一级指标
1	• 与历史事件、人物相关性影响 • 中国城市产业史上的重要性影响 • 历史延续性影响 • 人们对场所文化的认同感和归属感，归类为社会情感价值范畴 • 民族认同度和民族宗教信仰的影响，归类为社会情感价值范畴 • 产业文化的影响
2	• 时间久远 • 与历史事件、历史人物的关系
3	• 时间久远 • 是否具有重大历史价值
4	• 时间久远 • 与历史事件、人物的关系
5	• 相关城市建设史 • 相关城市空间结构演变史 • 相关地方文化和历史的程度(反映近代城市历史阶段性文化或生活方式) • 相关工业发展史，特定历史阶段工业发展的行业状况 • 相关企业发展史(充分记录企业发展的大量信息) • 相关城市工业建筑史 • 相关建筑风格演变史

（4）生态环境价值

生态环境价值是指旧工业建筑改造再利用同时也对生态环境造成一定的影响，包括对自然环境和人工环境的影响，以各种形态在一定程度上满足人们日益增长的生存需要。重点关注项目所在地容积率与地区规划发展的适宜性，项目所排放污染物情况的严重性、项目场地污染情况的严重性以及是否影响周围建筑的日照环境。

（5）科学技术价值

科学技术价值是指通过对工业建筑遗产所使用的建筑材料、建筑结构、施工技术等的研究，了解当时的科学技术水平。通过对工业设备、机械等的研究，可以了解当时工业的发展水平。科学技术价值是基于对工业遗产在设计施工上的重要意义，在艺术、功能结构及制作工艺的创新性等方面所进行的历史性评估。

（6）艺术审美价值

建筑的艺术审美是建筑安全性、实用性、经济性的表现形式，不仅仅指建筑的外在形式美，还包含了内在结构内涵美。

（7）建筑自身可利用价值

建筑自身可利用价值是评价建筑整体结构是否安全、可靠，用于评估改造加固的技术经济性。我国于 1999 年颁布了《民用建筑可靠性鉴定标准》GB 50292—1999，该标准适用于建筑物的安全鉴定、使用功能鉴定及日常维护检查以及建筑物改变用途、改变使用条件或改造前的专门鉴定。建筑自身可利用价值可依据《民用建筑可靠性鉴定标准》GB 50292—1999 进行评价和评级。

民用建筑可靠性鉴定，应按图 2.1-3 规定的程序进行。

各层次可靠性鉴定评级应以该层次安全性和正常使用性的评定结果为依据，综合确定每一层次的可靠性等级，共分为四级。民用建筑可靠性鉴定评级的各层次分级标准应按表 2.1-5。

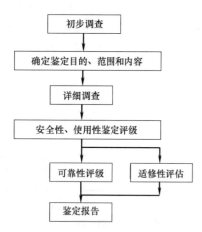

图 2.1-3　民用建筑可靠性鉴定流程

可靠性鉴定的分级标准　　　　　　　表 2.1-5

层次	鉴定对象	等级	分级标准	处理要求
一	单个构件	a	可靠性符合本标准对 a 级的要求，具有正常的承载功能和使用功能	不必采取措施
		b	可靠性略低于本标准对 a 级的要求，尚不显著影响承载功能和使用功能	可不采取措施
		c	可靠性不符合本标准对 a 级的要求，显著影响承载功能和使用功能	应采取措施
		d	可靠性极不符合本标准对 a 级的要求，已严重影响安全	必须及时或立即采取措施
二	子单元中的每种构件	A	可靠性符合本标准对 A 级的要求，不影响整体的承载功能和使用功能	可不采取措施
		B	可靠性略低于本标准对 A 级的要求，但尚不显著影响整体的承载功能和使用功能	可能有个别或极少数构件应采取措施

层次	鉴定对象	等级	分级标准	处理要求
二	子单元中的每种构件	C	可靠性不符合本标准对 A 级的要求,显著影响整体承载功能和使用功能	应采取措施,且可能有少数构件必须立即采取措施
		D	可靠性极不符合本标准对 A 级的要求,已严重影响安全	必须立即采取措施
	子单元	A	可靠性符合本标准对 A 级的要求,不影响整体的承载功能和使用功能	可能有极少数一般构件应采取措施
		B	可靠性略低于本标准对 A 级的要求,但尚不显著影响整体的承载功能和使用功能	可能有极少数构件应采取措施
		C	可靠性不符合本标准对 A 级的要求,显著影响整体承载功能和使用功能	应采取措施,且可能有少数构件必须立即采取措施
		D	可靠性极不符合本标准对 A 级的要求,已严重影响安全	必须立即采取措施
三	鉴定单元	I	可靠性符合本标准对 I 级的要求,不影响整体的承载功能和使用功能	可能有少数一般构件应在使用性或安全性方面采取措施
		II	可靠性略低于本标准对 I 级的要求,但尚不显著影响整体的承载功能和使用功能	可能有极少数构件应在安全性或使用性方面采取措施
		III	可靠性不符合本标准对 I 级的要求,显著影响整体承载功能和使用功能	应采取措施,且可能有极少数构件必须立即采取措施
		IV	可靠性极不符合本标准对 I 级的要求,已严重影响安全	必须立即采取措施

民用建筑适修性评估应按每种构件每一子单元和鉴定单元分别进行且评估结果应以不同的适修性等级表示每一层次的适修性等级分为四级。民用建筑适修性评级的各层次分级标准应按表 2.1-6。

每个构件适修性评级的分级标准 表 2.1-6

等级	分级标准
A_r'	构件易加固或易更换,所涉及的相关构造问题易处理,适修性好,修后可恢复原功能
B_r'	构件稍难加固或稍难更换,所涉及的相关构造问题尚可处理。适修性尚好,修后尚能恢复或接近恢复原功能
C_r'	构件难加固,亦难更换,或所涉及的相关构造问题较难处理。适修性差,修后对原功能有一定影响
D_r'	构件很难加固,或很难更换,或所涉及的相关构造问题很难处理。适修性极差,只能从安全性出发采取必要的措施,可能损害建筑物的局部使用功能

子单元或鉴定单元适修性评级的分级标准 表 2.1-7

等级	分级标准
A_r'/A_r	易修,或易改造,修后能恢复原功能,或改造后的功能可达到现行设计标准的要求,所需总费用远低于新建的造价,适修性好,应予修复或改选
B_r'/B_r	稍难修,或稍难改造,修后尚能恢复或接近恢复原功能,或改造后的功能尚可达到现行设计标准的要求,所需总费用不到新建造价的 70%,适修性尚好,宜予修复或改造
C_r'/C_r	难修,或难改造,修后或改造后需降低使用功能或限制使用条件,或所需总费用为新建造价 70% 以上。适修性差,是否有保留价值,取决于其重要性和使用要求
D_r'/D_r	该鉴定对象已严重残损,或修后功能极差,已无利用价值,或所需总费用接近,甚至超过新建的造价。适修性很差,除纪念性或历史性建筑外,宜予拆除重建

（8）社会情感价值

社会情感价值是指当地群众的心理认同和文化认同的程度。通过这种文化落点和文化归属的认可，来判断其价值高低。由于近代工业建筑社会和情感的价值很难被具体量化，所以有必要采用问卷调查的形式来衡量其大小。

（9）成本与收益价值

文献"旧工业建筑改造再利用模式的研究"对于收益主要考虑了经济效益、环境效益和社会效益三个指标。就全周期成本来看，主要包括改造投资成本、运营成本两部分。改造投资成本又包括环境整治成本、拆除成本、建安成本、配套等，运营成本又包括用水、用气、用电等能源消耗成本，垃圾处理、排污等成本，物业管理等运营维护成本。因此，成本与收益价值的二级影响因素可见表 2.1-8。

成本与收益价值二级影响因素 表 2.1-8

名称	二级影响因素	判别条件或三级指标
成本与收益价值	成本	环境整治成本
		拆除成本
		建安成本
		配套成本
		能源消耗成本
		垃圾处理、排污等成本
		物业管理等运营维护成本
	效益	预期客流量
		提供就业机会
		方便人们生活
		优化产业结构
		促进精神文明建设
	综合	回收期

既有工业建筑在失去原有功能后，首先面临的问题是拆除还是改建的决策。在既有工业建筑的改造再利用研究领域，目前多以再利用方案的比较和选择研究为主，忽略了拆除或保留方面的比较研究，部分涉及的评估指标体系多为层次分析法、指标权重法，缺乏实用性。因此本课题以帮助政府决策者或者开发商通过量化合理化的评价方法进行拆改的决策作为目标，在相关文献研究的基础上确定工业建筑保留及拆除的影响因素。

2.1.3 拆改决策指标体系构建及案例分析

1. 指标体系构建方法

指标体系是进行预测或评价研究的前提和基础，它是将抽象的研究对象按照其本质属性和特征的某一方面的标识分解成为具体行为化、可操作化的结构，并对指标体系中每一构成元素（即指标）赋予相应权重的过程。指标体系的构建方法目前大多为两类：一类为以层次分析法为代表的综合众多因素的评分法；另一类为以评价标准，如绿色建筑评价标准为代表的条文判别法，一般包括两级子项，其中二级子项之间不存在权重大小。

（1）层次分析法

层次分析法（Analytic Hierarchy Process，简称 AHP 法）是美国运筹学家 T. L. Saaty 提出来的。层次分析法不仅在理论上科学合理而且在应用上也简便易行，其特点还在于能对定性问题和定量问题进行综合分析，是适用于多目标决策的决策方法。应用层次分析法对旧工业建筑改造再利用的价值评价主要有五个步骤。

1）建立递阶层次结构模型

在 AHP 法中，建立决策问题的递阶层次结构的模型是首要也是最重要的一步。通过调查和初步分析，根据决策问题的范围和目标把复杂问题分解为不同的组成元素，然后将各元素按照属性分成若干层，构成包含一个目标层、若干个准则层和方案层的递阶层次结构。

目标层：是递阶层次结构的最高层，表示解决问题的目的，即层次分析要达到的总目标。

中间层：排列了采取的各种策略、措施、方案等来实现预定总目标的中间环节，根据需要可分为策略层、约束层、准则层等。

最底层：排列各种可能采取的解决问题的措施、政策、方案等。

层次数通常由需要解决的问题的复杂程度和需要分析的详细程度决定，为避免因同一层中包含的元素数目过多而导致的元素间两两比较很难实现，通常每一层次中的元素数不超过 9 个。

2）构造判断矩阵

建立起递阶层次结构模型后，就基本确定了上下层各因素之间的隶属度关系，然而一层中各元素对上层的某特定元素的影响程度也不尽相同，则需要设法定量描述同一层中各元素对上一层的影响程度，通常采用 1～9 标度法，对不同影响程度进行评比并予以数量标度，并写成判断矩阵。

3）层次单排序

所谓层次单排序是根据判断矩阵确定本层次各元素针对上层某元素为标准的重要性次序的权重，即对判断矩阵 B，计算满足 $BW = \lambda_{max}W$ 的特征根和特征向量。

式中 λ_{max} 为 B 的最大特征根，W 为正规化特征向量，W 的分量为相应元素的单排序权值。根据判断矩阵进行层次单排序的方法有和积法和方根法。

4）层次总排序

层次总排序是指确定递阶层级结构中的方案层的各元素在最上一层元素（即目标层）中的权重。根据层次单排序的结果，逐层计算本层各元素对上一层的优劣次序至目标层。

5）一致性检验

由于事物的复杂性和认识的差异性，其做出的判断也不可能完全一致。所以，需要对作出的评价进行一致性检验，对评价层次总排序的一致性检验，也需要从低层次到高层次逐步进行。

（2）条文判别法

近年来绿色建筑在世界取得了蓬勃地发展，各国都相应发布了各自的评价标准，目前在我国比较流行的评价体系主要包括美国 LEED 和中国 CGBL《绿色建筑评价标准》。

2. 旧工业建筑拆改决策指标体系构建

这里将综合采用条文判别法和综合评分法两种方法，在工业建筑拆与留的一级指标方面将采用综合评分法中的层次分析法确定各自权重；在二级指标方面采用量化为主、定性分析为辅的方法进行判断。

（1）一级指标权重的确定

影响工业建筑拆与留的主要一级指标包括政策法规、区位条件、艺术审美价值、建筑自身可利用价值、社会情感价值和成本与收益价值六大因素。

本研究提出了相对重要性的比例标度，见表 2.1-9。

相对重要性比例标度   表 2.1-9

标度值	含　义
5	前一个因素相对于后一个因素,重要
3	前一个因素相对于后一个因素,较重要
1	前一个因素相对于后一个因素,同等重要
1/3	前一个因素相对于后一个因素,较不重要
1/5	前一个因素相对于后一个因素,不重要

本研究发放的调查问卷（既有工业建筑拆与留影响因素的调研问卷），共发放 228 份，有效问卷 41 份（截至 2013 年 12 月 10 日），采用层次分析法的计算结果见表 2.1-10。

工业建筑拆与留的主要一级指标权重指标   表 2.1-10

序号	一 级 指 标	权 重 系 数
1	政策法规	0.16
2	区位条件	0.08
3	生态环境价值	0.21
4	建筑自身可利用价值	0.08
5	社会情感价值	0.08
6	成本与收益价值	0.07
7	小计	0.68

（2）二级指标的条文确定

1）政策法规

政策法规方面的条文如表 2.1-11。

政策法规二级指标系数   表 2.1-11

A. 政策法规		总分数:16
序号	款项	分数
A.1	是否有关于工业建筑保留改造方面的政策法规	8
A.2	政策法规中是否有改造利用方面的经济优惠政策	8

A.1 是否有关于工业建筑保留改造方面的政策法规，主要关注国家、地方以及项目所在区域是否有关于工业建筑保留改造利用方面的政策法规。如无，则该条不满足得分，为 0 分，如有，则判断政策法规的力度，如为强制性则该条得分为 8 分，如为主导推荐性

则该条得分为 5 分，如为引导性则该条得分为 2 分。所谓强制性，即规划文件或约定文件含有明确规定工业建筑必须保留的条文或约定。所谓主导推荐性，即规划文件或约定文件含有宜或鼓励性的相关条文或约定。所谓引导性，即规划文件或约定文件未有相关规定，但地方政府或国家有相关鼓励性的条文或约定。当有关于工业建筑保留改造方面的政策法规为强制性时，建筑的定义类别就不能为拆除。

A.2 政策法规中是否有改造利用方面的经济优惠政策，指主要工业建筑保留改造利用方面的政策法规中是否涉及税率、补贴等内容。如无，则该条不满足得分为 0 分，如有，则判断对于改造投资回收期的影响水平，如为减少投资回收期 80% 以上则该条得分为 8 分，如减少投资回收期 70%～60% 则该条得分为 7 分，如为减少投资回收期 60%～50% 则该条得分为 6 分，如为减少投资回收期 50%～40% 则该条得分为 5 分，如为减少投资回收期 40%～30% 则该条得分为 4 分，如为减少投资回收期 30%～20% 则该条得分为 3 分，如为减少投资回收期 20%～10% 则该条得分为 2 分，如为减少投资回收期 10～0% 则该条得分为 1 分。

2）区位条件

区位条件方面的条文如表 2.1-12。

区位条件二级指标系数　　　　　　　　　　表 2.1-12

B. 区位条件		总分分数：8
序号	款项	分数
B.1	项目所在地点位于城市中的位置	3
B.2	区域现状规划发展的情况与项目所在地的关系	3
B.3	项目所在地点周围交通情况	2

B.1 项目所在地点位于城市中的位置，指项目所在地点位于城市中的位置直接决定项目所在地未来的发展需要，主要关注项目所在地点是否为市中心、城市边缘、近郊、远郊。如位于市中心，则该条得分为 0 分，如位于城市边缘，则该条得分为 1 分，如位于近郊，则该条得分为 2 分，如位于远郊，则该条得分为 3 分。项目处于城市中心是由于土地利用效率、产业结构调整等因素的影响，拆除动力较大，随着距离中心的距离增大，土地利用价值的影响会逐渐减少，因此拆除的动力将随之减弱。城市中心、城市边缘、近郊、远郊的定义，以上海为例，城市中心主要指内环内区域，城市边缘主要指内外之间，近郊指外环与郊环之间，远郊指郊环以外区域。

B.2 区域现状规划发展的情况与项目所在地的关系指区域现状规划发展的情况，如产业工业区、商务区、创意特色园区、居住区、绿地休闲博览、其他等，将直接影响工业建筑的拆除和保留。如位于创意特色园区，则该条得分为 3 分，如位于绿地休闲博览市区、旅游景区、校园，则该条得分为 2 分，如位于产业工业区，则该条得分为 1 分，如位于商务区、居住区等其他区域，则该条得分为 0 分。根据目前改造保留的特征可见，工业建筑在创意园区范围大都得到较好的保护和保留；绿地休闲博览市区、旅游景区、校园等区域，由于容积率控制较低，以及工业建筑外形和内部空间的特点较易再利用等原因的影响，保留再利用动因也较大；产业工业区园区内由于我国产业结构调整较快，难以适应新

23

型产业的要求，因此改造和拆除的动力博弈较强；商务区、居住区由于经济利益的推动，周围居民的反对以及和周围环境的不和谐而保留难度较大。

B.3 项目所在地点周围交通情况，主要关注项目所在地点的交通环境，是否位于火车、地铁、轻轨、高架路、高速公路等附近。如临近交通主干道（包括火车、地铁、高架路等）300m 以内，则该条得分为 0 分，如临近交通主干道（包括火车、地铁、高架路等）300～500m 以内，则该条得分为 1 分，如临近交通主干道（包括火车、地铁、高架路等）500m 以外，则该条得分为 2 分。

火车、地铁、轻轨、高架路、高速公路在占地、噪声、振动等方面对周围环境影响较大，因此其在选址时会避开重要区域，如果工业建筑本身临近规划中相关线路，那么改造保留的动因将大大降低，其次火车、地铁、轻轨、高架路、高速公路由于交通便利，地块再开发的商业价值又会急剧增加。

3）生态环境价值

生态环境价值方面的条文如表 2.1-13。

生态环境价值二级指标系数

表 2.1-13

C. 生态环境价值		总分数：21
序号	款项	分数
C.1	容积率	5
C.2	污染物排放情况	4
C.3	场地污染情况	4
C.4	日照关系	4

C.1 容积率，重点关注项目所在地点容积率与地区规划发展的相适宜性，依据容积率利用的高低进行评分。项目的容积率与该地块规划或周围建筑容积率越相近，保留改造的几率就越大，因此容积率高于地块规划或周围建筑容积率的，得 5 分，低于地块规划或周围建筑容积率 0～20% 的得 4 分，低于地块规划或周围建筑容积率 20%～40% 的得 3 分，低于地块规划或周围建筑容积率 40%～60% 的得 2 分，低于地块规划或周围建筑容积率 60%～80% 的得 1 分，低于地块规划或周围建筑容积率 80% 以上的得 0 分。

C.2 污染物排放情况，重点关注项目所排放污染物情况的严重性，依据所排放污染物情况的严重性，分严重、不严重、无影响进行评分，得分依次为 0 分、2 分、4 分。注：重点关注排水、排污对于周围环境的影响，具体可参考环评报告，也可根据原有项目进行初步判断。如化工、医药、采矿、造纸、有色金属等工业区水体污染严重得 0 分，如食品、发电等产品存在一定污染得 2 分，如汽车、电子、仪表、加工、纺织、微电子等产业属于低污染得 4 分。

C.3 场地污染情况，重点关注项目场地污染情况的严重性，依据场地污染情况的严重性，分严重、不严重、无影响进行评分，得分依次为 0 分、2 分、4 分。重点关注当地土壤、植被的情况，具体可参考环评报告，也可根据原有项目进行初步判断。如化工、医药、采矿、发电等工业区土壤污染严重得 0 分，如冶金、电子、汽车、微电子等产品存在一定污染得 2 分，如仪表、加工、纺织、食品等产业属于低污染得 4 分。

C.4 日照关系，重点关注项目是否影响周围建筑的日照环境，依据周围建筑的日照环境的严重性，分严重影响、影响、不影响进行评分，得分依次为 0 分、2 分、4 分。所谓严重影响为影响临近建筑冬季日照 2 个楼层以上，一般影响为影响临近建筑冬季日照 1～2 楼层。

4）建筑自身可利用价值

建筑自身可利用价值方面的条文如表 2.1-14。

建筑自身可利用价值二级指标系数　　　　　　　表 2.1-14

D. 建筑自身可利用价值		总分数：8
序号	款项	分数
D.1	依据《民用建筑可靠性鉴定标准》GB 50292—1999 进行适修性判定	8

D.1 依据《民用建筑可靠性鉴定标准》GB 50292—1999 进行适修性判定指根据《民用建筑可靠性鉴定标准》GB 50292—1999 的适修性判定结果，分易修、稍难修、难修、适修性很差进行评分，得分依次为 8 分、5 分、2 分、0 分。

5）社会情感价值

社会情感价值方面的条文如表 2.1-15。

社会情感价值二级指标系数　　　　　　　表 2.1-15

E. 社会情感价值		总分数：8
序号	款项	分数
E.1	人们对场所文化的认同感和归属感	8

E.1 人们对场所文化的认同感和归属感，该条文需采用问卷调查的形式来衡量，依据建筑保留改造利用的意愿强度，分强烈支持保留（得分率超过 90%）、非常支持保留（得分率超过 80%）、支持保留（得分率超过 70%）、较支持保留（得分率超过 60%）、支持拆除（得分率低于 60%），得分依次为 8 分、6 分、4 分、2 分、0 分。

6）成本与收益价值

成本与收益价值方面的条文如表 2.1-16。

成本与收益价值二级指标系数　　　　　　　表 2.1-16

F. 成本与收益价值		总分数：7
序号	款项	分数
F.1	改造投资回收期	7

F.1 改造投资回收期，重点关注改造所投资资金的回收期，依据回收期的长短，分 10 年之上、5～10 年、5 年以内，得分依次为 0 分、4 分、7 分。对于单体阶段，改造投资回收期也会因改造目标和方案的不同而不同。

3. 案例分析

这里对五个具体案例，包括上海现代申都大厦改造工程、深圳蛇口南海意库 3 号楼、上海宝钢大舞台、内蒙古工业大学建筑馆、苏州市建筑设计研究院生态办公楼进行试评估。

图 2.1-4　上海现代申都大厦改造工程

图 2.1-5　深圳蛇口南海意库 3 号楼

图 2.1-6　上海世博会宝钢大舞台效果图

图 2.1-7　内蒙古工业大学建筑馆改造后立面

图 2.1-8　苏州市建筑设计研究院生态办公楼

五个案例的简介情况和评估结果见表 2.1-17 和表 2.1-18。

五个案例的概况　　　　　　　　　　　　　　　　表 2.1-17

项目	简　介
上海现代申都大厦改造工程	上海现代申都大厦原建于 1975 年,为围巾五厂漂染车间,结构为 3 层带半夹层钢筋混凝土框架结构,1995 年经改造设计成带半地下室的 6 层办公楼。经过十多年的使用,建筑损坏严重,难以满足现代办公的要求。基于世博的机遇,2008 年对其进行翻新改造,当时恰逢中国绿色建筑发展的开始,借助世博和中国绿色建筑发展的双重影响,项目定位改造成三星级绿色办公楼

续表

项目	简　介
深圳蛇口南海意库 3 号楼	南海意库建于 20 世纪 80 年代初期,是改革开放最早的"三来一补"的厂房之一。20 多年来,先后有近百家不同性质的劳动密集型企业入驻,其中时间最长、最著名的就是日本的三洋株式会社,因此习惯上又称为之三洋厂区。南海意库德改造目标为"生态节能典范",按照国家绿色建筑三星级设计评价标识标准进行改造
上海宝钢大舞台	世博园区宝钢大舞台原为上海钢铁三厂特钢车间,位于世博园区浦东 B 片区,浦东滨江公园腹地。该项目改建所利用的特钢车间由东西向主厂房和南北向连铸车间两部分组成。主厂房 2000 年建造,钢结构梁柱排架结构,面积 8660m²;连铸车间 1987 年建造,混凝土柱钢排架结构,面积 2540m²。根据世博园总体规划,宝钢大舞台将改造为开敞式观演场所,作为滨江公园的配套设施,在世博会期间将提供包括各参展国国家馆日、各省市馆日、各主题馆开馆日庆典,以及上海城市特色"天天演"活动等在内的各类群众性综艺演出
内蒙古工业大学建筑馆	建筑馆位于呼和浩特市内蒙古工业大学,它是由两栋相互连接的闲置工业厂房改造而成。建筑主体共分为 3 层,外围护墙体为砖体砌筑,内部为钢筋混凝土结构支撑体系,整个建筑面积达 5960m²,经改造后成为集办公、绘画室、教室、图书馆、休闲等于一体的建筑。建筑馆曾是铸造车间,是该校原机械厂的一部分。这组车间于 1968 年开始建设,1971 年建成投产。产业结构调整后,车间各部分陆续停产,至 1995 年全面废弃。建筑馆的节能改造总体分为两个部分:首先是建筑结构和建筑功能空间的重构,其次是建筑节能的改造
苏州市建筑设计研究院生态办公楼	苏州市建筑设计研究院生态办公楼位于苏州城东金鸡湖畔的苏州工业园区。原为法资企业美西航空机械设备厂区的单层旧厂房,原厂房整体体量为约 80m×80m 的正方形,单层混凝土框架结构,柱跨 10m×10m,单层层高 8.4m,局部为夹层办公及 14m 高的仓储区。 场地占地 1.8 万 m²,东西长 150m,南北长 120m,原厂房建筑面积为 6700m²。对于星海街 9 号改造项目,设定了三个主要设计目标:营造能激发设计创意的办公环境;改造后的建筑在保留原有工业厂房主体结构基础上,融合苏州地方特色与时尚元素;建设成为可持续发展的绿色生态建筑

试评得分汇总表　　　　　　表 2.1-18

项目	得分	改造方式
上海现代申都大厦改造工程	71	结构保留,综合改造
深圳蛇口南海意库 3 号楼	65	结构保留,综合改造
上海宝钢大舞台	69	结构保留,综合改造
内蒙古工业大学建筑馆	72	立面保留,空间改造
苏州市建筑设计研究院生态办公楼	63	结构保留,综合改造

由表 2.1-18 可见,所有保留案例综合得分几乎都超过 60 分,最高得分为 72 分,最低得分为 63。因此根据以上得分情况,最终确定工业建筑改造或拆除的判断分数界限定义为 60 分。

2.1.4　工业建筑改造利用技术经济性指标体系应用指南

1. 总则

(1) 本指南适用于既有工业建筑改造为民用建筑的建筑类型。

(2) 本指南适用于单体策划的拆改决策,不适用于规划阶段策划的拆改决策。

(3) 本指南不适用于工业遗产建筑。

2. 评估流程

工业建筑拆改利用决策整体包括以下三部分内容:

第一，对于单体阶段的决策，主要决策步骤：第一，确定原则和决策依据，如政府批文或规划文件等；第二，调查和研究，内容包括项目位置、建造年代、历史价值、艺术审美价值、结构现状、生态环境价值等因素；第三，确定工业建筑分类；第四，确定改造方式，考虑项目结合分类、项目特点和改造的经济性等因素。

第二，对于单体阶段的决策，主要关心的决策因子包括政策法规、区位条件、生态环境价值、建筑自身可利用价值、成本与收益价值等主要因素。建议的权重系数为 16％、8％、21％、8％、8％、7％。

第三，评价并确定评估分数。

3. 评估原则

（1）拆改决策的判断原则，为综合评分法，即依据指标体系的评分按照分数判断拆还是改，60 分以下为可拆除重建，60 分以上为应改造。

（2）对于单体改造方式的决策，宜提出多种可能的方案进行综合评分。

4. 评估条文

A. 政策法规

A.1 是否有关于工业建筑保留改造方面的政策法规

条文解释：主要关注国家、地方以及项目所在区域是否有关于工业建筑保留改造利用方面的政策法规。如无，则该条不满足得分为 0 分，如有，则判断政策法规的力度，如为强制性则该条得分为 8 分，如为主导推荐性则该条得分为 5 分，如为引导性则该条得分为 2 分。

所谓强制性，即规划文件或约定文件含有明确规定工业建筑必须保留的条文或约定。所谓主导推荐性，即规划文件或约定文件含有宜或鼓励性的相关条文或约定。所谓引导性，即规划文件或约定文件未有相关规定，但地方政府或国家有鼓励性的相关条文或约定。

当有关于工业建筑保留改造方面的政策法规为强制性时，建筑的定义类别就不能为拆除。

A.2 政策法规中是否有改造利用方面的经济优惠政策

条文解释：主要工业建筑保留改造利用方面的政策法规中是否涉及税率、补贴等内容，如无，则该条不满足得分为 0 分，如有，则判断对于改造投资回收期的影响水平，如为减少投资回收期 80％以上则该条得分为 8 分，如为减少投资回收期 70％～60％则该条得分为 7 分，如为减少投资回收期 60％～50％则该条得分为 6 分，如为减少投资回收期 50％～40％则该条得分为 5 分，如为减少投资回收期 40％～30％则该条得分为 4 分，如为减少投资回收期 30％～20％则该条得分为 3 分，如为减少投资回收期 20％～10％则该条得分为 2 分，如为减少投资回收期 10％～0 则该条得分为 1 分。

B. 区位条件

B.1 项目所在地点位于城市中的位置

条文解释：项目所在地点位于城市中的位置直接决定项目所在地未来的发展需要，主要关注项目所在地点是否市中心、城市边缘、近郊、远郊。如位于市中心，则该条得分为 0 分，如位于城市边缘，则该条得分为 1 分，如位于近郊，则该条得分为 2 分，如位于远郊，则该条得分为 3 分。

项目处于城市中心是由于土地利用效率、产业结构调整等因素的影响，拆除动力较大，随着距离中心的距离增大，土地利用价值的影响会逐渐减少，因此拆除的动力将随之减弱。城市中心、城市边缘、近郊、远郊的定义，以上海为例，城市中心主要指内环内区域，城市边缘主要指内外之间，近郊指外环与郊环之间，远郊指郊环以外区域。

B.2 区域现状规划发展的情况与项目所在地的关系

条文解释：区域现状规划发展的情况，如产业工业区、商务区、创意特色园区、居住区、绿地休闲博览、其他等，将直接影响工业建筑的拆除和保留。如位于创意特色园区，则该条得分为 3 分，如位于绿地休闲博览市区、旅游景区、校园，则该条得分为 2 分，如位于产业工业区，则该条得分为 1 分，如位于商务区、居住区等其他区域，则该条得分为 0 分。

根据目前改造保留的特征可见，工业建筑在创意园区范围大都得到较好的保护和保留；绿地休闲博览市区、旅游景区、校园等区域，由于容积率控制较低，以及工业建筑外形和内部空间的特点较易再利用等原因的影响，保留再利用动因也较大；产业工业区园区内由于我国产业结构调整较快，难以适应新型产业的要求，因此改造和拆除的动力博弈较强；商务区、居住区由于其经济利益的推动，以及周围居民的反对和与周围环境的不和谐，保留难度较大。

B.3 项目所在地点周围交通情况

条文解释：主要关注项目所在地点的交通环境，是否位于火车、地铁、轻轨、高架路、高速公路等附近，如临近交通主干道（包括火车、地铁、高架路等）300m 以内，则该条得分为 0 分，如临近交通主干道（包括火车、地铁、高架路等）300~500m 以内，则该条得分为 1 分，如临近交通主干道（包括火车、地铁、高架路等）500m 以外，则该条得分为 2 分。

火车、地铁、轻轨、高架路、高速公路在占地、噪声、振动等方面对周围环境影响较大，因此其在选址时会避开重要区域，如果工业建筑本身临近规划中相关线路，那么改造保留的动因将大大降低，其次火车、地铁、轻轨、高架路、高速公路由于其交通便利，地块再开发的商业价值又会急剧增加。

C. 生态环境价值

C.1 容积率

条文解释：重点关注项目所在地点容积率与地区规划发展的相适宜性，依据容积率利用的高低进行评分。

所在项目的容积率与该地块规划或周围建筑容积率越相近，保留改造的几率就越大，因此容积率高于地块规划或周围建筑容积率的，得 6 分，低于地块规划或周围建筑容积率 0~20% 得 5 分，低于地块规划或周围建筑容积率 20%~40% 的得 4 分，低于地块规划或周围建筑容积率 40%~60% 的得 3 分，低于地块规划或周围建筑容积率 60%~80% 的得 2 分，低于地块规划或周围建筑容积率 80% 以上的得 1 分。

C.2 污染物排放情况

条文解释：重点关注项目所排放污染物情况的严重性，依据所排放污染物情况的严重性，分严重、不严重、无影响进行评分，得分依次为 0 分、3 分、5 分。注：重点关注排水、排污对于周围环境的影响，具体可参考环评报告，也根据原有项目进行初步判断。如化工、医药、采矿、造纸、有色金属等工业区水体污染严重得 0 分，如食品、发电等产品存在一定污染得 3 分，如汽车、电子、仪表、加工、纺织、微电子等产业属于污染得 5 分。

C.3 场地污染情况

条文解释：重点关注项目场地污染情况的严重性，依据场地污染情况的严重性，分严重、不严重、无影响进行评分，得分依次为 0 分、3 分、5 分。

重点关注当地土壤、植被的情况，具体可参考环评报告，也根据原有项目进行初步判断。如化工、医药、采矿、发电等工业区土壤污染严重得 0 分，如冶金、电子、汽车、微电子等产品存在一定污染得 3 分，如仪表、加工、纺织、食品等产业属于污染得 5 分。

C.4 日照关系

条文解释：重点关注项目是否影响周围建筑的日照环境，依据周围建筑的日照环境的严重性，分严重影响、影响、不影响进行评分，得分依次为 0 分、3 分、5 分。

所谓严重影响为影响临近建筑冬季日照 2 个楼层以上，一般影响为影响临近建筑冬季日照 1～2 楼层。

D. 建筑自身可利用价值

D.1 依据《民用建筑可靠性鉴定标准》GB 50292—1999 进行适修性判定。

条文解释：根据《民用建筑可靠性鉴定标准》GB 50292—1999 的适修性判定结果，分易修、稍难修、难修、适修性很差进行评分，得分依次为 8 分、5 分、2 分、0 分。

E. 社会情感价值

E.1 人们对场所文化的认同感和归属感

条文解释：该条文需采用问卷调查的形式来衡量其大小，依据建筑保留改造利用的意愿强度，分强烈支持保留（得分率超过 90%）、非常支持保留（得分率超过 80%）、支持保留（得分率超过 70%）、较支持保留（得分率超过 60%）、支持拆除（得分率低于 60%），得分依次为 8 分、6 分、4 分、2 分、0 分。

F. 成本与收益价值

F.1 改造投资回收期

条文解释：重点关注改造所投资资金的回收期，依据回收期的长短，分 10 年之上、5～10 年、5 年以内，得分依次为 0 分、4 分、7 分，投资的成本和收益见表 2.1-8。

2.1.5 小结

旧工业建筑的保留与拆除需要从技术和经济两方面进行决策。技术因素包括历史价值、结构安全性、区域定位、功能需求适宜性、公众意愿以及原有租户的意见等方面。经济上，可以市场经济为导向，未来经济价值作为比较目标，目前针对拆或留争论的技术评定方法可以基于改造所需费用与新建所需费用的比较，或者综合经济价值、文化价值、社会价值、环境价值来比较，或者基于全周期投资成本的综合效益即投资总额与综合效益的比值。

旧工业建筑拆改决策因阶段不同考虑的影响因素也有所不同。规划阶段需要考虑的因素更多一些，除政策法规、区位条件、生态环境价值、建筑自身可利用价值、成本与收益价值之外，还应包括历史文化价值、艺术审美价值以及科学技术价值等因素。不同因素的权重比例也会因阶段不同而不同，对于规划阶段的决策，历史文化价值、生态环境价值、艺术审美价值以及科学技术价值等因素比重会高些，对于单体阶段的决策，区位条件、建筑自身可利用价值、成本与收益价值等因素比重会高些，并且单体阶段的决策结果也会因改造目标和方案的不同而不同。

旧工业建筑的保护再利用符合现阶段绿色经济、循环经济的发展潮流，因此旧工业建筑拆改决策具有重要的意义，应该纳入城市及区域的规划文件的编制过程。对于单体阶段的决策，工业建筑拆改利用决策整体包括三部分内容：

第一，确定决策的技术路线，主要决策技术路线包括四个步骤。一，确定原则和决策依据，如政府批文、规划文件等；二，调查和研究，内容包括项目位置、建造年代、历史价值、艺术审美价值、结构现状、生态环境价值等因素；三，确定工业建筑分类；四，确定改造方式，考虑项目结合分类、项目特点和改造的经济性等因素，改造方式一般包括修复、立面保护和结构保留。

第二，确定决策影响因子的权重系数，主要关心的决策因子包括政策法规、区位条件、生态环境价值、建筑自身可利用价值、成本与收益价值等主要因素。建议的权重系数为16%、8%、21%、8%、8%、7%。

第三，评价并确定评估分数。拆改决策的判断原则，为综合评分法，即依据指标体系的评分按照分数判断拆还是改，60分以下为可拆除重建，60分以上为应改造。

2.2 改造功能取向适宜性

既有工业建筑在确定进行改造利用后，需要进一步确定改造的功能取向，即改为何种功能。这种功能取向的确定，会受到社会经济因素的影响，也会受到改造前后的建筑自身特点的制约。不同类型的工业建筑条件必然对应着不同类型的改造可能性，在既有工业建筑与办公、商场、展馆等建筑之间必然存在相互的匹配性和适宜性。对这种功能取向的适宜性进行研究，可以帮助业主或设计单位进行改造时的策划。

2.2.1 工业建筑民用化改造功能取向影响因子研究

1. 办公建筑

（1）区位条件

办公建筑多选址在交通便利的城市中心区或环境优美的滨水区，方便通勤与休闲，如表2.2-1两个案例的区位分析。

两个案例的区位特点分析

表2.2-1

案例	区位特征	邻近功能	交通状况
南海意库	深圳南山区，高新技术产业、旅游产业、高等教育产业和物流业集聚	居住（兰溪谷）、商业综合体（海上世界）	地铁2线海上世界站300m以内
TJAD办公楼	上海中心城区，环同济知识圈内	教育（同济大学、上海财经大学、复旦大学）、商业（五角场城市副中心）、居住（鞍山居住片区）	距离地铁10号线和公交站点300m以内

（2）建筑特点

当代办公建筑在空间上愈加倾向于开敞式办公，《绿色建筑评价标准》也对办公建筑室内灵活隔断提出了要求，因此大跨型工业建筑更适于办公空间的改造利用。

外部形象方面，简洁、有标识性的立面是办公建筑的发展趋势，而具有可改动立面的工业建筑与办公建筑的要求更为契合。

（3）区域功能协调

建筑定位离不开区域环境，其功能业态选择须与周边产业相协调。

2. 商场建筑

（1）商业空间发展趋势

随着商业环境的发展成熟，单一的购物空间已向具有娱乐性、多元性、舒适性和开放性的商业设施发展。

1）复合化倾向

所谓复合化倾向是指将多种功能有机地组合在一组建筑之内的设计倾向。多种功能集中于一组建筑之内，有利土地的高效利用，从而促使商业建筑向功能复合化的方向发展。各种功能的互相协调与促进，构成了大规模、复合化的商业环境。

2）人性化倾向

"以人为本"的观念已经深入人心，这在商业空间的发展中也有体现。当前的商业空间设计中已开始较多的从顾客的角度考虑。大量休闲空间的设置、绿色技术的运用、便捷高效的购物流程以及"一站购足"的理念，都已体现了人性化的发展趋势。

3）个性化倾向

货品的多寡与否在很多时候并不重要，购物行为与商业模式也不只是金钱交易，它已经更深一层地代表着人与人之间的交流沟通，象征着一种个性想法的表达。各类个性化的专卖店及餐馆就是很好的例子。

4）地域化倾向

当前，一方面使世界科技、经济与文化等各个层面的全球化趋势日益明显，出现大量讲究效益但无特色的仓储式商场的同时，也出现了追求地域特色的设计倾向。在融汇当代建筑创作原则的同时，注重地域文化的体现。它注重地域文化的内涵表达，力图在购物环境中反应地方情调和地域风格。

（2）工业建筑改造为商场建筑的影响因素

1）空间特征

面向商业空间的旧工业建筑改造再利用是两种截然不同的空间形式的转化，可以将旧工业空间视为原始空间，将商业空间视为对象空间，而转化的可能性就建立在原始空间对对象空间的兴趣契合点上。

① 内部空间

工业厂房往往可以提供一些建筑体量相当大的空间，排架结构跨度可达 10m 及 20m 以上，层高可达 10m 及以上，结构坚固，内部空间高大、规整，具有很大的可塑性，可以根据需要进行划分或者扩充，能满足商业空间中商品展示和休闲娱乐的要求。

② 外部空间

工业厂区规模大、占地多，在建筑与建筑单元之间留有弹性空间，这种弹性空间通过室外公共设施和景观的再设计，可以作为商业内部空间的外部延伸，有助于塑造商业氛围改善商业环境。

2）原有结构体系

旧工业建筑改造时不用进行拆迁安置，无需对住户进行拆迁补偿，利用原有结构体系完成改造目的，重新投入使用，可节省拆除原有建筑、清理场地以及挖土方等各方面的费用。

3）城市基础设施容量

旧工业建筑在给排水、电力、电信等基础设施方面的容量远远大于商业建筑，改造时不必增加新的市政设施接口，此一项即可有效节省前期投入。

4）区位优势

大部分旧工业建筑多处于老城区，地理位置优越，交通便捷。商业价值高、发展潜力大。

3. 展览建筑

（1）展览建筑的设计要求

与其他建筑一样，展览建筑的设计也需处理选址、布局、功能、流线、空间、造型、环境等内容。但与一次设计不同，二次设计对上述内容的可操控余地大小不一。按可调整性的差异，可将它们分为继承性的选址和布局，引入性的功能与流线，以及改造再利用性的空间、造型及环境。

1）继承性的设计内容及要求

继承性的设计内容主要包括选址和布局，它们以继承原状为主，限制性较强，可调整余地较小。展览建筑对选址与布局的要求往往是选择再利用对象和确定改造方向的先决条件。

展览建筑的选址应拥有优越的区位、便利的交通与完善的配套，应远离自然灾害的威胁和人为损害的隐患，应具备发展扩建的余地，最好位于原生遗址、需求社区、城市中心或文化节点，最好临近历史建筑、文化设施、游憩场所或可用景观。

展览建筑的布局应具有合理的功能分区、便捷的内外流线、充足的集散场地与适宜的建筑密度，应便于吸引客源、整合环境、利用景观及采光通风。

2）引入性的设计内容及要求

引入性的设计内容主要包括功能与流线，它们以引入新态为主，限制性较弱，可调整余地较大。展览建筑对功能和流线的要求通常是更新旧工业建筑的基本依据。

展览建筑的功能应满足展览、收藏、研究、会议、服务等需求，应根据展览建筑性质与规模的不同有所侧重，应按照功能空间公开和私密的差别有所区分。

展览建筑，尤其是大型展览建筑的流线纷繁复杂，应明确区分并合理组织各条内、外、人、车，以及客、货流线，特别是参观流线应既有系统性又有选择性，既要避免迂回又要防止单调。

3）改造再利用性的设计内容及要求

改造再利用性的设计内容主要包括空间、造型及环境，它们可在原有基础上进行适应性更新，虽有一定的限制性，但仍有部分的可调整余地。展览建筑对空间、造型与环境的要求一般是更新旧工业建筑的主要内容。

展览建筑的空间应具有充足的容量、合理的分区、方便的联系、系统的序列及明确的导向，应与展品的特点、观赏的要求、采光的设计、交通的布置及人流的集散相适应，最好有切合主题的格调和调整扩展的余地。

展览建筑的造型应最好能够表现主题、外显功能或结合环境，可与采光方式的设计或陈列单元的组织相结合。

展览建筑的环境可分为室外场所环境和室内物理环境。室外场所环境应衬托建筑、服务周边及美化城市，应设有必要的室外展览与集散场地。室内物理环境应满足展品和人员的需求，多数展览建筑对光环境要求较高，应防止紫外线对展品的伤害并避免眩光对观赏的干扰，环境照明要均匀，展品照明要有表现力，应在充分利用自然采光的基础上适当加入人工照明，一些展览建筑还对温、湿度有一定要求。

（2）旧工业建筑转换为展览建筑的影响因素

1）空间

展览建筑不仅要容纳展品和观众，还要留出足够的观赏距离与集散空间，因此展览建筑通常需要较大面积。此外，展览建筑需要足够的展示墙面和均匀的自然采光，这就提高了窗口高度从而增加了室内净高，因此展览建筑通常还需要较高的净空。而工业建筑原是容纳工业生产设备的，很多工业生产设备体型高大，因此工业建筑一般空间高大，恰好与展览建筑的要求相适应。

2）结构

工业建筑多采用框架结构承重，同时，内部分隔较少，这就使其扩展、削减、划分室内空间以及更新维护结构的灵活性较大，可根据展览建筑的要求进行调整。

3）造型

一些工业建筑在建筑外部呈现出独特的造型，如：超高、超大的体量，外露的结构、管线，特殊的采光口、构筑物等。在改造工业建筑时，如对其工业造型特点善加利用，可创造出独特的艺术效果，体现展览建筑的先锋艺术特色。

4）采光

展览建筑对室内光环境要求较高，要避免眩光干扰观赏，并防止紫外线损伤展品。而一些工业建筑根据原先生产工艺的要求设有天窗或高侧窗，室内有均匀、柔和的自然采光，非常适合再利用作展览建筑。

5）设备

在很多工业建筑改造项目中，原来的工业生产与配套服务设备设施都被当作时尚的工业元素再利用作装置艺术，这种做法尤其适用于展览建筑的艺术性表达。

4. 酒店建筑

（1）旧工业建筑与经济型酒店的业态匹配性分析（表 2.2-2）。

（2）空间改造的契合性分析

1）外部空间（表 2.2-3）

旧厂房与经济型酒店的业态匹配性分析　　　　　　　　表 2.2-2

匹配因素	旧厂房	经济型酒店对物业的需求
区位环境	多位于市区商业和居家环境较繁华地段,大多数符合经济型酒店选址要求	选址一般考虑旅游区、次商业核心区、居民区等人流较为集中区域
建筑形态	体量:部分城区旧厂房的体量在 $3000 \sim 1000 m^2$ 之间,体量较小的旧厂房较为符合经济型酒店需求;结构:多数旧厂房的高度与普通建筑差不多,层高一般为 3.9~4.5m,便于装修和分割	经济型酒店的房间数量一般在 300 间左右,体量在五六千平方米为理想;高度多为 5~7 层高多层建筑
租赁情况	旧厂房改造后的租金一般低于同区域的商铺和办公楼。旧厂房改造后只能租不能售	对租金承受能力低,难以承受中高档物业的租金,多采取长期租赁物业形式经营。旧厂房较低租金和只租不售的模式符合经济型酒店需求

经济型酒店与厂房外部空间利用对比　　　　　　　　表 2.2-3

外部空间	经济型酒店	厂房	空间改造利用
场地	根据酒店规模进行相应面积的广场设计,供车辆回转、停放,尽可能使车辆出入便捷,不相互交叉	可供运货车辆回转,停放的广场,还有一些用于装卸设备的露天堆场	原有的露台堆场可改造为酒店的广场,供车辆回转、停放
主入口	位置显著,可以直达门厅,主入口与城市干道人行道相接,人行入口和车行入口	人流路线的主要进出口,面向工人居住区或城市主干道	面向城市道路的主入口改造为酒店主入口,供旅客直达大堂
辅助入口	职工出入口、货物出入口、垃圾污物出入口	货流入口,厂后区邻近仓库的区域	所在位置相似,可以利用原有的辅助入口
基地内道路	主要货流:小型运输和垃圾处理	合理组织货流和人流	根据酒店流线改造或利用原有厂区道路,满足消防通道的规范要求
地面停车	根据酒店规模设置停车位	分设货车和小车停车位	利用原停车场进行满足酒店需求的改造
绿化	多为集中式的平面布局,用地紧凑,绿地少活没有	应当有适当绿化	保护原有绿化,再根据基地情况种植树木,布置行道树
无障碍设施	有	无	改造时入口增设坡道

2) 内部空间

多层厂房空间的可改造性:

- 多层厂房平面布置较为规整,方便改建分隔成为酒店客房
- 多层厂房底层层高较高,适宜改造作为酒店大堂,有时会在附近配备简单的餐饮
- 室内空间高大,为空调系统和排水系统的改造提供了便利
- 某些厂房原有的天窗为设计中处在平面中间的客房提供了采光
- 多层厂房原有的垂直交通空间可以加以改造利用

2.2.2　工业建筑民用化改造功能取向适宜性评估方法研究

1. 工业建筑民用化改造功能取向影响因子框架

根据以上对工业建筑改造为办公、商场、展览、酒店四种功能类型影响因素的分析,总结工业建筑民用化改造功能定位影响因子如表 2.2-4。

工业建筑民用化改造功能取向影响因子梳理 表 2.2-4

研究层面	一级影响因素	二级影响因素	备注
区域层面	政策法规	政策引导	政策法规具有强制性、指引性和优惠性
		条例实施	
		开发公司	
	生态环境		改善生态环境
	社会发展	人的需求(功能、环境、特殊需求)	将人的需求与工业艺术的完美结合
		艺术形式(高较高一般无)	
	产业转型	中心城区"退二进三、退二优三"	
	规划定位	城市规划功能布局	
	区位条件	区位特征(中心区滨水零散)	判断土地价值、周边功能影响、土地的可达性
		邻近功能(教育居住绿地商业办公工业)	
		交通状况	
		周边基础设施影响	
		周边道路利用率提升程度	
		周边新增商业店铺	
		项目对周边区域地价的影响	
建筑层面	建筑特征	建造年代(近代、现代)	有利于发掘、认定有价值的建筑
		建筑类型(结构大跨型、常规型、特异型)	建筑自身物质结构特点
		空间特征	层数、层高等
	历史价值	与历史事件、人物相关性影响	
		中国城市产业史上的重要性影响	
		历史延续性影响	
		建筑文化(工业景观、重大事件、工业意义、特定审美)	
	经济效益	损坏级别	对再利用方案是否具有经济效益进行评定
		经济性(推倒重建再利用)	
		可选功能(创意产业、居住、商业、办公、绿地、文化建筑)	

本节内容结合案例分析了办公、商场、展览、酒店四种功能类型建筑的特征以及与工业建筑特点的契合性,总结了每种功能类型在定位中的主要影响因素,为下一步工业建筑民用化改造功能取向适宜性评估指标的构建提供依据。

2. 工业建筑民用化改造功能取向适宜性评估指标构建原则

(1)工业建筑民用化改造建筑功能取向适宜性评估体系特点

1)全面性

为保证对工业建筑改造评估的准确性,评估体系在选择评价指标时应考虑全面,如文化因素、社会因素、经济因素、环境因素等各方面都应涉入其中,要求各影响因素的覆盖面广。

2)客观性

评估体系将针对特定项目进行一系列如专家评审、问卷调查等的研究工作后统计数据，进行评估，然后对其科学规划，合理设计。因此，此评估体系具有客观性。

3）适用性

评估体系针对所有城市工业建筑建筑都应适用，都可根据相关数据进行分析研究。

（2）工业建筑民用化改造建筑功能取向适宜性评估指标体系构建原则

1）可行性与可操作性

评估体系应该同时拥有具体操作时的可操作性和可引导正确价值取向的可行性。前者意在针对各评价指标应可统计和可观察，后者意在项目评估后应对确定项目开发的决策方案具有指导性的意义。

2）定量与定性相结合

评估前需要大量收集广泛而有说服力的经验数据，在评价指标的阶段，如地价的变化、现状的资源统计、建筑自身质量等方面的指标等都可以用量化的方法使获得的数据资料更加科学准确。但对于一些如周边居民的态度、项目对城市的影响力度、环境的变化等也对项目的评估起着至关重要的作用，很有必要对其进行定性分析。

3）动态性和静态性相结合的原则

指标的静态性原则指用静态指标反映项目对社会、经济等的影响，静态指标不考虑资金的时间价值，将资金看作是静止的实际数值，使用简单，计算也方便，但不能真实反映项目生命期内的实际经济效果。动态性原则是指标的选择要求充分考虑动态变化特点，要能较好地描述、刻画与度量未来的发展情况和发展趋势。

4）控制性指标与一般性指标相结合的原则

项目的建设影响不仅体现在项目本身也体现在整个国民经济和社会资源环境上。因此在构建项目社会经济评价指标体系时，既要有考核和分析项目实际微观投资效果的指标，又要有项目实际宏观投资效果、社会资源、生态环境等的指标。

5）开放性原则

工业建筑改造评估的进程应当具有开放性，评价的数据和方法对公众开放，任何人都可以了解、参与和使用；此外对所有的数据和判断、假设及其存在的不定因素都应有清楚的说明。

评估体系的进程应当具备自我调节的能力，由于环境是复杂而又变化的，故评价应当是可应变的；当获取了新的信息时，可以及时调整目标、结构和指导因素；评估体系还必须与新技术的发展同时进步，并对新的决策作出及时的反馈。

6）协调性原则

评估体系应能够协调经济、社会、环境和建筑的关系，协调建筑长期与短期、局部与整体的利益关系，协调的目的是要提高评价的有效性，要考虑政府、开发商、使用者等多方面的利益。

（3）评估指标体系的建立的层次

评价体系的层次结构是各元素之间相互隶属关系和重要性的测度。根据对系统的分析，将所含的评价指标分系统、分层次地构成一个完善、有机的层次结构，各种指标的次序、位置关系、量化指标等可一目了然。所以，应该建立综合考虑工业建筑改造功能取向评价的多维度评价体系。

评价体系在层级上可分为三个层级：目标层、准则层和指标层。评价方法的层级划分可以使一个建筑的评价运行在不同的层级上详细展开。评价只有先在低一级的层面上展开，才有可能上升到高一个层级。

3. 工业建筑民用化改造功能取向适宜性评估指标研究

（1）评估内容及评估指标研究

1）控制性指标

不同功能的公共建筑存在不同的设计要求，根据《办公建筑设计规范》JGJ 67—2006、《商店建筑设计规范》JGJ 48—2011、《展览建筑设计规范》JGJ 218—2010、《旅馆建筑设计规范》JGJ 62—90、《建筑设计防火规范》GB 50016—2006、《建筑工程抗震设防分类标准》GB 50223—2008、《建筑设计资料集（第二版）》等标准规范的相关要求，总结工业建筑民用化改造中功能取向的技术可行性影响因素，如表 2.2-5。

工业建筑民用化改造功能取向的技术可行性指标 表 2.2-5

一级指标	二级指标	不同功能设计要求			
		办公	商店	展览	酒店
选址	/	地质有利、市政完善、交通通信便利	城市商业基地或主要的道路	交通便捷，与交通设施联系方便	交通便捷，环境良好
				基地至少有一面直接临接城市主要干道	基地至少有一面直接临接城市主要干道
总平面设计	出入口	设备用房的物品运输设单独出入口	至少两面与城市道路邻接/或 1/4 周长与一条道路相邻	基地至少有 2 个不同方向通向城市道路的出口	主要出入口必须明显，并能引导旅客直接到达门厅
	人流集散	/	根据业态和面积计算	0.2m²/人	
	机动车停车位	0.25～0.4 辆/100m²	2～2.5 辆/1000m²	0.6 辆/100m²	0.3～0.5 辆/100m²
	非机动车停车位	0.4～2 辆/100m²	40 辆/1000m²	0.75～1 辆/100m²	0.75 辆/100m²
	环境和绿化	场地绿化、立体绿化等	/	/	
	建筑密度	/	/	≤35%	/
	道路	最小 4m 宽后勤道路			
建筑设计	净高	一般不低于 2.6m，设空调的办公室可不低于 2.4m	自然通风 3.2～3.5m，空调 3m	展厅净高不低于 6m	/
	柱距	/	柱距不宜小于 8m	柱网间距不小于 9m	
	平面布局	增设中庭可能性	增设中庭可能性	增设中庭可能性	增设中庭可能性
		增设夹层可能性	增设夹层可能性	增设夹层可能性	增设夹层可能性
		增设机房	增设机房	增设机房	增设机房
	竖向交通	五层及五层以上应设电梯，每 5000m² 至少设置 1 台	夹层增设楼梯、自动扶梯、电梯	展览空间在二层及二层以上应设自动扶梯或大型客运梯	一、二级旅馆建筑 3 层及 3 层以上，三级旅馆 4 层及 4 层以上，四级旅馆 6 层及 6 层以上，五、六级旅馆 7 层及 7 层以上，应设乘客电梯

续表

一级指标	二级指标	不同功能设计要求			
		办公	商店	展览	酒店
建筑设计	耐火等级	部分重要房间的隔墙耐火极限不应小于2h,楼板不小于1.5h	不低于二级	不低于二级	不低于二级
	安全疏散	任何一点至最近安全出口的直线距离不大于30m,设置自动灭火系统时不大于37.5m	任何一点至最近安全出口的直线距离不大于30m,设置自动灭火系统时不大于37.5m	任何一点至最近安全出口的直线距离不大于30m,设置自动灭火系统时不大于37.5m	应采用室内封闭楼梯间或室外疏散楼梯
结构	抗震	不低于丙类	单层:标准设防类;多层:重点设防类	不低于丙类	不低于丙类
	楼面荷载	1.5kN/m²	3.5kN/m²	3.0kN/m²	1.5kN/m²
基础设施容量	水、电、燃气	根据有无食堂、空调等设施对应的不同要求	根据有无餐饮、空调等设施况对应的不同要求	用水定额3~6L/m²·d;电力负荷不低于二级	根据有无餐饮设施两种情况对应的要求
	消防用水	层数≥6或体积>10000m³,15L/s	(1)高度≤24m,体积≤5000m³,5L/s;(2)高度≤24m,体积>5000m³,10L/s;(3)24m<高度≤50m,30L/s;(4)50m<高度,40L/s	(1)5000m³<体积≤25000m³,10L/s;(2)25000m³<体积≤50000m³,15L/s;(3)体积>50000m³,20L/s	(1)5000m³<体积≤10000m³,10L/s;(2)10000m³<体积≤25000m³,15L/s;(3)体积>25000m³,20L/s

2) 一般性指标

① 经济价值

对弃置的旧工业建筑改造再利用一方面缩短了建设周期,降低了投资风险,提高了资金回报率,另一方面省去新建建筑主体结构和附属基础设施的投资成本,在降低开发成本的同时节约了原材料和社会资源。

② 社会价值

社会价值评价指标主要用于反映工业建筑的不同改造方向对人民群众生活和社会发展的影响,包括影响力度、就业改善、对周边建筑及街区布局的影响、提升所在地的社会及政府形象潜力等。

③ 发展预期

工业建筑的发展预期因素立足于体现工业建筑建筑发展的动态性和长期性。发展预期评估要结合城市未来总体规划对该区域的用地性质定位、交通流线组织等方面定位综合考虑。发展预期指标包括所属地区位及市场条件、交通便利程度、经济发展水平、可利用的未建设用地规模、周边市政设施设备完善情况、所属地公民教育程度六方面。

④ 传承能力

工业建筑建筑的文化特色是其得以继续保存的精神基石,内在文化是工业建筑传承能力的主要体现带有典型的地方特色的工业建筑建筑拥有更加强势的传承能力。

⑤ 景观环境价值

景观环境作为工业建筑评估不可忽视的指标之一，它包含了企业工厂的整体性、周边环境及与城市整体环境的关系等方面，在环境日益恶化的今天，评估这一方面的价值尤为重要。

4. 工业建筑民用化改造功能取向合适宜性评估指标体系

工业建筑进行适宜性再利用要在尽可能保留、保护其工业生产类建筑的特征和所携带历史信息的前提下，注入新的空间元素、开发新的功能。而对工业建筑进行适宜性再利用首先应分析其所具有的价值和改造功能取向带来的各方面价值，根据其总体价值高低对工业建筑改造进行功能定位选择。

工业建筑的适宜性再利用除了受自身价值影响外，还受经济、社会、环境等因素影响，应根据实际情况来权衡。研究在前人研究成果的基础上尝试建立一个较为完善的工业建筑民用化改造功能取向合理性评估指标体系（表2.2-6）。

指标体系表　　　　　　　　　　　　　　　　　　　　表 2.2-6

目标	一级指标	二级指标	备注
工业建筑适宜性再利用	经济价值	功能匹配	➢ 建筑功能改造潜力 ➢ 技术层面再利用的可行性 ➢ 技术层面维护的可能性
		资源互补性	➢ 与周边资源的互补性程度
		成本及收益	➢ 成本与收益最优化方向选择
		产业结构	➢ 对建筑周边产业结构的影响
		设施可再利用潜力	➢ 原有设施的可利用性程度
	社会价值	增加就业	➢ 预期可解决的就业人口数量
		空间结构	➢ 对周边建筑及街区布局的影响
		影响力度	➢ 提升所在地的社会及政府形象潜力
	发展预期	交通改善	➢ 交通便利程度
		基础设施改善	➢ 周边市政设施设备完善情况
		人口素质提高	➢ 所属地公民受教育程度
		地方文化	➢ 地方文化特色的传承
	环境价值	观赏性	➢ 建筑在区域环境中的形式特征
		绿色环保	➢ 对周边生态环境的影响

5. 工业建筑民用化改造功能取向适宜性评估指标体系评估方法

（1）确定评价标准

1）控制性指标

控制性指标根据具体项目——对应评定，分"不满足条件"和"满足条件"两个评价标准，14个指标中，"满足条件"指标大于等于8个为适宜功能取向，"满足条件"指标小于8个为不适宜功能取向。

2）一般性指标

根据控制性指标评定结果，评定为"适宜"的功能取向进一步对其一般性指标进行评价。借鉴有关研究中对指标评价等级的阐述，建立评价等级，将指标分为"差""一般""良好"，并且给出相应的定性或定量评价标准，详见表2.2-7。

指标评价标准 表 2.2-7

指标名称	评价标准		
	差	一般	良好
功能匹配	技术层面再利用可行性小	技术层面再利用可行性一般	技术层面再利用可行性大
资源互补性	与周边资源的互补性较差	与周边资源的互补性一般	与周边资源有较大的互补性
投资成本	>1000 万	500~1000 万	<500 万
产业结构	与周围产业相冲突	与周围产业无必然联系	与周围产业配套,相辅相成
设施可再利用潜力	原设施需全部更新改造	原设施需部分更新改造	原设施全部可继续利用
增加就业	提供工作岗位<100 个	提供工作岗位 100~300 个	提供工作岗位>300 个
空间结构	与周边街区布局不协调	与周边街区布局协调	可优化周边街区布局
影响力度	不能提升地区社会影响力	可提升地区社会影响力	较大程度提升地区社会影响力
交通改善	增加交通量	对交通影响小	可优化交通
基础设施改善	超过基础设施承载力	对基础设施无影响	完善基础设施
人口素质提高	内容乏味,无法对居民产生正面影响	内容平淡,对居民没有影响力	有丰富的内容,能陶冶居民情操
地方文化	破坏地方文化	对地方文化无影响	传承地方文化
观赏性	内容/造型无观赏价值	内容/造型普通平淡	内容/造型能吸引市民
绿色环保	对周围环境有不良影响	对周围环境无影响	能改善周围生态环境

（2）改造项目方案评价与选择

1）控制性指标评价方法

控制性指标评价参考表 2.2-8 形式，组织专家进行评价，统计各个功能取向的指标满足数量。

控制性指标评价表例表 表 2.2-8

控制性评价指标		项目现状	指标匹配性水平评价			
			功能取向 1	功能取向 2	功能取向 3	......
一级指标	二级指标					
选址	/					
总平面设计	出入口					
	人流集散					
	机动车停车位					
	非机动车停车位					
	环境和绿化					
	建筑密度					
	道路					
建筑设计	净高					
	柱距					
	平面布局					
	竖向交通					

续表

控制性评价指标		项目现状	指标匹配性水平评价			
			功能取向 1	功能取向 2	功能取向 3	……
建筑设计	耐火等级					
	安全疏散					
结构	抗震					
	楼面荷载					
基础设施容量	水、电、燃气					
	消防用水					

2) 一般性指标评价方法

① AHP 评价法

层次分析法是对复杂现象的决策思维过程进行模型化、数量化、系统化的方法，也是系统分析法的一种，在生产决策、资源分配、企业管理、管理信息系统等众多领域被广泛采用。

层次分析法采用定性和定量相结合，模拟人脑对客观事物的分析与综合的过程，从而来认识和评价由多因子组成的多层次的复杂开放的系统。其评价分析程序如下：a. 明确问题。b. 建立层次结构（目标层、指标层、策略层）。c. 标度。d. 构造判断矩阵。e. 层次排序计算和一致性检验。f. 选择评价标准进行评价。层次分析法在决策工作中有广泛的应用，是一种运用定性与定量相结合来确定指标权重的分析方法，主要用于确定综合评价的权系数。

② 模糊综合评价法

模糊综合评价法（fuzzy comprehensive evaluation，简称 FCE），是一种有效且广泛应用的模糊数学方法。应用最大隶属度原则和模糊变换原理，考虑与被评价事物相关的各个因素，对其作综合评价。

③ AHP—模糊综合评价法

AHP—模糊综合评价法运用在工业建筑改造项目改造方案的评价分析中，是将层次分析法和模糊综合评价法有机结合起来对方案进行评价的一种方法，即通过层次分析法确定子目标和各指标权重，用模糊综合评价法对方案进行综合评价。

工业建筑改造项目改造方案的综合评价具有以下两个特点：

第一，工业建筑改造项目改造方案综合评价从本质上来说，就是定性评价与定量评价的结合，用于描述项目改造可持续发展水平。

第二，工业建筑改造项目改造方案评价是一个典型综合评价问题，涉及多因素指标。由于各因素的影响程度都是由人们的主观判断来确定，并且这种人为判断不可避免地带有结论上的模糊性，因此，要提高工业建筑改造项目改造方案综合评价结论的可靠性，必须找到一种综合评价方法，能够处理多因素、主观判断及模糊性等问题的。

因为 AHP—模糊综合评价法能同时满足上述两方面的要求，所以工业建筑改造项目改造方案选择这种方法进行综合评价。

第一，运用层次分析法求解各个评价指标的权重。评价人员只需定性的描述各个评价元素的两两相对重要性，然后运用层次分析法就可以比较精确的求出各个评价元素的权重。在严格的科学理论基础上，层次分析法将定性描述与定量计算很好地结合了起来，这就大大加强了评价方法的有效性和科学性。

第二，利用 AHP—模糊综合评价法进行多级模糊综合运算，不但综合了多个评价主体的意见，考虑到了各种因素对所研究问题的影响，而且有效解决了评价过程中出现的模糊性问题，将定量计算与定性评价有效地结合起来。

3）计算指标权重

首先，为了方便计算，将工业建筑改造项目改造评价体系中的指标和准则转化为相应的代号，如表 2.2-9 所示。

AHP 中各要素的对应关系 表 2.2-9

代号	要素	代号	要素	代号	要素
A1	适宜性利用水平	C3	成本及收益	C10	基础设施改善
B1	经济效益	C4	产业结构	C11	人口素质提高
B2	社会效益	C5	设施再利用潜力	C12	地方文化
B3	发展预期	C6	增加就业	C13	外部形象
B4	生态效益	C7	空间结构	C14	绿色环保
C1	技术层面可利用	C8	社会影响		
C2	资源互补性	C9	交通改善		

利用 1～9 比例标度法，分别对每一层次的评价指标的相对重要性进行定性描述，并用准确的数字进行量化，数字的取值所代表意义见表 2.2-10。

判断矩阵标度定义 表 2.2-10

标度	含 义	标度	含 义
1	两个要素，具有相同的重要性	7	两个要素，前者比后者强烈重要
3	两个要素，前者比后者稍重要	9	两个要素，前者比后者极端重要
5	两个要素，前者比后者明显重要	2,4,6,8	上述相邻判断的中间值

以某一工业建筑改造为例，由专家打分得到的两两比较判断矩阵，如表 2.2-11 所示。

第二层权重数值的确定 表 2.2-11

A1	B1	B2	B3	B4	W_i	W_i^0
B1	1	3	3	1	1.73	0.385
B2	1/3	1	5	3	1.50	0.333
B3	1/3	1/5	1	1	0.51	0.113
B4	1	1/3	1	1	0.76	0.169

C1、C2、C3、C4 、C5 指标对 B1 的权重数值确定　　　　　　表 2.2-12

B1	C1	C2	C3	C4	C5	W_i	W_i^0
C1	1	4	1/5	3	1/5	0.863	0.162
C2	1/4	1	3	3	1	1.176	0.221
C3	5	1/3	1	4	2	1.679	0.315
C4	1/3	1/3	1/4	1	2	0.561	0.105
C5	5	1	1/2	1/2	1	1.046	0.197

C6、C7、C8 指标对 B2 的权重数值确定　　　　　　表 2.2-13

B2	C6	C7	C8	W_i	W_i^0
C6	1	4	1/5	0.928	0.307
C7	1/4	1	3	0.909	0.301
C8	5	1/3	1	1.186	0.392

C9、C10、C11、C12 指标对 B3 的权重数值确定　　　　　　表 2.2-14

B3	C9	C10	C11	C12	W_i	W_i^0
C9	1	3	1/2	2	1.316	0.259
C10	1/3	1	5	3	1.495	0.341
C11	2	1/5	1	4	1.125	0.257
C12	1/2	1/3	1/4	1	0.452	0.103

C13、C14 指标对 B4 的权重数值确定　　　　　　表 2.2-15

B4	C13	C14	W_i	W_i^0
C13	1	3	1.732	0.750
C14	1/3	1	0.577	0.250

　　将系统评价指标体系结构模型标上各个指标的权重值，最终得到如表 2.2-16 所示的权重构成。

指标各层次权重　　　　　　表 2.2-16

工业建筑改造适宜性利用水平 A													
经济效益 B1(0.385)					社会效益 B2(0.333)			发展预期 B3(0.113)				生态效益 B4 (0.169)	
技术层面可利用 C1 (0.162)	资源互补性 C2 (0.221)	成本及收益 C3 (0.315)	产业结构 C4 (0.105)	设施再利用潜力 C5 (0.197)	增加就业 C6 (0.307)	空间结构 C7 (0.301)	社会影响 C8 (0.392)	交通改善 C9 (0.259)	基础设施改善 C10 (0.341)	人口素质提高 C11 (0.257)	地方文化 C12 (0.103)	外部形象 C13 (0.750)	绿色环保 C14 (0.250)

　　通过加权乘积运算，得到第三层指标对最高层即总目标——适宜性利用水平的权重值如表 2.2-17 所示。

指标权重的确定

表 2.2-17

指标	权重	代号	指标	代号	指标
C1	0.062	C6	0.102	C11	0.029
C2	0.085	C7	0.101	C12	0.013
C3	0.122	C8	0.131	C13	0.127
C4	0.041	C9	0.030	C14	0.042
C5	0.076	C10	0.039		

4）评价与确定方案

根据指标体系中的 14 个指标建立了"差""一般""良好"三个评价等级，专家在进行方案打分时，规定"差"为 60 分，"一般"为 80 分，"良好"为 100 分。通过 10 位专家的评价，得到办公、商场、文博会展、宾馆四个方案的评价结果，办公方案结果如表 2.2-18 所示。

办公方案综合评价结果

表 2.2-18

隶属度　评价等级 指标	良好（100）	一般（80）	差（60）
C1	5/10	4/10	1/10
C2	3/10	2/10	5/10
C3	1/10	5/10	4/10
C4	2/10	4/10	4/10
C5	4/10	2/10	4/10
C6	2/10	5/10	3/10
C7	2/10	2/10	6/10
C8	1/10	5/10	4/10
C9	3/10	2/10	5/10
C10	5/10	2/10	3/10
C11	5/10	3/10	2/10
C12	4/10	1/10	5/10
C13	2/10	5/10	3/10
C14	6/10	2/10	2/10
综合隶属度	0.3214	0.3143	0.3643
综合得分	79.142		

根据同样方法得到商场、文博会展、宾馆三个方案的评价结果分别为 75.232、76.586 和 71.254，因此综合来看，将某工业建筑改造为办公建筑，总体效益是最好的，适应性利用水平也最高。

2.3 绿色化改造技术适宜性

这里所研究的内容旨在帮助设计师或开发者，在工业建筑绿色化民用化改造设计前期技术策划时进行决策。

2.3.1 工业建筑民用化改造技术发展现状

工业建筑民用化改造从技术使用角度，经历了三个阶段。第一阶段只是根据功能变化对原有建筑作一些简单的改造，以结构专业为主。第二阶段，多数从创意产业入手，着重于立面的改变和空间的改变设计，以建筑专业为主。第三阶段，更多强调节能、绿色的特征，以建筑物理为主。

目前我国对于工业建筑绿色化民用化改造的研究还处于起步阶段，大多数研究还处于个案研究，即针对某具体案例的应用研究，还没有上升到"面"上的研究。研究情况：《初探绿色技术在旧工业建筑改造中的应用》提出旧工业建筑改造中应关注屋面节能改造、墙体的节能改造、门窗的节能改造、冬季供暖系统的改造（散热器改为地板辐射供暖）、垂直绿化、雨水中水利用、节材（拆除材料的再利用）等方面的绿色技术应用，提出了适宜的技术策略，《中国旧工业建筑改造的生态设计策略》等文献也提出了类似的观点；《杭州近代工业博物馆低碳化改造设计》结合杭州近代工业博物馆改造实例，从节地与室外环境、节能与能源管理、节水与水资源利用、节材与材料资源和室内环境控制五个方面阐述了既有建筑改造设计的低碳化综合技术措施，探索了工业建筑按照《绿色建筑评价标准》进行改造的方法；《建筑改造和再生利用：三洋厂房改造》、《旧厂房改造中的绿色实践探索——以苏州市建筑设计研究院生态办公楼改造为例》等文献也有针对不同项目的绿色技术应用的阐述；《平衡之道——基于国家三星级绿色建筑标准的工业建筑改造实践》以南市发电厂的改造为例阐述了绿色化改造的困难与解决方案，提出了整体目标与改造策略性的平衡、空间特征与功能适应性的平衡、艺术风格与技术可行性的平衡三方面的改造原则；《深圳既有工业建筑改造为创意园的探讨——两个案例的分析和比较》对深圳市近期两个引人注目的案例：华侨城地产的 OCT-LOFT 创意文化园和蛇口招商地产的南海意库进行了分析比较，这两个项目都是对既有厂房进行改造，实施功能转换成为创意园的案例，虽然二者都在可持续发展方面获得了成功，但是二者改造的策略并不相同，文章强调文化和技术两条可持续改造都有可取之处，但从科技发展来讲，两者有机结合才是这个时代的发展趋势；《旧工业建筑生态改造的设计策略》分析了进行生态改造的必要性，指出了我国旧工业建筑改造中存在的问题与不足，并在成功案例分析的基础上总结和提炼了我国旧工业建筑生态改造的设计策略，主要原则包括忠实旧工业建筑的原则、经济性原则、减少对环境的负面影响原则、功能适应性原则、内部资源自循环原则以及尽可能利用可再生能源、可再生材料和循环使用的原则，同时提出包括建筑前期调查与策划、旧工业建筑生态改造设计、旧工业建筑生态改造施工、旧工业建筑生态改造后的运营管理、旧工业建筑生态改造后继评估全过程的生态设计策略。

2.3.2 我国工业建筑的特点、分类

工业建筑是指从事各类工业生产及直接为生产服务的房屋，直接从事生产的房屋包括主要生产房屋、辅助生产房屋，这些房屋常被称为"厂房"或"车间"。"车间"原是企业中直接进行工作的生产单位，可由若干生产工段或生产小组构成；"车间"也指厂房。

工业建筑由于生产工艺复杂多样，在使用要求、室内采光、屋面排水及建筑构造等方面，具有以下特点：

1. 厂房的建筑设计是在工艺设计人员提出的工艺设计图的基础上进行的。

2. 由于厂房中的生产设备多、质量大、各部生产联系密切，并有多种起重运输设备通行，致使厂房内部具有较大的敞通空间。例如，有桥式吊车的厂房，室内净高一般均在8m以上，有6000t以上水压机的锻压车间，室内净空可超过20m，厂房长度一般均在数十米以上；有些大型轧钢厂，其长度可达数百米甚至超过千米。

3. 当厂房宽度较大时，特别是多跨厂房，为满足室内采光、通风的需要，屋盖上往往设有天窗，为了屋面防水、排水的需要，还应设置屋面排水系统（天沟及雨水管）。这些设施均使屋盖构造复杂。由于设有天窗、室内大都无顶棚，屋盖承重结构袒露于室内。

4. 在单层厂房中，由于其跨度较大，屋盖及吊车荷载较重，多采用钢筋混凝土排架结构承重，在多层厂房中，由于楼面荷载较大，广泛采用钢筋混凝土骨架承重。对于特别高大的厂房，或有重型吊车的厂房，或高温厂房，或地震烈度较高地区的厂房，宜采用钢骨架承重。

工业生产的类别繁多，生产工艺不同，分类亦随之而异，在建筑设计中常按厂房的用途、内部生产状况及层数分类。

1. 按厂房的用途分类，包括主要生产厂房、辅助生产厂房、动力类厂房、储藏类建筑、运输类建筑。

2. 按车间内部生产状况分类，包括热加工车间、冷加工车间、有侵蚀性介质作用的车间、恒温恒湿车间、洁净车间。

3. 按厂房层数分类，包括单层厂房、多层厂房、混合层次厂房。

工业建筑本身具有绿色属性，主要体现在朝向、自然采光、自然通风以及围护结构保温隔热上的技术措施。这些绿色元素是有利于工业建筑改造中合理利用建筑本身良好的窗口、进排风口的基础条件，也为室内空间的改造提供了依据。

1. 朝向

• 炎热地区：矩形平面，厂房长轴与夏季主导风向夹角在 $45°\sim90°$ 之间。

• 寒冷地区：厂方的长边平行冬季主导风向。

2. 自然采光

• Ⅲ级以上标准的生产车间采光标准可以满足大都民用建筑采光的要求。

• 大都工业厂房都设有天窗，天窗形式包括矩形天窗、锯齿形天窗、平天窗等，这些元素可以被利用。

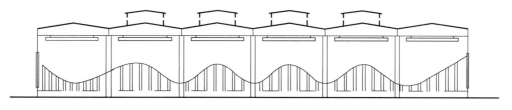

图 2.3-1　矩形高低窗布置采光图

3. 自然通风

• 一般厂房通风首选自然通风或以自然通风为主，辅之以简单的机械通风。

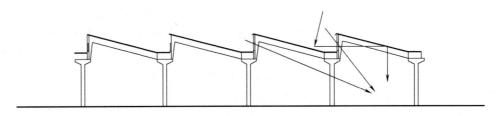

图 2.3-2　锯齿形天窗的厂房剖面

· 为有效地组织好自然通风，在剖面设计中考虑了厂房的剖面形式、合理布置了进、排风口的位置和开窗方式。

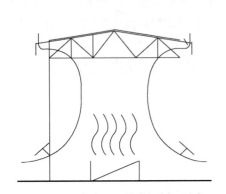

图 2.3-3　南方地区热车间剖面示意

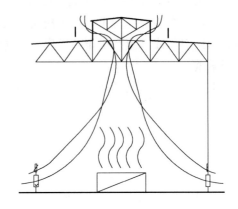

图 2.3-4　北方地区热车间剖面示意

这些元素可以为改造后项目改善内部采光、通风提供很好的先天优势。

2.3.3　工业建筑绿色化民用化改造的技术特点

这里归纳梳理了 16 个工业建筑改造案例（表 2.3-1），从改造后功能类型看包括办公 9 项、酒店 1 项、博览 3 项、教育 2 项、商场 1 项；从改造前的工业类型看，包括动力类厂房 1 项、运输类厂房 1 项、储存类厂房 1 项、生产类厂房 13 项；从结构形式看，包括多层厂房 5 项，单层厂房 11 项。

绿色改造的典型案例

表 2.3-1

序号	项目名称	地点	改造时间(年代)	原使用用途
1	浦西世博能源中心	上海	2010	南市发电厂
2	上海世博会特钢大舞台	上海	2010	上钢三厂特钢车间
3	南海意库 3 号楼	深圳	2008	三洋厂房
4	上海花园坊节能环保产业园	上海	2009	上海乾通汽车配件厂
5	上海国际节能园一期	上海	2009	上海铁合金厂
6	Hassell 建筑设计事务所上海总部	上海	2011	幸福摩托车老厂
7	内蒙古工业大学建筑馆	呼和浩特	2009	铸造车间
8	十七棉创意园区	上海	2012	上海第十七棉纺织总厂
9	苏州市建筑设计研究院生态办公楼	苏州	2010	美西航空厂区
10	旧金山市第 11 街 355 号改建项目	旧金山	2010	多层厂房

序号	项 目 名 称	地点	改造时间(年代)	原使用用途
11	上海虹桥临空经济园区东方国信工业楼改扩建	上海	2012	四层粮库
12	苏州市节能环保科技园一期厂房改造	苏州	2011	12m 高的工业厂房
13	平江府酒店改造工程	苏州	2010	苏州第三纺织厂
14	杭州近代工业博物馆	杭州	2011	红蕾丝织厂老厂房
15	同济大学建筑设计研究院办公大楼	上海	2011	巴士一汽立体停车库
16	加州工艺美术学院	旧金山	1999	巴士维修工厂

1. 按改造后的建筑类型进行分类（表 2.3-2）

按改造后建筑类型分类的案例列表 表 2.3-2

类 型	项 目
展览建筑	南市电厂 上海世博会特钢大舞台 杭州近代工业博物馆
教育建筑	内蒙古工业大学建筑馆. 加州工艺美术学院
酒店建筑	平江府酒店改造工程
商场建筑	十七棉创意园区
办公建筑	南海意库 上海花园坊节能环保产业园 上海国际节能园一期 Hassell 建筑设计事务所上海总部 苏州建筑设计院 上海虹桥临空经济园区东方国信工业楼改扩建 苏州市节能环保科技园一期厂房改造 同济大学建筑设计研究院办公大楼 旧金山市第 11 街 355 号改建项目

2. 按改造前的建筑类型进行分类（表 2.3-3）

按改造前建筑类型分类的案例列表 表 2.3-3

类 型	项 目
动力类厂房	南市电厂
运输类建筑	同济大学建筑设计研究院办公大楼
储藏类建筑	上海虹桥临空经济园区东方国信工业楼改扩建
主要生产厂房	十七棉创意园区 南海意库 上海世博会特钢大舞台 平江府酒店改造工程 杭州近代工业博物馆 内蒙古工业大学建筑馆. 上海花园坊节能环保产业园 上海国际节能园一期 Hassell 建筑设计事务所上海总部 苏州建筑设计院 苏州市节能环保科技园一期厂房改造 旧金山市第 11 街 355 号改建项目 加州工艺美术学院

3. 按改造前的厂房层数分类进行分类（表 2.3-4）

按改造前厂房层数分类的案例列表 表 2.3-4

类 型	项 目
单层厂房	南市发电厂 十七棉创意园区 上海世博会特钢大舞台 Hassell 建筑设计事务所上海总部 苏州建筑设计院 苏州市节能环保科技园一期厂房改造 平江府酒店改造工程 上海国际节能园一期 内蒙古工业大学建筑馆. 上海虹桥临空经济园区东方国信工业楼改扩建 加州工艺美术学院
多层厂房	同济大学建筑设计研究院办公大楼 南海意库 上海花园坊节能环保产业园 旧金山市第 11 街 355 号改建项目 杭州近代工业博物馆

4. 按改造的意图分类（表 2.3-5）

按改造意图分类的案例列表 表 2.3-5

类 型	项 目
企业自用的再利用改造	Hassell 建筑设计事务所上海总部 苏州建筑设计院 苏州市节能环保科技园一期厂房改造 内蒙古工业大学建筑馆 上海虹桥临空经济园区东方国信工业楼改扩建 同济大学建筑设计研究院办公大楼 南海意库 旧金山市第 11 街 355 号改建项目
政府规划主导下的旧工业改造	平江府酒店改造工程 十七棉创意园区 上海国际节能园一期 上海花园坊节能环保产业园
历史工业遗产的再利用改造	南市电厂 上海世博会特钢大舞台

1. 技术应用频率分析

应用较多的技术措施包括围护结构保温、自然通风、自然采光、立体绿化、结构优化、可循环材料的使用、智能节能照明、热回收技术、太阳能光伏发电、地源热泵、雨水回用、太阳能热水等。

由图 2.3-5 可知，被动式技术所在比例最高为 46%，其他依次为可再生资源利用 21%，高效设备 18%，节材技术 15%。

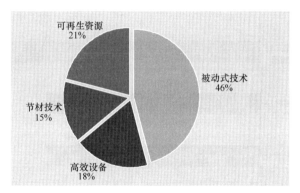

图 2.3-5　技术分类表

被动式技术的应用分析见下图，由图 2.3-6 可知，应用频率高低依次为：围护结构保温节能、自然采光、自然通风、建筑遮阳、垂直绿化和屋顶绿化。

可再生资源利用技术的应用分析见图 2.3-7，由图可知，应用频率高低依次为：地源热泵、太阳能光伏、太阳能光热、雨水回用和中水回用。

节材技术的应用分析见图 2.3-8，由图可知，应用频率高低依次为：可再循环材料的利用、废旧材料的回用和结构优化技术。

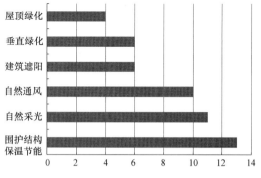

图 2.3-6　被动式技术分类表

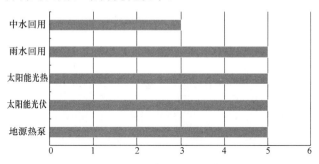

图 2.3-7　可再生资源利用技术分类表

高效设备技术包括热回收技术、二氧化碳监控与风机联动、分项计量、节水设备、节能灯具、温湿度独立控制空调系统＋冷辐射毛细管、冷凝锅炉、高效空调设备等。

从改造前建筑类型、改造后的建筑类型、改造前的厂房层数、地域的适用性四个基本维度对绿色技术的使用频率进行了研究。

由表 2.3-6 可见，垂直绿化技术较适用于夏热冬冷地区、改造后为展览或办公类型的工业建筑；建筑遮阳较适用于夏热冬冷地区、改造前为多层厂房、改造后为办公类型的工业建筑；屋顶绿化使用较少；自然采光、自然通风尤其适用于夏热冬冷改造前为单层、多层的主要生产厂房和改造后为展览和办公类型的工业建筑。

由于案例有限，技术应用频率的分析结论，仅供参考，尤其是寒冷和夏热冬暖地区。

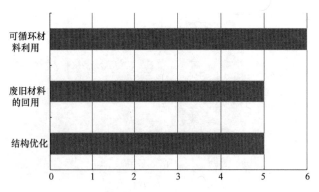

图 2.3-8　节材技术分类表

技术应用频率分析汇总表　　　　　　　　　　　　　表 2.3-6

适用技术	使用比率	改造前建筑类型		改造后的建筑类型		改造前的厂房层数		地域的适用性	
垂直绿化	38%	动力类厂房	☺	展览建筑	√√√	单层厂房	√√	夏热冬冷	√√√
		运输类建筑	☺	教育建筑	\	多层厂房	√√	夏热冬暖	☺
		储藏类建筑	\	酒店建筑	\			寒冷	\
		主要生产厂房	√√	商场建筑	\				
				办公建筑	√√√				
建筑遮阳	38%	动力类厂房	\	展览建筑		单层厂房	√√	夏热冬冷	√√√
		运输类建筑	☺	教育建筑		多层厂房	√√√	夏热冬暖	☺
		储藏类建筑	\	酒店建筑	☺			寒冷	\
		主要生产厂房	√√	商场建筑					
				办公建筑	√√√				
屋顶绿化	25%	动力类厂房		展览建筑	√	单层厂房	√	夏热冬冷	√
		运输类建筑		教育建筑	☺	多层厂房	√√	夏热冬暖	☺
		储藏类建筑	☺	酒店建筑	\			寒冷	\
		主要生产厂房	√√	商场建筑	\				
				办公建筑	√√				
自然采光	69%	动力类厂房	☺	展览建筑	√√√√	单层厂房	√√√√	夏热冬冷	√√√√
		运输类建筑	☺	教育建筑	☺	多层厂房	√√√	夏热冬暖	☺
		储藏类建筑	\	酒店建筑	☺			寒冷	☺
		主要生产厂房	√√√√	商场建筑					
				办公建筑	√√√				
自然通风	63%	动力类厂房	☺	展览建筑	√√√	单层厂房	√√√	夏热冬冷	√√√√
		运输类建筑	☺	教育建筑	☺	多层厂房	√√√√	夏热冬暖	☺
		储藏类建筑	\	酒店建筑	☺			寒冷	☺
		主要生产厂房	√√√√	商场建筑	\				
				办公建筑	√√√				

适用技术	使用比率	改造前建筑类型		改造后的建筑类型		改造前的厂房层数		地域的适用性	
地源热泵	31%	动力类厂房	●	展览建筑	√	单层厂房	√	夏热冬冷	√√
		运输类建筑	\	教育建筑	\	多层厂房	√√√	夏热冬暖	●
		储藏类建筑	\	酒店建筑	\			寒冷	\
		主要生产厂房	√√	商场建筑	\				
				办公建筑	√√√				
太阳能光伏	31%	动力类厂房	●	展览建筑	√	单层厂房	√	夏热冬冷	√√
		运输类建筑	●	教育建筑	\	多层厂房	√√√	夏热冬暖	●
		储藏类建筑	\	酒店建筑	\			寒冷	\
		主要生产厂房	√√	商场建筑	\				
				办公建筑	√√√				
太阳能光热	31%	动力类厂房	\	展览建筑	√	单层厂房	√	夏热冬冷	√√
		运输类建筑	●	教育建筑	\	多层厂房	√√√	夏热冬暖	●
		储藏类建筑	\	酒店建筑	●			寒冷	\
		主要生产厂房	√√	商场建筑	\				
				办公建筑	√√√				
中水回用	19%	动力类厂房	\	展览建筑	√	单层厂房	√	夏热冬冷	√
		运输类建筑	●	教育建筑	\	多层厂房	√√	夏热冬暖	●
		储藏类建筑	●	酒店建筑	\			寒冷	\
		主要生产厂房	√	商场建筑	\				
				办公建筑	√√				
雨水回用	31%	动力类厂房	\	展览建筑	√	单层厂房	√	夏热冬冷	√
		运输类建筑	●	教育建筑	\	多层厂房	√√	夏热冬暖	●
		储藏类建筑	●	酒店建筑	\			寒冷	\
		主要生产厂房	√√	商场建筑	\				
				办公建筑	√√				
废旧材料的回用	31%	动力类厂房	●	展览建筑	√√√√√	单层厂房	√√	夏热冬冷	√√√
		运输类建筑	\	教育建筑	\	多层厂房	√	夏热冬暖	\
		储藏类建筑	\	酒店建筑	●			寒冷	\
		主要生产厂房	√√	商场建筑	\				
				办公建筑	√				
结构优化	31%	动力类厂房	●	展览建筑	√√√	单层厂房	√√√	夏热冬冷	√√
		运输类建筑	\	教育建筑	●	多层厂房	\	夏热冬暖	\
		储藏类建筑	\	酒店建筑	\			寒冷	●
		主要生产厂房	√√	商场建筑	●				
				办公建筑	√				

注：√√√√√、√√√√表示推荐，√√√、√√表示适宜，●表示适宜（须比较），√、\表示不推荐

53

2. 不同绿色建筑技术与工业建筑民用化改造的关联度分析

工业建筑民用化改造过程中影响技术选择因素包括以下几个方面：

■改造后使用功能的需求

■改造后建筑类型与原有建筑类型建筑标准的差异性

■改造后建筑的定位需求

改造后使用功能的需求主要指改造后建筑类型对于使用方面的需求，如办公建筑对于办公面积、会议面积和其他功能需求情况，如展览建筑对于展示空间、交流空间的需求情况等，这些使用功能的需求直接影响原有建筑的使用面积是否满足要求，原有建筑的空间特点是否满足要求（如柱距、层高等），原有建筑的配电、配水、空调设备是否满足要求等。

改造后建筑类型与原有建筑类型建筑标准的差异性，包括建筑、结构、水、暖、电等各个专业，如原有结构能否满足标准的抗震要求，围护结构能否满足标准的节能要求，原有机电设备能否满足标准的技术要求，室内环境能否满足新建筑类型的采光和通风要求等。

改造后建筑的定位需求主要指改造后建筑的水平定位，是基本满足标准要求，还是高标准要求，如绿色二星级标准，三星级标准，零能耗建筑标准等。这些要求将直接影响所采用技术的内容和水平。

由工业建筑民用化改造过程中影响技术选择因素可知，改造后使用功能的需求和改造后建筑类型与原有建筑类型建筑标准的差异性是影响技术采用的本体因素，而改造后建筑的定位需求是技术采用的人为附加因素。因此，不同绿色建筑技术与工业建筑民用化改造的关联度将集中于前两种因素进行分析。

（1）垂直绿化

是一种对建筑物的立面墙体以及各种实体围墙进行绿化的方式，是一种具有生态功能的建筑外墙装饰艺术。除了可以在墙缘种植攀缘植物外，还可以直接在墙面上安装生态垫、生态盒或生态箱等进行植物种植，也可以在房顶上设种植槽或种植池进行植物种植，让植物下垂或沿墙面生长。

由频率分析可知，垂直绿化使用比率达到 38%，被较为频繁的采用，主要基于三个原因，1）工业建筑原有立面形式较为单调，垂直绿化可以成为建筑立面设计的主要元素；2）工业建筑原有周围环境较差，生态环境与新规划的建筑区域无法相比，因此垂直绿化是改善环境的重要手段之一；3）是满足高标准要求重要技术手段。综上所述，垂直绿化与工业建筑关联度可评价为二星，即有一定必要性。

技术应用特点：将垂直绿化作为立面元素，与遮阳等物理功能整合设计。

（2）建筑遮阳

建筑外遮阳系统是指遮阳设施放置在外窗孔洞外侧，通过反射作用将来自太阳的直接辐射热量传递给天空或周围环境，减少了建筑对太阳的辐射得热，也可以通过吸收太阳辐射的得热之后，通过红外长波辐射的方式向周围环境放热，只有其中的一小部分辐射到了建筑表面上。其节能效果显著，可使传入室内的热量降低 60%～70%，然而，由于直接暴露在室外，对材料及构造的耐久性要求较高，同时需考虑操作、维护等要求。此外由于建筑外遮阳的设置对建筑外观有较大影响，需在建筑设计的初始阶段加以整体考虑，即进行建筑一体化设计，让建筑外遮阳系统成为改变建筑外观设计的一种新的建筑元素。

按照系统可调性，建筑外遮阳系统可分为固定式建筑外遮阳和可调节式建筑外遮阳。

由频率分析可知，建筑遮阳使用比率达到38％，被较为频繁地采用，主要基于三个原因：1）气候特点所需，如夏热冬暖、夏热冬冷地区夏季较为炎热，建筑遮阳可以很好地改善室内环境；2）是满足高标准要求重要技术手段，尤其活动外遮阳措施；3）部分固定遮阳措施，如自遮阳、外廊等措施很容易与建筑形态或功能设计相结合。综上所述，建筑遮阳与工业建筑关联度可评价为无，即与其他类型建筑改造无差异性。

（3）屋顶绿化

建筑屋顶绿化，又可称为建筑第五立面绿化，是以建筑物顶部平台为依托，以绿色植物为主要覆盖物，配以植物生存所需的营养土层、蓄水层以及屋面所需的植物阻根层、排水层、防水层等所共同组成的一套屋面系统。包括室外地下室顶板到地面距离小于2m范围内的绿化设计。不与大地土壤连接，脱离地气是建筑屋顶绿化的最主要特点。

由频率分析可知，屋顶绿化使用比率达到25％，使用屋顶绿化主要基于两个原因：1）是满足高标准要求重要技术手段之一，尤其绿色建筑本身的要求；2）是改善屋顶生态环境和屋顶隔热的主要措施。

屋顶绿化增大了屋顶的静荷载，因此需要对原有屋顶进行结构改造或更换，对于单层厂房结构的屋面影响较大，因此屋顶绿化与工业建筑关联度可评价为一星，即不是工业建筑改造本身的特有需求，但应用于工业建筑改造时改造难度与其他类型建筑有所不同。

技术应用特点：将屋顶绿化与屋顶保温隔热措施结合起来，屋顶绿化的形式须考虑屋顶的结构形式。

（4）自然采光

天然光环境是人们长期习惯和喜爱的工作环境。各种光源的视觉试验结果表明，在同样照度的条件下，天然光的辨认能力优于人工光，也更有利于人们工作、生活、保护视力和提高劳动生产率。公共建筑自然采光的意义不仅在于照明节能，而且为室内的视觉作业提供舒适、健康的光环境，是良好的室内环境质量不可缺少的重要组成部分。

由频率分析可知，自然采光使用比率达到69％，被频繁的采用，主要基于三个原因。1）原有工业建筑进深跨度较大，层高较高，因此为了满足采光要求多采用了高窗和顶部采光的方式，建筑功能改变后因为空间改造，如加层和分隔措施，原有采光措施不能满足要求，因此需要在利用原有天窗和高大窗的基础上增加内庭院、天井、光导管等采光措施。2）部分工业建筑，如焊接、冲压剪切、锻工、热处理、食品、烟酒加工和包装，日用化工产品，金属冶炼，水泥加工与包装，配、变电所等采光要求低于办公、酒店等建筑类型采光要求，因此需要改造。3）是满足高标准要求重要技术手段，如绿色三星级标准对地下室、满足比率有较高的要求。综上所述，自然采光与工业建筑关联度可评价为三星，即密切相关，是工业建筑必须考虑的技术措施，并与其他类型建筑有所不同。

技术应用特点：1）将内庭院、天井、中庭等空间改造措施与自然采光措施相结合；2）尽量利用原有天窗、高窗等有利于室内采光的基础条件。

（5）自然通风

自然通风是一种有效的被动式设计策略，气流的流动可以降低室内温度并洁净室内空气，从而将舒适区扩展到更宽的温湿度范围内。

自然通风一般从提高夏季和过渡季室内热舒适度角度出发，根据气候特点、周边环境、房间使用性质、建筑本身条件、经济技术条件等综合因素，满足自然通风要求的同时，兼顾采光、遮阳、安全等要求。

由频率分析可知，自然通风使用比率达到63%，被频繁地采用，主要基于两个原因：1）原有工业建筑进深跨度较大，层高较高，因此为了满足通风要求多采用了热压拔风措施，并减少室内分割，而建筑功能改变后因为空间改造，如加层和分隔措施，原有自然通风的风路被切断，部分房间变为单侧通风，甚至变成封闭空间，因此需要在利用原有天窗和高大窗的基础上增加内庭院、天井、改善天窗开启面积等自然通风措施；2）是满足高标准要求重要技术手段，如绿色三星级标准对自然通风、换气次数有明确的规定和要求。综上所述，自然通风与工业建筑关联度可评价为三星，即密切相关，是工业建筑必须考虑的技术措施，并与其他类型建筑有所不同。

技术应用特点：1）尽量利用原有朝向、天窗、高窗、烟囱等有利于室内自然的基础条件，针对新功能需要进行改进利用；2）将内庭院、天井、中庭等空间改造措施与自然通风措施相结合。

（6）地源热泵

浅层地热利用新技术——地源热泵技术，是利用散布在地球表面浅层水源和浅层土壤中的低品位热能的一种有效方式，其包括土壤源热泵、地下水源热泵和地表水源热泵技术，具有能效高、占地少、不污染环境、运行成本低的特点，尤其在冬季供暖方面有锅炉无法比拟的优越性，其开发具有良好的社会效益和经济效益。

由频率分析可知，地源热泵使用比率达到31%，被较为频繁地采用，主要基于两个原因：1）是满足高标准要求重要技术手段，同时也是能源危机和环境恶化后建筑节能领域重要技术措施之一；2）地源热泵使用的前提物理条件是具有一定的场地面积或临近江河水域，而大都工业建筑或是临江，或是位于容积率较低的工业园区，因此较利于地源热泵的使用。综上所述，地源热泵与工业建筑关联度可评价为一星，即不是工业建筑改造本身的特有需求，但应用于工业建筑改造时改造难度与其他类型建筑有所不同。

技术应用特点：1）发电厂工业改造时，宜考虑采用水源热泵系统，利用原有取排水散热系统，作为水源热泵的取排水管道系统；2）考虑采用土壤源热泵系统时，须考虑埋管空间的可行性。

（7）太阳能光伏

太阳能光伏发电系统是国家大力推进的绿色能源应用技术，可有效利用建筑表面空间，而不另占额外的土地；光伏组件可替代常规建筑材料，从而节约材料的费用；分散发电，就地使用，避免在输配电过程中的电能损耗和输配电设备的投资和维护成本。

由频率分析可知，太阳能光伏发电系统使用比率达到31%，被较为频繁地采用，主要基于两个原因：1）是满足高标准要求重要技术手段，同时也是能源危机和环境恶化后建筑节能领域重要技术措施之一；2）太阳能光伏使用的前提物理条件是具有较大的水平安装面积，且不受周边建筑遮挡，而大都工业建筑位于容积率较低的工业园区，且本身屋面面积较大，因此较利于太阳能光伏系统的使用。综上所述，太阳能光伏系统与工业建筑关联度可评价为一星，即不是工业建筑改造本身的特有需求，但应用于工业建筑改造时改造难度与其他类型建筑有所不同。

技术应用特点：考虑使用光伏系统时，应首先屋面空间的利用。

（8）中水回用

中水是指各种排水经处理后，达到规定的水质标准，可在生活、环境等范围内杂用的非饮用水。中水利用是污水资源化的重要方面，具有明显的社会效益和经济效益。

建筑中水是建筑物中水和小区中水的总称，其用途主要是冲厕、绿化、道路清扫、车辆冲洗、建筑施工、消防等。

由频率分析可知，太阳能光伏发电系统使用比率达到19%，被采用的频率不高，采用该技术主要基于两个原因：1）是满足高标准要求重要技术手段，是满足绿色三星节水要求的关键手段之一；2）中水回用使用的前提物理条件是具有较大处理面积，如人工湿地、生物处理等，而大都工业建筑位于容积率较低的工业园区，因此较利于中水处理的物理条件。综上所述，中水回用与工业建筑关联度可评价为一星，即不是工业建筑改造本身的特有需求，但应用于工业建筑改造时改造难度与其他类型建筑有所不同。

（9）雨水回用

雨水的回收利用分间接和直接两种。间接利用是采用多种雨水渗透设施，降雨水回灌地下，以补充地下水资源；直接利用是将雨水进行收集、贮存和净化后，水质达到《污水再生利用城镇杂用水水质标准》GB/T 18920—2002，然后直接用于冲洗路面、绿化、洗车、冲厕等。

雨水利用系统可分为三个部分：雨水收集、雨水处理和雨水供应。雨水收集主要形式有：屋顶集水、地面径流集水、截水网等，其效率会随着面材质、气象条件以及降雨时间的长短等因素而有所差异。

由频率分析可知，太阳能光伏发电系统使用比率达到31%，被较为频繁地采用，主要基于两个原因：1）是满足高标准要求的重要技术手段，是满足绿色三星节水要求的关键手段之一；2）雨水回用使用的前提物理条件是具有较大屋面收集雨水，而工业建筑大都容积率较低，具有较大的屋面，且可利用原有屋面进行雨水收集，因此具有利于雨水处理的物理条件和基础条件。综上所述，雨水回用与工业建筑关联度可评价为一星，即不是工业建筑改造本身的特有需求，但应用于工业建筑改造时改造难度与其他类型建筑有所不同。

技术应用特点：1）考虑使用雨水回用系统时，应尽量利用原有屋面排水系统进行汇水收集；2）考虑采用使用雨水回用系统时，须考虑集水井和水处理设备空间的可行性。

（10）废旧材料的回用

可再利用材料指在不改变所回收物质形态的前提下进行材料的直接再利用，或经过再组合、再修复后再利用的材料（如从旧建筑中拆下来的旧木门窗、旧砖等）。

由频率分析可知，废旧材料使用比率达到31%，被较为频繁地采用，主要基于三个原因：1）是既有建筑改造的通用特点，即既有建筑改造过程中必然会拆除部分有用的废旧材料，如玻璃、钢结构、黏土实心砖等材料，只不过相对于一般建筑，工业建筑很多单层厂房都使用了轻钢龙骨的结构形式和屋面，且很多废旧的大型机械，如钢炉、风机等设备，存在更多可再利用的废旧材料；2）建筑师出于保留历史痕迹的需要，会使用部分废旧材料作为装饰构件使用；3）是满足高标准要求重要技术手段，是满足绿色三星节材要求的重要手段之一。综上所述，废旧材料的回用与工业建筑关联度可评价为一星，即不是工业建筑改造本身的特有需求，但应用于工业建筑改造时改造难度与其他类型建筑有所不同。

技术应用特点：1）在结构优化设计的基础上，统筹考虑废旧材料的综合利用；2）改造前，应校核现有机电设备是否能够满足新建筑功能的需求，尽可能保留使用，如变压器、空调机组、冷却塔等。

（11）结构优化

由于既有建筑都难以满足新标准对于结构设计和空间使用的要求，因此很多建筑都需要对原有结构进行拆除、加固或更换，而尽量利用原有结构、减少加固量是绿色环保的最重要手段之一。

由频率分析可知，结构优化使用比率达到 31%，被较为频繁地采用，主要基两个原因：1）是既有建筑改造的通用特点，即既有建筑改造过程中必然会遇到结构改造和结构加固，而结构优化是节约成本的主要途径之一；2）是满足高标准要求重要技术手段，是满足绿色三星节材要求的重要手段之一。综上所述，结构优化与工业建筑关联度可评价为无，即与其他类型建筑改造无差异性。

技术应用特点：空间策划时，宜结合结构优化，尽可能减少结构拆除和改变。

综上所述，不同绿色技术与工业建筑相关性呈现不同的水平，部分技术与工业建筑的相关性与其他建筑类型改造并无差异，部分技术虽然与工业建筑改造过程中本身需求无关联，却具有比其他建筑类型改造更好的基础条件。这里将各种情况，大致分为四类，包括无、一星、二星、三星。具体见表 2.3-7。

与工业建筑关联度的推荐表　　　　　　　　　　　　表 2.3-7

关联度	技术类别	备注
三星	自然通风、自然采光	密切相关，是工业建筑必须考虑的技术措施，并与其他类型建筑有所不同
二星	垂直绿化	有一定必要性
一星	屋顶绿化、地源热泵、太阳能光伏、太阳能光热、中水回用、雨水回用、废旧材料的回用	不是工业建筑改造本身的特有需求，但应用于工业建筑改造时，改造难度与其他类型建筑有所不同
无	建筑遮阳、结构优化	与其他类型建筑改造无差异性

3. 不同绿色建筑技术的经济效益分析

与工业建筑有关联度的技术包括自然通风、自然采光、垂直绿化、屋顶绿化、地源热泵、太阳能光伏、太阳能光热、中水回用、雨水回用、废旧材料的回用。工业建筑民用化改造采用这些技术时，除了考虑其技术必要性外，还需要考虑其经济性，这将直接影响技术采用的方式和规模。

自然通风、自然采光、垂直绿化、屋顶绿化、地源热泵、太阳能光伏、太阳能光热、中水回用、雨水回用、废旧材料回用等技术，核心价值不同，因此其所产生的效益评价也有所不同。如垂直绿化、屋顶绿化核心价值是改善生态环境；自然通风、自然采光核心价值为改善室内舒适度环境，使用后未必对运营成本产生经济效益，甚至增加运营维护的人工成本和资源成本。因此他们的效益评价不宜用回收期来评价，而更适合简单地用投资成本作为决策依据。

地源热泵、太阳能光伏、太阳能光热、中水回用、雨水回用、废旧材料回用的核心价值是节约用电、用水和用材成本，因此即使使用这些技术会增加一定的初期投资，但在日后运营中可以通过节约能源的方式进行回收。因此，这些技术一般可以采用投资回收期来作为优选的决策依据。各种技术的效益评价方法见表2.3-8。

不同技术的效益评价方法　　　　　　　　　　　　表 2.3-8

序号	技术类别	效益评价方法
1	自然通风	投资增量成本
2	自然采光	投资增量成本
3	垂直绿化	投资增量成本
4	屋顶绿化	投资增量成本
5	地源热泵	投资静态回收期
6	太阳能光伏	投资静态回收期
7	太阳能光热	投资静态回收期
8	中水回用	投资静态回收期
9	雨水回用	投资静态回收期
10	废旧材料的回用	节约投资成本

不同绿色技术的经济效益存在较大差异，从收益分析可将以上技术分为四类，即三星、二星、一星、无，具体见表2.3-9。

不同绿色技术经济效益的推荐表　　　　　　　　　表 2.3-9

收益度	技术类别	备注
三星	自然通风、自然采光、废旧材料的回用	低成本或回收期低于5年
二星	垂直绿化、屋顶绿化、土壤源热泵	回收期5～10年或者投资成本低于500元/m²
一星	太阳能光伏、太阳能光热、高水平屋顶绿化、江水源热泵	随着价格降低,使用寿命周期内可以回收或者投资成本低于1000元/m²
无	中水回用、雨水回用	节水作用在使用寿命周期内无法回收

2.3.4　工业建筑民用化改造绿色技术的适宜性推荐指南

1. 总则

（1）本指南适用于既有工业建筑改造为民用建筑的建筑类型。

（2）本指南适用于改造策划阶段的技术策划。

（3）本指南不适用于工业遗产建筑。

（4）设计阶段和运营阶段可参考使用。

2. 流程

技术策划整体分为三个步骤：

第一，确定技术策划的依据。包括改造后使用功能的需求、改造后建筑类型与原有建筑类型建筑标准的差异性、改造后建筑的定位需求。

第二，根据技术策划的基本规定，从技术和经济两个因素判断是否采用该技术。

第三，根据技术策划的高级要求，如绿色三星级技术要求，从技术和经济两个因素判断是否采用其他技术。

3. 绿色技术的适宜性

（1）根据绿色技术与工业建筑民用化改造的关联度程度，将关联度大致分为四类，包括无、一星、二星、三星。工业建筑民用化改造应首先将一至三星的技术作为是否考虑采用的技术范畴。具体见表2.3-7。

解释：建筑遮阳、结构优化等其他技术与其他类型建筑改造无差异性，甚至与新建建筑也差异不大，因此是否采用主要决定于标准、经济型等常规因素。

（2）与工业建筑民用化改造的关联度程度较高的技术，因经济收益不同分为四类，即三星、二星、一星、无。在经济成本可接受的情况下，二至三星的技术应采用，三星技术宜采用。具体见表2.3-9。

解释：中水回用、雨水回用由于经济效益较差，一般项目不宜采用，是否采用可在技术策划的高级要求阶段进行考虑。

（3）技术策划的高级要求阶段，可在基本规定基础上进行。决策依据为《绿色建筑评价标准》或与建筑类型相关相适应的专项类地方性评价标准。

（4）技术选用还应考虑工业建筑的特点、改造后建筑类型的特点以及气候特征的差异。

解释：16个调研项目技术应用频率见表2.3-6，作为技术的重点选用参考。

（5）工业建筑改造中合理利用建筑本身良好的窗口、进排风口的基础条件

自然采光：

■Ⅲ级以上标准的生产车间采光标准可以满足大多民用建筑采光的要求。

■大多工业厂房都设有天窗，天窗形式包括矩形天窗、锯齿形天窗、平天窗等，这些元素可以被利用。

自然通风：

■一般厂房通风设计时首选自然通风或以自然通风为主，辅之以简单的机械通风。

■为有效地组织好自然通风，在剖面设计中考虑了厂房的剖面形式，合理布置了进、排风口的位置和开窗方式。

（6）进行使用功能策划时，应注意以下几点：

■使用功能空间划分和规划，应综合考虑采光、通风等室内物理环境的要求。

■使用功能空间划分和规划，应综合考虑新增机电设施所需要的机房空间和使用空间的关系。

■使用功能空间确定时，应综合考虑现有结构的空间特点和结构现状，尽量减少结构的拆除和改变。

■功能策划阶段，应综合考虑拆除材料、废旧材料的再利用，应做好废旧材料利用的规划书。

■屋顶空间的利用，应综合考虑保温隔热、屋顶绿化、雨水收集、太阳能利用等因素，做好屋顶空间的使用规划。

■场地空间的利用，应综合考虑场地绿化、雨水收集、地埋管、水景、中水处理等因素，做好场地利用的空间规划。

（7）针对工业建筑改造推荐的技术，技术策划时应注意以下几点：

自然采光：

■尽量利用原有天窗、高窗等有利于室内采光的基础条件。

■将内庭院、天井、中庭等空间改造措施与自然采光措施相结合。

自然通风：

■尽量利用原有朝向、天窗、高窗、烟囱等有利于室内自然的基础条件，针对新功能需要进行改进利用。

■将内庭院、天井、中庭等空间改造措施与自然通风措施相结合。

垂直绿化：

■垂直绿化与建筑功能

■将垂直绿化作为立面元素，与遮阳等物理功能整合设计。

屋顶绿化：

■将屋顶绿化与屋顶保温隔热措施结合起来，屋顶绿化的形式须考虑屋顶的结构形式。

地源热泵：

■发电厂工业改造时，宜考虑采用水源热泵系统，利用原有取排水散热系统，作为水源热泵的取排水管道系统。

■考虑采用土壤源热泵系统时，须考虑埋管空间的可行性。

太阳能光伏系统：

■考虑使用光伏系统时，应首先考虑屋面空间的利用。

太阳能光热系统：

■考虑使用光热系统时，应首先屋面空间的利用。

雨水回用系统：

■考虑使用雨水回用系统时，应尽量利用原有屋面排水系统进行汇水收集。

■考虑采用使用雨水回用系统时，须考虑集水井和水处理设备空间的可行性。

废旧材料的回用：

■在结构优化设计的基础上，统筹考虑废旧材料的综合利用。

■改造前，应校核现有机电设备是否能够满足新建筑功能的需求，尽可能保留使用，如变压器、空调机组、冷却塔等。

结构优化：

■空间策划时，宜结合结构优化，尽可能减少结构拆除和改变。

2.3.5 结语

根据绿色技术与工业建筑民用化改造的关联度程度，工业建筑民用化改造应首先将一至三星的技术作为考虑是否采用的技术范畴。建筑遮阳、结构优化等其他技术与其他类型建筑改造无差异性，甚至与新建建筑也差异不大，是否采用主要决定于标准、经济型等常规因素。

与工业建筑民用化改造的关联度程度较高的技术，经济收益不同，在经济成本可接受的情况下，二至三星的技术应采用，三星技术宜采用。中水回用、雨水回用由于经济效益较差，一般项目不宜采用，是否采用可在技术策划的高级要求阶段进行考虑。技术策划的高级要求阶段，可在基本规定基础上进行。决策依据为《绿色建筑评价标准》或与建筑类型相关相适应的专项类地方性评价标准。

工业建筑的改造和再利用本身就有绿色化改造的体现，绿色化改造也是工业建筑改造升级的必然选择，初步研究发现工业建筑的民用化改造后的建筑类型以办公建筑为主，民用化改造前的建筑类型以主要生产车间和单层厂房为主，而进行绿色化改造的最大驱动力为企业自用的再利用改造。

相信随着技术水平和工业建筑改造的重视程度提高，工业建筑的改造方式和形式也会逐步丰富，但是由研究可知，改造中最应注意的技术方面仍然是被动式技术、可再生资源利用技术和节材技术的应用。

3. 建筑改造设计研究

3.1 建筑空间功能置换

3.1.1 既有工业建筑空间特点

工业建筑分类方法较多。从空间特点与改造的适应性角度,可将其总结归纳为三种类型。

一是沿单一方向扩展的排架式空间,一般为屋顶是钢架的单层大空间,包括单跨与多跨两种。一般其一跨约十几米,空间高敞,柱距均匀,形式规律,顶部一般设有天窗,有较好的采光条件。

二是柱网结构的匀质空间,这一类空间也有长条形,但从空间特质上看,具备向两个方向扩展的可能性,且因为柱网结构,空间呈现出各向同一性的匀质特征,包括了单层与多层两种。一般其空间匀质;单层空间层高一般在6~8m,较为高敞;多层空间层高一般在3~4m,尺度宜人。

三是一些具有特别特点的空间,以纺织厂房与发电厂房为典型代表,其中纺织厂房一般层高6m左右,均质柱网,有连续的锯齿形天窗;发电厂房一般有一个空间巨大的涡轮机车间,一般空间高度达到40m以上,巨大空间旁边有辅助多层小空间,一般层高在4m(表3.1-1)。

工业建筑空间类型总结   表 3.1-1

空间类型		空间特点	示 意 图
沿单一方向扩展的排架式空间	单跨	• 屋顶为钢架 • 单层 • 高大空间 • 排架沿一个方向重复产生韵律	
	连续跨		
柱网结构的匀质空间	高大单层厂房	• 具备向两个方向扩展的可能性 • 柱网结构 • 空间呈现出各向同一性的匀质特征	
	一般层高的多层厂房		

续表

空间类型		空间特点	示意图
具有特别特点的空间	纺织厂房	• 锯齿形天窗 • 柱网结构	
	发电厂房	• 有几层通高的宽敞高大的巨型空间 • 旁边配以分层的辅助空间	
	其他特异空间	• 特异型空间	

3.1.2　基于功能转换的工业建筑空间改造设计

在工业建筑向不同功能转换时，应注意分析原有空间特点与目标功能需求的匹配性，改造设计中尽可能保留原有空间，减少改动量，既延续原有建筑的脉络，又减少改动中的材料消耗与环境影响。分析办公、商业、宾馆与文博四大类建筑的空间需求，探寻其与不同类型工业建筑空间的契合点与改造需求是工业建筑民用化绿色改造设计中的重点。

1. 目标民用功能的空间需求分析

（1）办公功能空间需求分析

办公建筑空间的组织大致有五种形式：走廊式（包括内廊式、外廊式、双廊式）、大办公综合式与天井式。当建筑进深小于 8m 时，宜采用外廊式布局；进深 8～16m 时，宜采用内廊式；而进深 16～30m 时，则可以采用双廊式；若建筑功能相对简单，可采用大办公综合式与天井式，其中天井式较适合建筑体量较大的情况。工业建筑在改造设计时应注意根据原有建筑的体量，选择适合的办公空间组织形式（图 3.1-1）。

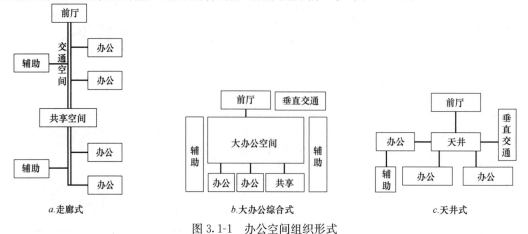

a.走廊式　　　　　　　b.大办公综合式　　　　　　c.天井式

图 3.1-1　办公空间组织形式

总结其中各空间需求汇总如表 3.1-2。

办公建筑的需求 表 3.1-2

功能区	功能空间	空间关系	空间形状	物理环境	
办公区	单间办公室	功能主体,位置需要满足疏散要求	长宽比不大于2,净高不低于2.4m	良好的采光、通风,窗地比大于1:6,避免眩光	背景噪声不大于55dB(A)
	开敞式大办公室		净高不低于2.6m		
	会客室	宜与门厅、接待厅有直接联系或设在靠近办公区的入口	层高不宜太低,可做半开敞空间	明亮	
	图书资料室	可结合设置,与办公室紧密相连	要求较少,层高可适当降低	有良好采光,窗地比大于1:5,背景噪声不大于50dB(A)	
	档案室				
	会议室	可单独设置也可结合办公区域设置	要求较规则形状	隔声、吸声要求高,背景噪声不大于50dB(A),有新风要求	
	多功能厅		以矩形为好,层高要求较高		
公共区	门厅共享大厅	宜与各个功能空间有较好的关联	要求高敞,一般有二层及以上的通高空间	良好的采光、通风与视野	
	走廊	组织各个功能用房、与垂直交通相连	净宽不宜过小,单面房间时最小1300mm,双面房间时最小净宽1600mm	宜有直接对外的采光、通风	
	垂直交通	五层以上办公须设置电梯,楼梯宽度与数量满足消防疏散要求	/	楼梯间宜有自然采光与通风	
服务区	文印室	与办公室联系应紧密	/	隔声要求	
	开水间卫生间	尽量靠近办公区,服务半径约50m	/	宜有通风或机械通风	
	停车	一般设置在地下或室外,也可设置在架空层,应考虑非机动车停车	机动车室内停车净高不低于2.2m,非机动车库不宜低于2m	室内停车应保证通风量	

（2）商业功能空间需求分析

商业建筑空间主要包括营业区、仓储区及辅助区三大部分。营业区与仓储区的配置宜有直接的联系。营业区内购物流线应组织好,其空间组织大致有分层式、漫行式及串联式三种类型。其中分层式更适合空间规律的多层柱网式空间,而漫行式及串联式更适合在大而高敞的空间中采用（图 3.1-2）。

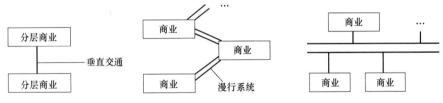

图 3.1-2 营业厅空间组织形式

其空间需求汇总如表3.1-3。

商业建筑的需求   表 3.1-3

功能区	功能空间	空间关系	空间形状	物理环境
营业区	集散广场	主要出入口前设置	室外空间	/
	问询、寄存客服与退货	紧临主要出入口设置；可与营业厅整合设置、位置醒目便于寻找	问询、寄存柜台前需要有较开敞的空间	/
	营业厅	商业建筑的主体，出入口设置满足疏散30m距离要求，应设置电梯、自动扶梯及楼梯，垂直交通均匀布置且位置醒目	可水平向设置单元式商业空间利用走廊串联，也可设置敞厅式的大空间	新风要求高，尽可能采用自然通风，但一般大型商场靠空调与新风系统，自然风作为补充
		营业厅内通道或连续排列商铺的公共走道净宽应满足规范要求	中庭、错层等是常用的空间设计手法	热舒适要求高
			要求空间开敞，一般层高底层在5.4~6m之间，楼层层高一般为4.5~5.4m，最低净高不宜低于3m	光环境要求高，尽可能采用自然光，商品区域等重点区域一般需要人工照明
		需要设置一定数量的休息空间与配套的卫生间、吸烟室等空间		卫生间需要有采光通风
辅助区	办公、工作人员更衣、消控中心、设备用房等功能与其他建筑相近，此处略			
	卸货平台	设在物流入口	需要保证一定进深；高度控制在0.9~1.2m以便于货车卸货	有防雨需求
	验货整理加工	紧临物流入口	/	/
仓储区	仓库	与营业区对应相临，靠近垂直交通	/	防潮；防晒、防污染、隔热、通风等

（3）宾馆功能空间需求分析

宾馆建筑空间组织需要动静分区，将会议、休闲等增值服务集中设置，与客房区分隔开，客房服务要与客房区紧密联系。客房的排布可根据进深排布，建筑进深10m以内宜为外廊式，10~24m宜为内廊式，超过24m宜设置中庭或布置交通中心核（图3.1-3）。

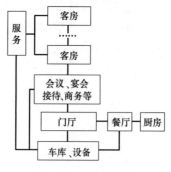

图 3.1-3 总体布局

宾馆建筑的空间需求汇总如表3.1-4。

宾馆建筑的需求   表 3.1-4

功能区	功能空间	空间关系	空间形状	物理环境
对外住宿	门厅过厅	与其他功能空间有紧密联系；门厅位置需明显，要与垂直交通结合	净高不宜过低	良好的采光、保温
	交通空间	满足消防疏散客梯与服务电梯宜分开设置，服务电梯与服务用房、洗衣房靠近	走廊宽度 1.8～2.1m 为宜，净高不宜小于 2.1m	走廊最好有直接对外的采光通风
	客房	根据建筑进深选择单侧、双侧或围绕垂直交通布局形式	长宽比不超过 2：1，净高不小于 2.4m；进深宜大于 5.6m，面宽不宜小于 3.6m	良好的采光、通风、视野，卫生间布置管道井
后台服务	客房服务	客房区每层或隔层设置，位置应隐蔽，应与客房走廊与服务梯紧临	面积以 0.74～1.4m²/间客房计算	/
	洗衣房	靠近服务电梯、靠近纺织品库、远离主要功能空间	满足流程需要	隔声、干燥、通风、照明

（4）文博功能空间需求分析

博物馆建筑的空间组织重点是陈列室或展厅的流线顺序；根据展示内容选择串联式、放射式、走道式或综合式等多种组织方式；博物馆建筑空间组织的关键是处理好参观流线、藏品流线与工作人员流线，让各种流线不交叉，保证展陈空间与藏品区、技术服务区有联系，避开观众流线（图 3.1-4）。

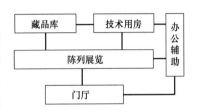

图 3.1-4　空间关系组织

博物馆建筑的空间需求汇总如表 3.1-5。

博物馆建筑的需求   表 3.1-5

功能区	功能空间	空间关系	空间形状	物理环境
陈列区	门厅	与陈列厅有紧密联系，与报告厅也应有联系	宜高敞，便于人流引导	采光、通风要求高
	陈列室	临时展厅宜相对独立，展厅与门厅紧临，并设置贮藏室，与藏品库有较短的联系路线；陈列室之间可以串联、放射式或以广厅组织	跨度不宜小于 7m，净高不宜超过 5m	光照、新风要求高，防止眩光，控制温湿度，防水防潮
	报告厅	宜相对独立，设独立出入口，但应与门厅有联系	规模控制大型馆不小于 200 座，中型馆为 100 座左右	声环境、光照、新风
藏品库	藏品库	宜相对独立，靠近陈列室，与技术办公室相联系	净高应不低于 2.4m，若有梁或管道等突出物时，其底面净高不应低于 2.2m	防火、防盗、温湿度控制、防日晒、防潮、防水、防烟尘、防空气污染、通风、保温隔热、采光

续表

功能区	功能空间	空间关系	空间形状	物理环境
技术与办公	修复室	有独立的藏品出入口与员工出入口,技术办公与藏品库相连	/	南北向布置,避免西晒
	鉴定室、实验室、修复室、文物复制室、标本制作室			宜北向采光,窗地面积比应不小于1∶4
	装裱室			宜北向采光,窗地面积比应不小于1∶4,配备工作给排水系统
	熏蒸室		容积 30m³ 左右	封闭

2. 工业建筑功能转换案例分析

(1) 案例1:幸福码头——幸福摩托车老厂房改造为 HASSELL 上海事务所办公楼

1) 原有厂房空间

原有厂房是典型的向单一方向扩展的排架空间,连续两跨,空间结构示意如图 3.1-5、图 3.1-6。

图 3.1-5　原有厂房空间结构示意

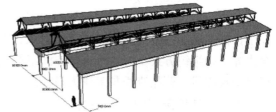

图 3.1-6　原有厂房各向尺度

原有空间的可利用分析:

• 原空间一端为普通尺度的小空间,原来即是为生产服务的生活服务用房,因此可以直接利用作办公建筑的服务用房

• 原有主要空间建筑跨间最高处为 10m,但两侧柱子处只有不到 5m,很难全面加层,因此只能作为单层建筑使用,最多在局部设置夹层。

• 原有主要空间平面尺度较大,进深超过 30m,为连续两跨的形式,天窗开在每跨的中间,若进行空间划分,中间柱子处所形成的空间较难进行自然采光。但其单层建筑的利用方式使得天窗的采光作用可以充分发挥,直接利用为开敞式大办公空间,不会有采光问题。

2) 空间需求分析

改造后作为一个建筑设计事务所的办公场所。其功能需求主要有以下几点:

• 普通办公场所

• 设计人员讨论、与客户商谈等会议、会谈空间

• 维持公司运转的职能部门办公室,如财务室

• 为办公服务的文印室、开水间、卫生间

• 建筑设计往往工作时间较长，加班较多，需要为员工提供一定的休息休闲场所以缓解工作压力

除文印等服务用房对室内环境要求较低外，其他的空间都要求有良好的采光与通风。

3）空间利用改造措施

• 保留原有空间形式

保留了原有的空间形式，直接将原有主要大空间利用为开敞式办公空间，将财务、储藏等服务性功能设置在原有的辅助空间内。

• 加建体块

但由于辅助空间面积尚不足，在厂房大空间内部、靠近原有厂房辅助小空间的一端加建一处体量，横向占用一跨，进深方向不到一跨，高度不到 4m，其内部设置辅助功能房间，其上部开敞但可上人（图 3.1-7）。

4）功能的空间匹配分析

• 进深两跨（约 32m）、层高 5～10m 的单向延展大空间：直接用于开敞式办公，不作实体划分；仅根据净高的不同，通过家具限定空间功能，将中部净高较高、离高侧窗较近因而采光效果较好的空间设为办公区，而在接近柱子处净高相对较低，采光相对较弱的空间设置讨论与会议桌，因为尺度更近人，而容易形成比较亲密且有一定私密性的空间氛围，成为交流区。

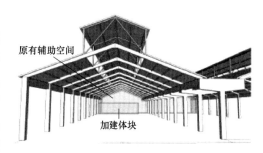

图 3.1-7　空间改造措施汇总示意

• 原有厂房端头占用开间 5.5m 的辅助小房间：用于财务、储藏、开水间等辅助功能。

• 加建体块内部高 3.6～3.9m，占用开间 5.4m，进深不足一跨（16m）的辅助空间：用于文印、卫生间等辅助功能，以补充辅助小房间的不足。

• 加建体块上部与大空间相连通的上人空间：置护栏与健身器械，成为供员工健身休闲的场所（图 3.1-8）。

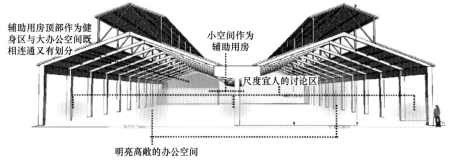

图 3.1-8　功能匹配对应图

5）案例改造特点

本案例是将单一扩展的连续跨排架式厂房改造成为一个建筑设计的办公场所。其特点

主要是：

- 目标功能相对简单，作为建筑事务所办公空间，功能不复杂，较易组织；
- 原有厂房进深较大（大于 30m），较难进行水平的空间划分；
- 空间高度为 5～10m，不宜全面加层，底部空间可以充分利用原有的顶部天窗，充分利用原有大空间，设置成为开敞式大办公空间；
- 空间高度变化可以加以利用，在开敞式的大办公空间内营造不同的功能区氛围；但是不同功能设置在同一空间内，相互会有一定干扰；
- 作为办公空间，空间最高处（10m）高度过大，可能会有空间感上的不舒适；
- 原有端头的小尺度服务性用房可以直接加以利用；
- 当服务性用房不足时，采用局部加层，增加服务性小空间的同时，也为大办公空间提供了空间上的变化与功能上的补充。

（2）案例 2：南海意库——三洋厂房改造为招商地产办公楼

1）原有厂房空间

原厂房为深圳蛇口日资三洋厂房为框架结构，共 4 层，其结构体量示意如图 3.1-9。

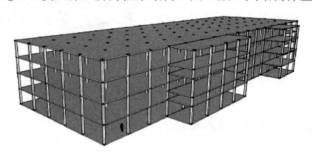

图 3.1-9　原厂房模型示意

原有空间的可利用分析：

- 原空间为多层匀质的柱网空间，柱距 6.6m，非常适合划分为普通办公室；
- 但建筑体量较大，进深超过 30m，内廊式与双廊式均无法保证划分后的办公空间采光通风效果，因此需要采取改造措施，加入中庭、天窗等采光手段；
- 南向突出的体量内二、三层为夹层，层高较矮，不能满足普通办公需求，若要加以利用，需要安排对层高要求不高的特殊功能，如储藏室等辅助功能；
- 原有建筑设置有楼梯，可以加以利用。

2）空间需求分析

改造后作为招商地产设计院办公楼。其功能需求主要有以下几点：

- 前厅接待、公司宣传展厅
- 普通办公场所
- 高级办公房间
- 大小会议室与报告厅
- 模型与资料室
- 员工餐厅与厨房
- 员工活动室

· 停车空间

由于招商地产设计院规模较大，对功能需求相对复杂。其中办公与会议场所、餐厅、厨房与活动室均可以通过对原有空间的水平分隔予以满足；而前厅、展示厅等代表公司形象，空间尺度宜较为开敞，现有空间较难满足，需要加以改造或扩建；模型与资料室主要实现存放、储存功能，对层高要求不高，可以利用原有夹层空间。

3）空间改造措施

· 顶部加建一层

根据办公人数与功能，计算现有面积不足，在顶部加建一层作为主要领导办公室与会议室。加建部分略小于建筑轮廓，空出部分空间做了遮阳露台，成为一个半室外的休憩场所。

· 增加半地下空间

为解决停车空间的不足，少量开挖了一个面积 1500m² 的半地下空间，增加车位 56个，在其上堆坡形成入口景观，使入口层自然抬升到地上二层（图 3.1-10、图 3.1-11）。

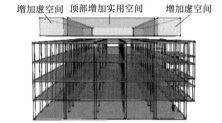

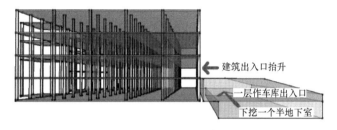

图 3.1-10　顶部增层空间做法示意　　　　图 3.1-11　增加半地下室示意

· 加建门厅与楼电梯

由于原有建筑为层高 4m 的匀质大空间，缺少高敞的入口空间，而且也需要增加垂直交通空间，故结合抬高的二层入口设计，在建筑北侧加建了一个阶梯型 4 层通高的前厅。在阶梯形上设置屋顶绿化，与北侧公园相呼应，完善了主要立面设计。

· 插入中庭

为解决办公的采光与通风，在建筑纵向 5 跨的中间一跨开挖设置中庭（图 3.1-12、图3.1-13）。

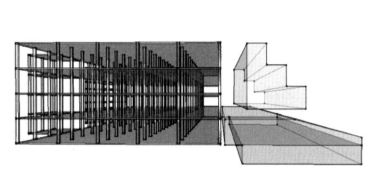

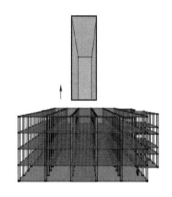

图 3.1-12　加建前厅　　　　　　　　　　图 3.1-13　中部开设中庭

4）功能的空间匹配分析

改造根据各功能需求进行空间匹配。

• 保留原有竖向交通功能；

• 利用半地下空间停车；

• 原有一层因北侧无法采光，固安排设置厨房、后勤等对采光要求较小的服务功能，并在可以采光通风的南侧设置食堂、员工活动等服务性的大空间；

• 加建通高空间作为前厅接待与展示空间；

• 层高4m的柱网匀质空间有两种处理手法，一是直接用于开敞式大办公室，二是间隔出走廊，划分为小办公室；

• 顶部进深小采光好、外部环境好的部分作为高级办公室与贵宾接待室；

• 比较特殊的是层高较小的夹层空间，设置为资料室、模型存放室等对空间高度要求较小的功能，而且由平台与二层的开敞办公室保持空间的连通性，融合为一个大空间，缓解了较小层高带来的压抑感，而且活跃了大办公的空间氛围（图3.1-14）。

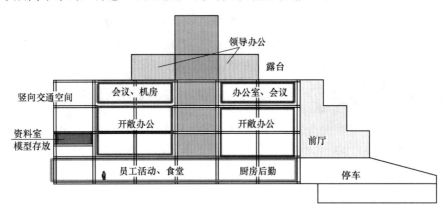

图3.1-14　功能匹配对应图

5）案例改造特点

本案例是由多层匀质厂房改造成为一个设计院的办公楼。其特点主要是：

• 作为多层建筑，进深超过30m，普通布局难以满足内部采光需求，因此在中部拆除了一跨楼板，开设了中庭，并配合在屋顶设置采光天窗与通风塔；

• 目标功能规模较大，使用人数多，功能要求复杂，开设中庭后使用面积不足，因此在顶部中部局部采用钢结构加建了一层，并结合加建设置室外露台；

• 建筑作为多层厂房，缺少较为开敞的前厅空间，因此在建筑北侧结合主立面设计加建了一个阶梯形前厅作为接待与展示空间；

• 建筑加层后需要设置电梯，在北侧结合前厅增设楼梯与电梯等竖向交通；

• 充分利用原有空间，保留原有楼梯；用隔墙分隔用于开敞式办公、单间办公、会议等功能；在底层设置餐厅、厨房与员工活动室；原有2.4m夹层空间则用于资料与模型存放，并与开敞式大办公室联通以减少其空间的压抑感；

• 为满足停车需求，向下开挖了部分空间，与底层部分空间共同用于停车；

• 其中加建前厅、开挖地下室、顶部加建一层等措施均需要规划部门的批准，是本案例的特殊性，需要加以注意。

（3）案例3：苏州市建筑设计研究院——美西航空厂改造为设计院办公楼

1）原有厂房空间

改造前厂房为单层混凝土框架结构，是比较典型的柱网型匀质大空间（图3.1-15、图3.1-16）。

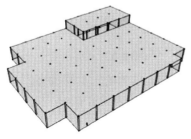

图 3.1-15　原有厂房结构空间示意　　　　图 3.1-16　原有厂房内部空间示意

原有空间的可利用分析：

• 原空间为单层匀质的柱网空间，层高 8.4m，用于办公空间可以加层使用，局部可保留高敞空间用于门厅或中庭；

• 局部 14m 可以局部加层为三层空间，也可以用于活动室、报告厅等层高要求较高的空间；

• 匀质柱网空间可以灵活划分为办公、会议及其他服务用房，但建筑体量庞大，70m×80m 的空间直接划分功能空间，内部很难取得自然通风与采光，需要通过开设中庭、庭院与天窗等措施加以辅助，其空间组织形式也必然是内廊、双廊及中庭式等多种形式的混合。

2）空间需求分析

改造后作为苏州设计院办公楼。其功能需求主要有以下几点：

• 前厅接待、公司宣传展厅

• 办公场所

• 大小会议室与报告厅

• 模型与资料室

• 员工餐厅与厨房

• 员工健身与活动室

由于本案例所在工业园区用地较大，有充足的室外空间停车，因此建筑改造内部无停车需求。前厅接待需要较开敞的空间；办公、会议、资料室、餐厅及厨房等功能房间均可以在匀质柱网空间中加以划分利用；员工健身与活动室中有球类运动场，对层高有一定要求。

3）空间改造措施

• 增层

改造后的办公空间净高 3m 左右即可满足要求，故改造基于原有 8.4m 的高度，进行了加层，将原来的单层空间改为两层办公空间。

局部14m高的空间，也在4.2m标高处统一设置了增层楼板，在其上的9.8m空间中局部增加了楼板，另一部分保留了高敞的大空间，以作为供员工休闲锻炼的健身房与羽毛球场（图3.1-17、图3.1-18）。

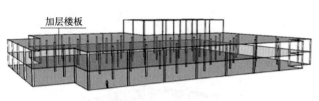

图3.1-17 增层示意

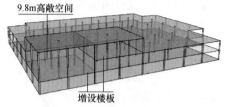

图3.1-18 高敞空间的保留与
楼板增设示意

• 局部挑空

建筑东侧中部门厅处，增设的楼板留有一处挑空，使入口门厅为上下贯通的通高空间。

• 插入内部庭院

针对原有建筑空间大体量的特点，在建筑物中部设置了两个"Z"字形的开放式庭院，增加建筑内部空间的可开启外窗，使得原本闭塞的空间有了流畅的自然通风（图3.1-19、图3.1-20）。

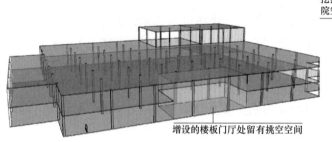

图3.1-19 挑空空间示意

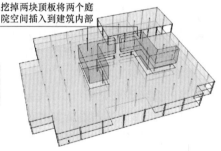

图3.1-20 插入内部庭院示意

4) 功能的空间匹配分析

• 对于进深适中（小于三跨）、层高4.2m的柱网空间，划分为中间走廊两侧功能用房的小空间，根据采光需求不同，开敞面较大的设置为办公室或领导办公室，朝向内部庭院开窗的设为会议室，最端头、采光较弱的房间设为文印、卫生间等辅助空间，底层的部分这种空间则直接设置成为大空间。

• 对于进深较大（大于三跨）、层高4.2m的柱网空间，则直接设置为开敞式的大空间，以便于更好的采光；但由于进深较大（部分空间进深为4跨柱网，其中一跨约10m），自然采光与通风效果均不太理想，因此一楼的此部分空间很多只用于备用房间，尚没有充分使用；而二楼此部分空间则通过在屋顶设置通风天窗、导光管等措施加以改善，用于开敞式设计办公室。

• 两层通高8.4m的门厅空间，通过挑空改善了入口空间的空间感，且与插入的内部庭院相对，使人们进入后感觉开敞明亮。

• 西北角高出屋面部分空间加设的夹层空间用于设备用房。

• 西北角高出屋面部分保留的 9.8m 高的高敞空间用作羽毛球馆，高度刚好满足一般羽毛球馆对高度的要求（图 3.1-21、图 3.1-22）。

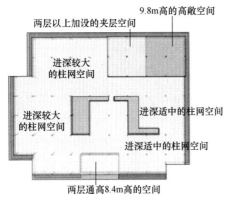

图 3.1-21　不同特点的建筑空间平面位置示意

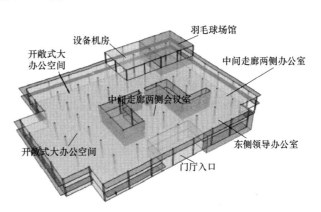

图 3.1-22　功能匹配对应图

5）案例改造特点

本案例是由单层高大匀质厂房改造成为一个设计院的办公楼。其特点主要是：

• 建筑作为单层高大匀质厂房建筑，有较高的层高（8.4m），用于办公功能，进行加层改造以增加使用面积；

• 前厅、中庭等局部空间未加设楼板形成开敞的空间以增加空间变化，满足前厅、中庭等接待、共享对空间的需求；

• 利用局部的高层高设置羽毛球场，充分利用原有空间；

• 原有厂房体量庞大，进深超大（70～80m），内部空间很难满足采光通风需求，单一的布局形式也很难满足要求，因此必然在内部加设中庭、庭院，通过庭院将原有庞大体量分割后再根据分割后的进深进行空间组织，进深相对较小的安排内廊式布局，进深相对较大的则采用开敞式办公室布局；顶部开设采光天窗辅助采光；

• 由于本项目体量过于庞大，尽管开设了庭院，但涉及空间有限，因此分隔后的建筑空间，特别是在底层的空间采光效果仍不理想，造成有些空间难以利用。

（4）案例 4：上海国际时尚中心之精品仓——十七棉厂 4 号厂房改造为商业精品仓

1）原有厂房形态

原有厂房为十七棉厂的纺织车间是较典型的锯齿形屋架连续排架的单层厂房（图 3.1-23）。

2）原有空间的可利用分析

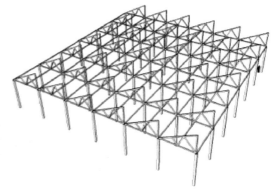

图 3.1-23　原厂房空间结构示意

75

- 原空间为典型的纺织厂房，匀质柱网空间，屋顶部分为钢构架，部分为木结构，设置有锯齿形天窗；
  - 建筑整体结构与部分围护结构墙体保存较好，可以清洗维护后继续使用；
  - 建筑内部为连续开敞式空间，体量较大，但由于有天窗，因此采光较好。

3）空间需求分析

改造为 Outlets 的精品商店，内部采用商业街模式，其功能需求主要为：

- 各专卖店需要的相对独立的商业空间；
- 各专卖店商品储存空间；
- 货运通道；
- 顾客通行的通道与休息空间；
- 卫生间等服务设施；
- 导引、问询处。

其中货运通道与顾客流线应尽可能减少交叉；顾客通告通道、休息、问询等空间需要自然采光与通风。

4）空间改造措施

主要改造设计是保留与修复了原有厂房的结构体系，对其外立面进行了整修与重建，而对内部空间的主要改造是对其内部空间进行了重新划分（图 3.1-24、图 3.1-25）。

- 内部空间划分

原有厂房内部是连续的大空间，改造成商业精品仓根据结构在内部用隔墙进行了划分，中部留出一跨或两跨作为内街，引导顾客流线。从空间划分角度区分了顾客流线的等级，主要流线通道占用两跨，成为较宽敞的商业街，次一等级为一跨的通道，宽窄的变化给人以空间变化之感，不致枯燥无味，同时有主次之分也便于顾客在内部空间中辨认方向。同时店铺之间还设有净宽更小的员工与货物通道。

原有柱距约 6m 左右，较小的店铺面宽占用一跨，较大的店铺可占用两至四跨不等，进深两到三跨不等。结合通道设置问询、礼宾处，卫生间均匀地设置在较为隐蔽处。

- 外墙内移营造外廊

将原有外墙向内移动了一跨，而保持原有屋顶与柱子不变，形成一个半室外的柱廊，成为室内外的过渡空间，形成一种有韵律的趣味空间，为顾客营造一个可以休闲散步的空间，也成为商业入口空间的放大，营造一种舒服闲适的购物环境（图 3.1-24、图 3.1-25）。

5）功能的空间匹配分析

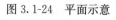

图 3.1-24 平面示意

图 3.1-25 外廊空间

其中外廊空间即作为入口空间的外延，为人们提供半室外休闲场所；而内部空间则划分为大小不同的各个店铺与宽窄不同的商业购物通道与货物通道（图 3.1-26）。

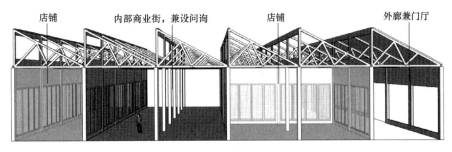

图 3.1-26　功能匹配对应图

6）案例改造特点

本案例由纺织厂房改造成为精品商业区。其特点主要是：

• 原有空间为柱网式匀质空间，且单层空间上部还设置有锯齿形天窗，内部采光通风效果均可以保证，因此有利于内部空间的重新划分；

• 改造目标为商业街模式的商业功能，功能不复杂，较易组织；

• 改造只需要根据商业需要用隔墙进行内部划分；

• 以走廊串联起一个个商铺，通过走廊的宽度设置区分主要公共通道与辅助服务通道，并满足疏散要求；主要公共通道占用两跨柱网，兼设休息空间与问询处，虽然松散的空间分隔有利于提高空间闲适度，但也消减了部分商业氛围；

• 利用柱网空间特点，将最外一排柱网设置成半室外的灰空间，为商业空间提供休闲空间，遮阳挡雨的同时，营造闲适的购物环境，也符合精品商业的氛围，但相应也损失了部分使用面积。

（5）案例 5：上海世博会城市未来馆——南市发电厂改造为博物馆

1）原有厂房形态

原建筑是比较典型的发电厂建筑（图 3.1-27）。

2）空间改造措施

• 内部加建

北侧的原锅炉车间，尺度恢宏，结构完整，改造保留了部分这种空间感，除保留了原有二层楼板外，仅在东侧的一半进行了局部夹层设计，并在其中加入了小体量空间，一方面增加布展面积并设置报告厅，另一方面，与保留的大空间形成尺度上的对比；西侧空间基本上还是四层通高，人们在参观时依然能体会到当年发电厂巨型设备运作时的宏大，沿参观流线，不断在加建的小空间与大空间之间切换，情绪也会随着展陈不断变化。

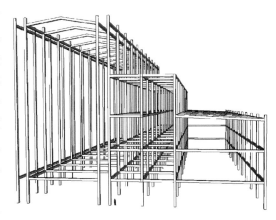

图 3.1-27　发电厂建筑空间结构示意

南侧的原汽机车间，也是大空间，同样也在其中水平加建了部分二层平台，增加了空间层次，设置了一条开敞漫步式的大台阶，将上下空间联系起来，给观众以引导性，并通过中部联系部分与南侧在展厅联系起来（图3.1-28～图3.1-30）。

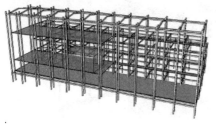

图 3.1-28　北侧加建示意　　　　图 3.1-29　南侧加建示意　　　图 3.1-30　增设入口回廊示意

• 增设入口回廊

利用立面改造设置的 C 字形转折形体在南立面翻转形成入口的半开敞回廊，为参观者提供一个等候、休息空间。增加了入口门厅的缓冲空间。

• 插入中庭

在建筑中部开设中庭，但尺度较小，且其顶部标高 29m，不是建筑的最高处，因此其热压与风压抽拔风效果均很有限（图3.1-31）。

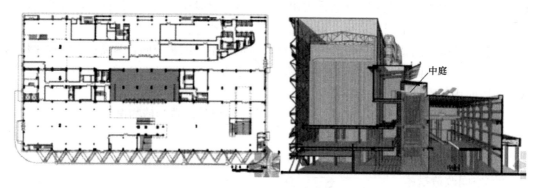

图 3.1-31　中庭位置示意

• 交通组织

发电厂改造为博物馆建筑最重要的问题是解决大体量的参观流线及消防疏散问题。在本案例中，改造在两个大空间之间的连接体的中庭两侧设置了两处垂直交通核作为主要参观与疏散交通。此外，在南、北两个大展厅各设置一处参观交通，其中门厅处结合展陈设置的是开敞式漫行大楼梯与自动扶梯，使参观者逐步进入展陈营造的氛围中；而北侧大展厅则主要设置楼梯与电梯，以使观众可以选择快速到达目标层。最后，为满足消防疏散要求，在建筑最北侧利用原厂房 H 型柱之间的空间设置开敞式消防疏散楼梯，并在北立面上进行局部镂空，形成有韵律而又不失活泼的立面形象（图3.1-32、图3.1-33）。

3）功能的空间匹配分析

改造根据各功能需求，对空间进行匹配。

• 高大空间用以组织高大展品的展示；并保留工业建筑构件作为历史呈现；

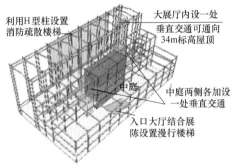

利用H型柱设置
消防疏散楼梯

大展厅内设一处
垂直交通可通向
34m标高屋顶

中庭

中庭两侧各加设
一处垂直交通

入口大厅结合展
陈设置漫行楼梯

图 3.1-32　增设垂直交通

图 3.1-33　北立面

- 大空间内分隔的小空间用于展示小型展品，安排影视厅等展示功能；
- 连接体上的分层小空间用于服务与辅助用房，如卫生间、展品暂时存放等；
- 竖向交通作为参观与疏散的竖向流线组织；增设大台阶用以引导观众参观流线；
- 入口回廊用于入口的排队等候区（图 3.1-34）。

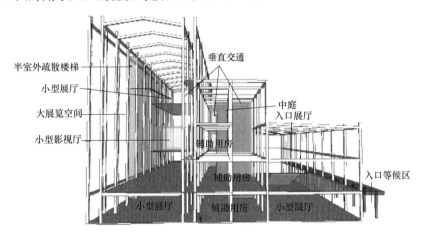

半室外疏散楼梯

垂直交通

小型展厅

大展览空间

中庭
入口展厅

小型影视厅

辅助用房

辅助用房

入口等候区

小型展厅

辅助用房

小型展厅

图 3.1-34　功能匹配对应图

（6）案例分析小结

分析已有的部分工业建筑改造为民用建筑案例的优缺点以供改造设计参考（表 3.1-6）。

案例分析小结　　　　　　　　　　表 3.1-6

原有空间	改造功能	改造手法	功能匹配	优　势	不　足
两跨排架式空间	办公	/	利用原有空间坡屋顶造成的净高变化，在净高较大区域设置办公、净高相对小处设置会议会客功能	充分利用原有空间，改动较小；保留原有空间格局，使采光天窗维持原有功能，采光通风效果好	办公、会议区尺度较大，特别是净高过高，造成一定的不适感；办公、会客、会议等功能混合，干扰大
		内部加建	底部设置卫生间、文印等辅助功能，上部设置健身场所	与办公区分开，分区明确	辅助空间划分较小；偏于建筑一侧，另一侧办公人员使用距离较长

续表

原有空间	改造功能	改造手法	功能匹配	优 势	不 足
多层柱网空间	办公	水平分隔	普通办公、会议	充分利用原有空间	对采光不利
		/	原有的设备检修层高2.4m的夹层空间用于资料模型室	充分利用原有空间	/
		插入中庭	/	为建筑底部几层引入自然光;有拔风作用。	牺牲了一定使用面积
		顶部加建	高级办公	增加使用面积;环境优越	受到规划限制,需要规划部门许可
		地下空间加建	停车	增加使用功能与面积	受到规划限制,需要规划部门许可;受建筑结构体系及结构现状制约;物理环境需要改善
		北部加建	门厅	高大开敞	受到规划限制,需要规划部门许可
		增设电梯楼梯	垂直交通空间	满足使用要求、疏散要求	/
	宾馆大堂	底层围护结构增大开窗	大堂	较少改动原有结构	层高较低空间较压抑;围护结构开窗大不利于保温隔热。
高大单层柱网空间	办公	加层与水平分隔	进深小于三跨空间划分为中走廊两侧功能用房的小空间用于办公、会议及辅助功能	增加使用面积;根据功能要求不同安排房间功能,充分利用已有空间	/
			进深大于三跨空间用于开敞式大办公、会议室、备用房		进深较大房间采光通风不足
		插入两处庭院	/	为建筑内部引入自然环境;有助于空间采光通风	牺牲使用面积
		/	两层通高8.4m空间用于门厅	充分利用原有空间	/
			西北角部分空间设夹层空间		
			西北角保留的9.8m高的高敞空间用于体育健身		
纺织厂房	商业	水平分隔	形成商业街模式,分隔为店铺与公共走道及仓储空间	锯齿天窗有利于采光;划分后形成串联式流线有利于增加营业面	空间匀质易造成辨识度低主要走廊过宽,影响商业氛围
		外墙内移	形成半室外走廊	缓冲空间为建筑遮阳;提供户外活动空间;提高空间舒适度	损失部分营业面积

续表

原有空间	改造功能	改造手法	功能匹配	优势	不足
纺织厂房	宾馆客房	垂直分层 水平分隔	用于客房	在原有结构基础上增加，充分利用原有空间	总体进深过大
		插入中庭	/	自然采光，共享交流空间	损失使用面积
		翻建	用于中餐厅	建筑风格与功能相匹配	相当于拆除重建，不能充分利用原有空间与材料
发电厂房	博物馆	/	以原有巨大空间形成大展厅	充分利用原有空间气势恢宏	会有较大能耗 参观流线组织较难
		内部加建体量	形成小展厅、报告厅	丰富内部空间	需要加建； 物理环境需要处理
		增设大台阶	引导观众参观流线	增加空间丰富性；有垂直交通作用；形成慢行步道	/
		增设檐廊	排除等候区	有遮阳效果	需要加建

3. 工业建筑功能转换的空间匹配与改造设计要点

（1）工业建筑改造为办公功能

1）排架式空间

■宜改造成外廊式或内廊式办公或大办公综合室；办公空间中的隔间办公室要求进深不超过 8m 以保证较好的采光，开敞式大办公空间双侧采光则进深在 15m 左右比较合适；而正好与排架式空间跨度一般在十几米左右的特点相符，可以形成中间走廊两侧办公室的空间布局，可以设计为一侧走廊一侧大办公室的格局，也可以设置为开敞式大办公空间，各种办公空间均有实现的可能性；

■充分利用排架式高大空间，设置前厅、共享大厅、多功能厅等功能空间，可以为办公空间中注入丰富变化的空间感受（图 3.1-35、图 3.1-36）；

图 3.1-35　跨度契合剖面示意　　　　图 3.1-36　高度契合剖面示意

■排架空间的均好性便于改造为办公空间后的灵活划分；

■需要通过分层或局部加层、设置隔墙等手段进行功能分区；

■办公区需要垂直加层设计；

■加层后围护结构需要增加开窗面积，同时需要考虑边庭与中庭的预留设置；

■在建筑端头或主要功能空间之间通过分隔墙划分出辅助用房，其中设备机房宜设置在底层，消控室需要设置在底层有直接对外出口；建筑地基与结构条件允许、周边环境与规划允许时，可适当加建停车等用房，甚至增建地下空间。

2）柱网结构空间

■一般层高多层柱网空间层高 3～4m，尺度适宜，可设置普通办公室、会议室、辅助用房等，只需要进行简单的隔墙划分；

■需要局部拆除部分楼板以设置通高空间用于前厅、中庭等；

■高大单层的柱网空间可直接利用其层高较大的特点设置共享空间、中庭、门厅及报告厅等；但在设置办公区时宜局部加层设计，增加使用面积，调整空间尺度；

■当体量较大时，需要局部的顶部开挖设置室外庭院或采光通风中庭以为底部空间引入自然光，应注意中庭或庭院设置的位置与大小，以提高其采光通风效率，一般应使室内空间进深不超过 18m；

■体量较大的柱网空间加层后的底层宜设置开敞式大办公室，而不宜进行过多的水平分隔；

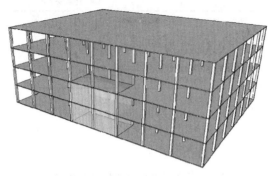

图 3.1-37 多层柱网空间部分挑空空间

■多层匀质柱网空间则需要在局部拆减部分楼板以形成前厅、中庭与共享大厅等，以活跃空间氛围，增加入口接待处的空间感（图 3.1-37）。

3）特异型空间

■纺织厂房改造为办公空间与多层柱网空间类似，主要需要水平分隔，区分出不同功能空间；

■锯齿形天窗为整个空间带来均匀的采光与较好的通风条件，能够满足办公环境要求；

■发电厂房巨大的涡轮机车间与办公空间尺度相去甚远，一般不进行转换为办公空间的改造，但发电厂房的辅助用房部分尺度与办公空间接近，可局部设置办公用房；

■改造时需要注意满足办公建筑的疏散防火要求，进行防火分区，增设垂直交通。

（2）工业建筑改造为商业功能

1）排架式空间

■可充分利用排架式空间高度设置营业厅，较适合漫行式商业流线设置；

■需要进行适当的加层改造，改变空间尺度感，增加营业面积；

■加层适当保留部分通高空间作为中庭，以保持较好的购物环境，并将天窗光线引入到底层（图 3.1-38、图 3.1-39）；

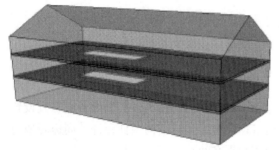

图 3.1-38 留有中庭的加层改造

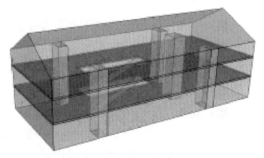

图 3.1-39 加设垂直交通

　　■伴随增层，还需要增加垂直交通空间与消防疏散。主要客流可以结合中庭空间设置自动扶梯、电梯，而在建筑周边设置疏散楼梯；

　　■结合建筑周边的疏散楼梯设置货运电梯，并设置服务仓储空间；

　　■对于品牌店或商业街模式运营的商业空间，还需要进行横向的分隔，将空间划分为一个个小隔间；

　　■排架结构空间的尽端的辅助生活用房可直接用于后勤办公或服务性用房。

　　2）柱网结构空间

　　■根据流线安排，按需要增加自动扶梯及电梯等垂直交通空间；

　　■对于多层匀质柱网空间，宜在中部设置通高中庭改善空间感受；

　　■可直接进行水平分隔设置仓储与服务空间；

　　■多层匀质柱网空间较适合改造为小隔间的商业街模式与分层式商业；

　　■对于单层柱网空间，适合漫行式商业模式，需要局部进行加层设计。

　　3）特异型空间

　　■特异式空间中的发电厂房空间与办公建筑空间相差过于悬殊，一般不考虑如此改造；

　　■对于纺织厂房，可改造成为漫行式、串联式商业模式，只需要根据商业需要进行空间分隔即可；

　　■如果是开敞式大空间商业，辅助空间设在四周；如果是商业街模式，侧进行小空间划分，结合每个商铺设置辅助空间。

　　（3）工业建筑改造为宾馆功能

　　1）排架式空间

　　■单跨的排架式空间宜采用内廊式客房布置；连续跨的排架式空间宜采用中心核式或中庭式；

　　■宾馆客房一般更加强调空间的均好性，排架式空间较为规整，可以划分为均好性较好的客房；排架式柱距在4～6m，正好可以用于1～2个客房开间的划分；

　　■宾馆中客房进深一般5～6m，中间走廊宽2m左右，若安排中间走廊两边客房的典型宾馆布局，则恰好与单跨的排架式空间十几米的进深相吻合；

　　■排架式空间层高较好，可以设置较为丰富的空间效果，如设置中庭、门厅、敞厅等（图3.1-40、图3.1-41）；

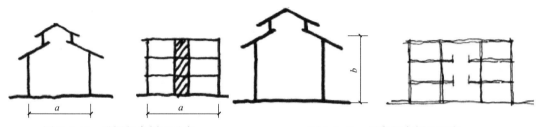

图3.1-40　进深契合剖面示意　　　　图3.1-41　层高契合剖面示意

　　■通过水平与垂直向空间分隔将洗衣、厨房、设备机房等后台服务功能与对外住宿功能区分开来，一般将后台服务功能设置在底层，与入口门厅之间加设垂直分隔；

■ 增值功能如 SPA、多功能厅、会议等其他空间，也需要在大空间中进行独立划分；

■ 结合共享空间、门厅空间等加设垂直交通；

■ 单跨的排架式空间采光通风条件较好，满足宾馆客房要求；

■ 连续跨的排架式空间还需要注意其中部的采光通风，虽然有些工业厂房会设有天窗，但若改造加层后底部空间还是会有采光通风问题，若这部分空间跨度不大，可以将客房服务、垂直交通及辅助空间等设置在中部，而将采光通风要求较高的客房设置在两侧；或者在中部空间对应天窗宜设置中庭等共享空间。

2）柱网结构空间

■ 高大单层匀质空间层高较大，改造为宾馆建筑，可以设置共享空间、休闲中庭、门厅、大型宴会厅等层高需求较大的空间（图 3.1-42）；

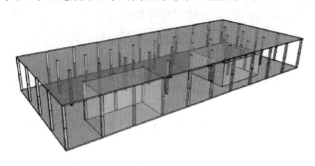

图 3.1-42 高大单层匀质空间为高层高空间提供可能

■ 一般层高多层柱网空间的契合点则主要体现在层高一般 3～4m 之间，可以直接设置为客房，尺度适宜；

■ 主要通过垂直划分来满足一般客房、服务等空间需求。一般匀质柱网空间柱距在 6m 左右，可以按柱网划分客房空间。一个柱距可以划分为两个开间的普通客房，或者作为一个商务间开间；

■ 在多层柱网空间中设置门厅，可局部挖空楼板，形成局部开敞的通高空间；

■ 进深 20m 以内的柱网空间较容易排布客房，超过 20m 进深的空间则需要采取适当的空间改造措施改变原有空间格局或者增加采光通风的改造措施，一般需要在中部开设部分内部庭院或中庭，以将自然光引入室内。

3）特异型空间

■ 发电厂房不适宜改造为宾馆建筑；

■ 纺织厂房一般为单层空间，可以通过设置垂直隔墙对空间进行整体划分，而满足客房、大厅、餐厅、服务等不同功能的空间要求。

■ 层高较高的纺织厂房加层处理，则需要在内部设置中庭以将天窗自然光引入底部。

（4）工业建筑改造为文博功能

1）排架式空间

■ 排架式结构的高敞空间设置前厅；

■ 高敞的空间适合特殊高度展示的需求；

■ 在单跨的排架式空间中，可串联或并联或放射状组合形成 1～2 排陈列空间；

■ 文博建筑配有的展品存放、技术与办公空间尺度较小，需要在厂房中进行空间分隔，可结合原有端头的辅助用房，也可以结合加层在底层一侧设置，一般需要在技术与办公部分同时设置货流的出入口；

■ 当设置传统单间式陈列室时，需要进行加层与水平分隔改造；

■ 若以漫行式组织展陈空间，则需要在大空间中进行多个标高的局部加层，以走道、大楼梯等将整个展示空间串联起来（图 3.1-43）；

■ 需要同时加建垂直交通空间，以满足疏散要求。

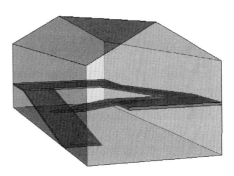

图 3.1-43　漫行式空间设置

2）柱网结构空间

■ 水平空间均匀，可自由划分；

■ 单层的柱网空间层高较高，适用于对高度有要求的展示空间；

■ 多层柱网空间尺度较为适合技术办公等服务功能区块的使用要求；

■ 在一、二层空间中进行水平分隔，划分出技术与办公用空间，与展示空间相区别；

■ 部分展示空间需要局部挖空楼板，以营造展示需要的空间感及进行大型展品的布置；

■ 同样需要增加客流与货流垂直交通空间。

3）特异型空间

■ 纺织厂房空间宽敞且匀质，能够满足一般展陈要求；

■ 锯齿形天窗使室内光线均匀，但应注意展陈空间的布置方向，避免眩光；

■ 发电厂房巨大的空间尺度可供大型展品展示；需要在其四周或一侧设置漫行步道，增设垂直交通空间；

■ 也需要进行适当的加层，增加展示面积；也可以在内部插入报告厅、多功能厅、展示厅等房中房；

■ 独特的空间特点为展览提供了可以自由划分的空间可能性；

■ 小尺度辅助用房可直接用于展示的服务与辅助用房。

3.1.3　工业建筑改造中的被动节能空间设计分析

改造中的节能也需要融入改造的空间设计中，在空间布局、空间营造的同时，调节室内光线、气流与热舒适，从而起到节能效果（表 3.1-7）。

工业建筑民用化改造的被动节能设计案例　　　　表 3.1-7

案例		原有空间	被动节能空间设计手法		效果
申都大厦		柱网式多层厂房进深较大(19m)	中庭		拔风
			内凹阳台		采光、遮阳、遮挡干扰视线

续表

案例		原有空间	被动节能空间设计手法		效果
天津天友设计院		柱网式多层厂房	门斗与缓冲空间[1]		防止寒风倒灌、保温
			阳光空间[2]		增加保温、充分利用墙体蓄热、降低热负荷
同济建筑设计院		大进深柱网式多层建筑	内庭院		为中部空间提供采光通风
			半室外空间		为靠窗空间提供遮阳，提供半室外活动空间
			内凹阳台		对室内形成一定遮阳、并有一定导风效果
苏州建筑设计研究院		柱网式单层高层高大进深厂房（80m）	庭院		为中部空间采光通风
			外廊		为靠窗空间提供遮阳，并提供垂直绿化攀爬位置

基于案例分析总结主要空间调节设计方法如下。

1. 中庭

中庭是最常用的空间营造方法，也是改善室内光环境与风环境的常用手段，由于工业空间尺度与民用建筑有很大的不同，空间氛围也有很大差异，因此往往需要穿插通高空间调节，同时对于工业厂房原有的大进深空间，中庭也有利于引入自然光与风。

对于单向扩展的排架式厂房，一般顶部设有高起的高侧天窗。增层改造时，为使天窗的采光通风效果仍能影响到底部空间，在对应位置预留挑空空间，形成中庭。这种改造需注意：

---

[1] 照片由天友建筑设计股份有限公司提供

[2] 照片由天友建筑设计股份有限公司提供

·在中庭四周加设立柱以支撑增层的楼板，应考虑立柱对底层空间感的影响；

·应保证厂房顶部设有天窗或高侧窗，若有通风考虑还需要可开启，中庭位置与之相对应，才能取得较好的通风采光效果；

·中庭若仅考虑通风作用，其开口宽度可不必过大；若要考虑采光效果，还需要考虑其与加设楼板宽度的比例关系，同时影响采光效果的还有中庭的高宽比。

对于匀质的多层柱网空间，插入中庭则需要拆除一部分楼板，同时还需要在相应位置的屋顶设置增设天窗或高起的通风塔：

·根据结构可行性与建筑内部功能布局，适当拆除部分楼板，形成通高空间；

·通高空间对应处的屋顶也需要拆除部分楼板，代之以天窗或高出屋顶设有高侧窗或全部玻璃的通风塔，因此结构论证时也需要同时考虑屋面的情况（图 3.1-44）。

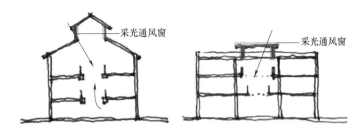

图 3.1-44　中庭改造示意图

2. 中部内庭院

对于匀质的柱网空间厂房，建筑各向尺寸均较大时，内部很难取得较好的通风采光效果，因此有时改造会比插入中庭更进一步，将部分楼板包括屋顶板一起拆除，而在建筑内部形成一个内部庭院（图 3.1-45）。

·拆除后的空间成为室外空间，其四周需要加设围护结构，应保证围护结构的热工性能；

·为保证有效改善室内通风效果，朝向庭院的围护结构上必须开设一定面积的可开启窗；

·此外需要注意做好拆除部分四周屋顶的泛水，重新处理室内外高差等；

图 3.1-45　庭院改造示意图

·庭院中可结合设置绿化、水景等，以消解原有工业建筑的机械感。

3. 边庭

与中庭类似，同样可以在厂房内加建楼板时，在建筑一侧预留挑空部分，或在建筑一侧拆除部分楼板，形成边庭。边庭空间相应的外围护结构应相应改造为玻璃幕墙或开设较大面积的外窗，使光线可以进入内部空间中；同时内部空间应与边庭连通（图 3.1-46）。

4. 外廊等半室外空间

多用于南方的工业建筑改造。南方地区以防热为主，特别需要引入通风、遮挡太阳辐

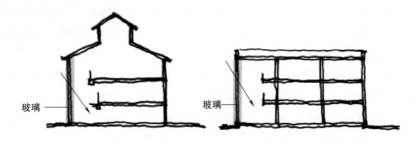

图 3.1-46　边庭改造示意图

射。因此在工业建筑改造时，通过加建或拆减的方法得到外廊、露台、内凹阳台等灰空间，在提供半室外的活动空间的同时，也对建筑形成导风、遮阳的作用（图 3.1-47）。

图 3.1-47　半室外空间改造示意

· 加建外廊需要立柱，建筑占地外扩，一般需要征得规划部门的同意，应用会受到限制；

· 拆减一般保留原有建筑结构体系，将外围护结构内移，从而形成半室外的廊道或阳台；

· 半室外空间的设置除了考虑与内部功能的衔接外，也需要考虑与当地主导风向、太阳角度等的关系，以取得较好的导风遮阳效果。

5. 保温缓冲空间

保温缓冲空间是在建筑内外空间之间设置一个过渡区域，使外部比较恶劣的气候条件可以通过过渡区域得到缓解，从而为内部的舒适性提供一个较好的条件。在较寒冷地区，通过加建缓冲空间增加建筑的保温效果。如通过在入口加建门厅，减少由人员进出所造成的热量散失；再如在北侧加建辅助用房，增加内部主要功能区域的舒适性；还有在南侧加建阳光间增加太阳辐射所得热量等（图 3.1-48）。

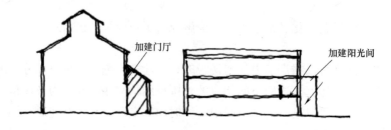

图 3.1-48　加建缓冲空间改造示意图

其中加建保温空间的要点在于：

·北侧加建缓冲空间主要作用是加强保温，遮挡寒风；若设计为室内空间需要做好衔接的密缝；若设计为半室外空间，应注意其与冬季主导风向的关系，应迎向主导风向设置挡风板，避免形成风道串风；

·一般加建门厅的门窗开启方向与原有门窗开设方向呈 90°设置，形成风闸；

·若建筑不能外扩时，也可以在建筑内部加设一道围护结构体系，而将最北侧外层空间用于一般辅助功能；

·在南侧加建阳光间，需使用通透性好的玻璃，其内部围护结构也应相应改造为蓄热性好的材料，并尽量增大开窗面积，以接收更多太阳辐射。

3.1.4 小结

通过对既有建筑空间特点的分析，从空间类型角度将之归结为排架式、柱网式和特殊式三大类别，以便于后续功能空间匹配与改造需求分析的分类讨论。

对目前办公、商业、宾馆及文博四大功能建筑的空间组织特点与空间设置需求进行分析，并与各类既有建筑空间特点进行对比，分析改造后功能与空间的可匹配性与空间的改造需求，除功能需要的空间尺度、空间位置外，也特别注意分析了既有工业建筑中的采光通风条件及改造后的可利用情况。基于现有改造案例的功能匹配与改造措施利弊分析，总结得到三大类既有工业建筑空间分别改造为四大民用功能的改造设计要点，包括可直接匹配、可利用的空间类型、需要改造加层、分隔、拆减的改造措施、疏散交通的增设、采光通风措施的预留等。

在案例分析的基础上，同时总结了改造设计中可利用的空间节能设计措施，如中庭、庭院、边庭、外廊等半室外空间、保温缓冲空间的设置等，并总结了其在不同类型工业空间中的加建、拆减等措施及其所需要注意的要点。

3.2 自然采光改造

3.2.1 概述

1. 既有工业建筑改造前的空间采光特征

改造前的工业建筑的空间特征大都表现为进深大、层数较少（单层居多），采光构件特征主要表现为较多地采用顶部天窗、高侧窗或大开间窗，如表 3.2-1 所示。

工业建筑改造前空间采光特征统计表　　表 3.2-1

序号	名称	总图、立面现状或实景图	特征
1	上海冶金矿山机械厂		单层大空间,建筑顶部设外凸带形天窗

序号	名称	总图、立面现状或实景图	特征
2	中美火油公司东沟油库		单层大空间建筑外围护结构顶部设置高侧窗，下部设置大开间窗
3	上海动力机厂		单层大空间，顶部设外凸带形天窗，建筑外围护结构顶部设置高侧窗，下部设置大开间窗
4	俭丰织染厂		单层大空间，顶部设外凸锯齿形天窗
5	上海工部局宰牲场		外廊天窗
6	南海意库 3 号楼		大进深多层通用厂房，侧窗采光

2. 既有工业建筑民用化改造后功能空间的自然采光

既有工业建筑的采光改造主要有如下特点：建筑中部插入中庭，解决大进深建筑中部无法采光的问题；地下空间采用天窗或导光管系统，解决地下空间无法利用侧窗采光（在覆土层较厚的情况下，也无法利用天窗采光）的问题；侧窗上部加设反光板，通过光在反光板和吊顶之间的二次反射来加强空间内部的自然采光效果；对既有的门窗进行改造或增设侧窗等采光构件，以提高室内的自然采光效果；通过增设建筑的边庭空间，从而变相地减小了建筑的原有进深且在此基础上可采用大面积的侧窗，以改善建筑内部的自然采光效果（表3.2-2）。

工业建筑改造前空间采光特征统计表 表 3.2-2

序号	名称	总图、立面现状或实景图	特征
1	深圳招商地产总部(南海意库)		在纵向5跨的中间一跨增设中庭，将自然光引入建筑中部
2	苏州设计院	 	增设三个内院中庭、设置大面积的可开启落地玻璃、大面积开窗洞口、大面积整窗玻璃、落地外窗设置；在屋顶增设光导管系统
3	申都大厦(绿色三星改造)	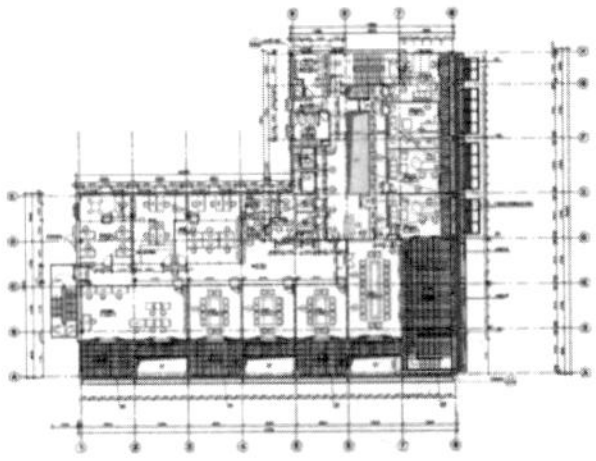	增设中庭空间和顶部下沉庭院空间，调整建筑实体分隔为开敞式大空间布局
4	上海8号桥(上海汽车制动器厂老厂房)		顶部天窗沿用,增设屋顶阳光房、中庭

3. 既有工业建筑民用化改造中主要功能空间自然光环境改造方法

对既有工业建筑改造中的自然采光改善方法主要有如下几类：

（1）建筑整体平面布局改造设计：改变既有建筑内部功能组合方式、围合方式以及建筑内部功能界面的通透处理等，如建筑功能空间两侧贯通的大空间设置；

（2）建筑外围护结构窗的改造设计：改变既有建筑外围护结构窗的组成布局、开窗洞口大小与形式等。如增设建筑外围护结构开窗数量，转换传统窗为落地窗；

（3）自然采光的空间增设：在解决大开间大进深的既有建筑内部自然采光时，可以建筑边庭、中庭以及顶部下沉空间来强化室内自然采光。如通过建筑中庭空间实现较大进深的建筑中部功能区实现自然采光的引入；

（4）建筑光导技术应用：通过自然光线的引入传输技术，实现自然光线的引入。如利用建筑光导管将无法开启门窗洞口的界面进行自然光线引入；

（5）反光与导光板技术应用：采用采光井、反光板、集光导光设备等措施优化既有建筑室内功能用房的自然采光；

（6）建筑光纤技术应用：光纤与光导原理相近，优势在于传输管径小，可与建筑竖向管井结合进行昼间照明，但光纤成本相对较高。主要解决建筑底层以及不可直接利用室外自然光线的区域与功能用房；

（7）建筑材料属性：建筑开窗界面的材料透光与反光属性，建筑内部空间的再围合结构材料的透光与反光属性。如当窗地比较小时，可选择透光性能好的玻璃提高室内自然采光。

3.2.2 既有工业建筑顶层天窗构件在改造中的改造利用与增设研究

这里以多种类型天窗厂房的实际改造为案例，分别对比分析其改造前后各类功能空间的采光效果；并通过敏感性分析，定量的分析出每一个特征量的变化对室内采光的影响以及室内的采光效果随着特征量的变化趋势。

1. 基于锯齿形天窗厂房的采光窗改造再利用和增设

对于锯齿形天窗厂房，以俭丰织染厂、十七棉纺织厂等锯齿形天窗厂房的改造为分析对象，通过优化比较分析和敏感性分析得出锯齿形天窗厂房的采光特性及其影响因数（图3.2-1）。

图 3.2-1　分析案例的外景图

基于分析案例通过对采光窗的改造和增设来优化其采光效果，具体为增大锯齿形天窗的面积、增设侧窗和在单坡顶增设平天窗（图 3.2-2）。

基于各个优化方案的采光分析，可以得出如下结论：

◆ 对于平均采光系数 C_{av} 的影响

☑通过增加采光窗的面积（增加锯齿形天窗面积、增设侧窗和增设平天窗）都可以提高采光区域的平均采光系数；

☑对于本案例：增加锯齿形天窗面积对采光效果的提高率略低于其采光窗面积的增加率；增设侧窗（在锯齿形立面增设侧窗）对采光效果的提高率接近于其采光面积的增加

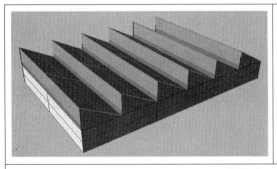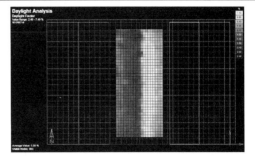

增大锯齿形天窗的面积

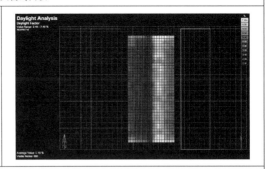

增设侧窗

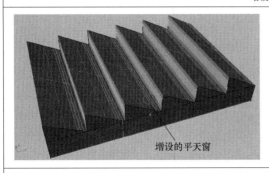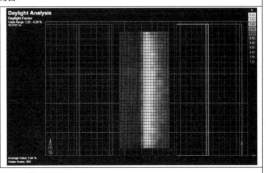

单坡顶增设平天窗

图 3.2-2　采光优化措施及效果

率；在单坡顶增设平天窗对采光效果的提高率要高于其采光面积的增加率。

◆ 对于采光均匀度的影响

☑对于锯齿形厂房，距离锯齿形天窗较远一侧边缘区域的中间部分的采光效果较差；

☑单一的增加锯齿形天窗面积，不能够有效地改善采光区域的采光均匀度，尤其是对于多跨厂房，反而易加大采光系数分布的不均匀性，即降低采光均匀度；

☑单一的增设侧窗，可以有效提高靠窗区域的采光效果，但是侧窗对于离窗较远区域的采光作用很小，且侧窗开设的位置受厂房布置和立面的限制较大，因而增设侧窗往往不能够有效提高锯齿形厂房的采光均匀度；

☑对于单坡顶上平天窗的增设，可以依据锯齿形采光厂房采光区域的采光系数分布选择合适的位置，有针对性地对采光系数较低区域的采光效果进行加强，但应合理的控制增设的平天窗的面积，以免造成局部区域光线过强，引起采光均匀度下降，甚至眩光。

综上所述，对于锯齿形厂房比较适宜的改造方式为在其单坡顶上增设平天窗，进而提高整个采光区域的采光系数和采光均匀度，但应注意所增设的平天窗的位置布置的和开窗面积的合理。

对于锯齿形天窗厂房，主要针对单跨、两跨及多跨（选取 3 跨作为分析对象）功能空间的采光效果对高跨比和窗地面积比的敏感性进行分析。以俭丰织染厂的采光分析模型为原型，通过改变模型的窗地面积比和高跨比来分析采光系数平均值和采光均匀度随上述两个影响因数的变化。

（1）单跨功能空间

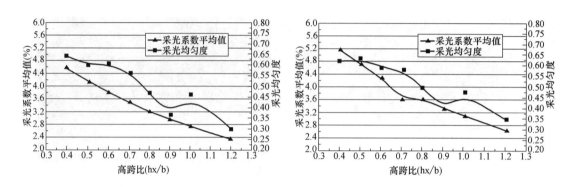

图 3.2-3　窗地面积比分别为 0.35 和 0.4 时高跨比对采光的影响

如图 3.2-3 所示，两种情况下的采光系数平均值都随着高跨比的增大而逐步减小，采光均匀度也相应地逐步减小但略有波动。这是因为随着高跨比的逐步增加，工作平面上可直接接受透过天窗的自然光的面积越来越小，越来越依靠墙面的反射光来增强工作面的采光，且靠近天窗一侧的工作平面上的采光效果也逐步变差，所以采光系数平均值逐步减少且采光均匀度也呈现逐步减小的趋势，在平面的采光由依赖天窗的直射光向壁面的二次反射光的过渡中，平面的采光均匀度会相应地出现一个极值，即图中的波动点。

（2）两跨功能空间

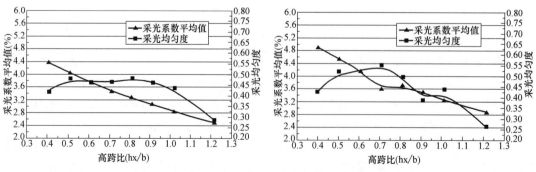

图 3.2-4　窗地面积比为 0.35 时高跨比对采光的影响

图 3.2-4 为窗地面积比为 0.35 和 0.4 时，两跨空间的采光系数平均值和采光均匀度随高跨比的变化。和单跨的情况相类似，采光系数平均值随着高跨比的增加而逐步减小。而采光均匀度则是先减小后增大。

（3）多跨功能空间

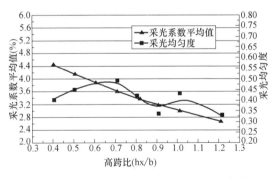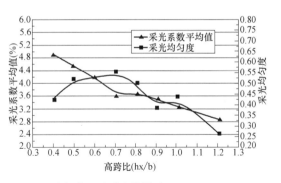

图 3.2-5　窗地面积比分别为 0.35 和 0.4 时高跨比对采光的影响

图 3.2-5 是分别为窗地面积比为 0.35 和 0.4 时，三跨空间的高跨比对采光系数平均值和采光均匀度的影响。如图所示，类似于单跨和两跨的情况，采光系数平均值随着高跨比的增加逐步减少；采光均匀度随着高跨比的增加先增大再减小。

2. 基于矩形天窗厂房的采光窗改造再利用和增设

对于矩形天窗厂房，以上海财经大学大学生创业实训基地、HASSELL 上海事务所办公楼等改造案例为分析对象，通过案例优化分析和敏感性分析得出矩形天窗厂房的采光特性及其影响因数（图 3.2-6）。

图 3.2-6　分析案例图

这里基于分析案例，对不同方案的采光效果进行了比较（图 3.2-7）。

通过比较方案和初步设计两个阶段的室内局部采光效果可以发现：

☑对于无法增设侧窗的空间，通过增设平天窗，可以针对性地有效改善局部区域的自然采光效果；

☑矩形天窗底部的区域的采光效果较好，而每一跨两侧边缘区域的采光效果较差，因而对于矩形天窗厂房的室内自然采光效果的改善应主要集中于改善每一跨两侧边缘区域的自然采光效果，相应地整个区域的采光均匀度也会得到改善。

对于矩形天窗厂房的敏感性分析，选取两跨的功能空间为研究对象，分析窗地面积比和高跨比对其室内采光效果的变化趋势。其分析案例的原型为 HASSELL 上海事务所的办公楼的简化模型，通过改变模型的窗地面积比和高跨比来分析采光系数平均值和采光均匀度随这两个影响因数的变化。

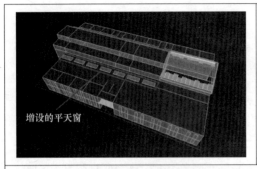 

扩初阶段方案模型及走道部分采光效果

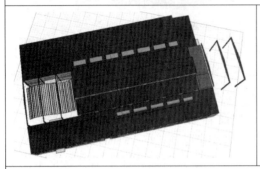 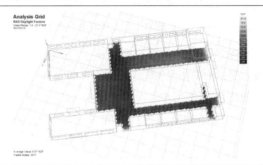

施工图阶段方案模型及走道部分采光效果

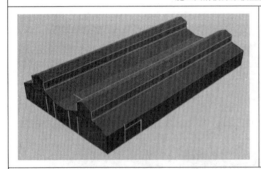 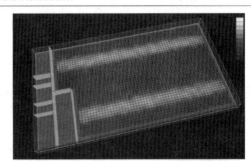

现状方案模型及走道部分采光效果

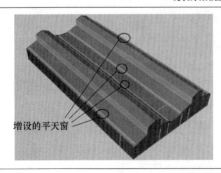 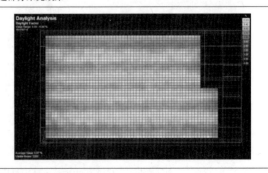

优化方案模型及走道部分采光效果

图 3.2-7 采光优化及效果

　　图 3.2-8 所示为窗地面积比为 0.2 和 0.3 时，采光系数平均值和采光均匀度随高跨比的变化。采光系数的平均值都随着高跨比的增加而逐步减小，而采光均匀度随着高跨比的变化，其变化趋势并不明显；采光系数平均值随着窗地面积比的增大显著增大。

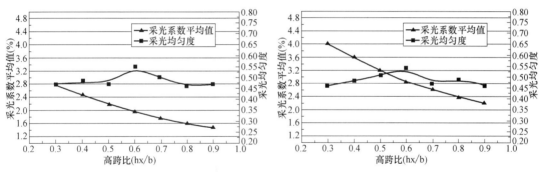

图 3.2-8　窗地面积比分别为 0.2 和 0.3 时高跨比对采光的影响

3. 基于平天窗厂房的采光窗改造再利用和增设

前面对锯齿形天窗和矩形天窗厂房的研究中，已经对平天窗的采光特性作了充分的说明，这里将着重讨论平天窗分布的均匀性对自然采光效果的影响以及窗地面积比和高跨比对采光均匀度和平均采光系数的影响。

对于平天窗，以上海动力机厂的厂房为原型，通过将原有的矩形天窗改设为平天窗，进而对平天窗分布的均匀性进行分析（图 3.2-9）。

图 3.2-9　三个比较方案的屋面平天窗分布

三个比较方案的屋面平天窗分布如上图所示，其窗地面积比都为 0.1，高跨比为 0.5。通过屋面采光平天窗的布置的均匀性的不同，对室内的采光效果进行了比较。

表 3.2-3 和图 3.2-10 分别反映了三个比较方案的采光效果变化，从图表中可以看出：随着平天窗分布均匀性的提高，室内采光的均匀度显著提高，但采光系数平均值呈线性下降趋势，这可能是因为随着采光窗分布均匀性的提高，边缘区域依靠墙面二次反射来进行采光的比重增加，所以整个区域的平均采光系数下降。

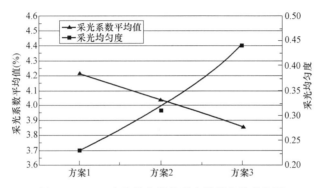

图 3.2-10　三个比较方案的采光效果变化趋势图

三个比较方案的采光效果计算结果　　　　　　　　　表 3.2-3

方案	采光系数平均值(%)	采光均匀度
方案 1	4.21	0.23
方案 2	4.04	0.31
方案 3	3.86	0.44

此外，对于平天窗，还通过改变案例的高跨比和窗地面积比分析了这两个因素对平天窗采光效果的影响。这里选取窗地面积比为 0.1 和 0.2 两种情况分别对高跨比的影响进行了比较分析。

图 3.2-11 为窗地面积比为 0.1 和 0.2 时，采光系数和采光均匀度随高跨比的变化，由图可知：在上述两种窗地面积比下，采光系数的平均值都随着高跨比的增加而减小，窗地面积比为 0.2 时的采光系数平均值要明显大于窗地面积比为 0.1 时的采光系数值；在两种情况下，采光均匀度都呈现先增加后减小的趋势，但变化很平缓。

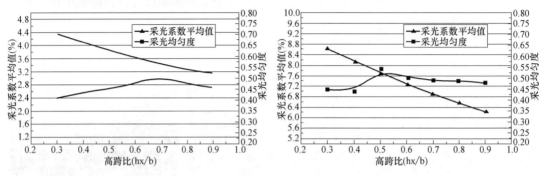

图 3.2-11　窗地面积比分别为 0.1 和 0.2 时高跨比对采光的影响

4. 小结

综合比较前述三种天窗形式的敏感性分析结果，可以发现：在窗地面积比和高跨比相同的的情况下，采用平天窗时的采光系数平均值最高，锯齿形天窗和矩形天窗的采光系数较为接近；随着高跨比的变化，平天窗和矩形天窗的采光均匀度的变化较为平缓，而锯齿形天窗的采光均匀度随着高跨比的增加有着明显的下降趋势。因而建筑师应当依据三种天窗的采光特性和形式特点，结合建筑本身采光和造型需求合理地采用具体的天窗形式。

3.2.3　既有大进深工业建筑民用化改造中采光空间的增设研究

这里以苏州设计院、南海意库等多个实际采光空间增设的案例为对象，对比分析其改造前后各类功能空间的采光效果并通过敏感性分析，定量分析每一个特征量的变化对室内采光的影响以及室内的采光效果随着特征量的变化趋势。

1. 大进深工业建筑民用化改造中的采光中庭或院落的空间增设

对于采光中庭和院落空间的增设，以苏州设计院、南海意库的改造为分析对象，通过改造后的采光效果分析和敏感性分析得出增设采光中庭和院落的采光特性及其影响因素（图 3.2-12）。

本小节基于分析案例，分析增设采光中庭和院落对室内自然采光的影响（图 3.2-13）。

基于各个优化方案的采光分析，可以得出如下结论：

图 3.2-12　分析案例的外景图

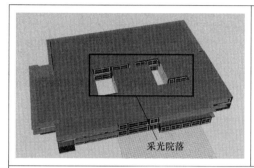

苏州设计院模型及室内照度分布

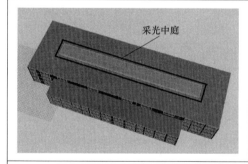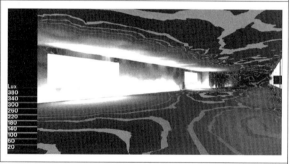

南海意库模型及室内照度分布

图 3.2-13　采光优化措施

　　同样的开窗和进深条件下，由于中庭四周墙体的自遮挡，处于高层的房间的采光要明显优于处于低层的房间；为提高低层房间的采光效果，需要增大开窗法向的中庭宽度，但中庭的增大会引起建筑使用面积的减少，因此，中庭的合理增设方式和尺寸是增设中庭需要重点关注的问题。

　　☑ 通过在大进深建筑的中部增设采光中庭，可使得原先无法利用自然采光的建筑中部得以实现自然光线的引入，从而显著改善了室内的自然采光效果；

　　☑ 对于采光中庭四周的功能空间，在同样的开窗和进深条件下，由于中庭四周墙体的自遮挡，处于高层的房间的采光要明显优于处于低层的房间；

　　☑ 为保证采光效果，需要对空间的进深进行一定的限制，因此在各个空间采光要求都较高的情况下，建议采用增设多个采光中庭的方式来有效控制各个空间的进深，同时也可以保证建筑使用面积的减少较少；

☑ 为提高低层房间的采光效果，需要增大开窗法向的中庭宽度，但中庭的增大会引起建筑使用面积的减少，因此，中庭的合理增设方式和尺寸是增设中庭需要重点关注的问题。

这里以南海意库为案例，分析比较不同的中庭尺寸对中庭四周功能空间的采光影响。图 3.2-14 为各个中庭尺寸下，每个楼层的南向房间的采光系数和冬至日正午时刻的室内照度变化图。

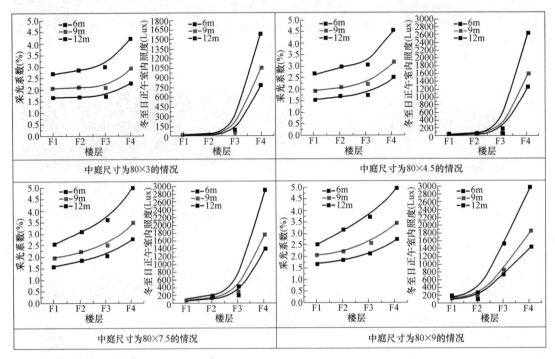

图 3.2-14 采光分析

由上述曲线图可以看出，在各个中庭尺寸下，采光系数和冬至日室内照度都随着楼层的增高而增大，且增加的趋势越来越大；在同一楼层中，进深小的房间的采光系数和冬至日室内照度要大于进深大的房间，且随着楼层的增高，不同进深房间之间的差距也越来越大；在上述中庭宽度下，南向四层的房间都可以在冬至日接受太阳的直射辐射，从而室内照度较高，而只有当中庭宽度增加到 9m 时，南向三层房间才体现出明显的太阳能直射效果。

在上述对冬至日正午室内照度的分析中，所采用的气象数据为上海地区的气象数据，因而冬至日当地的太阳高度角为 35.64°，其余切值为 1.39，又因为各层的层高均为 4.2m，所以：若要此时的四层南向的墙面完全被太阳照射到，则中庭宽度不应小于 1.39 × 4.2m = 5.8m；若要此时的三层南向的墙面完全被太阳能照射到，则中庭宽度不应小于 1.39 × 2 × 4.2m = 11.6m。故而，当中庭宽度达到 6m 时，南向三层房间的室内照度才稍大于北向三层的房间，且随着中庭宽度的增加，这一差值越来越大。

图 3.2-15 为中庭宽度为 3m 时，中庭两侧进深是 9m 的南向房间和北向房间的冬至日正午时刻的室内照度对比图。

如图所示，一层和二层的南北向房间的室内照度很接近，南向房间略微小于北向房

间；三层南向房间的室内照度明显
小于北向；四层南向房间的室内照
度才超过北向房间；这是前面所述
的此时的中庭宽度小于太阳能直射
到三层房间的 5.8m 的要求，即只
有南向四层房间可以接收到太阳的
直接辐射，而北向四层和三层房间
只能依靠南向四层房间壁面的反
射，所以南向四层房间的室内照度
会明显高于北向四层房间的照度；
北向四层和三层房间可以接受到南

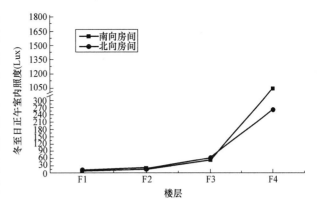

图 3.2-15 中庭宽度为 3m 时南北两向房间照度的对比

向四层房间壁面的一次反射，而南向三层房间的采光则是依靠北向三层和四层房间的二次
反射，因而南向三层房间的室内照度要明显小于北向三层房间的室内照度。

图 3.2-16 中依次为中庭宽度为 4.5m、6m、7.5m 和 9m 时，南北两向进深为 9m 的
房间在冬至日正午时刻的室内照度对比情况。

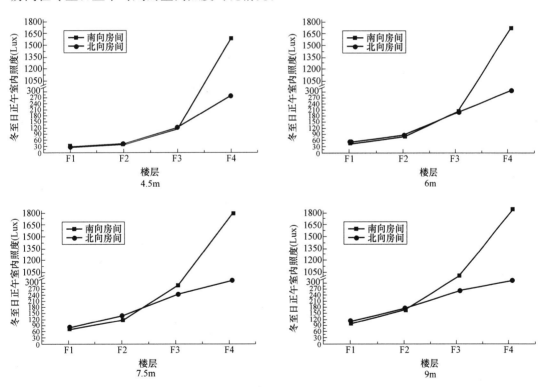

图 3.2-16 中庭宽度依次为 4.5m 至 9m 时南北两向房间照度的对比

比较中庭宽度为 4.5m 和 3m 的情况可以发现：南北两向对应房间的室内照度大小情
况不变，但南向四层房间的室内照度明显增大，这是由于随着中庭宽度的增加，南向四层
房间可以接受到更多的太阳能直射辐射，故而其室内照度增幅显著。分析中庭宽度为 6m

时的照度，此时中庭的宽度已经大于5.8m，即南向三层房间的小部分壁面已经可以接受到太阳的直接辐射，比较图中的数据可以发现，南向三层房间的室内照度已经略微高于对应的北向三层房间。当中庭宽度继续增加大至7.5m时，可以发现南向三层房间的室内照度已经明显高于对应的北向三层房间，但南向一层和二层房间的室内照度依然稍小于北向的对应的一层和二层间。当中庭宽度达到5.8m时，南向四层房间的外壁面都可以接受到太阳的直射，中庭宽度为7.5m和9m时就是这一情况，即当中庭宽度达到5.8m以上时，南向四层房间的室内照度趋于稳定，比较两种中庭宽度下的南向四层房间室内照度，可以发现两者很接近。

通过上述比较可以发现，对于所处楼层较低的房间，会出现南向房间的室内照度小于北向房间，说明中庭壁面的反射对于各个房间的采光有着较大的影响。图3.2-16是以中庭宽度为4.5m的案例为基准对象，将外墙面的反射率由原先的0.474提高到0.747后（其他参数都不变），各层进深为9m的房间的采光系数平均值的对比图。

由图3.2-17所示，相对于外墙面反射率为0.474的情况，当壁面反射率提高到0.774后，各层房间的采光系数都有明显的增加，其中一层至三层的采光系数的增幅比较接近，而四层房间采光系数的增幅相对于其下的三层房间而言，明显减小，这是因为一层至三层房间的采光较多地依赖对面墙面的反射光，而四层房间的采光主要是依赖阳光的直接辐射，因而壁面反射率的变化对一层至三层房间的采光影响较大，而对顶层房间的影响稍弱。

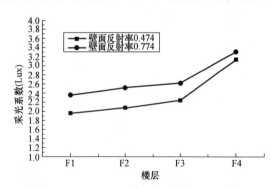

图3.2-17 不同避免反射率下的采光系数对比

综合前述的分析内容，若要提高增设的中庭对中庭四周的房间的采光效果的改善程度，可以考虑以下几点：

☑ 合理设置中庭的尺寸：所增设的中庭的宽度直接影响中庭空间的太阳能辐射量，以及在一定的太阳高度角下，太阳能所能直接照射到的位置；在允许的情况下，可以通过适当地增加中庭的宽度来提高中庭内部空间的采光效果，但中庭面积的增加必然带来建筑使用面积的减少；

☑ 在中庭尺寸一定的情况下，可以通过将中庭的外墙面采用反射率较高的材料来提高各层房间的自然采光效果；

☑ 中庭四周的房间设置大的开窗或采用透射率较高的玻璃窗，其效果同上。

2. 大进深工业建筑民用化改造中的采光边庭的空间增设

相对于中庭，边庭虽然也从属于建筑，但往往却是向街道敞开，是建筑空间与城市空间的融合，是由城市空间进入到建筑空间的过渡和中介，通常兼有人口和门厅的作用。较之中庭，边庭的特点在于其至少有一侧向室外环境开敞，开放的侧边可以是透明的玻璃界面的，也可以是没有维护的。

因此，边庭由于其天生的开敞性而使采光变得更易进行，且其特性也类似于中庭的设置。这里以上海十七棉创意园区南侧的一间咖啡厅以及申都大厦为案例来说明边庭的设置对采光的作用。

如图 3.2-18 所示，改造后的采光效果明显优于改造前，改造前的采光系数平均值为 6.03%，改造后室内的平均采光系数增加到 8.59%。

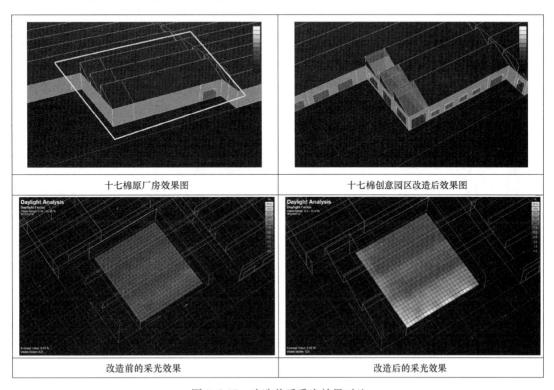

| 十七棉原厂房效果图 | 十七棉创意园区改造后效果图 |
| 改造前的采光效果 | 改造后的采光效果 |

图 3.2-18　改造前后采光效果对比

上海申都大厦属于多层公共建筑。建筑呈 L 形平面，L 行两长边分别为南向和东向。首层东侧为入口门厅，南侧设有展示休闲区域、餐厅等公共空间，二层局部为首层入口大厅的上空，其余为公共办公空间，三至六层以开放式大空间办公空间为主。

图 3.2-19 所示为一层入口大厅的采光系数和室内照度分布情况图，从图中可以看出入口大厅位置的采光效果非常好，整个区域的采光系数平均值为 3.82%，室内照度平均值为 188.9Lx。相比较于原先比较封闭的外围护结构形式，在增设了边庭之后，相应区域采光效果得到了显著的改善。

同理于采光中庭的增设，增设边庭后，与边庭相邻区域的采光效果可以得到显著的改善。为了提高与边庭相邻区域的采光效果，可以参照中庭的设置，考虑如下几点：

☑ 在边庭尺寸一定的情况下，边庭的围护结构可以采用内表面反射率较高的材料来提高相邻空间的自然采光效果；

☑ 与边庭相邻的房间可以通过设置大的开窗或采用透射率较高的玻璃窗来提高其采光效果。

3.2.4　既有大进深工业建筑民用化改造中的导光管增设研究

这里基于实际应用案例及文献，总结导光管所适用的空间特点及其采用方式并结合模拟分析结果和导光管本身的特性，对导光管的增设提出改善性建议。

随着建筑行业的发展，与人类息息相关的建筑空间越来越大，而传统的侧窗采光和天窗采光已经无法满足我们的采光要求，尤其是对于大进深的多层建筑。同时，导光管照明

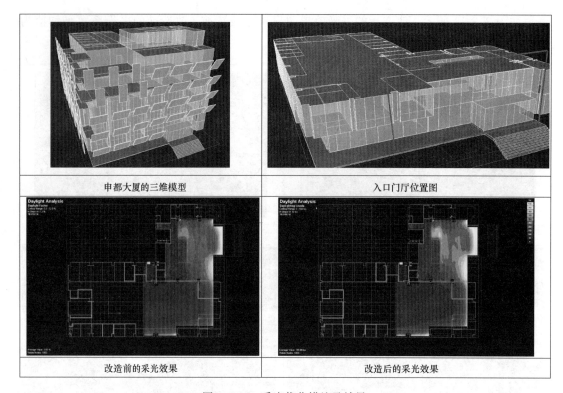

申都大厦的三维模型 入口门厅位置图

改造前的采光效果 改造后的采光效果

图 3.2-19 采光优化措施及效果

技术符合建筑节能的要求，可以最大限度地在白天减少人工照明。

导光管照明系统主要由采光区、传输区和漫射区 3 部分组成，各部分分别包括集光器、导光管和漫射器以及调光设备。它是通过室外的集光器收集室外的太阳光，并将其导入系统内部，然后经过导光管高效传输到采光空间后，由漫射器将自然光尽可能均匀地反射到需要照明的地方。图 3.2-20 所示为导光管系统的工作原理示意图。

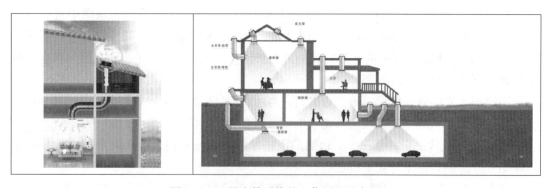

图 3.2-20 导光管系统的工作原理示意图

1. 大进深工业建筑民用化改造的导光管增设空间选取

随着建筑技术的发展，导光管系统已越来越多地应用于建筑的无窗或地下部分。由于可收集的实际工业建筑改造后采用导光管的案例材料较少，但考虑到应用导光管系统的一般性特征，这里将结合一个工业建筑改造的案例和其他几个具体的案例，对建筑中采用导光管系统的空间类型进行探讨（图 3.2-21）。

苏州市建筑设计研究院办公楼(非顶层大空间)

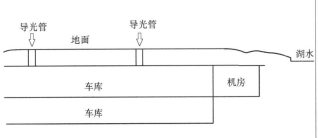

奥运中心区地下车库(覆土区域)

百事可乐郑州饮料有限公司一期项目(非顶层大空间)

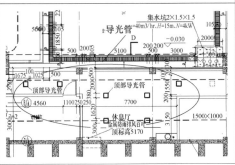

崇明陈家镇能源中心(覆土区域)

图 3.2-21　案例

图 3.2-22 为崇明陈家镇能源中心覆土区域展厅采用导光管系统前后的采光系数分布对比图。

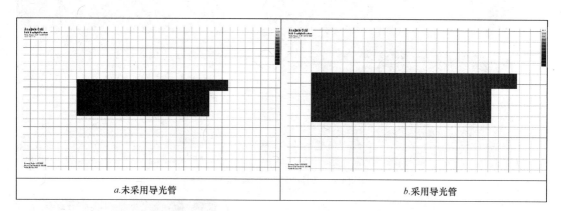

图 3.2-22　覆土区域展厅采用导光管前后采光分布对比图

从图中可以看出，采用导光管后，该区域的采光效果得到了明显的改善，平均采光系数由 1.23% 提高到了 3.58%，且由于导光管的分散布置，室内的采光分布较为均匀。

基于前述相关案例的分析，可以得出导光管系统的应用在建筑空间选择上有如下几个特点：

☑ 顶部无法增设采光天窗的顶层大进深空间，如覆土层较厚的地下车库、有吊顶的顶层大进深车间等；

☑ 无法增设采光侧窗和天窗的空间，如地下二层空间、外侧有紧邻的遮挡物的非顶层空间；

☑ 出于节能考虑（节省照明能耗或基于导光管的保温隔热优于天窗来降低空调能耗），使用导光管系统代替采光天窗。

上述三种类型的空间是既有工业建筑改造中常出现的一类空间类型，且工业建筑一般具有层高高、空间大的特点，为导光管系统的安装提供了便利。因而，导光管的增设在既有工业建筑的改造中有着好的应用前景。

2. 大进深工业建筑民用化改造的导光管系统增设特点

目前较多采用的导光管系统形式以及辅助光源布置方式等有如下的特点：

（1）从所使用的导光管系统的形式和材质来看

1）日光采集部分

集光器或采光罩是两种常用日光采集构件。从形式上来看，出于成本的考虑，日光采集构件大多采用被动式的采光罩，只有极少的采用带定日镜的主动式系统。

带定日镜的主动式系统通过能够跟踪太阳的聚光器来采集太阳光，这种类型的光导管采集太阳光的效果很好，但是整个装置的造价比较高。采光罩主要有 PC 板和有机玻璃两种，由于 PC 材料制成采光罩具有表面平滑光亮、硬度高、耐摩擦、耐老化、抗冲击性好、透光率高等优点，因而目前被较多地使用。

2）导光传输部分

传输方式可分为光纤传输和管道传输。出于系统成本和配光效果两方面的考虑，目前建筑中基本都是采用管道传输。

光纤所占用的空间远小于管道且传输损耗也小，但其成本一般是管道的好几倍。光纤的传输终端表现为点光源，到达室内的点光源类似一个个灯泡，比较刺眼且覆盖面较窄，而管道传输类似于面光源，光线均匀柔和，覆盖面较宽。

（2）从辅助光源的配置形式来看，主要有如下两类：

1）辅助光源内置于导光管内部：在光导管内部加装灯具，并设置光传感器，当自然光照度值低于某个设定值时，自动开启导光管内的电力照明进行补充照明；

2）辅助光源外置与室内漫射器的周围：在导光管系统室内漫射器的周围安装电力照明灯具，灯具与导光管相互独立。当导光管所提供的自然光照度不足时，开启电力照明。

此外，在导光管各部分的布置方面还有如下注意点：

·采光罩的布置：光导系统的布置需要采光罩所在的位置不能有建筑物的直接遮挡，故在应用上需要根据建筑类型、建筑结构、使用场所、室外采光位置、采光层数、照明要求等因素综合考虑。

➢为避免墙体的遮挡，集光器距女儿墙的距离不应小于1.5m；

➢布置于坡屋顶阴面的系统，其采光器宜高于屋脊；

➢屋面的防水节点需要加强处理。

·导光管的布置：当照度要求均匀且层高较高时，宜采用水平布置；一般情况下可采用垂直布置（图3.2-23）。

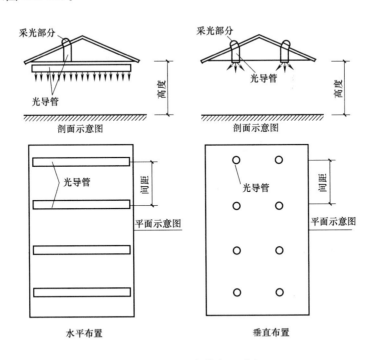

图 3.2-23　导光管布置示意

当光导系统采用水平布置时，宜采用吸顶安装或吊装，并尽量均匀布置，相邻两导光管之间的距离应根据导光管的管径、长度、安装高度等因素确定，但不宜大于安装高度的

1.5 倍，以获得均匀照明，即：

$$S \leqslant 1.5H$$

式中：

S—导光管的间距，m；

H—导光管的距地高度，m。

➢ 尽可能使自然光线以最近的路径到达室内；

➢ 导光管的管道直径较大，这也是导光管照明技术的一个弊端，安装时易与其他设备的管道产生冲突，所以设计和安装时，应与各专业作好详细沟通，综合考虑室内管线布置，避免光导管与其他设备管道的冲突；

·室内漫射器的布置：当导光系统采用垂直布置时，其终端的漫射器就相当于电光源，布置时宜按照下列原则进行：

➢ 布置系统时，应远离建筑采光门窗；

➢ 宜结合吊顶采用吸顶安装；

➢ 漫射器宜均匀布置，当有特殊需要时，也可进行非均匀布置；

·与电力照明系统配合使用：由于太阳能辐射的周期性和间歇性，为保证照明区域的稳定照度，导光管照明系统需要与人工电力照明系统配合起来使用。

3.2.5 小结

本节既有工业建筑民用化改造后的自然采光改善措施和设计注意要点进行了分析。分析表明：（1）对于带天窗的厂房，在窗地面积比和高跨比相同的情况下，采用平天窗时的采光系数平均值最高，锯齿形天窗和矩形天窗的采光系数较为接近；随着高跨比的变化，平天窗和矩形天窗的采光均匀度的变化较为平缓，而锯齿形天窗的采光均匀度随着高跨比的增加有着明显的下降趋势。因而建筑师应当依据三种天窗的采光特性和形式特点，结合建筑本身采光和造型需求合理地采用具体的天窗形式。（2）对于通过设置采光中庭改善采光的情况，应合理设置中庭的尺寸，在中庭尺寸一定的情况下，可以在中庭的外墙面采用反射率较高的材料来提高各层房间的自然采光效果，也可通过设置大的开窗或采用透射率较高的玻璃窗来提高采光效果。（3）当由于条件限制，无法设置直接采光构件或设置困难时，宜通过设置导光管来改善室内的自然采光效果并达到一定的照明节能目的。

3.3 自然通风改造设计

3.3.1 工业建筑改造案例通风利用措施分析

当前国内外对工业建筑的改造再利用日益重视，与之相关的改造项目日趋增多。这些改造项目有些为常规改造，有些为绿色生态改造。无论何种改造形式，改造后其功能转变为民用，包括办公、展览、商业等功能，出于对室内环境的需求，这些项目或多或少会考虑到通风的问题。基于上述考虑，选择部分在通风利用上的典型改造案例进行深入分析。

1. 绿色建筑改造案例

国内目前已有多个工业建筑改造再利用项目取得国家绿色建筑标识，以及美国 LEED 认证，部分案例列入表 3.3-1。

部分取得绿色建筑标识的工业建筑改造再利用项目　　　　　　　　　表 3.3-1

项目名称	绿色建筑标识
南海意库	国家绿色建筑三星
上海世博会城市未来馆	国家绿色建筑三星
苏州建筑设计研究院生态办公楼	江苏省绿色建筑二星
花园坊节能环保产业园 B1、B2 号楼	LEED 金级
幸福码头 HASSELL 上海事务所办公室	LEED 金级

对其中两个案例的通风措施进行分析。

（1）苏州建筑设计研究院生态办公楼

苏州建筑设计研究院生态办公楼由单层厂房通过夹层改造而成。原厂房跨度和进深较大，外围护结构较为封闭，不利于通风组织。该项目在改造采取了一些措施来改善通风效果。

1）植入中庭

改造设计中在原建筑中心区域开挖了两个"Z"形的开放式庭院，面积约为 $320m^2$，内植绿树，并设有小品与水池，保证内部每处空间的采光与通风，使原本闭塞的厂房拥有了流畅的空气通道（图 3.3-1）。

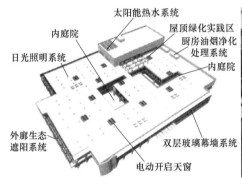

a. 整体示意　　　　　　　　　　　　b. 中庭实景

图 3.3-1　植入中庭

2）外墙立面开窗

原建筑通风采光性能较差，保温性能也不能满足现有需求。更新设计采用了自保温墙体材料，建筑外立面设置大面积可开启落地玻璃窗以改善建筑的自然通风条件。经测试，在采用合理的自然通风措施后，室内温度比非自然通风条件下降低 2～3℃。

3）天窗形式改造

对原有天窗进行改造，将有机玻璃罩更换为可开启玻璃天窗，在保证

图 3.3-2　外立面可开启玻璃窗

设计空间的照明同时，利用空气温度差形成的拔风效应，加强室内空气流通。在天窗下部设置仿木百页，减弱午间的直射太阳光（图 3.3-3、图 3.3-4）。

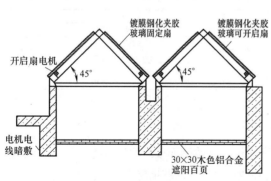

图 3.3-3　天窗设置图示 　　　　　　　图 3.3-4　屋顶天窗实景

（2）南海意库 3 号楼

南海意库项目由日资三洋厂房改造而成，3♯楼原来为无框架结构的 4 层建筑，改造为绿色办公建筑，在自然通风方面采取了多项改造设计措施。

1）植入中庭

原来的厂房没有前厅，进深达 36m，十分压抑，与办公空间需要良好的采光和通风有很大的不同。经过多轮的设计比较论证和调整，采取了多项改造措施，其中包括增设中庭。生态中庭的设计可以解决进深太大的问题，促进通风和采光（图 3.3-5）。

2）玻璃拔风烟囱

在中庭的顶部屋面设置 6 个玻璃拔风烟囱，将内中庭作为热压通风竖向通道，形成"烟囱效应"，使室内外空气形成对流，利用自然通风提高室内舒适度，减少空调的运行时间（图 3.3-6）。

图 3.3-5　中庭实景 　　　　　　　图 3.3-6　玻璃拔风烟囱

2. 常规改造案例

许多工业建筑改造再利用案例，虽然没有以绿色建筑作为改造目标，但是其在改造设计中仍然体现了一些绿色生态理念。尤其是在通风方面，有不少工业建筑改造案例进行了有益的尝试，可以为工业建筑绿色化改造技术研究提供借鉴。选取部分典型案例进行梳理分析，见表 3.3-2：

工业建筑改造通风利用典型案例项目	表 3.3-2
项目名称	通风特征
内蒙古工业大学建筑馆	利用烟囱
上海国际时尚中心 4 号精品仓	屋顶天窗
世博会特钢大舞台	通风屋脊

（1）内蒙古工业大学建筑馆

内蒙古工业大学建筑馆前身是建于 20 世纪 70 年代的生产铸造工件的校办工厂，现被改造为建筑学院教学和行政办公楼。改建时设计人员根据呼和浩特地区的气候特点，充分考虑了生态建筑因素的应用。该项目结合原来建筑形式特点，以及附属的构筑物，针对不同的区域在通风利用上采取了不同的技术措施，天窗、烟囱等均得到应用，具有非常显著的特色（图 3.3-7）。

1）报告厅通风系统

报告厅是一栋相对独立的单层建筑物，建筑面积 220m²，檐口标高 9.81m，内部空间开敞。外墙上设计有上下两层窗户，上层窗不可开启，主要用于采光，下层窗可打开，在过渡季节或夏季进行通风。报告厅通风设计时应用了室外的烟囱，通过设置排风管道与其相连，构成完整的通风系统。该系统主要由贯穿于室内外的

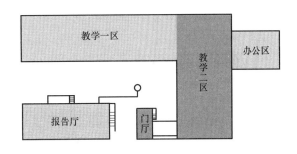

图 3.3-7　内蒙古工业大学建筑馆平面示意

通风管道以及庭院中 22 m 高的烟囱组成，管道连接方式如图 3.3-8 所示。室内外通风管道的断面尺寸均为 600mm，室外通风管道上设有手动多叶调节阀。

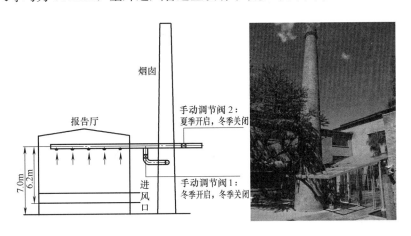

图 3.3-8　报告厅通风系统

2）教学楼 1 区通风设计

教学楼内部空间极富通透感，窗户选用了可开启下悬窗，矩形天窗为电动开启式天

窗。该区域设置了地道送风系统，使用了原铸造车间用于输送铸件的地下通道，室外空气通过地下通道时与土壤换热，然后送入室内。排风依靠内部通道和围护结构开口。一区南侧从下到上依次是图书阅览室、评图室和美术教室，其中东向、北向围护结构开有通风口，图书阅览室和评图室之间的南向墙体留有贯通1～3层的通道，这些围而不封的围护结构非常有利于气流流动。屋顶开始有天窗，可形成气流通道（图3.3-9）。

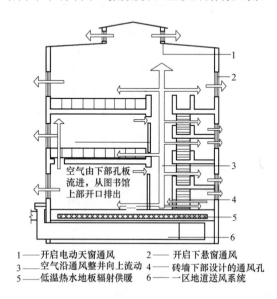

1——开启电动天窗通风　2——开启下悬窗通风
3——空气沿通风整井向上流动　4——砖墙下部设计的通风孔
5——低温热水地板辐射供暖　6——一区地道送风系统

图3.3-9　教学楼1区通风系统示意

3）教学楼2区通风设计

二区分布有咖啡厅、台球厅、专业教室、教研室、学院办公室和计算机教室等房间，室内空间依然延续通透的设计风格，下悬窗、电动开启天窗的设计亦与一区相同，该区域同样设置了地道送风系统，不同的是在改建时把东北方向原铸造锅炉的两根钢烟囱保留了下来，从底贯穿到屋顶的烟囱不仅传达了机械美学与工业秩序的独特空间氛围，还发挥了烟囱效应，强化了室内通风。为了增强室内热压通风效果，两根烟囱底部开敞，在2层位置处每根烟囱圆柱形筒壁上开有竖向百页式通风孔，用于与室内通风换气，靠南的烟囱还连接了一根通向计算机教室的通风管，用来排除计算机教室在使用时产生的热量（图3.3-10）。

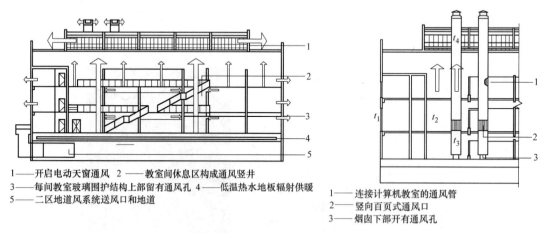

1——开启电动天窗通风　2——教室间休息区构成通风竖井
3——每间教室玻璃围护结构上部留有通风孔　4——低温热水地板辐射供暖
5——二区地道风系统送风口和地道

1——连接计算机教室的通风管
2——竖向百页式通风口
3——烟囱下部开有通风孔

图3.3-10　教学楼2区通风系统示意

（2）上海国际时尚中心

上海国际时尚中心4号精品仓原为上海第十七棉纺织总厂单层锯齿形厂房，经改造后功能为商业营业厅及其辅助用房。该项目结合屋顶锯齿形天窗进行通风改造设计。

该建筑内部体量巨大，且在功能上进行了许多分割，不利于组织通风。锯齿形屋顶天窗为工业厂房的重要特征，改造过程中充分利用了锯齿形屋顶形式，但为满足节能要求对窗框及玻璃进行了更换，同时在天窗上设置电动可开启扇，作为排风通道（图 3.3-11）。

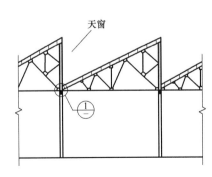

图 3.3-11　锯齿形天窗

锯齿形天窗的垂直面设置可开启扇，整个垂直区域玻璃按照骨架分为三排，开启扇布置在最上侧，按照一定的间隔排列，单扇可开启区域为 1050mm×750mm，采用电动方式控制，同时具备排烟和通风功能（图 3.3-12）。

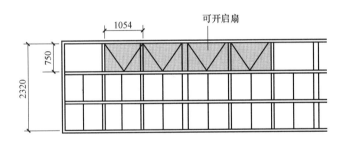

图 3.3-12　锯齿形天窗可开启扇设计

3. 通风改造利用特征

经过对现有改造案例通风措施的梳理，当前工业建筑改造过程中在通风设计方面具有如下特征。

（1）植入竖向通风通道

工业厂房往往具备大进深的特点，使得平面贯流式通风难以发挥效果，在改造过程中往往需要考虑从竖向发展通风路径，以改善中部通风效果，植入中庭或通风塔是当前主要采取的措施，特别是对于多层厂房的改造再利用。深圳南海意库和苏州建筑设计院办公楼改造项目中均在原厂房中开挖中庭，以改善内部的采光和通风。深圳南海意库还在屋顶设置通风塔，利用烟囱效应加大内部通风，如图 3.3-6 所示。

（2）结合屋面天窗改造

屋面设置天窗是工业厂房的另一个特征，这也为改造项目通风利用措施提供了方便。可以利用屋顶天窗设置可开启扇，作为屋顶排风通道，在室内外条件合适时可以促进室内的热压通风。上海十七棉纺厂区原厂房多为锯齿形屋顶结构，并设有天窗以采光。在改造过程中，保留原厂房锯齿形屋顶形式，并在锯齿形屋顶的玻璃天窗上设置电动可开启扇，形成排风通道，促进了室内的自然通风效果，如图 3.3-11 所示。

113

（3）结合附属构筑物改造

烟囱是工业时代的重要印记，许多工业厂房都有烟囱。在对厂房进行改造再利用时，保留烟囱既有历史意义，也为通风利用提供可能。合理利用烟囱可以改善建筑内部空间的通风效果。内蒙古工业大学建筑馆改建时把原铸造锅炉的两根钢烟囱和室外的一根烟囱都保留了下来，如图 3.3-8 所示。教学楼内的烟囱从底贯穿到屋顶，不仅传达了机械美学与工业秩序的独特空间氛围，还发挥了烟囱效应，强化室内通风；室外的烟囱则与报告厅通过通风管道连接，将室内排风引入，并随着季节变化手动调节管道上阀门开启方向，保证室内热压通风效果处于最佳状态。

3.3.2　与改造模式匹配的高大空间通风设计体系

系统性地总结和研究厂房改造再利用中的通风设计，需要从其实际的改造模式出发。一个工业厂房改造利用项目如何进行通风设计，需要充分考虑其改造前后的特征，包括改造前的空间特征和改造后的空间需求，同时尽可能地结合原有建筑特征进行利用。我们研究的切入点在于高大空间，因为这是工业建筑区别于常规建筑的典型特征。而对于高大空间的通风改造，存在不同的改造模式，即改造前为单层还是多层，改造后仍为大空间还是通过分割加层成为常规空间，其通风设计方法应该有所不同。结合工业建筑的特征，我们选择从空间特征的角度，区分不同改造模式来分析其适用的通风改造技术体系。

1. 单层厂房改造后仍为单层建筑的模式下，不管功能是办公、商业或展览，通风体系均可结合屋面条件进行设计，根据屋面的天窗方式选择对应的通风策略。对于矩形天窗和锯齿形天窗，可通过优化设置电动可开启扇及立面的开窗来形成通风体系，如图 3.3-4 所示；对平天窗屋面，一般不宜直接在屋顶天窗平面上设置可开启扇，仅依靠外墙立面开窗优化，其通风效果有限，因此应该在屋顶上挖掘通风潜力，可行的办法包括在屋面设计一定数量屋顶通风构造，如风塔或无动力风帽（图 3.3-13）。

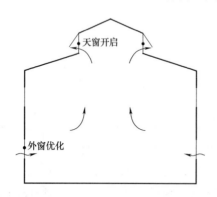

图 3.3-13　矩形天窗厂房改造通风利用体系

2. 单层厂房通过增层改造为多层建筑，其通风系统的设计有一定的特殊性。一方面增层楼板隔断了底层区域向上的通风线路，另一方面上层区域仍可以利用屋面的通风构造进行通风。因此对于这种改造方式，除考虑屋面条件之外，还应该考虑设置共享中庭等方式以改善底层通风。

3. 内廊式平面布局多层厂房改造中，可直接利用外窗形成通风线路，如果内廊拆除打通，前后两侧的外窗风压可以达到较好的通风效果，如果内廊未拆除，则其通风依靠单侧外窗形成，通风效果会较弱，此时可考虑设置边庭或中庭改善通风效果。

4. 对于多层大进深、大开间厂房的改造再利用，宜结合竖向通道的植入进行通风设计，其措施包括：设置中庭或边庭，并/或在边庭顶部对排风口进行优化设计，如设置天窗或通风塔，甚至可以采用太阳能加热系统强化热压通风；结合内庭院的设置，将大进深空间打断，缩短通风组织线路，同时优化开窗布局，可以有效改善内部通风环境，如图

3.3-14 所示。

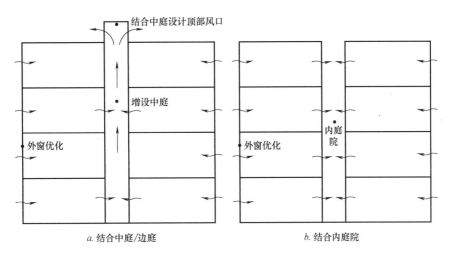

图 3.3-14　多层厂房通风改造体系

3.3.3　高大空间天窗通风应用研究

天窗是工业厂房重要的建筑特征之一,在进行工业建筑改造再利用过程中,结合原有天窗进行更新和改造,可以更好地促进室内的自然通风和自然采光。目前许多工业建筑改造再利用项目都保留原有天窗概念,其改造设计类型既有更换窗体材料,也有重新进行优化设计的。从自然通风角度来看,原有工业厂房在更新再利用后,其热源及使用模式有所改变,室内自然通风的形成因素和目标要求发生变化,因此原有天窗方案与更新后的功能需求并不一定能够达到最优匹配。从优化改造设计角度,应结合原有天窗方案,对开启扇的设置位置、开启方式重新进行优化分析,以营造最佳的自然通风效果。

1. 分析内容的提出

通过高大空间天窗通风基础理论的分析,可以对其通风体系的构成形成定性的认识。针对这类建筑的空间特点和形式,对于自然通风而言,热压通风应该是其首要考虑的内容,因此需要对天窗的设计内容进行研究,包括其设置位置与方式。与此同时,室外无风的状况毕竟是少数,因此风压作用是应该考虑的一个存在,这就要求对不同室外风作用下的天窗通风效果进行研究,对天窗设计以及室内低窗的设计进行优化,以尽可能利用风压,将风压的影响效果往正的方向引导。

由于理论公式的提出基于多种简化和假设,其计算结果更多的是用于定性的分析。为了更精确地研究高大空间天窗通风规律,提出高大空间天窗通风的最优化设计措施,采用CFD 模拟的方法来研究上述内容。与常规的理论计算相比,CFD 模拟方法在理论源头上更加符合物理实际,也就更加有可能得到科学和有说服力的结果。分析的内容包括:

(1)天窗高度对通风的影响

(2)天窗开启方式对通风的影响

(3)天窗开启角度对通风的影响

(4)天窗可开启面积对通风的影响

(5)室外风向对通风的影响

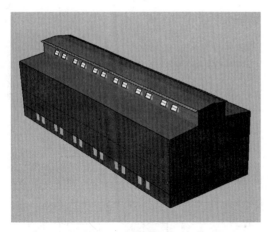

图 3.3-15　高大空间天窗通风分析基础模型

（6）屋面挑檐对通风的影响

2. 分析模型的建立

（1）几何模型

为了更加准确地体现工业厂房改造中高大空间的特征，基于上海财经大学创业实训基地项目中部单层厂房主体部分建立分析模型。原始项目原来为单层工业厂房，改造中保留中部大空间改为报告厅，空间形式大部分得以保留，因此选取连续的高大空间进行分析。该模型为典型矩形天窗空间，其三维图示如图 3.3-15。

基础模型具体尺寸如下：

■主体部分尺寸为 42m×15m×10m。

■天窗可开启扇：每扇天窗在两侧设置可开启扇，尺寸为 1.2m×0.8m，天窗底部高 11.2m，上悬外开。

■立面可开启扇：每跨两个，根据实际外窗可开启扇尺寸选取，1.2m×0.65m。

在上述基础模型的基础上，通过更改天窗的设置位置、形式、室内热源强度，以及改变室外作用风向来分析室内通风效果，以此提炼总结高大空间天窗通风的优化措施。

（2）边界条件的设定

1）热压通风边界条件

当仅分析热压作用时，认为室外无风，因此无需考虑室外风环境，在分析模型的建立时可以只选取目标建筑。此时建筑外墙和门窗均为外边界，因此均需给出其边界条件。

① 外墙和屋顶

外墙和屋顶均为温度边界条件，温度值按照不同朝向和部位选取，温度数据利用 Dest 能耗模拟软件建模计算得出。

② 底部外窗

外墙为压力进口，进口压力为环境气压，进口温度为室外空气温度，考虑适合自然通风季节，取上海地区典型年 4 月平均温度。

③ 屋顶天窗

屋顶天窗为压力出口，外部压力为环境大气压。

2）热压与风压耦合通风

对于实际大多数情况，热压作用不会单独存在，必然伴随着室外风环境的影响，因此对于高大空间自然通风的分析，需要考虑室外风环境的影响，即将热压与风压耦合进行算。在这种情况下，建模需要体现室外流场，其边界条件设置包括外流场与建筑墙面。

① 流场外边界

外流场进口为速度入口，速度值取 1m/s；外流场出口为压力出口，出口压力为大气压；外流场两侧及顶部取对称边界条件。

② 建筑外墙

外墙和屋顶均为温度边界条件，温度值按照不同朝向和部位选取，温度数据利用 Dest 能耗模拟软件建模计算得出。

③ 窗户

建筑所有窗户，包括屋顶天窗与底部外窗均为内部边界，由整个流场耦合计算通过窗户的气流参数。

④ 内热源

建筑内热源包括人员和设备散热，计算中以地面以上 1.5m 高体积作为热源载体，以体积热源的形式输入计算区域中。

（3）网格划分

无论是热压通风计算，还是热压和风压耦合通风计算，均以四面体网格对计算区域进行离散，其中对外墙进行局部加密，以更加准确地体现气流的变化。

（4）分析模型的定性验证

对基础模型首先进行计算分析，根据其结果可以判断分析模型及所采用模拟方法的合理性。

图 3.3-16 为纯热压通风时，室内 1.5m 平面及中部剖面的风速分布。从平面风速分布可以看出，在室外无风的情况下，由于建筑内部热压拔风作用，外墙下方的窗户都形成了明显的进风，数量级在 0.5m/s 以内，符合热压通风的规律。

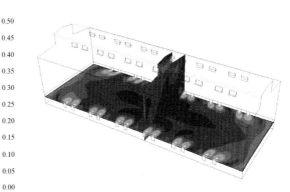

图 3.3-16　基础模型热压通风内部风速分布

图 3.3-17 为纯热压通风时，内部气流轨迹线路。从图中可以看出，在热压作用下，外墙下部开窗形成了进行口，顶部天窗形成排风口，气流经底部外窗进入室内，自下而上经天窗排出，天窗排风量 18780m³/h，换气次数 2.67 次/h。

上述计算结果表明，本项研究中所采用的模型和计算体系，在热压通风计算中可以得到定性合理的结果，计算结果可以体现热压通风的物理规律。因此上述模型可以用于后续关于天窗通风的对比分析研究。

3. 分析结论

根据分析模型，设定不同的计算工况，对天窗不同设计参数对通风效果的影响进行研究，得到如下结论：

（1）对于设置有天窗的工业厂房，在

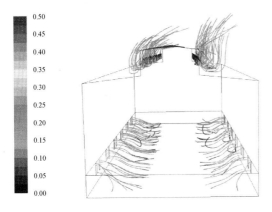

图 3.3-17　基础模型热压通风内部流线

改造过程中应充分利用原有的天窗位置或形式，设置可开启天窗，以充分利用热压拔风作用，促进室内的自然通风。从优化设计的角度，对天窗的利用应考虑如下因素：

1) 空间高度在一定范围内时，高度对排风量的影响较小，到超出一定的范围时，排风量随高度快速增加，因此应该结合原有天窗高度条件，考虑是否采取其他促进通风措施（图3.3-18）。

2) 对于天窗的开启方式，上悬内开和下悬外开时热压通风效果最好，对于单层厂房改造中利用天窗通风，建议采用上悬内开和下悬外开方式设置天窗开启扇（图3.3-19）。

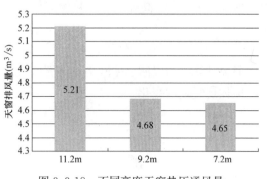

图3.3-18 不同高度天窗热压通风量

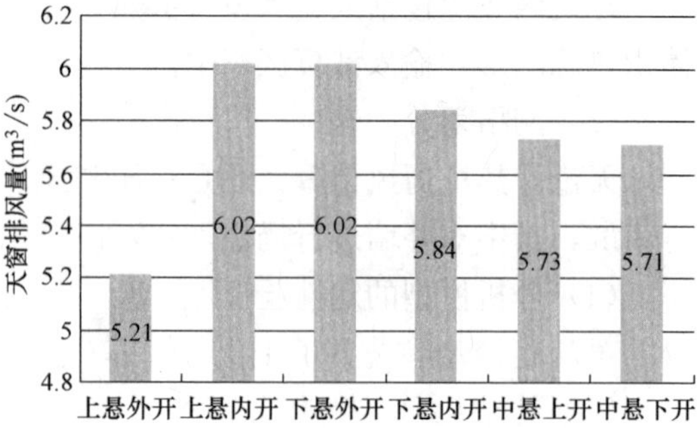

图3.3-19 不同天窗形式下热压通风量

3) 天窗开启角度对热压通风有显著的影响，天窗开启角度从30°降低为10°，通风效果下降26.6%，因此改造设计中应尽量增大天窗角度调节范围，建议可开启角度应在20°以上（图3.3-20）。

4) 进出风口面积比对通风量有较大的影响。当天窗可开启面积大于下部进风口面积时，通风效果会得到提升。建议在改造设计中保证天窗可开启面积大于外窗可开启面积（图3.3-21）。

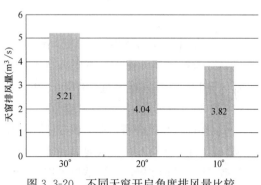
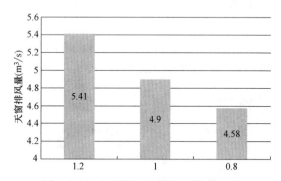

图3.3-20 不同天窗开启角度排风量比较

图3.3-21 不同风口面积比下的排风量

5) 室外风和热压共同作用下，会改变气流线路，可能相互加强也可能相互削弱。风向平行于天窗比垂直天窗时，室内通风效果会降低40%。改造设计时，应根据当地的主导风向，判断室外风向的对通风的影响作用，相应采取避风或挡风措施（表3.3-3）。

不同风向下耦合通风量   表3.3-3

室外风向与天窗的夹角	通风量(m³/s)
90°	7.84
45°	6.38
0°	4.67

6）屋顶挑檐会降低天窗处的风压，有利于排风，案例分析表明，设置挑檐后通风量提升3%，因此挑檐在通风方面有一定的作用，但影响不大。改造设计时，在不影响建筑设计条件下，屋顶的挑檐可以考虑保留（表3.3-4）。

屋顶有无挑檐通风效果对比 表3.3-4

屋顶挑檐设置	通风量（m³/s）
有挑檐	8.07
无挑檐	7.84

（2）对于利用天窗进行通风的单层厂房改造项目，如果设置夹层，在夹层面积一定的情况下，不同的夹层布置方案对通风基本没有影响。夹层影响通风的关键因素为夹层的面积，而且这种影响因素非线性，夹层面积越大，通风效果的降低速度越快。现有的计算表明，50%的夹层面积比不会对室内通风产生显著的影响（表3.3-5）。

不同夹层设计方案通风量对比 表3.3-5

	方案	通风量（m³/s）	1.5m高平面风速分布
1	沿外墙短边做夹层	6.80	
2	沿外墙长边做夹层	6.82	
3	脱离外墙沿长边方向做夹层	6.78	
4	脱离外墙沿短边方向做夹层	6.79	
5	化整为零做夹层	6.81	

3.3.4 中庭改造利用中的通风技术研究

多层厂房是工业建筑的另一种重要形式，特别是在现代工业厂房建设中被广泛采用。有别于单层厂房良好的采光和通风基础条件，多层厂房往往无天窗，或天窗只对顶层起作用，下层只能依靠侧窗来提供自然采光或通风效果。当这种厂房改变功能为办公或商场等民用建筑时，如何改善其室内自然环境成为设计要考虑的重点问题之一，特别是对于大空间、大进深的多层平面。增设中庭是其中常见而有效的一种改造技术措施。通过在大进深的平面布局中设置中庭，引入自然光线，缩短空气流动线路，可以比较显著地改善室内自然环境。因此对工业建筑改造再利用中自然通风措施进行研究，大进深多层厂房的中庭改造应该是一个重要关注点。有必要从通风角度出发，去研究中庭在建筑通风中的特性，以及其优化设计措施。

多层厂房改造再利用中增设中庭，通常有两种方式：开敞式中庭和封闭式中庭。开敞式中庭形成室外庭院空间，中庭所在空间为室外气流，室内通过临庭的外窗直接与室外形成气流交换；而封闭式中庭顶部通常由玻璃封闭，设置有相应的通风构造，室内需通过中庭顶部的通风构造与室外进行空气流动。利用数值模拟的方法，选择合适的分析模型，对两种中庭设置方式进行研究。

1. 封闭式中庭

（1）热压中和面

在中庭热压自然通风设计中，中和面的位置是关键的考虑因素，设计不当会导致中庭混浊热空气在高处倒灌进入主要功能房间，影响上部房间的空气质量和热工环境。在实际的工程应用中，热压中和面的存在作为一种物理现象无法避免，设计中尽可能利用可行的措施提高中和面的高度是合理的方向。

在众多的影响因素中，排风天窗的面积、开启形式、中庭内部热源、中庭尺寸以及各楼层的流动阻抗都对热压中和面位置有比较明显的影响，天窗的高度以及温度相对影响较小。但是从整体角度考虑，不能单纯为提高中和面高度而采取诸如加强内部热源、增加各楼层阻抗等措施，因为这会降低整栋楼的热舒适性或者通风效果，也不能过渡减少中庭截面积，这可能会与采光或建筑设计上的考虑相违背。因此，从提升热压中和面的角度，比较可行的技术方向是增加天窗面积、合理设置天窗开启方式，并适当考虑中庭的截面尺寸（表3.3-6）。

中庭参数对中和面的影响（一维理论分析）　　　　　　　表 3.3-6

序号	中庭参数变化	中和面变化规律	通风量变化规律
1	改变天窗高度	对中和面的位置影响不大，当天窗高度为24m时，中和面处于第四层，只有当天窗抬高到74m时中和面才能提高到第五层	增加天窗高度，1～4层空气流速增加，通风量变大
2	改变天窗阻抗	中和面位置有明显变化，阻抗越小，中和面位置提高越快	天窗阻抗减小，1～4层空气流速增加，通风量变大
3	改变天窗温度	仅改变天窗处温度对中和面位置影响较小	室内空气流速缓慢提高，单纯提高天窗处温度对中庭环境改善作用较小
4	改变中庭内部温度	中和面位置有明显变化，中庭温度越高，中和面位置提高越快	通风量变大，1～4层空气流速增加，通风量变大

（2）中庭平面尺寸和形式

中庭平面布置对热压作用的影响体现在其气流通道以及围护结构受热上，中庭是热气流上升的主要通道，因此其截面尺寸会对通风量产生影响。在一定的比例范围内，中庭空间横截面积越小，越能通过调节创造稳定的空气滞留，但会因此导致日照和采光能力的下降。反之中庭空间横截面积越大，越能形成强大的热压差气流。对不同中庭空间横截面积条件下沿高度方向的气流通风量变化进行的研究显示，中庭空间横截面积与通风气流量呈正相关性，但不是正比关系，当中庭空间横截面积增加到一定程度后，气流通风量将基本不变。由于中庭空间的尺寸增大是以减少使用面积为代价，需要权衡提高热压通风效果和最大限度增加使用面积之间的关系。

（3）立面开口的影响

对于封闭式中庭，其建筑开口有两种情况：一种是中庭空间与各层封闭，仅靠低层进风口组织进风；另一种为各层空间与中庭连通，这种情况下尤其需要关注中和面的问题，以防止气流在不同层之间的紊乱，避免空气交叉污染。

对于中庭空间与各层封闭的情况，在这种情况下属于单进单出，即底部进风，顶部出风，通风线路相对较清晰，不会出现各层之间的气流交叉。在这种情况下，底部进风口对通风的影响因素，既有开口面积，也有开口的开启方式和部位。

为了定量化地分析中庭通风措施，以上海申都大厦为基础模型，对立面开口对中庭通风的影响进行实例验证分析。为了验证中庭参数的变化对通风的影响，根据建筑设计方案建立基础分析模型，其中各层通风分析均针对大空间办公室，小型办公室视为关闭状况。据此建立的平面分析模型如图 3.3-22。

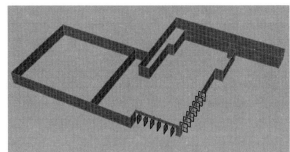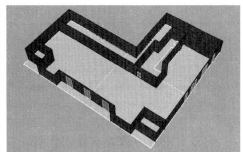

图 3.3-22 申都大厦中庭通风分析模型

考虑室外风向为南风，即垂直于南向旋转门，变化不同的底部开启角度，计算得到不同的通风量如图 3.3-23。

旋转门开启角度的变化，会对建筑通风量造成直接的影响，其本质上在于通风阻力的变化。角度 90°时最大开启状态，此时通风阻力最小，与顶部天窗形成流畅的气流线路，中庭内的通风效果较好，角度减少，阻力增加，中庭通风量明显降低。

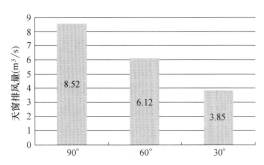

图 3.3-23 旋转门不同开度对通风的影响

2. 开敞式中庭

（1）分析模型

开敞式中庭对室内通风效果的改善，主要体现在临中庭房间。以苏州建筑设计研究院办公楼作为分析模型（图3.3-24）对中庭参与通风的效果进行分析。图中分析区为2楼临庭的大开间办公，该房间的开窗方案为外墙和中庭墙面对开。为使得分析结果更具普遍意义，依据《公共建筑节能设计标准》设定外墙窗墙比为50%，外窗开启面积为窗面积的30%，开启方式为上悬外开，开启角度30°。

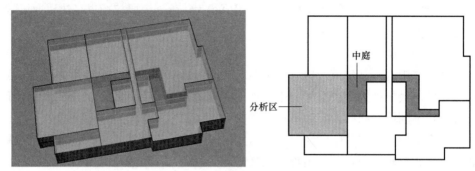

图3.3-24　中庭通风效果分析模型

作为对比方案，无中庭时考虑原中庭区域为其他功能区，原来的临庭外墙无开窗，则大办公室分析区变为单侧通风。

风向会对通风效果产生显著的影响，以风向与分析区外墙的夹角进行区分，分别比较通风效果如表3.3-7。

开敞式中庭设置对临庭办公空间通风的影响　　　　表3.3-7

主导风向与外墙夹角	有中庭		无中庭	
	换气次数（次/h）	平均风速（m/s）	换气次数（次/h）	平均风速（m/s）
90°	13.51	0.209	0.63	0.033
60°	11.22	0.246	1.92	0.152
30°	4.58	0.172	2.22	0.127
0°	3.97	0.137	3.50	0.152

可以看出，中庭对临庭房间通风效果的改善与风向有直接的关系。当主导风向垂直于外墙时，中庭对室内通风的改善有关键作用。在这种情况下，如果没有中庭，建筑单侧通风，由于风压分布均匀，各外窗之间压差很小，室内通风不佳。而增设中庭后，形成对向通风线路和充足的压差，室内通风效果改善明显。主导风向与建筑外墙夹角减

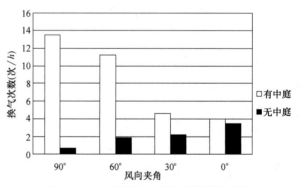

图3.3-25　不同风向下中庭的通风效果

小，中庭通风的作用减弱，当风向与建筑外墙平行时，中庭在通风方面几乎不起作用。

（2）分析结论

开敞式中庭对改善通风有积极的作用，但这种作用的大小与主导风向有较大的关系，因此既有工业厂房改造中庭的设置应考虑当地主导风向因素，结合临庭房间的外墙进行考虑，当外墙与主导风向夹角较大（如大于30°）时，该房间应争取临庭设置；当外墙与主

导风向夹角较小，甚至平行时，可放置在次要考虑位置。

3.3.5 小结

对于既有工业建筑改造中的通风设计，应充分利用原有厂房的构造特点，结合改造后的功能需求设计通风路径和措施。

对于单层厂房的改造而言，无论是改造后仍为单层或者通过加层变为多层，首先应该考虑利用天窗形式，充分利用热压形成的烟囱效应来促进通风。在进行天窗的设计时，需对天窗的开启面积、开启角度、开启方式进行推敲，遵循通风的规律，优化通风效果。

对于多层厂房改造而言，设置中庭是促进采光和通风的重要措施，开敞式内庭院和封闭式中庭均是可行的措施，两种方式在优化通风措施时的着眼点有差异。对于开敞式内庭院，应注意当地的主导风向来布置庭院和功能房间，而对于封闭式中庭，合理的中庭顶部排风构造对通风效果至关重要。

3.4 垂直绿化改造设计

1. 常见垂直绿化设置形式的梳理和研究

（1）目前在建筑设计中可使用的垂直绿化设置形式见表：

垂直绿化的常见形式 表 3.4-1

垂直绿化形式	特 点
自然攀爬式	植物沿外墙自然攀爬
构架式	在建筑外墙设置构架供垂直绿化依附和攀爬，界面与墙面间距至少 400~500mm，可避免爬虫、壁虎等被绿化引入室内，同时绿化与墙面之间的通风间层有利墙面夏季降温
种植槽式	在屋面、外走廊、室外平台等处设置或摆放
大型种植槽	在外墙设置大型种植槽，其内种植土深 800mm 以上，可种植小型木本植物或大型灌木，数棵就能起到良好的立面绿化效果，如形成阵列则效果壮观
构架与种植槽结合	在地面植物的攀缘能力不能满足建筑上部的绿化要求时采用，种植槽一般设置在楼层标高，隐于构架之后
小型绿化模块式	预先培植的小型绿化模块利用轻型骨架固定于外墙，其特点是成景快，可在建筑竣工当日达到预期绿化效果
墙面草毯	利用喷播机械将土壤、肥料、强吸水性树脂、植物种子、黏合剂、保水剂等混合后加水喷射到建筑表面，完成后的系统总厚只有 100~150mm
不织布墙面绿化	墙面金属架上铺 PVC 防水板和两层不织布。植物的根夹在两层不织布当中，枝叶外露，不织布上方定时以微灌设备施以营养液，营养液沿不织布向下流淌，提供全部植物所需养分
绿化幕墙	绿化依附于幕墙界面上，界面与建筑外墙间距不小于 800mm，其内每 2~3m 高度设置检修马道。绿化设置方式有两种：一种是将小型绿化模块固定于幕墙外皮上；一种是在马道上设置种植槽，枝叶沿幕墙外皮攀爬

（2）适合工业建筑改造的垂直绿化形式

综合经济性、后期维护的便利以及立面造型的效果，单层厂房改造宜采用构架式绿化，多层厂房改造可采用构架与种植槽结合的垂直绿化；当改造标准较高且建筑体量较大时，可采用绿化幕墙系统；小型绿化模块式垂直绿化和墙面草毯、不织布墙面绿化等新型绿化技术，由于后期维护成本较高，如无特殊需要，不推荐采用。

2. 适合作为垂直绿化的植物品种研究

藤蔓类植物是适合作为垂直绿化的最主要植物，70 种适应性强、可栽种区域广的藤蔓品种见表 3.4-2。

表 3.4-2

70 种适合建筑垂直绿化的代表性藤蔓植物简表

序号	类型	名称	科属	适生地	习性	景观特点	攀援性	养护特点
1	卷须类	葡萄	葡萄科葡萄属	全国	喜阳光、湿润、温暖环境、较耐寒、耐旱、耐热、喜土层深厚土壤	落叶、秋季果实紧茂、花期4~5月、果期8~9月	可攀爬5~8m	入秋施肥、北方需埋土越冬
2		葫芦	葫芦科葫芦属	全国	喜温暖、阳光充足环境、耐旱、喜疏松、排水良好土壤	果型美观、花期6~7月、果期7~8月	可牵引攀爬6~8m	春季、花期施肥
3		苦瓜	葫芦科苦瓜属	全国	喜高温、光照充足环境、耐热、耐贫瘠松、排水良好土质	果型美观、花果期5~10月	可牵引攀爬6~8m	春季、花期施肥
4		木鳖子	葫芦科苦瓜属	华南、华东、华中、西南	喜温暖、湿润、光照充足环境、耐热、耐旱、喜疏松、排水良好土质	枝叶繁茂、果大美观、花期6~8月、果期8~10月	可牵引攀爬15m	成株后可粗放管理
5		炮仗花	紫葳科炮仗花属	华南、华东南部	喜阳光、温暖环境、不耐阴、不耐寒、喜土层深厚土壤	常绿、花繁盛	可攀爬8m	苗期略施肥
6		葛麻姆	豆科葛属	华东南部、西南南部	喜高温、高湿环境、耐热、耐旱、不耐寒	常绿、枝叶繁盛、花期夏至秋	可攀爬5~8m	粗放管理
7		锦屏藤	葡萄科白粉藤属	华南、华东、西南南部	喜肥沃、喜温暖、湿润环境、耐旱、耐贫瘠	常绿、细长卷须下垂、形状如帘子、花期春季	可牵引攀爬5~10m	粗放管理
8		紫藤	豆科紫藤属	东北南部及以南地区	喜阳光、略耐阴、耐寒、耐旱、不择土质	落叶、紫色花、花叶繁盛、花期春季	可缠绕攀爬10m	冬季修枝
9	缠绕类	常春油麻藤	豆科豆属	华南、华东、中、西南	喜阳光、湿润环境、耐阴、较耐寒、耐旱、不择土质	常绿、紫色串串花	缠绕攀援性强、适合缠绕攀爬子柱形物上25m、花期8~11月	入冬后施两次肥
10		大叶马兜铃	马兜铃科马兜铃属	华南、华东、中、西南等地区	喜阳光、温暖、湿润环境、耐阴、对土质要求不严	叶大花型奇特、花期4~5月、果期8~9月	可牵引缠绕攀爬3m	苗期保持土质湿润
11		马兜铃	马兜铃科马兜铃属	黄河以南各地	喜肥沃、排水良好土壤、稍耐寒、喜深厚肥沃、喜温暖、适应性强	花奇果大、观赏性强、花期7~9月、果期9~10月	可牵引缠绕攀爬3m	春季施肥2次
12		使君子	使君子科使君子属	华南中南部、西南	喜温暖湿润环境、喜高温、不耐寒、喜肥沃土质	常绿、枝叶繁茂	可缠绕攀爬8m	苗期须肥
13		巴戟天	茜草科巴戟天属	华南、华东、西南	喜温暖、湿润环境、耐热、耐旱、幼株喜阴、成株喜阳、喜肥沃土壤	常绿、观叶植物、叶色靓丽、花期5~7月、花白色	可缠绕攀爬6~8m	每年施肥3~5次
14		牵牛	旋花科番薯属	全国	喜阳光、温暖环境、耐热、耐贫瘠、较耐旱	开花繁盛、花期6~10月、花红色	可牵引缠绕攀爬6~8m	春季每月施肥
15		茉栾藤	旋花科茉栾花草属	华南、华中南部、西南南部、西南东南部	喜阳光、温暖环境、耐热、不耐寒、不择土壤	叶紫茂、花黄色、花期5~10月	可牵引缠绕攀爬6m	春季、夏初保持土壤湿润

续表

序号	类型	名称	科属	适生地	习性	景观特点	攀援性	养护特点
16	缠绕类	鸢萝	旋花科番薯属	全国	喜阳光、温暖环境、耐热、耐贫瘠、耐旱、不耐寒、不择土壤	枝叶纤细繁密、花期夏季	可缠绕攀爬3~4m	每月施复合肥
17		忍冬(金银花)	忍冬科忍冬属	全国	喜阳光、湿润、温暖环境、耐阴、耐寒、耐旱、不择土质	落叶、花白色有浓香且繁盛、花期4~6月、果期10~11月	可缠绕攀爬6~8m	可成株后可粗放管理
18		蓝花藤	马鞭草科花藤属	华南、华东南部	喜阳光、高温环境、耐阴、耐寒、不耐寒、喜肥沃砂质土壤	常绿、花紫色别致、花期4~5月	可缠绕攀爬5m	可成株后可粗放管理
19		薯蓣(山药)	薯蓣科薯蓣属	华北、西北、江西、湖南	喜阳光、耐旱、耐寒、喜疏松肥沃	落叶、叶形及果形美观、花期6~9月、果期7~11月	可缠绕攀爬3~5m	喜肥
20		何首乌	蓼科何首乌属	华东、华南、西南、华中、陕西	喜阳光充足、湿润、温暖环境、耐热、耐旱、较耐寒、不择土质	落叶、叶繁茂、花期8~9月、果期9~11月	生长快、可缠绕攀爬4m	旱期补水
21		南蛇藤	卫矛科南蛇藤属	东北、华北、华东、西南	喜光、耐阴	落叶、枝繁叶茂、花期5~6月、果期9~10月	缠绕攀爬10m	秋后可施肥一次
22		中华称猴桃	猕猴桃科猕猴桃属	长江流域及以南地区	喜温暖、湿润、背风向阳环境	落叶、花大美丽、中型叶片、花期4~5月、果期8~9月	缠绕攀援性强、可缠绕攀爬10m	与其他植物配植性强、苗期注意浇水
23		昙花	仙人掌科昙花属	华南、西南南部	喜温暖、湿润、喜疏松土质、性强健	花大美丽、花期夏、秋两季	可缠绕攀爬6m	秋季保持适当湿润
24		藤三七	落葵科落葵薯属	华南、西南部	喜温暖、湿润、耐阴、耐旱、耐寒、不耐寒、喜疏松土质	常绿、叶色光亮	可引缠绕攀援6m	春季每月施肥
25		葛藤	豆科葛藤属	全国	喜温暖、潮湿、阳光充足环境、耐热、耐寒、不择土壤	落叶、枝叶繁盛、花型成串、花期7~9月、果期9~10月	蔓延力强、可缠绕攀爬10m	粗放管理
26		五味子	五味子科五味子属	全国	耐寒、不耐旱、喜酸性腐殖土	落叶、枝叶繁盛、硕果累累、花期5~6月、果期7~9月	缠绕攀援性强、可缠绕攀爬10m	冬季结冰前浇水一次、年施肥1~2次
27		大花老鸦嘴	爵床科非洲凌霄属	华南、西南南部	喜阳光、高温、多湿环境、耐旱、不耐寒、对土质要求不严	叶大、粉色花、花期5~11月	缠绕攀援性强、可缠绕攀爬10m	干燥季节充分浇水
28		紫云藤	紫葳果科洲凌霄属	华南、西南、华东南部	喜阳光、高温、湿润环境、耐热、不耐寒、对土质有一定要求、喜肥沃砂质土壤	常绿、花期6~11月、叶色靓丽、花色优雅	可缠绕攀爬4~10m	喜肥、年施肥3~5次
29		锡叶藤	五桠果科锡叶藤属	华东南部、华南、西南南部	喜高温、耐热、湿润、耐旱、不耐寒、喜砂质	观叶植物、叶茂密有光泽、淡紫小花、花期4~5月	缠绕攀援性强、可缠绕攀爬20m	成株后可粗放管理
30		木通	木通科木通属	华东、华中、华南、西南地区	喜温暖、湿润、半阴环境、不耐寒	半常绿、小叶青绿、花期4月、果期8月	缠绕攀援于透空格栅、用于底层墙面绿化	生长期施肥、冬季修枝

续表

序号	类型	名称	科属	适生地	习性	景观特点	攀援性	养护特点
31		云南羊蹄甲	豆科羊蹄甲属	华东南部、华南、西南	喜温暖、湿润、阳光充足环境、耐寒、耐旱、较耐热、不择土壤	枝繁叶茂，花期8月，果期10月	缠绕攀援性强、可缠绕攀爬10m	入冬前施腐蚀质肥
32		滑叶藤	毛茛科铁线莲属	华东南部、华南、西南	喜温暖、湿润、阳光、耐寒、不耐寒、喜酸性砂质土壤	纸条长而柔弱，花色金黄，花期12月至次年3月，果期7~10月	适合底层墙面绿化	年施肥3~5次
33		鸡屎藤	茜草科鸡屎藤属	华南、西南、华东、华中	喜温暖、湿润、阳光、较耐阴、不耐寒、不择土壤	生长快、花繁茂、观赏性强、花期5~11月	缠绕攀援性强、可缠绕攀爬5m	粗放管理
34		六方藤	葡萄科白粉藤属	福建、两广等省	喜温暖、湿润、耐阴、耐旱、不择土壤	叶色靓丽，枝叶繁茂，花期9~11月，果期12月至次年2月	可缠绕攀爬5m	成株后可粗放管理
35		洋常春藤	五加科常春藤属	华东、华南、西南南部	喜温暖、湿润环境、喜散射阳光、不耐强光、较耐寒、土质要求不严	叶色斑斓，四季常绿，花期9~11月，果期4~5月	背阴墙面、可缠绕攀爬3~5m	每年施肥2次
36		常春藤	五加科常春藤属	华中、华南、西南、西南、华北部分地区	喜温暖、湿润、喜光、耐阴、较耐寒、耐旱、土质要求不严	枝繁叶茂，常绿	可缠绕攀爬30m以上	春季保持湿润，每年施肥2次
37	缠绕类	夜来香	萝藦科夜来香属	华东南部、华南、西南南部	喜温暖、湿润、阳光、耐热、耐旱、不耐寒、性强健、不择土壤	叶大花香、花期5~8月，果期6~10月	可缠绕攀爬5m	略施肥、排水良好的砂质土壤
38		球兰	萝藦科球兰属	华东、华南、西南	喜温暖、湿润、阳光充足环境、忌强光、喜疏松、排水良好的土壤	常绿、花型美如球、生长快、有气根能吸附干岩石、也可缠绕攀爬，花期4~6月，果期7~8月	可进行底层端面绿化	略施肥、排水良好的砂质土壤
39		旋花	旋花科打碗花属	全国大部分地区	喜温暖、湿润、阳光充足环境、性强健、不择土壤	花大，花期5~8月，果期8~10月	可牵引缠绕攀爬3~4m	春季注意浇水
40		刀豆	豆科刀豆属	全国	喜温暖、湿润、阳光、不耐寒、不择土壤	生长快、枝叶繁茂，花期7~9月，果期10月	可牵引缠绕攀爬5~8m	春季施肥
41		蝶豆	豆科蝶豆属	全国	喜温暖、湿润、阳光充足、不耐寒、喜疏松土质	枝叶繁盛、花淡雅	可牵引缠绕攀爬3~5m，适合底层墙面绿化	成株后可粗放管理
42		西番莲	西番莲科西番莲属	华南南部、西南南部	喜温暖、湿润、阳光充足环境、耐热、耐旱、不耐寒、喜肥沃微酸性土质	常绿、花型美丽，花期5~7月	可牵引缠绕攀爬6m	喜氮肥
43		鸡蛋果	西番莲科西番莲属	华东南部、华南、西南	喜温暖、湿润、阳光充足环境、耐热、耐旱、贫瘠、不耐寒、不择土壤	常绿、花与果均有观赏性，花期6月，果期11月	可缠绕攀爬6m	花前期喜磷、钾肥
44		山蒟(ju)	胡椒科胡椒属	华中、华南、西南南部、华东	喜温暖、湿润、耐寒、耐半阴、不择土壤	常绿、花色亮、花黄色串形，花期3~8月	缠绕攀援性强、可缠绕攀爬10m以上	薄肥

续表

序号	类型	名称	科属	适生地	习性	景观特点	攀援性	养护特点
45	钩刺类	藤本月季	蔷薇科蔷薇属	全国	喜温暖阳光充足环境，不耐湿，较耐寒，土质要求不严	花繁叶茂，花期5~11月，果期8~11月	可攀爬2~10m	春季施肥
46		叶子花（三角梅）	紫茉莉科叶子花属	全国	喜温暖，阳光充足，通风好的环境，不耐寒，土质要求不严	叶小，开花时花团锦簇，北方用作盆栽用于冬季观赏，花期春冬之交	可攀爬2~3m	每月施肥可使花开繁多
47		木香	蔷薇科蔷薇属	华北以南各地	喜阳光，温暖环境，忌潮湿积水，较耐寒，肥沃砂质土壤	半常绿，叶小繁茂，小白花，花期4~5月	可攀爬6m	成林后可粗放管理
48		黄木香	蔷薇科蔷薇属	华北以南各地	喜阳光，温暖，湿润环境，耐寒，耐贫瘠，耐旱，喜肥沃，排水好的砂质土壤	半常绿，花黄色繁盛，极为美观，花期4~5月	可攀爬6m	每年施肥3~5次
49		络石	夹竹桃科络石属	华东、华中、华南、西南部分西北地区	喜温暖，半光，耐热，湿，旱，酸，碱，不择土壤	常绿，花期8~10月，果期7~12月，叶翠绿花洁白	生长期可攀爬10m	生长期保持土质湿润
50		凌霄	紫葳科凌霄属	华北及以南各地	喜温暖，湿润，光照环境，不耐阴，喜肥沃的砂质土壤	落叶，花大，花红色鲜艳，花期5~8月	攀援性强，可攀爬15~20m	苗期注意土质湿润，略施肥
51		爬山虎（地锦）	葡萄科地锦属	全国	喜温润，光照，耐寒，耐阴，耐旱，对土质要求不严	落叶，枝叶繁茂，叶色夏绿秋红，花期5~8月，果期9~10月	攀援性强，攀爬高度不限	冬季修枝，粗放管理
52		五叶地锦	葡萄科地锦属	全国	喜温暖，光照，耐寒，耐阴，耐旱，耐热，耐贫瘠，不择土壤	落叶，枝叶繁茂，叶色夏绿秋红，花期6~7月，果期8~10月	攀援性强，攀爬高度不限	冬季修枝，粗放管理
53	吸附类	崖爬藤	葡萄科爬藤属	黄河流域及以南	喜温暖湿润气候，喜阴，在较强散射光下亦能生长，较耐旱	叶型较爬山虎秀美，花期4~6月，果期8~11月	科攀爬3~4m	旱期补水
54		卫矛	卫矛科卫矛属	全国	喜光，耐半阴，耐寒，较耐旱，不耐湿	落叶，枝叶，花果均有观赏价值，花期4~6月，果期9~10月	可牵引攀爬2~3m	春夏季适当浇水，冬季休眠
55		薜荔	桑科榕属	长江以南各省	喜温暖，光照，耐半阴，耐旱，对土质要求不严	常绿，叶小，果子繁密靓丽，果型如梨，花期4~5月	攀援或匍匐生长，适合底层墙面绿化或沿柱形攀援	春，夏初防旱
56		绿宝石喜林芋	天南星科喜林芋属	华东、华南、西南部分地区	喜温暖，温暖，半阴环境，忌强光，喜肥沃疏松土壤	常绿，叶大，观叶植物	可牵引攀爬5~10m	夏季保湿
57		倒地铃	无患子科倒地铃属	全国	喜温暖，湿润，阳光充足的环境，耐寒，较耐旱，不择土壤	叶繁茂，常绿，果期秋冬	可牵引攀爬5m	浇水间干间湿
58	蔓生类	花叶蔓长春	夹竹桃科蔓长春花属	华东、华南、西南南部	喜湿润，半阴为佳，忌强光，不耐寒，耐热，较耐湿	观叶植物，常绿，叶边有黄色斑纹	适合垂挂，蔓长50~80cm	干燥季节注意补水

127

续表

序号	类型	名称	科属	适生地	习性	景观特点	攀援性	养护特点
59	蔓生类	云南黄素馨	木犀科素馨属	华东南部、华南、西南	喜温暖、湿润、喜光、稍耐阴、不耐寒、较耐旱、怕积水	常绿灌木，枝条长而有柔性，花色金黄	适合垂挂，蔓长5m	每年施肥2~3次
60		龙吐珠	马鞭草科	华东南部、华南、西南南部	喜温暖、湿润、喜光、耐热、不耐寒、较耐旱、喜肥沃砂质土壤	常绿，花色红白相间，观赏性较佳	可攀爬2~5m	喜肥，每年施肥3~5次
61		绿萝	天南星科麒麟叶属	华南、华东南部、西南南部	喜温暖、湿润、喜阴、忌强光、不耐寒、耐热、耐旱、喜肥沃疏松土壤	四季常绿，叶色靓丽	可攀爬10m	秋季保持土质湿润
62		龟背竹	天南星科龟背竹属	华东南部、西南中部、华南	喜温暖、湿润、散射阳光充足的环境、不耐寒、耐湿、耐旱、耐热、对土壤要求不严	四季常绿，叶大花苞，花期8~9月	可攀爬3~5m，有气根	每月施肥
63		吊竹梅	鸭跖草科吊竹梅属	华东南部、西南中部、华南	喜温暖、湿润、耐阴、较耐旱、耐瘠、不择土壤	叶色美丽有花纹，呈暗紫色，花期夏季	适合垂挂，蔓长1-2m	每年施肥2-3次
64		马蹄金（金钱草）	旋花科马蹄金属	华南、华东、西南、华中地区	喜温暖、散射阳光充足的环境、耐寒、耐湿、耐旱、不耐贫瘠	叶型可爱、花期5~8月	适合垂挂	成株后可粗放管理
65		南美蟛蜞菊	菊科蟛蜞菊属	华东、华南、西南南部	喜温暖、湿润、阳光充足的环境、不耐寒、耐湿、耐热、耐旱、不耐贫瘠	叶繁茂，花期全年	适合垂挂	成株后可粗放管理
66		吊兰	百合科吊兰属	华东、华南、西南南部	喜温暖、湿润、半阴环境、较耐热、耐旱、不耐寒、对土质要求不严	叶型优美、花期春夏、果期8月	适合垂挂	喜肥、忌强光
67		半支莲	马齿苋科马齿苋属	全国	喜温暖、阳光充足环境、耐热、耐旱、耐贫瘠、不耐寒、喜肥沃疏松土壤	花期6~9月，果期8~11月	匍匐生长，适合墙下点缀或楼顶平台花坛	粗放管理
67		单色蝴蝶草	玄参科蝴蝶草属	华南、西南	喜温暖、湿润、散射阳光充足的环境、不耐寒、喜肥沃、喜肥沃排水良好土壤	生长繁茂，叶色青翠，枝条柔美，花浓紫，花期5~11月	适合垂挂，蔓长1m	夏秋注意向株体喷水保湿
69		樱桃番茄	茄科茄属	全国	喜温暖、湿润、阳光充足的环境、耐热、耐湿、较耐旱、喜肥沃疏松土壤	果多且具有观赏性、花果期夏秋	可牵引攀爬3~5m，适合1~2层墙面绿化	宜薄肥勤施
70		杠柳	杠柳科杠柳属	西北、东北、华北、华中、西南、华东	喜光、耐寒、耐阴、耐贫瘠、耐盐碱、对土壤适应性强	落叶灌木、叶大、花浓紫、花期5~6月、果期7~9月	蔓长1.6m，可缠绕攀援或匍匐生长，适合底层墙面绿化或垂挂	粗放管理

3. 选择适合项目的垂直绿化植物的方法

根据表 3.4.1-2，首先选择适合项目所在地域的物种，其次根据建筑绿化的朝向和部位选择适合的物种：一般建筑东、西、南墙面宜选择喜阳植物；北墙和日照较弱的底层选择喜散射阳光、喜阴、喜半阴或耐阴植物。在几种植物都适合的情况下，一般宜选择可粗放管理的植物。

4. 植物的搭配方法

为丰富绿化效果，可进行不同植物的搭配，可选择的搭配方式见表 3.4-3。

垂直绿化植物搭配方式   表 3.4-3

搭配方式	举例
喜阳与喜阴搭配	如络石与凌霄搭配，凌霄喜阳向上攀援，络石喜阴充分绿化墙面下部，两者花期错开，又增强了观赏价值。络石与爬山虎或常春藤合栽,效果类似
生长习性搭配	如变色牵牛、桂叶老鸭嘴等花叶兼赏的品种，通过爬山虎攀援上墙，达到锦上添花的效果
观花、观叶、观果植物搭配	如在东北地区，观花植物赤飑、观叶植物萝藦和观果植物五味子之间的搭配
速生与慢生搭配	常见的速生种有爬山虎、山荞麦、南蛇藤、西番莲、何首乌等，年生长量均可达 3m以上,而大多数常绿攀援植物生长较慢
落叶和常绿植物搭配	如冬季落叶爬山虎和常绿的常春藤搭配
色彩搭配	如同属蔷薇科的黄木香和红色蔷薇的搭配

5. 垂直绿化的构图

应结合立面设计，确定垂直绿化的构图形式，常见垂直绿化构图见表 3.4-4。

垂直绿化的几种常见立面构图   表 3.4-4

名称	图示	名称	图示
线式		图案式	
点线结合式		立体构架式	

6. 垂直绿化的热工调节作用研究

根据理论及文献资料并结合实验项目"上海申都大厦"的实测数据，研究结论如下：

（1）夏季遮阳：垂直绿化可有效降低建筑外围护结构温度，其中以构架式绿化效果最好，因其与墙面之间一般留有约 500mm 通风间距，有助于外围护结构通过空气对流降温。对于自然攀爬式的垂直绿化，根据清华大学实验，北京地区有爬山虎覆盖的西侧墙面，在夏季通过叶片的遮挡，可使墙外表面降低 $12 \sim 13{}^\circ\text{C}$，通过外墙表面向内传热量为 20W/m^2，而无绿化遮挡的墙面为 30W/m^2。

（2）冬季保温：在寒冷地区，自然攀爬式绿化可起到一定的外墙保温作用，如爬山虎覆盖墙面生长。

（3）夏季遮阳与冬季保温兼顾：南向外墙布置冬季落叶植物，即可夏季遮阳，冬季又可获取阳光辐射，落叶爬藤植物有爬山虎、凌霄等。

（4）利用植物蒸腾作用降低环境温度：爬藤植物在进行蒸腾作用时，可对周围空气产生降温影响。在华南地区，桂叶老鸦嘴可使其周围面积 $10m^2$、高度 $100m$ 范围内的空气降温 $2.14℃$，薜荔的降温效果为 $1.01℃$，凌霄的降温效果为 $0.16℃$。华南地区 12 种常见爬藤植物的蒸腾作用排序为：桂叶老鸦嘴＞薜荔＞美丽桢桐＞爬墙虎＞变色牵牛＞海刀豆＞蒜香藤＞猫爪花＞蓝翅西番莲＞炮仗花＞日本黄素馨＞凌霄。如将垂直绿化植物的降温效应与功率为 1kW 的空调进行比较（把空调制冷效率看作 100%），$1m^2$ 的桂叶老鸦嘴每小时吸热量相当于空调工作 $44.64min$，耗电量约 $0.74kW/h$。但蒸腾作用大的植物，耗水量也较大，因此利用蒸腾作用降低环境温度适用于绿化水源充足的地区。

7. 垂直绿化用水量研究

基于上海申都大厦项目垂直绿化用水量的实测数据并参考相关文献数据，得出主要结论如下：

（1）在各种垂直绿化形式中，采用微灌的构架式绿化最节水，其次是采用微灌的小型绿化模块式垂直绿化，人工漫灌的小型绿化模块式垂直绿化最耗水（三者的绿化用水量数据见下图）。分析原因，主要是因为构架绿化选用的是爬藤植物，绿化面积为枝叶展开面积，单位绿化面积对应的种植土壤面积较小，而小型绿化模块式垂直绿化与此相反，因此水分蒸腾量也较大（图 3.4-1）。

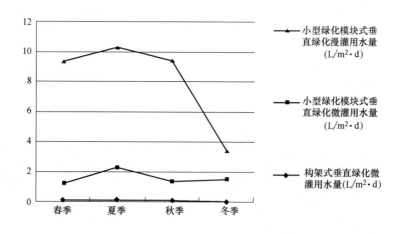

图 3.4-1　不同垂直绿化形式和不同灌溉方式的用水量比较

（2）对于采用微灌系统的构架式绿化，在我国北方地区（西北、华北、东北等）、长江流域、华南地区等大部分地区，屋面回用雨水量足以满足灌溉需求；对于采用微灌系统的小型绿化模块式垂直绿化，在我国降雨量较大的长江流域及以南地区，屋面雨水收集量可满足灌溉用水需求，在西北等降雨量较少的地区则不能满足所需微灌用水量。

8. 改造建筑垂直绿化设置流程（图 3.4-2）

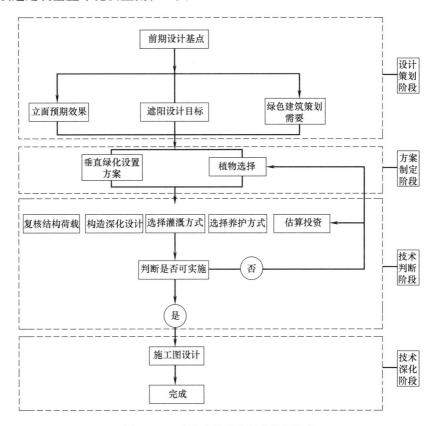

图 3.4-2　改造建筑垂直绿化设置流程

9. 结论

在工业建筑改造中设置垂直绿化与在新建建筑中设置垂直绿化的情况基本相同，可较好地柔化工业建筑的刚性形象，并辅助改善建筑热工环境。在绿化形式上，单层厂房改造宜采用构架式绿化，多层厂房改造可采用构架与种植槽结合的垂直绿化，当改造标准较高且建筑体量较大时，也可采用绿化幕墙系统；从节水角度看，采用微灌的构架式绿化最节水，在降雨量较大的长江流域及以南地区，屋面雨水收集量就可满足灌溉需要，其次是采用微灌的小型绿化模块式垂直绿化，人工漫灌的小型绿化模块式垂直绿化最耗水。

3.5　围护结构改造

3.5.1　既有工业建筑围护结构特点

工业建筑在我国国民经济发展和社会文明进步中具有重要的地位，并发挥着重要的作用。历史上，由于受经济条件及思想认识等限制，往往只考虑满足企业生产工艺和生产空间的要求，结果，工业建筑一直以被冠以"傻、大、黑、粗"的形象，并存在土地利用率不高、能源消耗较大、环境污染严重、工作环境及生活条件差等一系列问题。

1. 外墙

外墙对建筑来说至关重要，它的形式、材料、机理、色彩等决定了人们对建筑外在形象的认识，其围合形式决定了建筑的本质——建筑空间的形成，其物理技术特性决定了建筑的隔热、保温、隔声、防风雨等性能，直接影响建筑的使用舒适性。同样，外墙对于既有工业建筑也具有无法替代的重要意义。既有工业建筑的外墙不仅是为人们遮风避雨的重要屏障，还记载着其诞生以来的许多历史信息，蕴含着丰富的历史人文价值。

2. 门窗

在围护结构中，建筑外门窗热工性能最薄弱，其能耗约占建筑围护结构总能耗的40%～50%，是影响室内热环境质量和建筑节能的重要因素。建筑外门窗一方面是能耗大的构件（热量主要通过窗框、玻璃、窗页与窗框的缝隙散失），另一方面也是得热构件（太阳光通过玻璃射入室内而使室内温度升高）。因此改造时，应根据当地的建筑气候条件、功能要求，选择适当的门窗材料并在窗框与外墙连接部位填充发泡剂等绝热材料，外侧用密封胶对缝隙进行密封，改善门窗的热工性能和节能效果。

3. 屋面

屋面（包括屋顶和天窗）是从上部覆盖整个建筑的围护结构，工业建筑的屋面除要经受风吹、雨淋、日晒和霜冻等外部环境的侵袭外，还要承受生产过程中所产生的振动、温湿度变化的影响、粉尘及腐蚀性烟雾等的作用，因此其屋面的形式和构造与民用建筑有一定的区别。此外，在既有建筑如要进行节能计算，多层厂房建筑的屋面在整个外围护结构中所占面积百分比不大，而单层厂房建筑屋面所占比重较大，而且往往有天窗等设施，因此其保温隔热等问题应作更多的考虑。

此外屋面的构造从大的方面来讲也包括天窗这个部分，单层工业厂房建筑中，为了满足天然采光和自然通风的要求，在屋顶上常设置各种形式天窗。按天窗的作用可分为采光天窗和通风天窗两类，但是实际上只有通风作用或只有采光作用的天窗较少，大多数采光天窗兼有通风作用。

1. 北方既有工业建筑围护结构特点

北方既有工业建筑的墙体主要是砖墙、块材墙体、板材墙体、波形板墙这几类，全部都不满足当前建筑节能的技术要求。屋面方面：建于 20 世纪 90 年代以前的工业厂房的屋面都没有保温层；建于 1990 年代后的厂房的屋面在保温和防漏雨方面也存在问题，必须进行升级改造才能满足当前的建筑节能标准要求。门窗方面：以前都采用钢窗或木框门窗，且在采光和保温两方面均存在较大缺陷；1990 年代后引入塑钢和 PVC 材质的门窗，但与当前的建筑节能技术要求相去甚远，如图 3.5-1 所示。

（1）墙体

20 世纪 30 年代，墙体由泥坯、干打垒发展到砖砌体，后来引入俄国的板夹泥（木板中填锯末，板外钉上交叉木条，然后抹白灰砂浆再用石灰粉刷）。砖木结构中的 2 砖到 3 砖作为承重墙，如果墙体过高或有附加荷载的墙体多采用转墙设置砖柱的结构形式。

20 世纪 50 年代，出现大型工厂时，因有吊车，故采用排架式或框架结构，吊车轨道和屋面荷载用混凝土柱承担，而围护墙体用红砖砌筑。

20 世纪 70 年代以后，出现空心砖做围护材料，一是减轻自重，二是改善保温性能。墙体材料改进中，曾出现过炉渣砖，用炉渣粉碎后，加石灰和石膏或少量水泥拌和，在蒸

图 3.5-1 北方地区厂房调研照片

汽养护下，做轻质墙体使用，因不耐冻化和承载力低而被淘汰（北方不宜）。

20 世纪 80 年代后，轻质陶粒砌块出现，用黏土烧结的陶粒（空心，球状），拌合水泥，经养护后制成轻质砌块，直接作围护材料——自承重，多用于住宅或公共建筑的框架结构中，厂房建筑使用得少，仍以红砖为主。

20 世纪 90 年代装配式厂房较为多见，其结构主要为：预制杯型柱基、预制混凝土柱插入或锚接、连梁同柱焊接组成框架、薄型预制墙板插入柱间、预制楼板焊接、屋架放置在排柱上、预制屋面板放置，窗洞、门洞上预埋件同门、窗连接，墙体上预留电缆洞、管道洞口并预埋接头（在墙面接上电源及水源）。墙板为预应力 NT 保温墙板或加气 NT 夹心保温墙板。

总体上，厂房外墙按使用要求、材料、构造和施工方式等条件的不同，可分为砖墙、砌块墙体、板材墙体、波形板墙等。

（2）屋面

20 世纪 30 年代的屋面，一般多为大于 10% 的坡屋面，分单坡、双坡、四坡，为木结构，上弦杆，钉檩条，上面铺木板和油毡纸，再钉瓦条，挂黏土瓦，或者在木板上钉铁皮（咬口），或用钉固定瓦楞铁。如需要保温的屋面，在木屋架上钉"黑棚"，然后加锯末保温，即民用建筑的屋顶保温做法。

20 世纪 50 年代多为黏土瓦或铁皮，木结构形式发生了新的变革。如办公楼、学校、住宅等建筑，一般采用二支点、四支点的"苏式木屋架"，较大跨度的采用两支点"豪氏木屋架"，同时，开始大量使用钢屋架。

20 世纪 60 年代为节约钢材、木材、水泥，少数工程曾经采用双曲拱屋面、拱屋面、砖薄壳屋面。

20 世纪 70 年代出现了预制板屋面、刚性屋面，屋面也采用了硅屋架、混凝土薄腹梁或钢屋架。

20 世纪 90 年代后，为解决刚性屋面开裂等弊病，改为柔性屋面，在保温、防水层上粘贴卷材（沥青、树脂或布），分为上人屋面和不上人屋面，但寿命不理想，贴缝处易漏水，还需在屋面布置排潮通道。2000年以后，因平屋顶漏雨情况较多，屋顶开始向坡屋面形式发展。

（3）门窗

20世纪70年代以前的门都是木制、较宽大的门，如进入火车，汽车也有角钢镶木板制作而成，双开或单开。为了冬季防寒，还需在木板上钉毛毡、铁皮。

20世纪80年代后，门的设计更新为平开门、翻板门、卷帘门等型式，4m以上选用半开门，4m以下的用翻板门、卷帘门。钢制防火门用钢板制作，也可用卷帘门防火。工厂用的大门，双开门常在门边底部设滑轮和滑轨以开关轻便，开门在门扇顶有悬挂设备，门是吊在上部滑轨滑动，门底边有滑轮在滑轨上滑动。从保温角度讲，门缝密实度是影响冬季防寒的主要因素。为此，加密封条的双开门密封最好，平开门、翻板门次之，而卷帘门较差。

窗户方面，20世纪70年代以前都是木制窗、对开窗扇，工业厂房如为冷作业，一般采用双层窗，局部有通风小窗，须保温的厂房则设双层窗，窗玻璃多为5mm厚的平玻璃，有些工厂选择压花玻璃，以遮挡外部视线。

20世纪80年代钢窗采用较多，90年代以后，开始大量从国外引进塑钢窗，薄钢板（0.75，1.25mm）为骨架，PVC为体材，装配成窗扇，周边用圆橡胶条密封，初始用在民用建筑中，近年来也逐渐用在工业建筑上，但宽度在4m以上的窗，从整体刚性要求来看，却难以满足要求。另外，在推广钢窗同时，出现了铝合金窗，加工精度高于钢窗，北方严寒地带因为钢和铝材导热系数较高，故不利于保温，民用建筑上很少单独依靠它来制作保温窗。工业厂房，尤其是高度和跨度较大的厂房，多采用钢窗。

2. 南方既有工业建筑围护结构特点

南方地区工业建筑在早期的设计中主要考虑的是解决防暑降温的问题。工业建筑厂房建造时通常采用的设计规格是厂房长轴与夏季主导风向垂直或大于45°，与现代化工业厂房大体量的内部净空空间相似，不过现代工业厂房的跨度和高度都相较更大，另外对于采光的要求较高，因此都会开设较大的侧窗和天窗，剖面上表现出阶梯状的空间形式。另外，在服务于制造业的这种厂房中，为了保证起重以及运输设备的顺利通行，厂房建筑内部均呈现出畅通的空间，如图3.5-2所示。

（1）墙体

南方工业建筑围护结构墙体不像北方地区那么厚，建筑外墙呈现青砖红砖并行采用的状况，并且不加粉饰。新中国成立前生产性的工业建筑在门窗部位均有少量装饰，新中国成立后则完全摒弃装饰。

民国及新中国成立初期仓库建筑均使用了木制地板。新中国成立后，为适应大机器生产需要而建造的厂房建筑均采用了水泥地面。

总体而言，南方既有工业建筑的墙体以砖墙为主，节能效果较差，与当前建筑节能要求的技术指标有较大差距，改造潜力极大。

（2）屋面

民国时期及新中国成立初期南方的工业建筑基本上是坡屋顶，采用木材做成三角形的

图 3.5-2　部分南方既有工业厂房调研照片

柑架结构作屋顶结构。采用柑架结构，是充分利用了三角形所具有的刚性特点，以较小的杆件拼合在一起组成柑架，以跨越较大的空间。仓库建筑采用悬山顶，厂房车间建筑采用硬山顶。其屋盖分为有檩体系和无檩体系，有檩体系是先在屋架上搁置檩条，然后放小型屋面板，无檩体系是在屋架上直接铺设大型屋面板。这一时期无锡的工业建筑屋盖属于有檩体系。

　　民国时期，工业建筑以砖木结构居多，屋盖、梁柱体系及地板均为木制。其中像北仓门仓库、永泰丝厂蚕丝仓库、鼎昌丝厂蚕丝仓库均无一例外地使用了木制柱子与木质地板。新中国成立后开始摒弃木制体系，柑架采用钢制，承重柱采用混凝土浇筑。

　　同时，由于仓库建筑出现 2 层及 2 层以上的高度，民国时期的仓库建筑在每一层的端部加砌线脚，起稳定作用，新中国成立后则采用圈梁的形式，以增加厂房结构的整体性。其中像北桥仓库建造于新中国成立初期，地板是木制的，承重柱子则是混凝土现浇。由于需要大尺度的室内净高，加筑了圈梁。

　　现代化厂房建筑普遍采用骨架式钢筋混凝土排架结构，由于要满足一些起重及运输设备运行的需求，设置吊车梁。屋顶用钢柑架承重。其中以无锡压缩机厂的大型金工及装配车间厂房为典型代表。

　　南方地区多雨，屋面排水主要采用有组织外排水的方式，将屋面的雨雪水组织在檐沟内，再经雨水口和落水管排下。檐沟、落水管多采用铁制。防潮方面，尤其是仓库建筑对此有特殊要求，底层一般架空，开小窗通风。同时在散水处设置排水沟。

　　总体而言，该地区其早期既有工业建筑的屋顶结构一般采用木结构，承载力较差，后期建筑屋顶采用钢柑架，承载得到加强，但是屋面隔热效果普遍较差，与该地区当前的建筑节能标准要求有较大差距；此外，南方地区拥有丰富的太阳能资源，而低承载力的屋面也不利于太阳能利用技术的实施。

　　（3）门窗

　　窗子一般多为单玻窗，窗台高 0.4～0.6m，或不设窗扇而采用开敞式，开敞口下沿一般高出室内地面 0.6～0.8m，并在开敞部位设挡雨板。而北方寒冷地区下部进气窗宜分设上下两排开启，夏季开启下排进气窗；冬季关闭下排气窗，用上排气窗排进。（上排进气窗离地面大于 4m）。排气口的位置尽量高，无天窗。排气口宜设在靠檐口一带；设有天窗用天窗作排气口，天窗多设在靠屋脊一带。建筑的大门尺度较大，以方便生产运输和人流通行，如仓库建筑大门尺寸宽近 2m，高度近 3m。同时，为坚固的考虑，大门基本上是铁制，也有如北桥仓库大门在木制基础上外包铁皮，钉以门钉。大门以平开见多，分单扇与双扇。在仓库建筑中，有在双扇门一侧另开供人进出的小门的情况。

调研结果表明：南方的既有工业建筑由于受限于当时的设计和建材发展条件，门窗往往只具备基本的通风、采光功能，与目前的建筑节能要求相比，其在保温、隔热、采光、通风等方面均有较大差距。

3.5.2 基于工业建筑特点的围护结构改造案例

案例一　内蒙古工业大学厂房改造为图书馆

1. 概况

建筑馆位于呼和浩特市内蒙古工业大学，由两栋相互连接的闲置工业厂房改造而成。建筑主体共分为 3 层，外围护墙体为砖体砌筑，内部为钢筋混凝土结构支撑体系，整个建筑面积达 5910m²，经改造后成为集办公、绘画室、教室、图书馆、休闲等于一体的建筑。

建筑馆的节能改造总体分为两个部分：首先是建筑结构和建筑功能空间的重构。在保证基础稳定性和满足抗震荷载的基础上，对建筑使用空间进行更新，对传统空间进行优化再生，同时又要满足各区域采光和通风的要求；其次是对建筑节能的改造，主要是对维护结构的改造，利用高效保温材料以提高维护结构的热阻值，通过对可持续能源和节能建筑设备的使用而降低建筑的能耗。整个建筑馆改造后节能率达到 60%，节能效果十分明显。

2. 改造内容

（1）屋顶改造

原有屋顶的构造由于条件所限无法具体查证，根据旧厂房的建成时间及功能推断其构造形式，确定屋面的传热系数为 1.52W/(m²·K)。因为没有设置保温层，屋顶的热导率很高。

改造措施：采用 8cm 厚的聚苯板进行屋面保温改造，改造后屋面的传热系数为 0.39 W/(m²·K)。

（2）外墙改造

建筑馆改造前的墙体为普通 37 黏土实心砖墙，墙体的传热系数为 1.35 W/(m²·K)。

改造措施：为保留原建筑的历史风貌，采用内保温的技术构造进行墙体节能改造，墙体采用防护涂料加 8cm 厚的聚苯板进行保温设计，改造后的墙体传热系数低于 0.40W/(m²·K)。

（3）地面改造

改造前地面为土地面。

改造措施：在原地面上用聚苯板保温层做防水后加铺面层，改造后地面传热系数为 0.26 W/(m²·K)。

（4）门窗改造

改造前的窗体面积大且是单玻钢窗，传热系数为 6.40 W/(m²·K)。

改造措施：合理缩小窗户面积，窗户换成双层中空塑钢玻璃窗，改造后窗户的传热系数为 2.60 W/(m² · K)。

改造前建筑馆的外门为单层铁门。

改造措施：改为双层玻璃门和玻璃幕墙，并在外面设置了小型玻璃房，玻璃房外面再加玻璃门，两门相距 2m，两门成 90°角，有效隔断气流直接流动，保温效果优越。在缝隙处进行了较好的密封处理，在门芯板内加高保温材料（玻璃棉、矿棉、聚苯板等）（表 3.5-1，图 3.5-3）。

建筑馆改造前后围护结构的传热系数对比表　　　　　　　　表 3.5-1

	改造前 W/(m² · K)	改造后 W/(m² · K)	国家标准 W/(m² · K)
屋顶	1.52	0.39	0.60
外墙	1.35	0.40	0.65
地面	标注	0.26	0.40
窗	6.40	2.60	3.00
门	标注	1.60	2.50

案例二　上海世博南市电厂改造为展馆

1. 概况

南市发电厂是 1897 年清政府上海马路工程善后局在十六铺老太平码头创建的南市电灯厂，后于 1918 年成立上海华商电力股份有限公司，1955 年定名为南市发电厂。随着工业技术及可持续城市发展的需求，原南市电厂退出历史舞台，保留其主厂房并进行再生性改建体现了对历史遗产的保护与利用。南市电厂主厂房围护结构节能改造延续原工业厂房立面特质，基本保留原立面高侧窗、点式窗及条形窗，局部增设玻璃幕墙。

图 3.5-3　改造后的内蒙古工业大学图书馆

2. 主要改造措施

（1）外墙

南市电厂主厂房围护结构节能改造延续原工业厂房立面特质，基本保留原立面高侧窗、点式窗及条形窗，局部增设玻璃幕墙（中空 Low-E 玻璃和铝幕板，对外反射率小于 10%，避免对周边建筑造成光污染）。外墙采用 75mm 金属面硬质聚氨酯夹心墙面板外墙外保温及 30mm 硬质聚氨酯泡沫塑料外墙外保温；金属屋面部分采用 75mm 金属面硬质聚氨酯夹心屋面板保温、钢筋混凝土屋面部分采用 75mm 硬质聚氨酯泡沫塑料保温。

（2）外窗

外窗、玻璃幕墙及天窗选用断热铝合金低辐射中空窗。建筑外窗可开启面积达外窗总面积的 63.7%，有利于在过渡季组织自然通风。

（3）屋面

在原有屋面的基础上，铺设太阳能光伏组件和光热组件的设备，既充分发挥出工业建筑屋面宽大、结构承载力较高的作用，有效利用太阳能资源，同时也利用太阳能光伏组件和光热组件起到隔热作用（图 3.5-4）。

图 3.5-4　改造前后的南市电厂外观照片

案例三　上海乾通汽车附件有限公司 B1 号和 B2 号建筑改造

1. 概况

上海乾通汽车附件厂始建于 1954 年，位于现虹口区中山北一路 121 号，建筑历史悠久、厂区交通便利，建筑结构比较完整，具有较大的改造潜力，经多方论证后，改造为上海花园坊节能技术环保产业园。B1 号和 B2 号建筑位于整个园区的东北角，B1 号原为汽油泵活塞销车间，B2 号为原技术大楼。B1 号和 B2 号原建筑外墙为 240mm 厚的砖墙，传热系数大；原窗户为单玻木窗框，都不符合节能标准要求。

2. 主要改造措施

（1）墙体改造

改造措施：根据建筑本身特点，拆除 B1 号外墙，保留框架结构，采用混凝土小型空心砌块代替砌筑，既减轻建筑结构负荷，又起到一定的保温效果，新砌的外墙采用苯板薄抹灰保温系统构造。为达到节材效果，不同朝向的墙体采用的 XPS 板厚度也有差异，东南和西南为 40mm 厚，东北和西北为 50mm 厚。

（2）门窗

改造措施：B1 号楼采用断热铝合金双层中空 Low-E 玻璃窗，改造后的外窗传热系数为 1.80 W/(m² · K)。B2 号楼在保持原有建筑外立面的基础上，在每个外木窗的内侧增设双层 Low-E 玻璃内开木窗，新加的木窗框与原有的外窗框只有外框相同。

（3）屋面

改造措施：B1 号楼屋面为平顶屋面，采用屋顶绿化方式进行节能改造。B2 号楼为坡屋顶，设有通风脊，改造时在吊顶上部铺设 100mm 厚的 XPS 保温板，并更换两侧的通风木百叶窗（图 3.5-5）。

案例四　天友绿色设计中改造

1. 概况

工程坐落于天津市南开区华苑高新技术产业园区开华道 17 号。原建筑为多层电子

图 3.5-5　改造后的建筑外观

厂房，业务楼总建筑面积 5254.5m² 的钢筋混凝土框架结构形式。工程耐火等级为二级；工程抗震设防烈度为 7 度。原建筑为地上 5 层、局部出屋顶框架结构办公楼。建筑主体高度为 19.200m，南北朝向，室内外高差 0.450m，建于 2001 年 6 月。原建筑墙体为 200mm 厚矿渣空心砖，外墙无保温。外窗为铝合金框单玻窗。建筑围护结构整体无节能设计。

2. 主要改造措施

项目的围护结构改造大量采用被动式设计，在外墙、外窗、屋面均采用被动式节能技术，同时在外遮阳中采用主动式技术作为辅助节能技术措施。被动式节能技术的大量采用是围护结构改造的主要发展方向，值得其他建筑改造工程借鉴。

（1）墙体改造

1）增加特朗博（伯）墙

项目在围护结构改造中充分考虑利用太阳光构筑被动式太阳房的技术，在建筑的南立面增加特朗伯墙，改善建筑用能条件（图 3.5-6）

2）外立面采光与聚碳酸酯板的利用

项目围护结构改造中，在建筑的外立面增加了一层聚碳酸酯板，作为围护结构附加层，既能起到幕墙的功能，同时也使建筑外立面更加美观协调（图 3.5-7）

图 3.5-6　南立面特朗伯墙

图 3.5-7　聚碳酸酯外立面

（2）外窗改造

外窗方面，除了南向从增加太阳辐射和采光的角度出发加大了窗墙比之外，东西北三

图 3.5-8　活动外遮阳设置

面外窗均保持原有的尺度以减少改动，同时南向采用铝合金 50mm 电动外遮阳帘，夏季可阻挡太阳辐射热进入室内，可减少空调能耗 15%，冬季可完全升起活动外遮阳帘，不会阻挡阳光进入室内，其活动外遮阳设置如图 3.5-8。

（3）屋顶改造

项目的屋顶改造采用"天窗采光＋水墙蓄热"的模式原理，将原有的小中庭设计为自然采光的图书馆，以聚碳酸酯代替玻璃作为天窗材料，既提供半透明的漫射光线，又保温节能。水墙采用艺术化的方式——以玻璃格中的水生植物"滴水观音"提供蓄热水体的同时，还蕴含绿色的植物景观（图 3.5-9）。

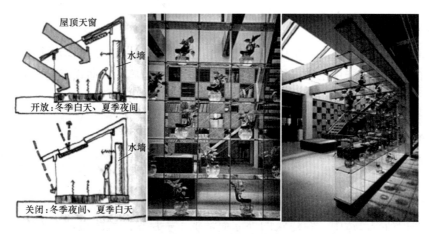

图 3.5-9　"天窗采光＋水墙蓄热"模式的中庭图书馆

案例分析小结

工业建筑的外墙，多采用承重构件（框架墙）和围护构件（自承墙）共同组成，总结以后具有以下几个方面的特点。其一，墙壁高度很大，一般可达 5～6m，有的甚至可达几十米。其二，墙壁厚度比较薄，如仓库、散发生产性余热的高温车间等及南方地区的多数生产性建筑物在冬季不需供暖，因此这些建筑物的墙壁较薄而且不进行保温隔热处理，往往热工性能较差。在改造成为办公空间时需要增加保温隔热措施，提高热工性能。其三，外窗面积比较大，工业建筑由于天然采光和自然通风的需要，往往采用整片或整条的巨大玻璃窗。首先，立面形式与办公建筑风格不符，第二，完整的窗洞也为改造更新提供了更广阔的设计空间。其四，外墙可变性较大，旧厂房多为框架结构体系，在保留框架的基础上，原有外墙可以继续保留也可以选择拆除，有比较大的灵活度，做法上也比较简单，外墙体的改变对既有结构的影响较小。

既有工业建筑围护结构的改造通常面临较多的难题，改造设计需要从建筑改造后的使用功能转变为出发点，在尽可能保留原有建筑结构的基础上进行改造设计。由于不同的既有工业建筑的建筑基础不同，因此改造设计往往都是个案的体现，但是在围护结构改造中仍有一些较为通行的设计做法。如：围护结构的改造优先采用被动式节能技术，并辅以主动式节能技术强化节能效果；墙体的改造以节能为主兼顾美观，部分建筑墙体为保留原建筑风貌必须放弃外保温构造转而采用比较占用室内空间的内保温构造做法；门窗的改造通常采用更换更为节能的高性能门窗；屋顶改造通常需要根据原始屋面的结构承载力来设计，有条件的屋面可采用绿化屋面或平改坡的结构等进行改造。

3.5.3 基于工业建筑特点的围护结构改造设计

1. 工业建筑围护结构改造技术分析

既有工业建筑围护结构热阻小，未能满足建筑物的保温隔热要求。改造时对墙体系统、屋面系统加做保温，做到保温隔热、防水、防潮、装饰一体化，同时做好对阳台、顶板、楼梯间、外廊等部位的封闭，可以提高改造后建筑物围护结构的综合保温效果。

工业建筑围护结构节能改造技术受不同地域气候条件、不同类别、不同改造功能、改造风格、改造费用等因素影响，具体工程应对这些影响因素进行综合分析，选择适宜的改造技术措施。

（1）外墙改造技术分析

从建筑传热耗热量的构成上来看，外墙所占的比例很大，必须提高围护结构的墙体的保温能力。提高墙体保温性能的关键在于增加热阻值，应选择质轻导热系数低的材料作为围护结构，针对不同类型的既有工业厂房外墙应采取不同的改造措施。一种情况是针对保护性建筑，采取的措施是保护性修复，保留的立面通过维护、清理和修补恢复原有的风采。另一种情况是可再生利用性建筑，利用原有的外墙围护结构，在墙体上采用合理的节能技术措施，来提高墙体的总热阻。如原有 370 黏土砖墙的传热系数为 $K=1.59W/(m^2 \cdot K)$，490 厚黏土砖 $K=1.236W/(m^2 \cdot K)$，对于保温效果而言是偏大的，采用在原有墙体上增设保温材料可以使传热系数 K 达到 $0.60W/(m^2 \cdot K)$ 以下，这样既可以节省大量重建费用，又可以大大提高墙体的保温效果。

墙体节能技术分为单一墙体节能与复合墙体节能。单一材料墙体依靠墙体材料的热工性能及其他力学性能来实现保温隔热。优点是构造简单，施工方便。单一墙体节能主要方向是改善和提高墙体结构材料的热工性能。加气混凝土、空洞率高的多孔砖或空心砌块是目前常用的单一节能墙体材料（表 3.5-2）。

在既有工业建筑节能改造设计时，外墙的传热系数采用平均传热系数，即按面积加权法求得的传热系数，主要是必须考虑围护结构周边混凝土梁、柱、剪力墙等"热桥"的影响，以保证建筑在冬季采暖和夏季空调时，通过围护结构的传热量不超过标准的要求，不至于造成建筑耗热量或耗冷量的计算值偏小，使设计的建筑物达不到预期的节能效果。

北方严寒、寒冷地区主要考虑建筑的冬季防寒保温，建筑围护结构传热系数对建筑的供暖能耗影响很大。因此，在严寒、寒冷地区对围护结构传热系数的限值要求较高，同时为了便于操作，按气候条件细分成三片，以规定性指标作为节能设计的主要依据。

常用墙体材料的导热系数   表 3.5-2

种类	密度 （kg/m³）	导热系数 [W/(m·K)]	种类	密度 （kg/m³）	导热系数 [W/(m·K)]
加气混凝土	400～700	0.12～0.18	烧结多孔砖	800	0.28
烧结普通砖	1600	0.81	蒸压灰砂砖	1400	0.44～0.64
烧结多孔砖	1200	0.43	钢筋混凝土	2300	1.75

夏热冬冷地区既要满足冬季保温又要考虑夏季的隔热，不同于北方供暖建筑主要考虑单向的传热过程。上海、南京、武汉、重庆、成都等地节能居住建筑试点工程的实际测试数据和 DOE-2 程序能耗分析的结果都表明，在这一地区当改变围护结构传热系数时，随着 K 值的减少，能耗指标的降低并非按线性规律变化，对于公共建筑（办公楼、商场、宾馆等）当屋面 K 值降为 0.8W/(m²·K)，外墙平均 K 值降为 1.1W/(m²·K) 时，再减小 K 值对降低建筑能耗已不明显，如图 3.5-10 所示。

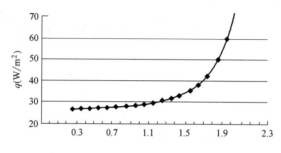

图 3.5-10 传热系数 K [W/(m²·K)]

因此，综合以上因素认为，屋面 K 值定为 0.7W/(m²·K)，外墙 K 值为 1.0W/(m²·K)，在目前情况下对整个地区都是比较适合的。

夏热冬暖地区主要考虑建筑的夏季隔热，太阳辐射对建筑能耗的影响很大。太阳辐射通过窗进入室内的热量是造成夏季室内过热的主要原因，同时还要考虑在自然通风条件下建筑热湿过程的双向传递，不能简单地采用降低墙体、屋面、窗户的传热系数，增加保温隔热材料厚度来达到节约能耗的目的，因此，在围护结构传热系数的限值要求上也就有所不同。

对于非透明幕墙，如金属幕墙、石材幕墙等幕墙，没有透明玻璃幕墙所要求的自然采光、视觉通透等功能要求，从节能的角度考虑，应该作为实墙对待。此类幕墙采取保温隔热措施也较容易实现。

随着经济的发展，对外墙保温性能要求越来越高，在目前的材料技术水平下单一墙体已经难以满足要求。为解决这一难题，人们研发了复合墙体节能技术，就是在墙体主体结构基础上增加一层或几层复合的导热系数更小的高效绝热材料。根据构造不同，可以分为外保温层、内保温层及夹心保温层等。其结构如图 3.5-11 所示。

内保温是指将绝热材料（如增强石膏复合聚苯保温板、增强水泥复合聚苯保温板等）复合在承重墙内侧，技术不复杂，施工简单易行，造价低。

夹芯保温是指在墙体中间安设绝热材料，绝热效果好，对保温材料要求不严格，玻璃

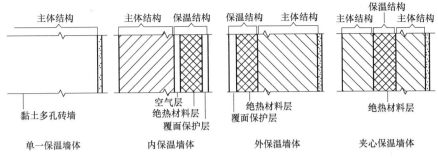

图 3.5-11 节能墙体类型

棉、岩棉等材料都可使用。但这种技术施工难度大，多用于新建建筑的施工，在既有建筑改造时较少采用。

外保温是指把绝热层通过黏结层粘于基层墙体外侧，再覆以保护层和饰面层的保温方法。以前常用的保温材料为聚苯乙烯泡沫塑料板、聚氨酯板等，这种保温方法具有墙体热阻大、热工性能好、墙体内侧热稳定性高、热桥效应少、保护主体结构等优点，缺点是这类保温材料属于有机保温材料，防火性能差（采用该类保温材料发生火灾的建筑案例在我国已层出不穷，此处不再赘述），不耐紫外线照射，易老化。宜选用集防火保温一体化的墙体保温材料，以保证改造后建筑物使用的安全性。

既有工业建筑围护结构改造应根据既有工业建筑绿色化改造项目的特点，根据不同地区的节能要求和墙体传热系数的差异，针对南方地区，应采用适用于南方地区既有工业建筑围护结构改造用的高防火性能的保温材料（如泡沫水泥保温板）及系统；北方地区，应采用适用于北方地区既有工业建筑围护结构改造用的高性能高防火性能的保温材料（如复合 A 级聚氨酯保温板或泡沫水泥保温板）及系统，以保证既有工业建筑围护结构的防火-保温要求，使既有工业建筑的改造更具符合绿色化改造要求。

（2）屋面改造技术分析

既有工业建筑对屋面处理的重点是防水，对保温隔热重视不足。屋顶是建筑物冬季的失热构件，屋顶作为蓄热体对室内温度波动起稳定作用，对于单层厂房，屋顶的散热量比例相对多层厂房较大，屋面的热损失约占整个围护结构热损失近 30%，造成了大量的能耗。大量既有工业建筑厂房的屋顶普遍存在结构老化、保温能力差、采光通风不良等问题，通过节能改造可以使屋面的传热系数减少，达到 $0.45\mathrm{W}/(\mathrm{m}^2 \cdot \mathrm{K})$ 以下，大大提高了屋顶的保温效果。根据厂房屋面跨度大、荷载大的特点，不宜增加过多的荷载，所以尽量在构造技术上不增设过多的其他荷载。

增大屋顶热阻的主要措施就是采用保温材料作为保温层。屋面节能改造保温层不宜选用密度较大、导热系数较高的保温材料，以免屋顶重量、厚度过大。也不宜选吸水率较大的保温材料，以防屋面湿作业时因保温层大量吸水而影响保温效果。比较各种保温材料的节能效果和经济性，屋面宜选用聚氨酯保温板、挤塑聚苯板、泡沫玻璃保温板等轻质高效保温隔热材料。

屋面节能改造技术措施为：

1）屋架下设保温层，预设必要的防潮层，这种措施适合原有屋架的保留和加固。但要求保温材料性能较高，会导致屋架下部构造层庞大，室内层高有所下降。

2）屋架间设保温层，当屋架构造的截面尺寸足够宽大时，将矿物纤维保温层设在屋架厚度之间，从而节省室内空间。

3）屋架上设保温层，在原有屋架上设置保温层，屋架可以全部保留。此方式对室内影响不大，它的挑战在于整个屋面必须拆除，适合屋面全面翻新的建筑。

4）原有的防水层进行修补，在原有屋面上增设一层憎水性保温材料，并做好面层。此做法适合原屋面材料可以持续利用的建筑。

5）屋面上铺设的保温材料，宜采用防火保温一体化材料，以保证屋面使用的防火安全性。

（3）门窗改造技术分析

门窗的耗能在建筑围护结构总耗能占的比例最大，单位面积通过门窗的能耗约为墙体的4倍。我国既有工业建筑的门窗大都是非节能门窗，且窗墙的面积比值比较大。综合分析影响窗户性能的指标，门窗的节能改造技术主要从减少传热量、减少渗透量和减少太阳辐射三个方面进行，即传热系数K值、空气渗透系数A值和遮阳系数S。可采用的措施有：采用双重玻璃门或自动门等措施以减少出入口的能量流失；采用密封材料增加窗户的气密性以减少渗透量；采用中空玻璃或断热铝合金窗等新型节能窗以减少传热量；利用热反射镀膜中空玻璃、低辐射镀膜玻璃；设置遮阳设施等。

1）降低窗户传热系数

采用热阻大、能耗低的节能材料制造的新型节能窗可大大提高热工性能。为有效提升既有工业建筑节能改造外窗的保温隔热性能，从而减少通过外窗的能量损失，应按照经济适用的原则，逐步将现有的单玻塑钢窗、单玻铝合金窗更换为传热系数小的节能窗。

具体的改造方案应根据建筑物节能改造设计要求及节能改造经济经费状况，针对保护性建筑，为提高门窗的保温性，可以保留原有外窗窗框，不破坏原有窗扇的材质，更换节能保温玻璃或在内侧加设一道窗。对不需保留原建筑风格的既有工业建筑，在节能改造时可将原有的钢窗或木窗更换成节能窗，也可在墙体外壁加一道透明玻璃幕墙。

2）提高窗户气密性能

气密性是影响建筑外窗保温隔热性能的因素之一。在既有建筑中，由于施工、老化以及窗户生产工艺等原因，窗扇与窗框、窗框与窗口墙体之间通常存有或大或小的缝隙，窗户均有漏风漏气，直接导致了能量的损失，这种现象造成的能耗在冬季和夏季较为明显。通过改进门窗产品结构，提高门窗气密性，能有效防止空气对流传热。在窗户节能改造中，加强密封性方法主要有两种：一是增加窗框窗扇间的密封，如将现有的毛条密封改为优质密封条等；二是增加窗框与墙体之间的密封。洞口密封材料的质量，既影响着房屋的保温节能效果，也关系到墙体的防水性能，应正确选用。钢塑门窗框的四边与墙体之间的空隙，通常使用聚氨酯发泡体进行填充，此类材料不仅有填充作用，而且还有很好的密封保温和隔热性能。另外应用较多的密封材料还有硅胶、三元乙丙胶条等优质密封条、密封胶，其质量的好坏直接影响窗的气密性和长期使用的节能效果。一般说，加强密封后可以提高窗户的气密性一倍左右。

3）采取有效遮阳措施

为了追求外形美观和视觉效果，许多既有工业建筑改造时都采用了大面积的玻璃窗，加之缺乏遮阳措施，夏季太阳直射进入建筑的辐射热量和冬季室内热量向外散失大幅增加，形成了较大的室内负荷，导致了能源的浪费。因此，增加外墙玻璃窗遮阳设计，防止夏季太阳辐射热透过玻璃窗直接进入室内而耗能，也是节能的一个有效手段。北京市《公共建筑节能设计标准》规定，当窗墙面积比大于 0.3 时，建筑外窗（包括透明幕墙）应采取有效的遮阳措施，遮阳系数不应大于规定的限值。

减少阳光直接辐射外窗及透过窗户进入室内，常用的遮阳方法有多种：固定式外遮阳，采用水平遮阳板、雨篷等，适用于接近南向的窗户；活动式内遮阳，采用遮阳卷帘和遮阳百叶等，与外遮阳相比，具有灵活、便于用户根据季节天气变化调节等特点；窗户玻璃贴膜，许多太阳控制膜有明显的遮阳作用，大多可减少太阳辐射热增益 30％～40％。因此这些膜只要选用适当，可节约夏季空调能耗 10％以上。

2. 围护结构改造设计原则及要点

（1）设计原则

1）在进行既有工业建筑外围护结构节能改造之前，应先进行结构鉴定，以确保建筑物的结构安全和使用功能。如涉及主体和承重结构改动或增加荷载时，必须与原来的设计单位或相应资质的设计单位对既有工业建筑厂房结构安全性进行核验和确认。

在改造前，应结合现场查勘，对改造性及热工性能进行综合评定，这些工作可以依据：

① 建筑地形图及竣工图纸；

② 历年的修缮资料；

③ 城市建设规划和市政要求；

④ 热工验算；

⑤ 采暖供热系统查勘资料；

⑥ 实地考察的室内热环境状况记录资料。

2）节能设计标准：参照国家和行业的现行节能设计标准，如果能进行转型的建筑，可以参考所属类型的建筑节能设计标准，比如将厂房改造成商铺等公共建筑，可以参考公共建筑节能设计标准或规范执行。

3）改造设计时，优先选择被动式节能技术，并合理选用主动式节能技术，通过将主动式节能技术与被动式节能技术进行有效整合或集成应用，提高改造后建筑的围护结构节能效果。

4）既有工业建筑的改造应遵循因地制宜的原则，充分考虑建筑所处气候和环境区域进行改造设计，并在保障建筑结构安全性的前提下，充分利用原有建筑的建筑结构，降低改造成本。

（2）设计要点

由于既有工业建筑的原始建筑布局已经存在，使节能改造的平面设计受到了很大的制约。因此，节能改造中平面改造的任务就是要在既有工业建筑平面布局和当地气候条件的制约下，进行局部调整，以实现良好节能、光照、遮阳和通风等目的。

1）外墙节能改造技术要点

由案例调研结果可见，既有工业建筑外墙节能改造以提高原始建筑的外墙保温能力为主，南方地区的建筑外墙还应考虑隔热功能。外墙节能改造技术要点如下：

① 既有工业建筑改造后墙体的保温隔热技术指标的设计以该建筑所处的建筑区域的设计规范或地方标准所要求的技术指标为准，遵循因地制宜的原则进行改造设计；

② 所选用的建筑墙体保温材料不仅要具有良好的保温、隔热性，还应具有良好的防火性；

③ 通常既有工业建筑外墙的基层墙体存在不同程度的粉化、脱落等问题，在进行节能改造时应采取相应的技术措施进行基层处理，以确保节能改造的工程质量；

④ 改造技术的选用要以被动式节能技术为主，并高效整合主动式和被动式节能技术，提升建筑的综合节能效果。

2）门窗节能改造技术要点

由案例调研结果可见，既有工业建筑外窗基本不能满足节能指标的要求，外窗的改造可分为两种情况：（1）更换新的节能型外窗，（2）保留原有外窗，并增加新型节能窗。外窗的节能改造以提高整窗的保温性能为主，南方地区的还应考虑遮阳部分的设计。外窗节能改造技术要点如下：

① 整窗拆换，应做好窗框与墙体间的密封和防水处理；

② 加窗改造，新窗不宜安装在悬挑窗台的悬挑部位处，在窗户关闭状态下，两窗间的间隔不宜小于5cm；

③ 外遮阳应在结合窗户和外墙改造时增设，其施工要求应符合《建筑遮阳工程技术规范》JGJ 237—2011 的相关规定；

④ 窗户的节能改造设计应满足安全、保温、隔声、通风、采光等性能；

⑤ 可将南向及东西向窗开大面积，北向开窗面积尽可能少，可以在外墙高位处开窗，既不影响采光，也可减少热损失。

3）屋面节能改造技术要点

在建筑物受到太阳辐射的各个外表面中，屋面是接受太阳辐射时间最长的部位，因此受辐射热也是最多的，相当于东西向墙体的2～3倍，所以它的保温隔热也显得有为重要。屋面节能改造技术要点如下：

① 屋面节能改造应根据屋面的具体形式，采用相应的改造措施。如原防水性能可以再利用，可修复后直接做倒置式屋面；如防水层有渗漏情况，应铲除原来防水层，重新做保温防水；

② 屋面保温层不宜选用密度较大、导热系数较高的保温材料，保温和防水材料尽可能的采用轻质材料，以防屋面荷载超重带来的危险隐患。

③ 屋面保温层不宜选用吸水率较大的保温材料以防屋面湿作业时因保温层大量吸水而降低保温效果；

④ 保温层的构造要求：保温层设置在防水层上部时，保温层的上面应做保护层；保温层应设置在防水层下部时，保温层的上面应做找平层；屋面坡度较大时，保温层应采取防滑措施；

⑤ 对屋面隔热要求较高的建筑，可以采取平改坡或加层的做法：这种改造形式较为

简单，首先进行屋面和承重墙结构核算，在荷载允许的条件下，可以在屋面上对应下层承重墙的位置砌墙（材料可选用传统墙材，也可用轻质加气混凝土），砌至设计高度上设混凝土或钢檩条，最后辅轻型保温屋面板及屋面装饰材料。平改坡应与太阳能利用相结合，实现利用自然能源降低建筑物的能耗。平改坡的坡度设置应结合太阳能集热器采集能量的最佳坡度确定，为安装和使用太阳能热水系统、太阳能供热采暖提供条件。

3.5.4 小结

通过对既有工业建筑围护结构的调研分析发现：（1）既有工业建筑的外围护结构改造的重点为外墙、门窗和屋面三部分；（2）大多既有工业建筑建造时围护结构未做进行节能设计，能耗高；（3）既有工业建筑围护结构的节能改造要充分考虑气候条件及使用功能对其的影响与要求；（4）既有工业建筑围护结构的节能改造设计应从建筑物平面改造、立面改造对节能的贡献等进行综合考虑，合理采用自然能源，达到节能降耗的目的；（5）根据既有工业建筑的特点，结合各气候区特点、节能改造效果及费用等因素，选用合理的外墙、门窗、屋面改造技术与做法；（6）既有工业建筑建筑围护结构的节能改造时，外墙、屋面保温材料的选用应采用保温防火一体化的材料，利于改造后建筑物的安全使用。

4. 结构改造设计研究

4.1 结构消能减震加固改造

既有建筑改造中结构加固技术可分为两大类，一类是补足能力加固技术，即增强结构构件的强度、刚度和延性使其满足现行规范的要求，如现行的《混凝土结构加固设计规范》和《建筑抗震加固技术规程》中列出的加固技术均属于这一类，该技术既可用于结构的非抗震加固也可用于结构的抗震加固；另一类是削减需求加固技术，该技术主要用于结构的抗震加固，即通过结构振动控制技术削减结构地震需求，以弥补结构自身的抗震能力不足，如隔震技术和消能减震技术。这里将主要介绍结构消能减震技术在建筑改造中的应用。

结构消能减震技术因其具有以下优点，在国内外结构抗震加固工程中有着广泛的应用。

· 便于改造结构的建筑方案的实施

· 对建筑使用的扰动小

· 显著减小改造和加固工程中结构的作业量

· 经过优化设计容易达到节材的目的

· 便于调节基础和结构的地震反应，易于实现性能化的设计

· 消能器作为结构的保险丝，减轻地震作用下结构的损伤，以保护结构及人员的安全。

4.1.1 消能减震技术的基本原理

消能减震技术的主要原理是通过在结构的适当位置安装适当数量的消能减震装置，地震时消能减震装置为结构分担部分地震能量，以降低结构的地震反应及结构的损伤程度，保护结构的安全。

从能量守恒的角度来看，地震给结构注入的累积能量会转换为以下四种形式：

$$E_I = E_K + E_S + E_D + E_H \tag{4.1-1}$$

式中，E_I 为地震输入结构的总能量，E_K 为结构的动能；E_S 为结构的应变能；E_D 为材料线性黏滞阻尼累积耗散的能量；E_H 为材料非线性滞变阻尼累积耗散的能量。

地震结束结构静止后，结构动能 E_K 为零；若结构有残余变形，结构应变能 E_S 即便不为零，但与地震总输入能相比仍可忽略；结构自身的内阻尼通常较小，其耗散的能量 E_D 也比较有限；因此在强震作用下，未加消能减震装置的结构主要是通过 E_H 来消耗地震能量，即通过结构和非结构构件的开裂、屈服等塑性机制来耗散地震能量。这意味着结构会出现损伤，损伤对结构自身安全有两个"好处"：一是会导致结构软化，从而降低地震总输入能；二是可耗散相当一部分能量。这正是传统的结构抗震设计提倡延性设计的原因，但同时必须认识到，延性设计是以结构损伤为代价来保护结构的整体稳定的，结构构件的延性利用得越充分，其损伤也就越严重。

若在结构中安装了消能减震装置，式（4.1-1）中 E_D 和 E_H 项将被改写为以下形式：

$$E_D = E_{D,Structure} E_{D,Device} \qquad (4.1-2)$$

$$E_H = E_{H,Structure} + E_{H,Device} \qquad (4.1-3)$$

式中，$E_{D,Structure}$ 和 $E_{D,Device}$ 分别为结构和消能减震装置的粘滞阻尼累积耗散的能量；$E_{H,Structure}$ 和 $E_{H,Device}$ 分别为结构和消能减震装置的非线性滞变阻尼累积耗散的能量。

通过合理的消能减震设计，会使相当一部分地震能量流向消能减震装置，并通过这些装置自身的耗能机制耗散掉，进而使得 $E_{H,Structure}$ 项变小，因此可显著地降低地震作用下结构的损伤程度。

4.1.2 常用的消能减震装置及工程应用

目前国内外常用的消能减震装置可分为速率无关型和速率相关型两类[2]。速率无关型装置的出力与其两端的位移变化率（速率）无关，但可能与速度的方向有关，常见的有金属屈服阻尼器和摩擦阻尼器；速率相关型装置的出力则取决于装置两端的位移变化率（速率），常见的有黏滞流体阻尼器和黏弹性固体阻尼器。

金属屈服阻尼器是利用金属材料屈服后塑性滞变特性来耗散振动输入的能量。这类阻尼器有稳定的力学性能、耐久性好，且价格便宜，但地震后需更换。常用的有钢板类阻尼器和屈曲约束支撑。图 4.1-1a 是美国旧金山 Wells Fargo 银行大楼，2 层钢框架结构，该楼使用了 35 年后，采用 7 套钢板类阻尼器（每个阻尼器的屈服力为 667kN）进行结构抗震加固；图 4.1-1b 是美国盐湖城 Wallace F. Bennett 联邦大厦，8 层钢筋混凝土结构，该楼使用了 40 年后，采用 344 根屈曲约束支撑（屈服力范围：667~8477kN）进行结构抗震加固。

摩擦阻尼器是通过摩擦材料之间的滑动摩擦来耗散振动输入的能量。这类阻尼器滞回环饱满，但滑动摩擦面的状况会随时间发生变化，稳定性差，因此需定期更换，另外摩擦自锁会导致结构振动模态的变化。图 4.1-1c 是美国加利福尼亚州蒙特利县政府办公楼，3 层钢框架结构，该楼使用了 34 年后，采用 48 根摩擦阻尼器（滑动摩擦力范围：890~1113kN）进行结构抗震加固。

黏滞流体阻尼器是由缸体、活塞和黏滞流体等部分组成，活塞的运动产生缸内的压力差迫使内部流体以高速流经活塞头上或活塞头周边的小孔，并通过流体颗粒与孔壁间摩擦生热来耗散振动输入的能量。这类阻尼器具有稳定的滞回性能，可提供较大的出力，且可以做到不提供附加刚度，对激励频率和温度变化不敏感，但制作工艺要求高，制作难点是高压下流体的密封问题。图 4.1-1d 是美国加利福尼亚州斯托克顿市的一家酒店大楼，6 层钢筋混凝土框架结构，该楼使用了 94 年后，采用 16 根黏滞流体阻尼器（出力：890kN，容许行程：±100mm）进行结构抗震加固。

黏弹性固体阻尼器是由钢板及黏合于钢板上的层状黏弹性材料构成，钢板运动带动层状黏弹性材料产生剪切变形来耗散振动输入的能量。这类阻尼器同时提供阻尼和刚度，分析时可近似为一个线性系统（即线性刚度和线性阻尼），且制作简单，价格便宜，但黏弹性材料的性能受外激励频率和环境温度变化影响较大，且粘贴的黏弹性材料易出现剥离脱落和撕裂现象，另外这种阻尼器的变形能力有限。图 4.1-1e 是美国加利福尼亚州雷德伍德城的一栋司法大楼，8 层钢框架结构，该楼使用了 46 年后，采用 64 根黏弹性阻尼器进行结构抗震加固。

a. 钢板类阻尼器　　　　　b. 屈曲约束支撑　　　　　c. 摩擦阻尼器

d. 黏滞流体阻尼器　　　　　　　e. 黏弹性阻尼器

图 4.1-1　常用阻尼器的典型工程应用

4.1.3　结构消能减震加固个案研究——上海申都大厦改造工程

4.1.3.1　改造结构简介

申都大厦改造项目位于上海市西藏南路 1368 号，前身为 1975 年建成的上海围巾五厂漂染车间，原结构为带局部夹层的 3 层钢筋混凝土框架工业厂房。1995 年由上海建筑设计研究院改造成带半地下室的 6 层办公楼，建筑总高度 22.9m。

2008 年上海现代建筑设计集团房地产开发有限公司出资对该建筑实施绿色化改造。改造前后的外景图如图 4.1-2 所示。

a. 改造前　　　　　　　　　　　b. 改造后

图 4.1-2　申都大厦改造前后实景对比

改造前对房屋进行的检测表明，房屋状况较差，主要表现为房屋外立面破损、使用功能缺失、设备设施需大修、改造和更新。

结构方面，设计标准的更新（74 规范→89 规范→01 规范→10 规范）、结构的劣化及因功能变化导致荷载的增大等因素致使结构必须进行拆除构件、新增构件和加固处理，加固方法主要有粘钢加固、碳纤维加固等补强型加固以及增设软钢阻尼器的消能减震加固。

结构后续使用年限为 30 年，结构安全等级为二级。抗震设防烈度为 7 度，设计地震分组为第一组，设计基本地震加速度为 0.1g。场地类别为Ⅳ类，场地特征周期为 0.90s。结构抗震等级为三级。基本风压取值 0.55kN/m²，地面粗糙度类别为 C 类。

4.1.3.2　结构消能减震加固评估分析系统的研发

结构消能减震评估分析系统是以上海申都大厦改造工程为基准结构研发而成的专用程序，旨在方便工程师对各种消能减震控制方案进行比选。用户可通过系统的前处理界面，直观便捷地完成阻尼器的布置及其参数设置；系统的分析模块采用高效的非线性动力分析算法计算地震作用下消能结构系统的动力响应及既定的九项评价指标，评价指标的制定兼顾了减震效果和工程经济性；系统的后处理模块以图和表单的形式，显示结构和阻尼器的关键动力响应及消能减震方案的评估结果。与通用有限元软件相比，该软件系统大大提升了消能减震方案的分析和比选效率。系统研发的流程图如图 4.1-3 所示。

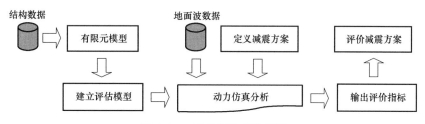

图 4.1-3　系统研发的流程图

结构的平面示意图如图 4.1-4 所示，首先根据申都大厦改造工程的结构施工图，利用 SAP2000 软件建立改造结构的有限元模型，如图 4.1-5 所示。

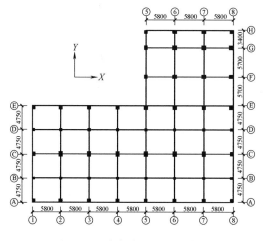

图 4.1-4　申都大厦平面示意图

图 4.1-5　SAP2000 模型

设计地震动参数按《上海市建筑抗震设计规程》(以下简称《上海抗规》)取用,见表4.1-1。动力时程分析采用《上海抗规》附录 A 给出的四条人工波。其中,SHWN1 和 SHWN2 是由设计反应谱拟合得到的,SHWN3 和 SHWN4 分别是按设计反应谱对 El Centro 波和 Taft 波进行频域整形得到的,它们与设计反应谱的对比如图 4.1-6 所示。

设计地震动参数

表 4.1-1

地震水平	水平地震影响系数最大值	地震加速度时程最大值(cm/s^2)
多遇地震	0.08	35
罕遇地震	0.45	200

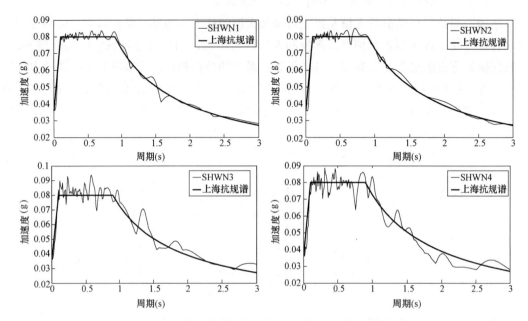

图 4.1-6 四条人工波的加速度反应谱和上海抗规谱的对比

接下来是由有限元模型创建 MATLAB 环境下的评估模型,先对模型进行降阶,模型降阶的目的是在确保分析精度的前提下使得动力自由度数降低到可控范围内,降阶模型的阻尼矩阵通过指定模态阻尼重新组建。基于降阶模型来建立系统的状态方程,并计及结构关键响应输出及控制装置模型输入等因素最终形成评估模型。选取前 27 阶模态组建降阶模型,假定各阶模态阻尼比为 0.05,基于降阶模型的结构减震控制系统的状态方程的一般形式为:

$$\dot{x}=Ax+Bf+E\ddot{x}_g \tag{4.1-4}$$

$$y_r=C_rx+D_rf+E_r\ddot{x}_g \tag{4.1-5}$$

$$y_c=C_cx+D_cf+E_c\ddot{x}_g \tag{4.1-6}$$

式中,x 为状态向量;$\ddot{x}_g$ 为地震动加速度;f 为减震控制装置提供的控制力;y_r 为用于评估减震控制效果的结构响应参数;y_c 为减震控制装置模型的输入向量。A、B、E、C_r、D_r、E_r、C_c、D_c、E_c 为相应的传递矩阵或列向量。

减震方案的评价是基于一套综合的评价指标进行的,评价指标分四类,具体定义如下:

第一类评价指标反映的是结构楼层层间位移角的减震效果，定义如下：

$$J_1 = \underset{\substack{\text{SHWN1}\\\text{SHWN2}\\\text{SHWN3}\\\text{SHWN4}}}{\text{avg}} \left\{ \frac{\underset{i=1\sim n}{\max}\left[\left(\underset{j=1\sim m}{\max}\left[\underset{t}{\max}\left|d_{j,i}^c(t)\right|\right]\right)/h_i\right]}{\underset{i=1\sim n}{\max}\left[\left(\underset{j=1\sim m}{\max}\left[\underset{t}{\max}\left|d_{j,i}^u(t)\right|\right]\right)/h_i\right]} \right\} \tag{4.1-7a}$$

$$J_2 = \underset{\substack{\text{SHWN1}\\\text{SHWN2}\\\text{SHWN3}\\\text{SHWN4}}}{\text{avg}} \left\{ \frac{\underset{i=1\sim n}{\max}\left[\left(\underset{j=1\sim m}{\max}\left\|d_{j,i}^c(t)\right\|\right)/h_i\right]}{\underset{i=1\sim n}{\max}\left[\left(\underset{j=1\sim m}{\max}\left\|d_{j,i}^u(t)\right\|\right)/h_i\right]} \right\} \tag{4.1-7b}$$

其中，$d_{j,i}^c(t)$、$d_{j,i}^u(t)$ 分别为减震结构和未减震结构第 i 层第 j 根柱的层间位移时程；m、n 分别为每层柱的根数和结构总层数；h_i 是第 i 层的层高；$|\cdot|$、$\|\cdot\|$ 分别表示取绝对值和均方根值运算，其中取均方根值的运算表达式为 $\|\cdot\| = \sqrt{\dfrac{1}{t_f}\displaystyle\int_0^{t_f}(\cdot)^2dt}$；max、avg 分别表示取最大值和平均值运算，以下同。

第二类评价指标反映的是结构的楼板绝对加速度的减震效果，定义如下：

$$J_3 = \underset{\substack{\text{SHWN1}\\\text{SHWN2}\\\text{SHWN3}\\\text{SHWN4}}}{\text{avg}} \left\{ \frac{\underset{i=1\sim n}{\max}\left[\underset{j=1\sim m}{\max}\left(\underset{t}{\max}\left|a_{j,i}^c(t)\right|\right)\right]}{\underset{i=1\sim n}{\max}\left[\underset{j=1\sim m}{\max}\left(\underset{t}{\max}\left|a_{j,i}^u(t)\right|\right)\right]} \right\} \tag{4.1-8a}$$

$$J_4 = \underset{\substack{\text{SHWN1}\\\text{SHWN2}\\\text{SHWN3}\\\text{SHWN4}}}{\text{avg}} \left\{ \frac{\underset{i=1\sim n}{\max}\left(\underset{j=1\sim m}{\max}\left\|a_{j,i}^c(t)\right\|\right)}{\underset{i=1\sim n}{\max}\left(\underset{j=1\sim m}{\max}\left\|a_{j,i}^c(t)\right\|\right)} \right\} \tag{4.1-8b}$$

其中，$a_{j,i}^c(t)$、$a_{j,i}^u(t)$ 分别为减震结构和未减震结构第 i 层第 j 根柱柱顶在楼板位置处的绝对加速度时程。

第三类评价指标反映的是结构的底部剪力的减震效果，定义如下：

$$J_5 = \underset{\substack{\text{SHWN1}\\\text{SHWN2}\\\text{SHWN3}\\\text{SHWN4}}}{\text{avg}} \left\{ \underset{t}{\max}\left|\sum_{i=1}^n F_i^c(t)\right| \Big/ \underset{t}{\max}\left|\sum_{i=1}^n F_i^u(t)\right| \right\} \tag{4.1-9a}$$

$$J_6 = \underset{\substack{\text{SHWN1}\\\text{SHWN2}\\\text{SHWN3}\\\text{SHWN4}}}{\text{avg}} \left\{ \left\|\sum_{i=1}^n {}_i^c(t)\right\| \Big/ \left\|\sum_{i=1}^n F_i^u(t)\right\| \right\} \tag{4.1-9b}$$

其中，$F_i^c(t)$、$F_i^u(t)$ 分别为减震结构和未减震结构第 i 层的地震惯性力时程。

第四类评价指标反映的是消能减震装置的个数、位移需求（即行程要求）和控制力需求，安义如下：

$$J_7 = n_d \tag{4.1-10a}$$

$$J_8 = \underset{\substack{\text{SHWN1}\\\text{SHWN2}\\\text{SHWN3}\\\text{SHWN4}}}{\text{avg}} \left\{ \underset{k=1\sim n_d}{\max}\left[\underset{t}{\max}\left|s_k(t)\right|\right] \right\} \tag{4.1-10b}$$

$$J_9 = \underset{\substack{SHWN1\\SHWN2\\SHWN3\\SHWN4}}{\text{avg}} \left\{ \sum_j \max_t | f_k(t) | \right\} \qquad (4.1\text{-}10c)$$

其中，n_d 为减震装置的个数；$s_k(t)$ 为第 k 个减震装置的位移时程；$f_k(t)$ 为第 k 个减震装置输出的控制力时程。

消能减震加固评估分析系统程序界面采用 MATLAB GUI 模块进行设计和编程。系统由前处理模块、分析运算模块和后处理模块组成。

评估分析系统的主界面如图 4.1-7 所示。用户可通过前处理模块对阻尼器的位置和参数进行设定，即利用"定义阻尼器"子模块进行阻尼器的布置和参数设置，申都大厦采用的是钢板屈服阻尼器，点击"钢板屈服阻尼器"可查看阻尼器的介绍，如图 4.1-8 所示；通过"选择方向"、"选择地震波"子模块选择地震作用的方向和地震波。布设好阻尼器并选用了地震波后，点击"运行"按钮，程序自动调用分析运算模块进行系统动力仿真分析。"查看结果"按钮对应于后处理功能，可查看计算分析结果和前面定义的九项评价指标的计算值。

图 4.1-7　系统主界面

按建筑及结构的要求，程序中规定阻尼器只能设置在建筑的外围立面，用户先选定阻尼器的平面位置，而后进行立面布置和参数设定。部分界面如图 4.1-9 和图 4.1-10 所示。

在进行运算分析前，首先要选择需要地震作用方向和地震波。选择完成后，即可以点击"运行"按钮，进行系统地震动力仿真分析。

运行结束后，"查看结果"、"保存结果"、"清除结果"等对应于后处理功能的按钮将被激活。点击"查看结果"按钮，进入下一级界面，即"分析结果平台"界面，如图 4.1-11 所示。

在"分析结果平台"界面，首先用户可以直接看到当前分析所采用的阻尼器类型，

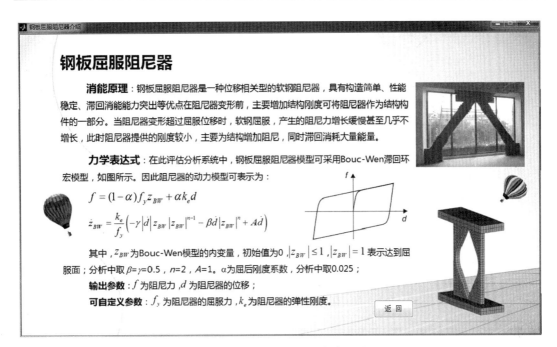

图 4.1-8 钢板屈服阻尼器的介绍界面

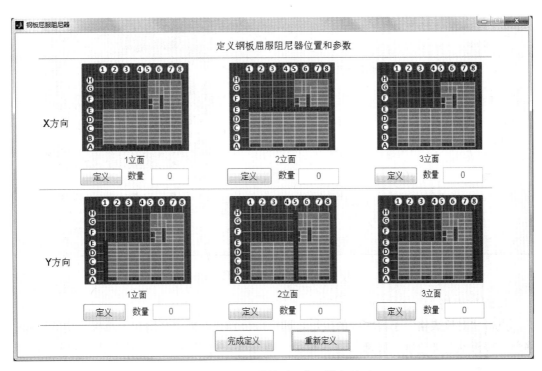

图 4.1-9 阻尼器的平面位置设定界面

并可在这里直接查看阻尼器布置的位置和参数，而不必返回到主界面进行查看。仿真分析结果主要包括"对比表格"、"阻尼器"、"时程曲线"、"模态"以及"评估结果"子模块。

155

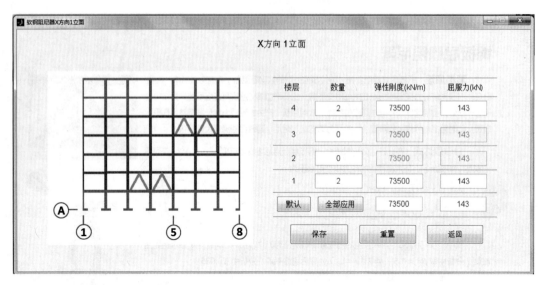

图 4.1-10　阻尼器的立面位置和参数设定界面

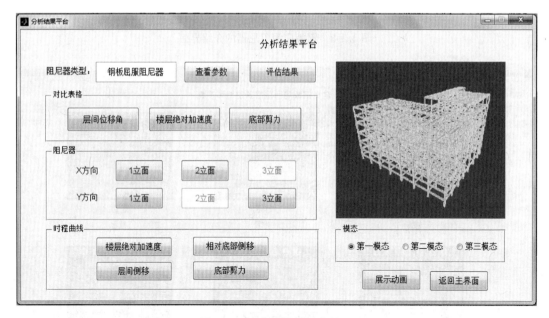

图 4.1-11　分析结果平台界面

1. 对比表格

点击"对比表格"子模块中的按钮，即可以分别查看减震结构和未减震结构的层间位移角、楼板绝对加速度、底部剪力的相关计算结果。这里以层间位移角为例进行界面展示，如图 4.1-12 所示。

2. 阻尼器

点击"阻尼器"子模块中的按钮将进入下一级界面，查看阻尼器的动力响应。这里选择 X 方向 1 立面的阻尼器输出结果来进行界面展示，如图 4.1-13 所示。

阻尼器的输出结果主要包括阻尼器的出力、最大侧移以及滞回曲线，首先选择楼层和地震波，然后点击"显示结"来按钮即可显示选定楼层阻尼器的相关响应。

3. 时程曲线

图 4.1-12　层间位移角的对比表格界面

"时程曲线"子模块可查看各楼层的绝对加速度、相对底部侧移、层间侧移、底部剪力的时程曲线。这里以楼层绝对加速度时程曲线的界面为例进行展示，如图 4.1-14 所示。

4. 模态

"模态"子模块将以动画的形式展示结构的前三阶振动模态，见图 4.1-11。前三阶模态分别对应 X 方向平动、Y 方向平动、Z 方向扭转。

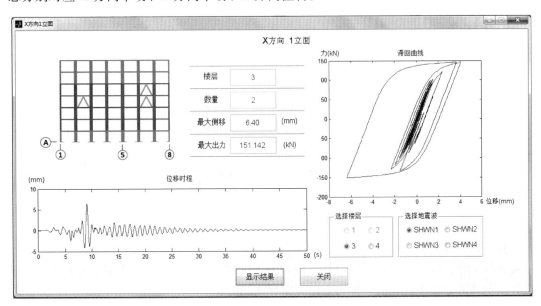

图 4.1-13　X 方向 1 立面阻尼器输出结果界面

5. 评估结果

点击图 4.1-11 中的"评估结果"按钮可以查看前面定义过的 9 项评价指标的计算值。

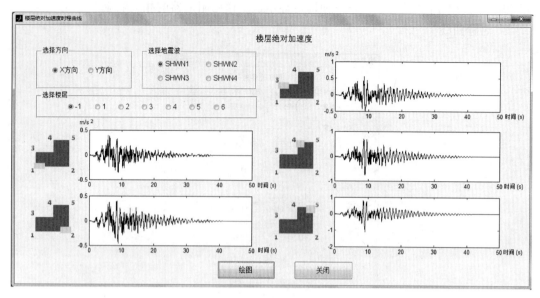

图 4.1-14 楼层绝对加速度时程曲线的界面

此按钮只有当用户选择运行 X 方向、Y 方向全部的四条地震波后才被激活。点击此按钮即可进入到评估结果界面，如图 4.1-15 所示。

方向	X方向	Y方向		
J1	0.733	0.879		J1——层间位移角峰值的减震率
J2	0.642	0.894		J2——层间位移角均方根值的减震率
J3	0.870	0.998		J3——楼层绝对加速值的减震率
J4	0.848	0.974		J4——楼层绝对加速度均方根值的减震率
J5	0.928	0.941		J5——底部剪力峰值的减震率
J6	0.921	0.955		J6——底部剪力均方根值的减震率
J7	6	6		J7——阻尼器数量
J8	6.166	5.762	(mm)	J8——阻尼器侧移的峰值
J9	150.695	149.906	(kN)	J9——阻尼器出力的峰值

$$减震率 = \frac{减震结构的响应}{未减震结构的响应}$$

图 4.1-15 评估结果界面

4.1.3.3 消能减震方案比选

利用结构消能减震加固评估分析系统，用户可尝试多种消能减震方案，并方便地实现结构消能减震方案的比选。下面将介绍方案比选的过程。

通过改变阻尼器的位置和参数提出了四种不同的加固设计方案，并以评估指标为基础，依据结构响应关键参数的重要性顺序，对不同的消能减震控制方案进行比选，来说明利用此评估分析系统进行消能减震加固设计的过程和方法。

在进行加固设计方案的比选前，首先根据计算得到的结构地震反应提出方案评定准则，即对结构的关键响应参数进行了重要性排序：首先，因为原结构的层间位移角不满足规范要求，所以在进行申都大厦的消能减震加固设计时，最为关心的是结构层间位移角这一性能指标；其次，由于进行加固改造时不进行基础加固，故需确保减震结构的底部剪力不超过未减震结构的底部剪力。最后，为了保证结构的正常使用，减震后结构楼层的绝对加速度不应超过原结构楼层的绝对加速度。

基于申都大厦的结构地震响应分布规律，通过改变钢板屈服阻尼器的位置和参数，提出了四个不同的减震方案，具体阐述如下。

1. 方案一

方案一共采用阻尼器 12 组，其中东西向 6 组，南北向 6 组，如图 4.1-16 所示，各组

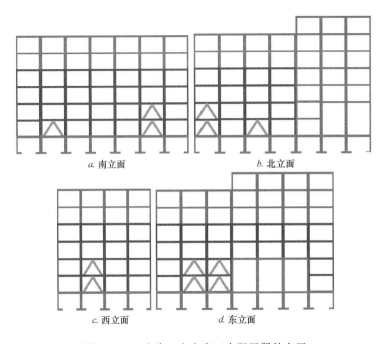

a. 南立面　　　　　　　　　　　　　　b. 北立面

c. 西立面　　　　　　　　　　　　　　d. 东立面

图 4.1-16　方案一和方案二中阻尼器的布置

阻尼器的参数相同。考虑到原结构主体为框架结构，水平地震作用下，结构底部的层间侧移可能较大，故将阻尼器分别布置在结构第一层和第二层，其中第一、二层东西向分别布置了 4 组和 2 组，如图 4.1-16a、b 所示，用于控制结构东西向（X 向）的地震反应；第一、二层南北向各布置 3 组，如图 4.1-16c、d 所示，用于控制结构南北向（Y 向）的地震反应。

阻尼器参数采用的是申都大厦加固改造工程中实际采用的阻尼器参数。每组阻尼器由 25 个单片钢板并联而成，一组阻尼器的参数为：弹性刚度为 7.35×10^4 kN/m；屈服力为 143kN；屈服位移约 1.94mm。

利用前述的评估分析系统，计算得到方案一的性能指标见表 4.1-2。尽管方案一在一定程度上减小了结构的层间位移角，但是控制效果并不十分理想。对于控制效果相对较好的 X 方向来说，层间位移角峰值比也只有 0.882。

方案一的性能指标汇总 表 4.1-2

评价指标	层间位移角比		楼板绝对加速度比		底部剪力比		阻尼器数量	阻尼器行程（mm）	阻尼器阻尼力（kN）
	峰值	均方根	峰值	均方根	峰值	均方根			
	J1	J2	J3	J4	J5	J6	J7	J8	J9
X 向	0.882	0.886	0.919	0.930	0.804	0.776	6	4.39	146.885
Y 向	0.948	0.941	0.992	0.997	0.852	0.804	6	4.12	145.829

2. 方案二

方案二阻尼器位置与方案一相同，但改变了阻尼器的参数。将每组软钢阻尼器的钢板片数增加到 50 片，即增加一倍，由此每组阻尼器的弹性刚度和屈服力均提高一倍。改变后每组阻尼器的参数为：弹性刚度为 $1.47 \times 10^5 \mathrm{kN/m}$；屈服力为 286kN，屈服位移约 1.94mm。分析得到性能指标见表 4.1-3。

方案二的性能指标汇总 表 4.1-3

评价指标	层间位移角比		楼板绝对加速度比		底部剪力比		阻尼器数量	阻尼器行程（mm）	阻尼器阻尼力（kN）
	峰值	均方根	峰值	均方根	峰值	均方根			
	J1	J2	J3	J4	J5	J6	J7	J8	J9
X 向	0.837	0.801	0.936	0.928	0.681	0.608	6	3.85	289.761
Y 向	0.915	0.921	0.997	1.022	0.736	0.679	6	3.82	289.204

由表 4.1-3 可见，当阻尼器的弹性刚度和屈服力增加一倍时，不论 X 方向还是 Y 方向，结构的层间位移角和底部剪力均优于方案一；但是对楼板绝对加速度控制情况不如方案一，这主要是由于阻尼器刚度加大后导致地震惯性力加大引起的。同时需要注意的是，阻尼器片数提高一倍，意味着方案二从经济性的角度来看付出的成本更高，但是减震效果的提升却相当有限。

3. 方案三

方案三的阻尼器参数同方案一，但是改变了阻尼器的位置。将每个方向上的 6 个阻尼器分别布置在结构的第三层和第四层，其中第三、四层东西向分别布置了 4 组和 2 组，如图 4.1-17a、b 所示，用于控制结构东西向（X 向）的地震反应；第三、四层南北向各布置 3 组，如图 4.1-17c、d 所示，用于控制结构南北向（Y 向）的地震反应。

方案三对应的性能指标如表 4.1-4 所示。由表中可见，结构三、四层的层间侧移得到了明显的抑制；尽管减震结构的楼板绝对加速度和底部剪力与未减震结构差别不大，但是均有所减小，满足前面加固方案评定准则的要求。

方案三的性能指标汇总 表 4.1-4

评价指标	层间位移角比		楼板绝对加速度比		底部剪力比		阻尼器数量	阻尼器行程（mm）	阻尼器阻尼力（kN）
	峰值	均方根	峰值	均方根	峰值	均方根			
	J1	J2	J3	J4	J5	J6	J7	J8	J9
X 向	0.733	0.642	0.870	0.848	0.928	0.921	6	6.17	150.695
Y 向	0.879	0.894	0.998	0.976	0.941	0.955	6	5.76	149.906

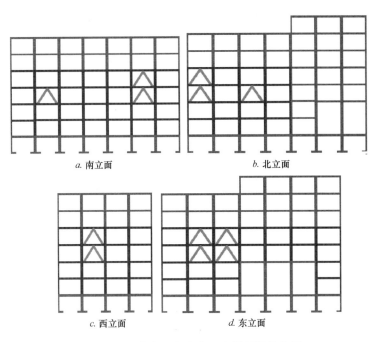

a. 南立面   b. 北立面

c. 西立面   d. 东立面

图 4.1-17　方案三和方案四中阻尼器的布置

4. 方案四

方案四在方案三的基础上改变了每个阻尼器钢板的片数，与方案二相同，将每组阻尼器的钢板片数增加到 50 片，即每组阻尼器的弹性刚度和屈服力比方案三提高一倍。分析结果汇于表 4.1-5，不难发现，当阻尼器的弹性刚度和屈服力增加一倍时，尽管对结构的层间位移角的控制效果比方案二更优，但楼板绝对加速度和底部剪力均在 Y 方向上出现放大的情况，不符合前面加固方案评定准则的要求。

方案四的性能指标汇总　　　　　　　　　　　　　　表 4.1-5

评价 指标	层间位移角比		楼板绝对加速度比		底部剪力比		阻尼器 数量	阻尼器 行程 （mm）	阻尼器 阻尼力 （kN）
	峰值	均方根	峰值	均方根	峰值	均方根			
	J1	J2	J3	J4	J5	J6	J7	J8	J9
X 向	0.709	0.606	0.884	0.855	0.985	0.916	6	5.343	298.073
Y 向	0.854	0.928	1.004	1.009	0.944	1.003	6	5.273	297.884

5. 方案比选结果

从减震控制效果和经济性两方面综合分析，最终选择方案三作为申都大厦减震加固设计的实际方案。阻尼器的局部布置如图 4.1-18 所示。

4.1.3.4　阻尼器的滞回特性及动力模型

采用 ANSYS 有限元软件对阻尼器的滞回性能进行数值分析，并参考同济大学软钢阻尼器实验的实际尺寸及试验得到的滞回曲线，对 ANSYS 数值模拟结果进行验证。

这里仅对单片软钢片作有限元分析，有限元模型尺寸采用试验软钢阻尼器尺寸，即耗能段部分高度 $H=100$mm，宽度 $B=100$mm，厚度 $t=6$mm，半高度处宽度 $b=5$mm，上

图 4.1-18　申都大厦三层东立面的阻尼器布置

下底板厚 $t_1 = 10\text{mm}$，如图 4.1-19 所示。加载制度采用试验位移加载制度，如图 4.1-20 所示。

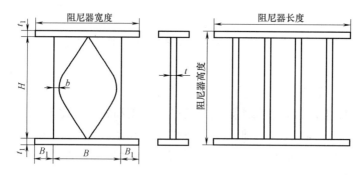

图 4.1-19　软钢阻尼器构造图

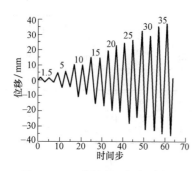

图 4.1-20　分析所用的加载制度

有限元模型及网格划分如图 4.1-21 所示，模型的边界条件及加载方式同试验情形一致，即采用底部固定（约束 Ux，Uy，Uz，Rotx，Roty，Rotz）、顶部竖向位移释放（约束 Ux，Uz，Rotx，Roty，Rotz，释放 Uy），在顶部做水平向往复位移加载（Uz 方向）。

软钢材料模型采用 Von Mises 屈服准则，钢材弹性模量 $E = 2.06 \times 10^5 \text{MPa}$，泊松比取 $v = 0.3$。考虑到材料强化模型对有限元模拟结果影响较大，这里采取两种材料强化模型，即双线性随动强化模型（BKIN）和混合强化模型（CHAB&BISO），参数取值如下：

双线性随动强化模型（BKIN），屈服强度 $f_y = 435\text{MPa}$，切变模量 $E_t = 2700\text{MPa}$。

混合强化模型（CHAB&BISO），CHAB 参数：屈服强度 $f_y = 435\text{MPa}$，$C_1 = 2600$，$\gamma_1 = 20$；BISO 参数：屈服强度 $f_y = 435\text{MPa}$，切变模量 $E_t = 40\text{MPa}$。

由双线性随动强化模型（BKIN）和混合强化模型（CHAB&BISO）计算得到的单片阻尼器滞回曲线与实验结果的对比，分别如图 4.1-22 和图 4.1-23 所示。实验中用的是 2

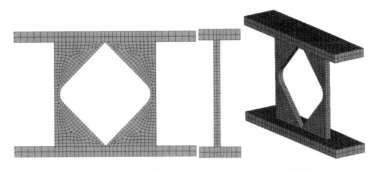

图 4.1-21　有限元模型正立面、侧立面、立面斜视图

片阻尼器，而分析中用的是 1 片阻尼器，为了便于对比，图中水平力皆为有限元模拟结果乘以 2 后的值。

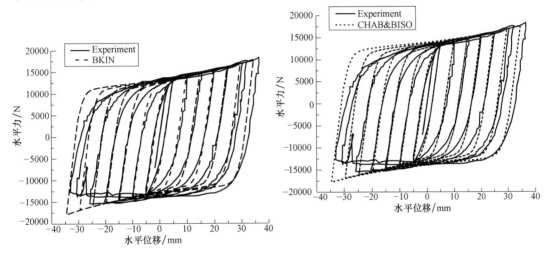

图 4.1-22　双线性随动强化结果与试验结果对比　　　图 4.1-23　混合强化结果与试验结果对比

　　由图 4.1-22 和图 4.1-23 可见，相比而言，采用混合强化模型（CHAB&BISO）的模拟结果比采用双线性随动强化模型的模拟结果更接近试验结果。

　　采用混合强化模型（CHAB&BISO）得到的各级位移加载步下钢片的应力和应变云图，分别如图 4.1-24 和图 4.1-25 所示。

　　由图 4.1-24 和图 4.1-25 所示的钢片应力和应变分布可见：

　　1）水平位移为 1.5mm 时，钢片表面应力远低于钢材屈服点，处于弹性状态，只有四个角点处出现了局部应力集中现象，应变云图也证实了钢片未进入受弯屈服状态。

　　2）水平位移为 5mm 时，钢片表面应力分布均匀，且均接近钢材屈服应力，处于塑性状态，即整个钢片表面进入了受弯屈服状态，材料利用充分。

　　3）水平位移 10mm 及以上时，钢片表面的应力均大于材料屈服应力，进入材料强化阶段，应变硬化随着水平位移的增大而加剧。

　　4）图 4.1-24 中可见，随着位移的加大，钢片的塑性发展由表及里，塑性应变分布不均匀性也进一步加大。塑性应变最大值位于 1/2 高度处外表层附近，这正好阻尼器试验的破坏位置。

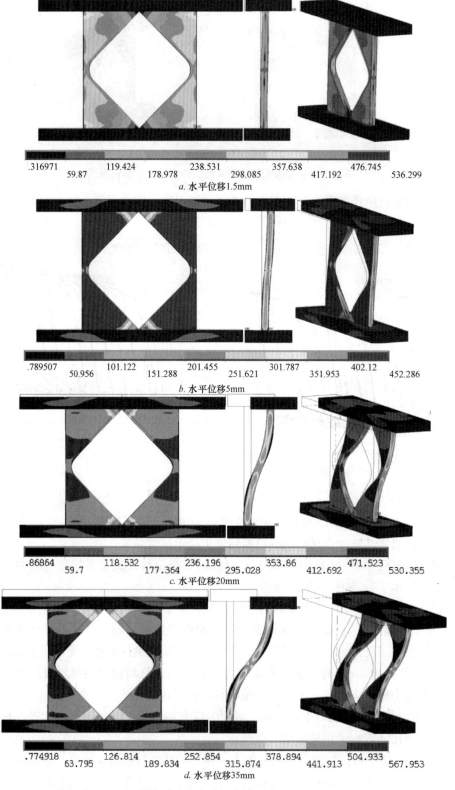

.316971   119.424   238.531   357.638   476.745
     59.87   178.978   298.085   417.192   536.299

a. 水平位移1.5mm

.789507   101.122   201.455   301.787   402.12
     50.956   151.288   251.621   351.953   452.286

b. 水平位移5mm

.86864   118.532   236.196   353.86   471.523
     59.7   177.364   295.028   412.692   530.355

c. 水平位移20mm

.774918   126.814   252.854   378.894   504.933
     63.795   189.834   315.874   441.913   567.953

d. 水平位移35mm

图 4.1-24   阻尼器钢片在各级位移加载下的 Von Mises 应力云图

164

a. 水平位移1.5mm

b. 水平位移5mm

c. 水平位移10mm

d. 水平位移20mm

e. 水平位移30mm

f. 水平位移35mm

图 4.1-25　阻尼器钢片在各级位移加载下的 Von Mises 应变云图

5）随着水平位移的增大，软钢片顶部的竖向位移也随之增大，可以明显看到，竖向位移随着水平位移的增大而增大。

用于结构地震时程分析时，阻尼器的动力宏模型可采用 Bouc-Wen 模型：

$$f=(1-\alpha)f_y z_{BW}+\alpha k_e d \tag{4.1-11}$$

165

$$\dot{z}_{BW}=\frac{k_e}{f_y}(-\gamma\mid\dot{d}\mid Z_{BW}\mid Z_{BW}\mid^{n-1}-\beta\dot{d}\mid Z_{BW}\mid^n+A\dot{d}) \qquad (4.1\text{-}12)$$

其中，f 为阻尼力；d 为阻尼器的位移；f_y 为阻尼器的屈服力；k_e 为阻尼器的弹性刚度；α 为屈后刚度系数，分析中取 0.025；z_{BW} 为 Bouc-Wen 模型的内变量，初始值为 0，$\mid z_{BW}\mid\leqslant 1\mid z_{BW}\mid=1$ 表示达到屈服面；分析中取 $\beta=\gamma=0.5$，$n=2$，$A=1$。

根据以上的 Bouc-Wen 模型参数，按图 4.1-20 所示的位移加载模式计算得到申都大厦所用阻尼器的滞回曲线与 ANSYS 分析得到的滞回曲线的对比结果见图 4.1-26，可见两者吻合程度较好。

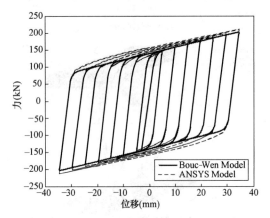

图 4.1-26　阻尼器的滞回模型对比

4.1.3.5　改造结构的抗震性能评估

1. 多遇地震下结构的性能评估

多遇地震下地震波的 PGA 取 0.35m/s^2。在多遇地震作用下，主体结构保持弹性状态，软钢阻尼器系统为主体结构提供附加刚度和阻尼，以降低结构的地震反应。

利用前面所述的评估分析系统进行动力仿真分析，分别提取了结构的层间位移角、楼板绝对加速度以及底部剪力，并对比分析有、无阻尼器的计算结果。

（1）层间位移角

表 4.1-6 和 4.1-7 给出了两条地震波作用下结构各楼层的层间位移角峰值的计算结果。

SHWN1 地震波作用下层间位移角的峰值　　　　　　　　表 4.1-6

楼层	X 向（东西向）		Y 向（南北向）	
	无阻尼器	有阻尼器	无阻尼器	有阻尼器
−1	1/1395	1/1386	1/1387	1/1434
1	1/721	1/741	1/734	1/770
2	1/652	1/735	1/764	1/827
3	1/525	1/664	1/686	1/794
4	1/598	1/669	1/735	1/876
5	1/722	1/724	1/768	1/836
6	1/795	1/807	1/861	1/907
是否满足抗规容许限值	不满足	满足	满足	满足

SHWN3 地震波作用下层间位移角的峰值 表 4.1-7

楼层	X 向（东西向）		Y 向（南北向）	
	无阻尼器	有阻尼器	无阻尼器	有阻尼器
-1	1/1275	1/1528	1/1360	1/1384
1	1/663	1/820	1/718	1/742
2	1/612	1/822	1/743	1/793
3	1/504	1/742	1/667	1/757
4	1/522	1/751	1/734	1/784
5	1/595	1/825	1/849	1/811
6	1/654	1/923	1/1014	1/918
是否满足抗规容许限值	不满足	满足	满足	满足

由以上表中数据可见，未减震结构的第 3 层和第 4 层层间位移角较大，且局部层间位移角超过了抗规容许的限值，故在这两层设置阻尼减震系统是合理的，且对这两层的层间位移起到了控制效果。

（2）楼板绝对加速度

表 4.1-8 和 4.1-9 给出了两条地震波作用下结构各楼层的楼板绝对加速度峰值。由表中可见，未减震结构和减震结构楼板绝对加速度反应均逐层增大，屋面层楼板绝对加速度最大，在多数情况下阻尼器对加速度有抑制作用，但抑制作用有限。

（3）底部剪力

表 4.1-10 给出了四条地震波作用下结构的基底剪力峰值。从表中数据可以看出，安装阻尼器系统后，基本上没有引起结构底部剪力的放大，即增设阻尼器后不会给基础带来额外的"负担"，不会影响基础的安全性。

SHWN1 地震波作用下楼板绝对加速度的峰值（m/s²） 表 4.1-8

楼层	X 向（东西向）		Y 向（南北向）	
	无阻尼器	有阻尼器	无阻尼器	有阻尼器
-1	0.424	0.414	0.413	0.435
1	0.528	0.469	0.563	0.541
2	0.643	0.651	0.713	0.663
3	0.865	0.805	0.930	0.886
4	1.366	1.141	1.307	1.116
5	1.309	1.308	1.329	1.274
6	1.632	1.552	1.809	1.738

SHWN3 地震波作用下楼板绝对加速度的峰值（m/s²） 表 4.1-9

楼层	X 向（东西向）		Y 向（南北向）	
	无阻尼器	有阻尼器	无阻尼器	有阻尼器
-1	0.441	0.422	0.421	0.401

167

续表

楼层	X 向(东西向)		Y 向(南北向)	
	无阻尼器	有阻尼器	无阻尼器	有阻尼器
1	0.610	0.682	0.521	0.489
2	0.799	0.880	0.687	0.679
3	0.960	0.981	0.978	0.922
4	1.284	1.086	1.189	1.288
5	1.570	1.177	1.342	1.480
6	1.946	1.392	1.519	1.741

结构的基底剪力的峰值（kN）   表 4.1-10

地震波	X 向(东西向)		Y 向(南北向)	
	无阻尼器	有阻尼器	无阻尼器	有阻尼器
SHWN1	1968.209	2101.190	2288.270	2158.736
SHWN2	2144.085	2079.401	2193.023	2163.771
SHWN3	2200.835	1937.401	2265.302	2094.204
SHWN4	2407.568	1917.038	2314.492	2108.731

2. 罕遇地震下结构的性能评估

罕遇地震下地震波的 PGA 取 $2.0m/s^2$，分别对未减震结构和减震结构进行弹塑性动力时程分析。对所有的梁和柱的两端均设置塑性铰，梁和柱的塑性铰分别采用 SAP2000 中的 M3 铰和 PMM 铰，混凝土构件塑性铰的滞回模型采用 Takeda 模型，钢构件塑性铰的滞回模型采用 Clough 模型。阻尼器采用式（4.1-11）和式（4.1-12）所描述的 Bouc-Wen 模型。

（1）结构的关键地震响应控制

罕遇地震作用下，结构进入弹塑性状态，大部分梁、柱端部出现塑性铰，阻尼器钢板发生弯曲塑性变形。利用 SAP2000 软件进行弹塑性地震反应分析，提取了各榀框架塑性铰的转角、层间位移角及残余层间位移的计算数据，并对比分析有、无阻尼器的计算结果。

各榀框架梁柱塑性铰的发展情况是用时程分析中塑性铰的峰值转角来描述的。通过对各榀框架梁柱塑性铰峰值转角进行比较，可评价构件塑性铰的发展程度。为了对塑性铰的发展程度进行量化的描述，本研究参照 FEMA-356 标准，根据塑性铰单元的极限转角大小，对塑性铰的骨架曲线标记了 IO（立即使用）、LS（生命安全）和 CP（防止倒塌）三个性能水准，其分别对应于塑性铰变形能力的 10%、60% 和 90%，如图 4.1-27 所示。这三个水准将塑性铰骨架曲线划分为四个区段，这里将这四个区段内塑性铰的状态分别定义为屈服、严重屈服、接近倒塌和倒塌，并赋予相应的标记，如表 4.1-11 所示。构件塑性铰的骨架曲线是根据构件的尺寸、配筋及重力荷载代表值作用下构件的轴力，进行弯矩-曲率分析得到的，图 4.1-28 为申都大厦中的一根柱的弯矩-曲率曲线及相应的双线性骨架曲线。

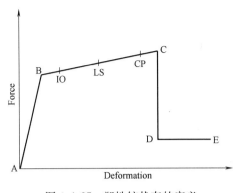

图 4.1-27　塑性铰状态的定义

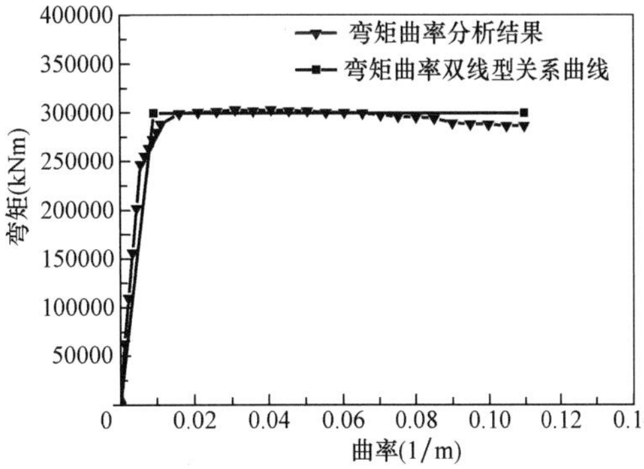

图 4.1-28　典型柱的弯矩—曲率曲线

塑性铰状态划分及图形表示　　　　　　　　　　表 4.1-11

区段范围	B-IO	IO-LS	LS-CP	>CP
塑性铰状态	屈服	严重屈服	接近倒塌	倒塌
图形标记	○	◖	●	⊗

利用 SAP2000 软件进行大震下结构的弹塑性分析，得到 X 方向和 Y 方向各 8 榀框架的地震响应。限于篇幅，这里仅列出了地震波 SHWN1 作用下 A 轴和 8 轴两榀框架（位置见图 4.1-4）的塑性角发展情况、层间位移角分布及震后层间残余位移分布，分别见图 4.1-29 和图 4.1-30。分析表明：

1) 从各榀框架的塑性铰发展情况对比图中可以看到：塑性铰的分布既出现在梁端也出现在柱端，属于混合铰的分布机制。阻尼器系统有效控制了柱端塑性铰的发展，这种控制作用在阻尼器系统所在楼层（即第三、四层）显现的更为明显，使得塑性铰更多的集中在梁端。

2) 阻尼器系统在结构两个方向上不仅对层间侧移的减震效果显著，而且还有效地减小地震后楼层的层间残余侧移。

3) 阻尼器系统对东西向框架的控制效果比南北向框架更好，其主要原因是：软钢阻尼器属于位移型阻尼器，减震效果与结构的层间位移响应大小有关系，在罕遇地震作用下，结构东西向框架的层间位移响应大于南北向框架，因此东西向框架获得了更好的减震效果。

（2）结构的损伤控制

构件损伤模型：本文采用 Park-Ang 双参数损伤模型作为构件的损伤模型。

楼层的损伤指标：在框架结构同一楼层内，各竖向构件之间是并联关系，局部构件的倒塌并不一定导致该层的倒塌。这里直接取每一层内构件损伤指标的平均值作为该楼层的损伤指标，定义如下：

$$D_i \sum_{j=1}^{N_i} D_{j,i} / N_i \qquad (4.1\text{-}13)$$

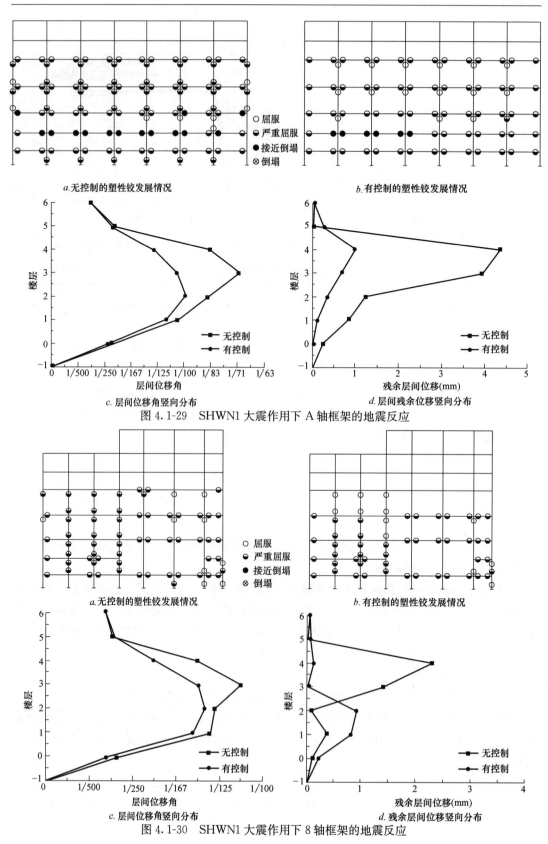

a.无控制的塑性铰发展情况　　　　　　　b.有控制的塑性铰发展情况

○ 屈服
◐ 严重屈服
● 接近倒塌
⊗ 倒塌

c. 层间位移角竖向分布　　　　　　　　d. 层间残余位移竖向分布

图 4.1-29　SHWN1 大震作用下 A 轴框架的地震反应

a.无控制的塑性铰发展情况　　　　　　　b.有控制的塑性铰发展情况

○ 屈服
◐ 严重屈服
● 接近倒塌
⊗ 倒塌

c. 层间位移角竖向分布　　　　　　　　d. 残余层间位移竖向分布

图 4.1-30　SHWN1 大震作用下 8 轴框架的地震反应

式中，D_i 表示第 i 层的损伤指标，$D_{j,i}$ 表示由 Park-Ang 模型计算得到的第 i 层第 j 个构件的损伤指标，N_i 表示第 i 层框架梁、柱构件的个数。

结构整体损伤指标：由各楼层损伤指标得到整体结构损伤指标的方法有很多种，目前多用权重系数法，即与得到楼层损伤指标的方法类似，由各个楼层的损伤指标乘以相应的损伤权重系数得到整体结构的损伤指标。本文直接取各楼层损伤指标中的最大值作为结构整体损伤指标，即：

$$D = \max\{D_1, D_2, \cdots, D_N\} \qquad (4.1-14)$$

构件的损伤指标计算如果用手动方法提取分析结果无疑是非常费时的，这里利用 Microsoft Visual Studio 2008 平台下的 C♯ 语言来实现基于 SAP2000 API 的二次开发，编写能够计算构件损伤指标的 OAPI 插件。用户输入模型中任意一个 Link 单元（塑性铰单元）的编号，即可得到该 Link 单元在对应时程分析工况下按照 Park-Ang 模型计算得到的损伤指标，插件执行的流程图如图 4.1-31 所示。

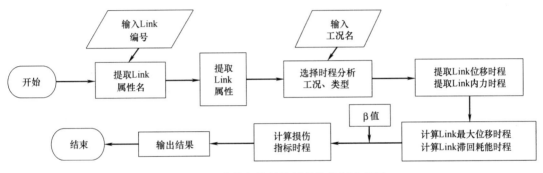

图 4.1-31　构件损伤计算插件的执行流程图

根据各个构件的损伤指标可进一步得到楼层和整体结构的损伤指标，然而申都大厦结构模型共包含 1179 个非线性 Link 单元，为避免大量的重复性工作，这里在第一个插件的基础上，开发完成第二个 OAPI 插件，该插件的功能在于：输入 Link 单元的编号范围，或者直接选择 Link 单元，即可一次性计算得到这些 Link 单元对应的最终损伤指标，从而大大节省了提取大量构件的损伤指标时所需要的时间。

利用开发的插件可以方便地计算出单个 Link 单元基于 Park-Ang 模型下的损伤指标时程数据。地震作用下，构件的损伤是整体结构的损伤在局部的缩影，对比无阻尼器模型和有阻尼器模型中同一构件在相同工况下的损伤时程，可以直观地反映出阻尼器系统对局部构件损伤的控制效果。图 4.1-32 为申都大厦某典型的框架柱、框架梁在有、无阻尼器情况下的损伤指标时程曲线。

利用插件计算得到结构 1-4 层损伤指标汇总于表 4.1-12。为了解框架柱、框架梁的损伤指标分布并便于对比，表中显示了各层框架柱、框架梁构件的损伤指标及汇总后的楼层损伤指标。

由上述楼层损伤指标数据可见，框架梁的整体损伤大于框架柱的损伤，其中三、四层框架梁的损伤最为严重。添加阻尼器之后，各楼层的损伤情况均有所改善，安装阻尼器的楼层（三、四层）改善情况显著，损伤指标的降低幅度均在 20% 以上。

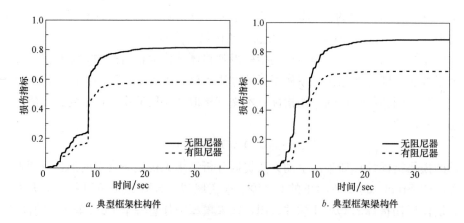

a. 典型框架柱构件　　　　　　　　　　　*b.* 典型框架梁构件

图 4.1-32　SHWN1 大震作用下典型框架柱、框架梁的损伤指标时程

SHWN1 大震作用下各楼层损伤指标汇总　　　　　　　表 4.1-12

楼层	梁柱构件(Link 数目)	无阻尼器(X 方向) 梁柱损伤	楼层损伤	有阻尼器(Y 方向) 梁柱损伤	楼层损伤	无阻尼器(X 方向) 梁柱损伤	楼层损伤	有阻尼器(Y 方向) 梁柱损伤	楼层损伤
一层	柱(104)	0.11	0.16	0.1	0.15	0.11	0.13	0.1	0.11
	梁(88)	0.22		0.21		0.15		0.13	
二层	柱(104)	0.13	0.34	0.12	0.31	0.14	0.25	0.14	0.23
	梁(74)	0.64		0.59		0.39		0.35	
三层	柱(92)	0.17	0.55	0.15	0.45	0.17	0.35	0.16	0.28
	梁(59)	1.15		0.9		0.58		0.43	
四层	柱(80)	0.25	0.58	0.13	0.36	0.23	0.32	0.16	0.21
	梁(59)	1.03		0.68		0.44		0.27	

　　结构整体损伤指标取各楼层损伤指标中的最大值，由公式（4.1-14）计算得到结构整体损伤指标见表 4.1-13。由表中可见，阻尼器对减轻结构的损伤发挥了重要作用，这与前面所述阻尼器系统抑制了结构构件塑性铰的发展有关。

SHWN1 大震作用下结构整体损伤指标　　　　　　　表 4.1-13

X 向(东西向)		Y 向(南北向)	
无阻尼器	有阻尼器	无阻尼器	有阻尼器
0.58	0.45	0.35	0.28

4.1.4　小结

　　本节首先对采用消能减震技术进行结构加固改造的优点进行了简要的阐述，并总结了消能减震技术的基本原理、常用的消能减震装置及工程应用情况。更重要的是，以上海申都大厦改造工程为例，深刻剖析了消能减震技术在该工程中应用的实施艺术及核心技术细节。

　　上海申都大厦改造工程中所采用的消能减震技术的技术特色主要表现在：1）选用了性能稳定、经久耐用、性价比高的软钢屈服阻尼器。2）自主研发了结构消能减震加固评估分析系统，方便工程师对各种减震控制方案进行比选。用户可通过系统的前处理界面，很便捷地完成阻尼器的布置及其参数设置；系统的分析模块采用高效的非线性分析算法计算地震作用下消能结构系统的动力响应及既定的 9 项评价指标，评价指标的制定兼顾了减震效果和工程经济性；系统的后处理模块以图和表单的形式，显示结构和阻尼器的关键动力响应及减震控制方案的评估结果。与通用有限元软件相比，该软件系统大大提升了消能减震方案的分析和比选效率。3）基于试验和有限元分析深入研究了阻尼器的滞回特性，并提出用于结构动力分析的阻尼器的宏模型，为结构消能减震动力分析提供依据。4）多遇地震下结构性能评估表明，阻尼器系统可有效地降低结构的层间位移角，且不放大楼层绝对加速度和基底剪力。5）罕遇地震下结构性能评估表明，阻尼器系统可明显地抑制构件塑性铰的发展，有效地降低结构的弹塑性层间位移角和震后的层间残余位移；基于自主研发的构件损伤计算插件，对全楼的结构构件进行了损伤统计分析，得出量化的楼层损伤指标及结构整体损伤指标，分析表明，阻尼器系统可使得结构整体损伤程度下降 20% 以上。

另外，工程量统计表明，与传统加固方法相比，申都大厦改造工程采用消能减震加固方法明显减少了框架梁柱加固的作业量，节约混凝土约 $85m^2$，节省钢材约 10.6t。

4.2　室内结构增层改造

工业建筑室内增层改造属于结构加固改造的范畴，而结构加固改造有其特定的工作流程，具体为：可靠性检测与鉴定→加固改造方案→加固改造设计→施工组织设计→加固改造施工→竣工验收。本章主要介绍结构加固改造设计。

4.2.1　可靠性检测鉴定

建筑结构可靠性检测鉴定包括两个内容，即建筑结构可靠性检测（结构检测）和建筑结构可靠性鉴定（结构鉴定）。结构检测是指为评定建筑结构工程的质量或鉴定既有建筑结构的性能等所实施的检测工作。结构鉴定是指根据结构检测结果，对结构进行验算、分析，发现结构薄弱环节，评价结构安全性和耐久性，为结构改造加固提供依据。由此看来，检测是手段，鉴定是目的。

进一步地，结构鉴定还可以分为两种，即安全性鉴定（承载力鉴定）和使用性鉴定（正常使用鉴定）。根据结构实际所处的状况，两者可同时进行，也可仅进行一项。针对工业建筑室内增层改造，由于结构使用功能发生改变，因此两者需同时进行，即进行可靠性鉴定。

1. 检测鉴定内容

工业建筑室内增层改造常规检测鉴定内容如下：

（1）结构布置、建筑标高及柱网尺寸检测与复核；

（2）厂房外观质量检测；

（3）厂房建筑材料强度检测与复核；

（4）厂房不均匀沉降及倾斜检测与复核；

（5）结构构件截面尺寸检测与复核；

（6）结构抗震承载能力验算与复核；

（7）加固建议及措施。

2. 检测鉴定依据

工业建筑室内增层改造检测鉴定依据主要为现行国家、行业及协会标准，混凝土结构厂房检测鉴定依据主要有：

（1）国家标准《建筑结构检测技术标准》GB/T 50344

（2）国家标准《建筑工程抗震设防分类标准》GB 50223

（3）国家标准《建筑抗震鉴定标准》GB 50023

（4）国家标准《建筑结构荷载规范》GB/T 50009

（5）国家标准《混凝土结构设计规范》GB 50010

（6）国家标准《建筑抗震设计规范》GB 50011

（7）国家标准《建筑地基基础设计规范》GB 50007

（8）国家标准《混凝土结构工程施工质量验收规范》GB 50204

（9）行业标准《回弹法检测混凝土抗压强度技术规程》JGJ/T 23

（10）行业标准《建筑变形测量规程》JGJ 8

（11）行业标准《混凝土中钢筋检测技术规程》JGJT 152

（12）协会标准《钻芯法检测混凝土强度技术规程》CECS 03

（13）委托方提供的其他相关资料

除上述部分资料外，钢结构厂房的检测鉴定依据还包括：

（1）国家标准《钢结构现场检测技术标准》GB/T 50621

（2）国家标准《钢结构设计规范》GB 50017

（3）国家标准《钢结构工程施工质量验收规范》GB 50205

（4）国家标准《钢结构工程施工质量验收规范》GB 50205

（5）行业标准《建筑钢结构防火技术规范》CECS 200

3. 加固设计使用年限

结构加固设计使用年限（加固年限）是指加固设计规定的结构、构件加固后无需重新进行检测、鉴定即可按其预定目的使用的时间。加固年限是结构加固改造设计的基础，其直接关系到可变荷载和材料强度的取值，因此非常关键。目前，加固年限按照《混凝土结构加固设计规范》GB 50367—2013（《加固规范》）第 3.1.7 条确定。具体条文为：应由业主和设计单位共同商定确定加固年限；当加固材料中含有合成树脂或聚合物时，加固年限宜按 30 年考虑；当要求年限为 50 年时，所用胶及聚合物应通过耐久性检测；使用年限期满后，应进行可靠性鉴定，若鉴定结果合格，仍可继续延长使用年限；对使用胶粘方法或掺有聚合物加固的结构、构件，还应进行定期检查；检查时间由设计单位确定，但第一次检查时间不应迟于 10 年；当为局部加固时，应考虑原建筑物剩余设计使用年限对加固年限的影响。

上述条文仅对结构加固年限作了原则性规定，具体条文显然过于宽泛，没有考虑到结构增层改造的复杂情况。针对结构增层改造至少还需要进行以下两方面的探讨：

（1）如何处理不同"年龄"、不同健康状态的建筑

已有建筑物服役期长短不同，自身健康状态不同，如果均按 30 年考虑，显然过于粗糙。建议参考《建筑抗震鉴定标准》GB 50023—2009 划分的后续使用年限给出加固年限。

（2）如何处理新老结合的建筑

结构增层改造往往涉及大规模的结构新建，这就会出现一个问题：改造后的结构是按老结构确定加固年限，还是按新建结构确定加固年限，还是新老结构协调一下，按照一个中间年限确定加固年限。这里认为，当增层型式为独立式（图 4.2-1）时，新老结构可以分别设定不同的使用年限，新建结构按 50 年使用年限，老结构按《抗震鉴定标准》给出的后续使用年限确定加固年限；当增层型式为依托式（图 4.2-2、图 4.2-3）时，仍可以按上述方式作类似处理，只是此时需要将整体模型按不同使用年限下参数计算两次，新老结构设计时分别取用相应结果。

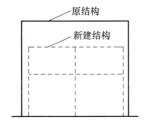
图 4.2-1　独立式增层

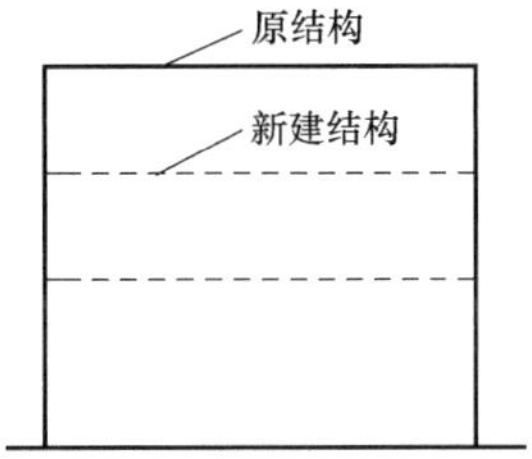

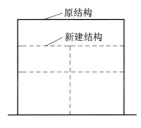
图 4.2-2　完全依托式增层

图 4.2-3　部分依托式增层

4.2.2　改造加固原则

1. 改造加固依据

工业建筑室内增层改造依据主要有：

（1）国家标准《建筑结构荷载规范》GB/T 50009

（2）国家标准《混凝土结构设计规范》GB 50010

（3）国家标准《建筑抗震设计规范》GB 50011

（4）国家标准《建筑地基基础设计规范》GB 50007

（5）国家标准《钢结构设计规范》GB 50017

（6）国家标准《混凝土结构加固设计规范》GB 50367

（7）行业标准《既有建筑地基基础加固技术规范》JGJ 123

（8）行业标准《建筑抗震加固技术规程》JGJ 116

（9）业主提供的其他相关资料

2. 改造加固要求

改造加固的首要考虑为经济性，在不考虑其他因素的情况下，业主都希望用最少的代价实现改造加固的目的。但是，现实情况受多种因素制约，往往最经济的方案都不是最适合的方案。

随着社会的不断发展，人们对环境保护越来越重视，政府也在不断加大环境保护方面的力度。在这种情况下，建筑业作为一个高排放高污染的行业，必定成为重点整治的对象。建筑业该如何实现对环境的保护，这是一个很大的课题，需要多方面多领域长期不懈的努力。目前已经普遍达成共识的做法是实施绿色化战略，具体到结构增层改造，就是要求在具体工程中实现设计、施工、运营、拆除建筑全生命周期绿色化。

除了上述经济性和绿色化要求外，工业建筑增层改造可能还会遇到历史建筑的保护问题。历史建筑的保护分不同程度，有整体保护，也有局部保护。整体保护不允许在结构内部进行增层改造，只有在局部保护时才有可能进行增层改造。工业建筑的局部保护一般为外立面保护，即保护建筑的外观历史风貌，内部则可以根据现实需求改变使用功能。有关历史建筑的保护问题，国家早在20世纪80年代就已出台了专门的法律法规——《中华人民共和国文物保护法》和《中华人民共和国城市规划法》。此外，各个历史文化名城也还有自己具体的保护办法。因此，在进行工业建筑室内增层改造时，必须首先明确是否存在历史建筑的保护问题。

3. 改造加固材料

如前所述，改造加固需要实行绿色化。混凝土由于存在生产过程耗能高、施工程序繁琐、回收利用困难等诸多问题，因此应尽量减少其使用量。相比混凝土，钢材优势明显。其环境影响小、施工便捷、可重复利用，完全符合绿色化要求。因此，在工业建筑室内增层改造中应极力推广使用钢结构。事实上，在调研的工程案例中，采用钢结构进行室内增层的情况占据了绝对的主导。

上面说到混凝土不符合绿色化发展要求，那么，怎样才能使混凝土符合绿色化要求呢？众所周知，所谓绿色化主要是指"四节一环保"，即节水、节地、节材、节能、保护环境。混凝土之所以不"绿色"，不是因为其原始生产消耗太大，而是因为其回收利用率太低，如果能像钢材一样反复循环使用，其也可以实现绿色化。按照这一思路，可以把拆除下来的混凝土进行破碎，制成再生骨料，生产再生混凝土，甚至还可以将其规则切割，直接生成砌块。国外对再生混凝土的研究早在20世纪70年代就已展开，许多房屋、路面、桥梁等工程都有再生混凝土成功应用的实例。国内此方面的研究开展较晚，直到20世纪90年代中期才开始，研究内容非常丰富，但是研究成果还仅停留在实验室，应用实例极少。

前面介绍了钢材和再生混凝土两种材料，前者在增层改造中大量使用，后者则还在推广的过程中。但无论如何，两者都属于增层改造的主材。实际上，除了上述两种主材，一些特殊加固材料也非常常用，甚至必不可少。灌浆料就属于这类材料。灌浆料是一种由水泥、集料（或不含集料）、外加剂和矿物掺合料等原材料（图4.2-4），经工业化生产的具有合理级分的干混料。在施工现场只需加入一定量的水，搅拌均匀后即可使用。其具有早强、高强、高流态、不泌水等优点，因此，非常适合于加固工程。目前，灌浆料在加固工程中的应用主要用于增大截面加固，其整体效果较传统混凝土好很多，但是，如果大量使用，造价也将高出很多。鉴于此，可以在灌浆料中添加豆石，总量控制在灌浆料质量的25%。在这个情况下，得到的豆石型灌浆料的工作力学性能与原灌浆料无异。

4. 性能化设计

地震灾害表明，按照现行抗震设计思想设计的建筑具有良好的抗倒塌性能，有效地减少了因建筑倒塌而造成的人员伤亡。但是，由于建筑破坏而导致的经济损失却非常惊人，远远超出了预期。这就暴露了现行抗震思想在控制因结构破坏导致重大经济损失方面的不足。鉴于此，基于性能的抗震设计（性能化设计）被广泛研究，并被认为是未来建筑抗震设计的主要发展方向。

作为工业建筑室内增层，其抗震设计也可按照这一思想进行。原因主要有两点，首先，如前所述，工业建筑改造可能涉及历史建筑保护，如采用性能化设计，可以对某具体

图 4.2-4　灌浆料

工业建筑的保护实现"私人订制",因为性能化设计允许业主根据自己需求选择结构在相应地震下的性能目标;其次,随着经济的不断发展,建筑内部的装修费用、设备费用不断提高,有时甚至超过结构本身,因此,为保护结构内部装修、设备,也需要进行性能化设计。

性能化设计实际上就是根据地震作用的不确定性以及结构抗力的不确定性,针对不同风险水平的地震作用,使结构达到不同的性能水平。由此看来,性能化设计涉及地震风险水平、结构性能水平、结构性能目标、结构分析方法、结构设计方法。

（1）地震风险水平

地震风险水平就是未来可能作用于建筑物场地的地震作用大小。或者说,应选择多大强度的地震作为防御对象。我国抗震规范设了三个水准:小震、中震、大震（表 4.2-1）;美国设了四个水准:常遇地震、偶遇地震、稀遇地震、罕遇地震（表 4.2-2）。

我国地震风险水平　　　　　　　　　　　　　　　　表 4.2-1

地震作用水平	50 年超越概率	重现期(年)
小震	63.2%	50
中震	10%	475
大震	2%～3%	2495～1642

美国地震风险水平　　　　　　　　　　　　　　　　表 4.2-2

地震作用水平	联邦应急管理署(FEMA)		加州结构工程师协会(SEAOC)	
	50 年超越概率	重现期(年)	超越概率	重现期(年)
常遇地震	50%	72	30 年 50%	43
偶遇地震	20%	225	50 年 50%	72
稀遇地震	10%	474	50 年 10%	474
罕遇地震	2%	2475	100 年 10%	970

（2）结构性能水平

结构性能水平即建筑物在某特定地震作用下预期破坏的最大程度。我国抗震规范设了三个水平:小震不坏、中震可修、大震不倒（表 4.2-3）;美国设了四个水平:使用良好、使用无害、人身安全、防止倒塌（表 4.2-4）。

我国混凝土框架结构性能水平　　　　　　　　　　　　表 4.2-3

性能水平	小震不坏	中震可修	大震不倒
震害程度	基本完好	中等破坏	严重破坏
瞬时层间位移角	1/550	—	1/50

美国 SEAOC 混凝土框架结构性能水平　　　　表 4.2-4

性能水平	使用良好	使用无害	人身安全	防止倒塌
震害程度	基本完好	轻微破坏	中等破坏	严重破坏
瞬时层间位移角	<1/500	<1/200	<1/67	<1/40
永久层间位移角	—	—	<1/200	<1/40

（3）结构性能目标

结构性能目标即结构应达到的性能水平，是指在一定超越概率的地震发生时，结构期望的最大破坏程度。我国抗震规范的性能目标是：小震不坏、中震可修、大震不倒。美国的性能目标如表 4.2-5、表 4.2-6 所示。

美国 FEMA 结构性能目标　　　　表 4.2-5

地震风险	性能水平			
	正常使用	立即入住	生命安全	防止倒塌
50％/50 年	a	b	c	d
20％/50 年	e	f	g	h
10％/50 年	i	j	k	l
2％/50 年	m	n	o	p

注：基本安全目标：k+p；加强目标：k+p+ (a, e, i, m) 或 (b, f, j, n)；有限目标：k, p, c, d, g, h

美国 SEAOC 结构性能目标　　　　表 4.2-6

地震风险	性能水平			
	完全正常使用	正常使用	生命安全	接近倒塌
50％/30 年	1	0	0	0
50％/50 年	2	1	0	0
10％/50 年	3	2	1	0
10％/100 年	—	3	2	1

注：基本目标：1；主要/风险目标：2；安全临界目标：3；不可接受的目标：0。

（4）结构分析方法

性能化设计需要考虑不同地震下结构的反应，因此不仅要进行小震下结构的弹性分析，更要进行大震下结构的非线性分析。对于弹性分析，一般可采用弹性静力或弹性动力分析手段，分析方法较为成熟。而对于非线性分析，一般采用弹塑性时程分析或弹塑性静力分析方法。对于弹塑性时程分析，由于计算量大，过程复杂，且在选择地震波时有很大困难，故不适合广泛使用。而对于弹塑性静力分析方法（Pushover），特别是以结构变形来表示结构性能指标时，弹塑性静力分析方法可以很方便地确定这些性能指标。因此，目前国际上广为使用。

（5）结构设计方法

结构性能化设计方法就是把性能化设计理念合理、简单、实用地应用到实际设计中的过程。对此目前学术界还没有统一的认识，不过从研究资料中可以看出，主要有两种方法。

1）基于传统的设计方法

即首先进行基于地震作用的强度设计，然后进行变形验算。与目前设计方法主要的不同是，结构性能水平要有多水准明确的量化指标，在考虑多级地震作用下，进行结构性能的验算。

2）基于位移的设计方法

即采用结构位移作为结构性能指标。与传统方法相比，主要的不同是，直接以目标位移作为设计变量，通过设计位移谱得出结构有效周期，进而得出结构有效刚度（割线刚度），再求出结构基底剪力，进行结构分析，最后计算配筋。由此看出，基于位移的设计方法可在设计初始就能明确结构的性能水平，并且使设计的结构性能正好达到目标性能水平，而不是像传统设计那样，先给出一个限值然后再去验算。

5. 隔震减震设计

当结构性能目标很高时，传统抗震方法往往不再适用，这时就需要采用隔震减震技术。

隔震技术是指在建筑上部结构与基础之间设置滑移层，阻止地震能量向上传递的技术。其主要原理为增大结构周期和阻尼，使结构地震反应大大降低。一般情况下，为达到明显的隔震效果，隔震系统需具备以下四个特性：

（1）承载特性：具有足够的竖向强度和刚度以承受上部结构荷载；

（2）隔震特性：具有足够的水平初始刚度，在风载和小震下，体系保持弹性，满足正常使用要求；而在中强地震时，水平刚度较小，结构变成柔性隔震体系；

（3）复位特性：地震后，结构能回复到初始状态，满足正常使用要求；

（4）耗能特性：隔震系统具有较大阻尼，地震时耗散地震能量，减小上部结构吸收的地震能量。

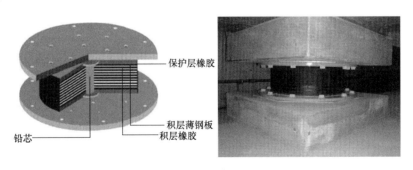

图 4.2-5　铅芯橡胶支座

针对上述特性，橡胶隔震支座应运而生。目前最为常用的是铅芯橡胶支座（图 4.2-5），其主要由钢板和橡胶叠合而成，中心配有铅芯，以增加地震下耗能。

隔震设计与传统抗震设计稍有不同，主要是增加了隔震支座的布置和减震系数的计算。其一般步骤如图 4.2-6 所示。

上面主要介绍了隔震技术，其一般仅在结构性能目标很高时才会采用。当性能目标较高时，可以采用减震技术满足性能要求。

减震技术是指通过在结构中设置的耗能装置在地震下滞回耗能，减小结构地震反应的

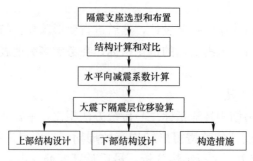

图 4.2-6　隔震设计一般步骤

技术。其基本原理为：地震下在主体结构进入非弹性状态前，耗能装置率先进入耗能状态，充分发挥耗能作用，减小输入主体结构的地震能量，使主体结构不再受到损伤或破坏。

由此看来，耗能装置是减震技术的关键。目前，常用的耗能装置有三类：速度相关型、位移相关型和调谐吸震型。针对工业建筑室内增层，耗能装置一般结合框排架支撑一起使用，增强结构抗侧能力。此外，当室内有大跨度楼盖时，有时为了满足楼盖舒适度要求，也需要在楼盖中布置耗能装置。

4.2.3　室内增层型式

1. 室内增层型式

建筑物室内增层是指在原结构室内增加楼层或夹层的一种加层方式，它可充分利用原结构屋盖、部分楼盖及外墙，只需在室内增设部分承重及抗侧力构件，即可达到改变房屋用途、扩大使用面积的目的，因此是一种非常经济合理的加层方式。

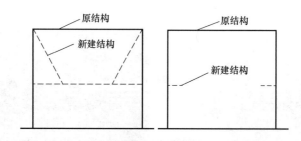

图 4.2-7　吊挂式增层　　图 4.2-8　悬挑式增层

室内增层的基本型式有独立式、依托式、吊挂式、悬挑式四种。

（1）独立式

即在原结构室内新建独立结构，四周与原结构完全脱开（图 4.2-1）。其主要特点为可有效避免对原结构的影响，但由于竖向构件较多，使用功能受到较大影响。

（2）依托式

即将室内新建结构与原结构连为一体，共同承担荷载。其主要有两种型式，即完全依托式（图 4.2-2）和部分依托式（图 4.2-3）。前者在跨度较小或原结构承载力富余较多时采用，后者则情况相反。依托式室内增层的主要特点为使用功能较好，有效使用面积较大，但由于需要与原结构相连，涉及节点处理、结构加固等问题，设计施工较为繁琐。

（3）吊挂式

即采用拉杆以吊挂的方式进行室内增层（图 4.2-7）。其主要适用于增层时不允许设置竖向构件的情况。主要特点为结构灵活轻巧，受力合理，主梁高度较小，可获得较高使用净空，但由于需要设置拉杆，对实际使用影响较大。

（4）悬挑式

即在原结构竖向构件上直接悬挑增层（图 4.2-8）。仅适用于局部小跨度增层。主要特点为增层灵活，但对原结构受力非常不利，需要进行加固。

上面介绍了四种基本的室内增层型式。实际上，经过调研发现，对于工业建筑室内增层，主要的型式为独立式和依托式，吊挂式极少采用，悬挑式更未见过相关报道。此外，调研还发现，工业建筑室内增层基本可以分为两类：单层排架结构室内增层和多层框架结构室内增层。前者基本采用独立式和依托式增层，而后者基本采用依托式增层，且两者多采用钢框架结构型式。究其原因主要有四点：第一，单层排架结构室内净高很高且跨度很大，因此完全可以满足独立式和依托式施工；第二，多层框架结构理论上也可进行独立式增层，但由于其层高有限，施工困难，且改造后使用功能受限，因此几乎不采用；第三，如前所述，增层改造也要求绿色化，因此钢结构更符合要求；第四，由于受原结构层高所限，室内增层增层数量相当有限（一般在三层以内）；此外，加之室内增层的最终目的为有利于使用，因此可以看出框架结构几乎为室内增层的唯一结构型式。因为框架结构抗震性能好，建筑布置灵活，有效使用面积大。基于上述，以下主要关注钢框架独立式增层和钢框架依托式增层。

2. 室内增层型式定性对比

如前所述，这里主要对比独立式和依托式两种型式。一般结构类型的比选多基于造价，但实际上判断一个结构是否优越，还应从更为全面的角度进行分析，考虑综合效益。除经济效益外，还应从结构性能、基础设计、施工条件、使用功能等方面作全面系统的分析，综合评判。

（1）结构性能

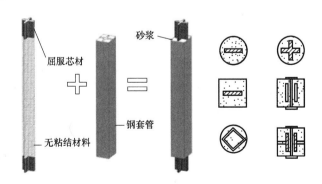

图 4.2-9　防屈曲支撑

结构性能主要为抗侧能力。从抗侧能力分析，显然依托式好于独立式，因为依托式有原结构的协助。当抗侧能力不足时，通常的做法为在结构中增设支撑。支撑类型可以选用普通支撑，也可以选用防屈曲支撑（图 4.2-9），在地震力较大时还可以在支撑上设置耗能装置。图 4.2-10、图 4.2-11 为本课题示范工程申都大厦改造工程中使用的消能减震开孔式加劲阻尼器，通过将改型阻尼器在结构若干关键位置的布置，经计算表明地震下结构的层间位移大为减小。

图 4.2-10　开孔式加劲阻尼器　　　　图 4.2-11　配合支撑使用的开孔式加劲阻尼器

（2）基础设计

独立式：最需注意的是新老基础的避让问题，即新基础应尽量避开老基础。这在很大程度上限制了新柱子的布置，但是由于独立式新老结构相互脱开，因此老基础一般不需要加固。

依托式：对于完全依托式（图 4.2-2），由于原厂房承载能力较大，尤其是有大型吊车的厂房，改为民用建筑后，其基础承载力富余更大，因此一般不需要加固，这可以大大降低基础造价。对于部分依托式（图 4.2-3），由于需要新加基础，除需考虑新老基础的避让问题外，还应考虑由于新老结构变形协调引起的不均匀沉降问题，因此需采取一些防止不均匀沉降的措施，如设立施工后浇带、新基础采用桩基础、加固原基础等。

（3）施工条件

独立式：由于新老结构相互脱开，彼此不受影响，因此，老结构加固与新结构施工可同时进行。

图 4.2-12　依托式原结构加固施工　　　　图 4.2-13　依托式室内钢结构施工

依托式：必须在老结构加固施工完成并达到设计强度后（图 4.2-12、图 4.2-13），才能进行新结构施工。因此，其施工工期较长。

（4）使用功能

独立式：由于新增竖向构件较多，且还要避让原结构竖向构件，导致改造后竖向构件较多较乱，建筑有效使用面积大幅减小，使用功能受限（图 4.2-14）。

依托式：可充分利用原结构竖向构件，新增竖向构件少，甚至可不增加竖向构件（完全依托式），基本保留了原厂房的大空间，便于建筑空间布置（图 4.2-15）。因此，在使用功能上，依托式明显优于独立式。

图 4.2-14　独立式增层柱子布置密集凌乱　　图 4.2-15 依托式增层室内空间

（5）其他方面

如前所述，工业建筑改造有时涉及历史建筑保护，因此，此时需要采用一些可逆的改造手段。如果从这方面考虑，显然采用独立式更为合适，因为其对原结构的影响要小得多。此外，如果从材料用量上分析，则应该是依托式更为合理。因为依托式新增竖向构件较少，虽然其可能涉及原厂房加固，但由于加固量一般较小，因此材料总量仍然较少。

3. 室内增层型式定量对比

在前面定性分析基础之上，分别选取特定单层排架厂房和多层框架厂房进行室内增层多方案定量对比分析，以给具体室内增层工程提供参考。

（1）单层排架厂房

选取本课题示范工程上海世博城市最佳实践区 B2 馆改造工程进行方案对比分析。

1）设计方案

B2 馆原为单层排架结构，柱距 6m，跨度 20.5m。此次改建拟在原馆室内加建一层钢框架结构，局部二层。共提出四种方案（图 4.2-16），方案简要情况见表 4.2-7。

世博 B2 馆改造方案　　　　　　　　　　　　　　表 4.2-7

方案	增层型式	柱距	跨度
方案一	钢框架独立式	除大空间及角部外,其余均为 6m	中间跨 12m,两边各悬挑 3.05m 和 4.25m
方案二	钢框架独立式	除大空间及角部外,其余均为 6m	中间两跨 7m,两边各悬挑 2.05m 和 3.25m
方案三	钢框架依托式	除角部外,其余均为 6m	共三跨,中间跨 6.9m,两边为 6.8m
方案四	钢框架依托式	除角部外,其余均为 6m	共两跨,分别为 10.2m 和 10.3m

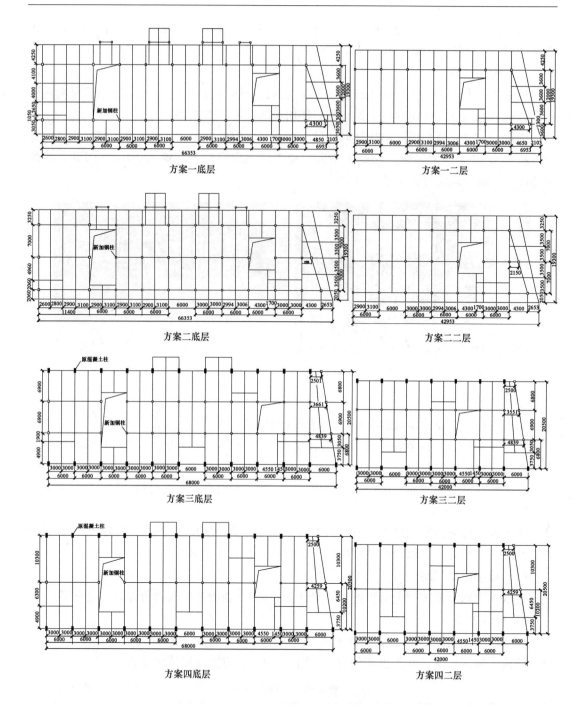

图 4.2-16 世博 B2 馆改造方案简图

2）结构性能

结构性能主要关注周期、周期比、位移比等宏观参数。各参数具体数值见表 4.2-8。

• 周期

由表 4.2-8 可得，依托式方案周期明显小于独立式，增层结构是否依托对结构周期影响很大。这主要是因为依托式增层与原厂房连为一体，而原厂房混凝土柱截面尺寸较大，

世博 B2 馆改造方案结构性能参数 表 4. 2-8

方案	周期（s）	周期比	底层位移比	二层位移比	底层层间位移角	二层层间位移角	基底剪力（kN）
方案一	0.767	0.760	1.57	1.38	1/554	1/405	1045.4
方案二	0.726	0.739	1.53	1.38	1/471	1/460	1075.0
方案三	0.540	0.702	1.61	1.34	1/1151	1/758	1297.7
方案四	0.541	0.710	1.65	1.34	1/1082	1/689	1317.1

增大了结构的刚度，导致依托式增层周期较小。反映到具体方案中为方案三和方案四的周期要明显小于方案一和方案二。相对于增层结构是否依托，增加钢柱对结构的周期影响较小，具体为独立式的影响程度大于依托式。如前所述，依托式增层的刚度主要取决于原厂房混凝土柱的刚度，因此在具体依托式方案中增加钢柱，对结构刚度的提高相当有限，这可以从方案三和方案四的周期对比中看出。由表 4. 2-7 看到，方案三为三跨依托式，方案四为两跨依托式，也就是说，方案三比方案四跨中多布置了一排钢柱，但是，其周期仅减小了 0.001s。相对地，独立式增层的结构刚度取决于新增钢柱的数量，因此在具体方案中增加钢柱将对结构周期带来较大影响。由表 4. 2-8 可得，两跨独立式方案二的周期较单跨独立式方案一的周期小。

• 周期比

周期比反映了结构侧向刚度与扭转刚度之间的相对关系，目的是使结构布置更加合理，不致出现过大扭转。由表 4. 2-8 可得，所有方案的周期比均小于 0.8，表明结构方案合理。而且，依托式方案小于独立式，表明依托式方案更为合理。这是因为依托式与原结构连为一体，空间刚度大，抗扭转能力强。此外，周期比与周期规律相同，无论是依托式还是独立式，都随着钢柱的增多，周期比逐渐减小。

• 位移比

位移比与周期比的作用相同，也是用于控制结构扭转。由表 4. 2-8 可得，底层位移比较大，在 1.6 左右，稍大于规范限值。二层位移比较小，均小于 1.4，满足规范要求。分析其中原因，主要是由于结构底层平面角部局部不规则引起的。

• 层间位移角

层间位移角依托式小于独立式，底层小于二层，均满足规范 1/250 的限值要求。二层位移角较大主要是由于二层平面凹进较多（约 40%），导致层刚度突变。

• 基底剪力

基底剪力依托式大于独立式，这主要是因为依托式结构刚度较大引起的。具体独立式和依托式方案间的差别不大。

3）使用功能比较

使用功能与使用面积直接相关。为定量分析使用功能，首先给出几个相关面积定义：

• 有效使用面积：建筑各层中直接供用户使用的室内净面积。这里以方案一底层为例，如图 4. 2-17 中所示阴影面积即为有效使用面积。

• 非有效使用面积：建筑各层中不能或不便于用户使用的室内面积。包括竖向构件截面积及其扩展面积。如图 4.2-17 所示，竖向构件截面积显然不能直接供用户使用。除此之外，研究认为，其周边 0.5m 范围内的面积也不便用户使用，因此在计算有效使用面积时也应扣除。

- 总使用面积：有效使用面积及非有效使用面积之和，即结构平面面积。
- 有效使用率：有效使用面积占总使用面积的百分率。

根据上述定义，给出各方案使用功能参数如表 4.2-9 所示。由表可得，依托式方案的有效使用面积和总使用面积均大于独立式。具体为：有效使用面积最大增加 9%；总使用面积最大增加 7%。非有效使用面积主要取决于室内竖向构件的数量，如果竖向构件较多，非有效使用面积必然增加。对比有效使用率，各方案基本相同，基本都达到 95%，使用率较好。

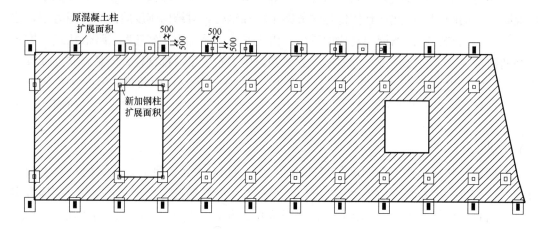

图 4.2-17　世博 B2 馆改造方案一有效使用面积

世博 B2 馆改造方案使用功能参数　　　　表 4.2-9

方案	有效使用面积(m²)	非有效使用面积(m²)	总使用面积(m²)	有效使用率(%)
方案一	1780.8	80.4	1861.2	96%
方案二	1757.3	105.4	1862.7	94%
方案三	1885.4	102.1	1987.5	95%
方案四	1914.1	73.3	1987.3	96%

4）造价比较

各方案上部结构材料用量及造价对比见表 4.2-10。需要说明的是，为计算方便，这里使用了综合单价。此外，楼板均采用压型钢板混凝土组合楼板，依托式方案中原厂房柱采用灌浆料增大截面加固。

由表可得，方案一较其他方案单位造价高出约 40%，其他方案基本相当。分析其中原因，主要是因为方案一梁跨最大，达到 12m，远大于其他方案，导致主梁用钢量急剧增加。从表中可以看出，方案一钢梁用钢量高出其他方案 44%～72%，最终导致其造价高出其他方案很多。另外，对比独立式方案二和依托式方案三，两者梁跨差别不大，最终单位造价也相差不大。但从表中数据可以看到，方案三的材料用量明显小于方案二，因此其理论造价应该更低。但实际上，由于方案三植筋量较大，且增大截面时采用了灌浆料，导致造价被拉高很多。这也表明，实际工程中，如果一个结构自身承载力富余度不是很高，如果采用依托式增层，其最终造价将超出独立式很多。

另外，分析百分比造价，同样可以得到方案一用钢量最大，其占比高达总价的90.2%，为绝对的主导，其余为楼板造价，为9.8%。方案二由于梁主跨一跨变两跨，内力减小很多，但增加了钢柱用量，因此钢材总价百分比略有下降，为86.5%。方案三和方案四由于充分利用了原结构承载力，因此用钢量更低，但增加了原结构柱加固量和植筋量，三者相加，总价百分比与方案二的钢材总价百分比几乎完全相同。因此，可以得到与前面相同的结论，在使用依托式增层时，原结构应具有较高的承载力富余度，否则，其承载力富余度带来的造价优势将被额外的加固量所抵消，甚至反向超越。

此外，还需要说明的是，本次造价分析仅针对上部结构，如果考虑下部基础造价，其结果可能会发生较大变化。这方面主要取决于新增基础量和基础加固量，新增基础量一般较大，而基础加固量一般较小，但是，基础加固工序繁琐，因此其单价要高于新增基础。

世博 B2 馆改造方案材料用量及造价对比　　　　　　　　表 4.2-10

材料用量及造价	方案一	方案二	方案三	方案四
钢梁用钢(t)	135.67	83.84	78.92	94.38
钢柱用钢(t)	52.53	47.19	27.11	15.08
楼板混凝土量(m³)	241.96	242.15	258.37	258.36
柱加固量(m³)	0	0	44.02	44.02
钢梁植筋量(根)	0	0	508	508
拉结筋植筋量(根)	0	0	2995	2995
钢材单价(元)	13000			
混凝土单价(元)	1100			
柱加固单价(元)	5500			
钢梁植筋单价(元)	200			
拉结筋植筋单价(元)	10			
钢梁总价(元)	1763749	1089868	1025999	1226953
钢柱总价(元)	682942	613483	352391	196027
楼板总价(元)	266155	266361	284205	284191
柱加固总价(元)	0	0	242092	242092
钢梁植筋总价(元)	0	0	101600	101600
拉结筋植筋总价(元)	0	0	29950	29950
合计(元)	2712846	1969712	2036237	2080813
单位造价(元)	1458	1057	1025	1047
钢材总价百分比	90.2%	86.5%	67.7%	68.4%
楼板总价百分比	9.8%	13.5%	14.0%	13.7%
柱加固总价百分比	0.0%	0.0%	11.9%	11.6%
植筋总价百分比	0.0%	0.0%	6.5%	6.3%

通过上述四种方案的对比，可以发现，各方案结构性能均满足要求；有效使用面积依托式稍大于独立式，约在6%～9%之间；有效使用率达到了94%～96%，各方案使用率均较高；造价方面，方案一由于用钢量最多，单位造价最高，其比其他方案高出约40%；施工方面，由于独立式可以新老结构同时施工，因此施工优势明显。综上所述，各方案各有特点，但在确定最终方案时，还应考虑业主的主要诉求。为此，给出方案整体评价表4.2-11。最终，业主根据自身使用要求及工期限制，选择了方案一。

世博 B2 馆改造方案总体评价 表 4.2-11

影响因素	方案一	方案二	方案三	方案四
使用功能	好	一般	一般	较好
造价	高	低	低	低
施工速度	快	较快	慢	较慢

（2）多层框架厂房

选取上海金桥出口加工区某厂房改造项目进行方案对比分析。

1）设计方案

厂房原结构共两层，底层层高5.96m，二层层高4.54m。平面简图如图4.2-18。由于底层层高较高，拟进行钢框架局部加层，共给出三种方案，分别为斜拉式钢结构增层（图4.2-19）、完全依托式钢结构增层和部分依托式钢结构增层。方案平面简图如图4.2-20所示。方案简要情况见表4.2-12。

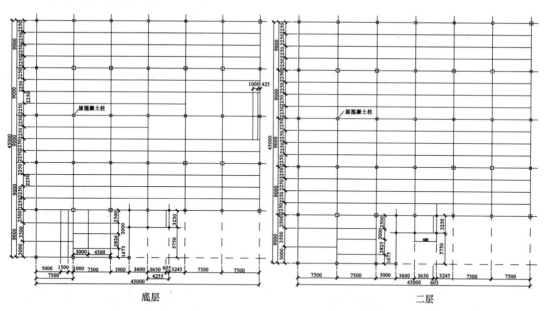

图 4.2-18 上海金桥某厂房原结构平面简图

上海金桥某厂房室内局部增层方案 表 4.2-12

方案	增层型式	说明
方案一	带斜拉杆完全依托式钢框架	主跨跨中带 V 形钢斜拉杆
方案二	完全依托式钢框架	主跨仅为一根钢梁
方案三	部分依托式钢框架	主跨跨中设钢柱

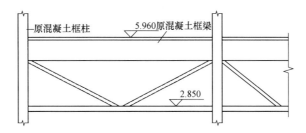

图 4.2-19 斜拉式钢结构室内增层

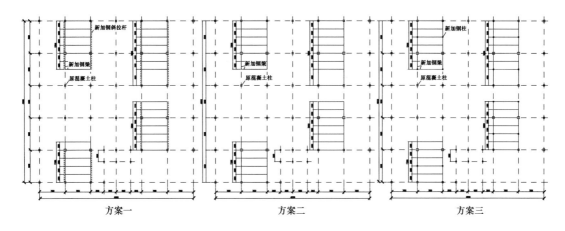

图 4.2-20 上海金桥某厂房室内局部增层方案

2）结构性能

结构性能主要关注周期、周期比、位移比、层间位移角及基底剪力。具体数值见表 4.2-13。

上海金桥某厂房改造方案结构性能参数 表 4.2-13

方案	周期（s）	周期比	夹层位移比	二层位移比	三层位移比	夹层层间位移角	二层层间位移角	三层层间位移角	基底剪力（kN）
方案一	0.414	0.604	1.51	1.53	1.27	1/1972	1/1813	1/2658	2873.6
方案二	0.414	0.614	1.37	1.24	1.25	1/1973	1/1812	1/2658	2870.0
方案三	0.413	0.613	1.49	1.24	1.25	1/1991	1/1817	1/2668	2869.1

• 周期

由表 4.2-13 可得，各方案基本周期几乎相同，表明结构整体刚度非常接近。这与实际情况非常一致，因为结构仅为底层局部夹层，因此对结构刚度的影响非常微小，导致结构基本周期基本相同。

• 周期比

由表 4.2-13 可得，所有方案周期比均小于 0.7，符合规范要求，结构布置合理。相对而言，方案一由于布置了斜拉杆，在一定程度上增强了空间抗扭，因此周期比稍小。

• 位移比

由表 4.2-13 可得，由于夹层仅为局部加层，楼板不连续，导致夹层位移比最大，但其最大数值不超过 1.51，基本满足规范要求。此外，由表还可以看到，方案一各层位移比普遍大于其他方案。这主要是因为方案一仅在一个方向上设置了斜杆，导致两个方向上抗侧刚度存在差异，最终引起两个方向上出现较大差异位移。

• 层间位移角

由表 4.2-13 可得，各方案层间位移角非常接近，且均较小，完全满足规范限值要求。

• 基底剪力

由表 4.2-13 可得，各方案基底剪力也非常接近，表明各夹层方案未对结构地震作用产生大的影响。

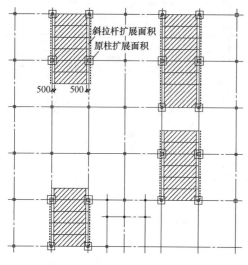

图 4.2-21　方案一有效使用面积

3）使用功能比较

如前所述，使用功能主要比较有效使用面积、有效使用率等。有关定义之前已经给出，这里不再赘述。需要说明的是，方案一在钢主梁跨中由于设置了斜拉杆，影响了日常使用，因此在计算有效使用面积时，这里认为，需扣除沿斜拉杆投影两边扩展 0.5m 范围内的面积（图 4.2-21）。

由此，得到各方案夹层使用功能参数如表 4.2-14 所示。由表可得，方案一由于在夹层上设置了斜拉杆，影响了使用空间，导致有效使用面积最小；方案二和方案三由于没有设置类似构件，因此有效使用面积及有效使用率相同。但是，需要说明的是，如果从整楼有效使用面积分析，应该是：方案二有效使用面积最小，方案一居中，方案三最大。这主要是因为方案二为完全依托式增层，梁高较高，在满足夹层净高的情况下无法满足底层的净高要求，因此导致底层有效使用面积大幅减小；而方案三为部分依托式增层，梁跨中设有钢柱，可以大大降低梁高，这样底层空间的有效使用面积可以得到基本保证，只需扣除部分钢柱截面面积及其扩展面积，这样以后其在三种方案中的有效使用面积仍然还是最大的。

上海金桥某厂房改造方案使用功能参数　　表 4.2-14

方案	有效使用面积（m²）	非有效使用面积（m²）	总使用面积（m²）	有效使用率（%）
方案一	359.8	62.0	421.9	85%
方案二	407.0	14.8	421.9	96%
方案三	407.0	14.8	421.9	96%

4）造价比较

各方案材料用量及造价对比见表 4.2-15。需要说明的是，这里仅计算直接涉及夹层的材料用量及造价，且为上部结构造价。此外，与前面相同，单价为综合单价；夹层楼板为压型钢板混凝土组合楼板；原厂房柱采用灌浆料增大截面加固。

由表可得，各方案造价差别很小，在 5% 以内。方案二钢梁用量最多，因为其为完全依托式增层，主梁跨中未设支点，而方案一和方案三跨中分别设置了斜拉杆和钢柱，这都大大降低了主梁弯矩，导致主梁材料用量较省，但是也额外增加了斜拉杆、钢柱的用量。综合三者用钢量，仍然为方案二最省，方案一次之，方案三最多。此外，由表中相对百分比造价可以看出，钢材总价最高，大概占到总价的 75%~80%；楼板和柱加固总价波动最小，分别约为 9% 和 5%；植筋总价随方案变动稍大，约占总价的 5%~10%。当为完全依托式时，由于钢梁跨中未设支点，受力较大，植筋量最大；当跨中设斜拉杆时，受力大为降低，植筋量次之；当跨中设钢柱时，植筋量最少。

上海金桥某厂房改造方案材料用量及造价对比　　　　　表 4.2-15

材料用量及造价	方案一	方案二	方案三
钢梁用钢(t)	27.20	28.53	27.20
钢柱用钢(t)	0	0	4.49
钢拉杆用钢(t)	3.44	0	0
楼板混凝土量(m³)	42.19	42.19	42.19
柱加固量(m³)	4.43	4.43	4.43
钢梁植筋量(根)	352	704	352
斜拉杆植筋量(根)	384	0	0
拉结筋植筋量(根)	295	295	295
钢材单价(元)	13000		
混凝土单价(元)	1100		
柱加固单价(元)	5500		
钢梁植筋单价(元)	73		
斜拉杆植筋单价(元)	54		
拉结筋植筋单价(元)	10		
钢梁总价(元)	353634	370866	353634
钢柱总价(元)	0	0	58317
钢拉杆总价(元)	44655	0	0
楼板总价(元)	46406	46406	46406
柱加固总价(元)	24338	24338	24338
钢梁植筋总价(元)	25696	51392	25696
斜拉杆植筋总价(元)	20736	0	0
拉结筋植筋总价(元)	2950	2950	2950
合计(元)	518415	495951	511340
单位造价(元)	1229	1176	1212
钢材总价百分比	76.8%	74.8%	80.6%
楼板总价百分比	9.0%	9.4%	9.1%
柱加固总价百分比	4.7%	4.9%	4.8%
植筋总价百分比	9.5%	11.0%	5.6%

综上所述，三种方案结构性能参数均满足要求。有效使用面积方案一最小，方案二和方案三相同。造价方面，三种方案总价差别很小，其中方案二在用钢量和总价方面最低。施工方面，方案二由于无需进行斜拉杆或钢柱的施工，因此施工速度最快，其次为方案一，方案三最慢，因为要进行柱下基础的施工。由此，得到方案总体评价表 4.2-16。最终，业主综合各方面情况选择了方案一。

上海金桥某厂房改造方案对比　　　　　　　　　　表 4.2-16

影响因素	方案一	方案二	方案三
使用功能	一般	稍差	一般
造价	稍高	低	稍高
施工速度	较快	快	慢

4.2.4 室内结构增层改造设计

1. 楼盖设计

（1）楼盖型式

普通楼盖的型式有很多，因为其涉及楼盖主次梁的型式和布置。如前所述，室内增层主要为钢框架增层，因此楼盖的型式就基本取决于楼板的型式。工业建筑室内增层可采用的楼板型式有压型钢板-混凝土组合楼板、钢筋桁架楼承板、叠合板、现浇板、SP 预应力空心板、现浇预应力空心板等。各种类型的楼板性能各不相同，具体对比见表 4.2-17。这里主要关注大跨楼板，即 SP 预应力空心板和现浇预应力空心板。因为目前民用建筑已普遍向大柱网、大跨度、大开间、多功能方向发展。具体型式的楼盖的设计方法，相关规范和书籍已有详细叙述，这里不再赘述。

工业建筑室内增层常用楼板类型对比　　　　　　　　表 4.2-17

楼板类型	平面刚度	模板支撑	施工进度	楼板跨度	管线布置	防火性能
压型钢板组合楼板	好	不需要	快	较小	方便	差
钢筋桁架楼承板	好	不需要	快	较大	方便	好
混凝土叠合板	较好	不需要	较快	较大	不便	好
现浇混凝土楼板	好	需要	慢	小	一般	好
SP 预应力空心板	差	不需要	最快	大	方便	好
现浇预应力空心板	好	需要	最慢	最大	一般	好

（2）楼盖舒适度

当楼盖结构的跨度增大时，其竖向自振频率将会降低。当自振频率降低至与人的步行频率（1.5～2.5Hz）接近时，人的运动很可能会导致结构共振，当结构振动超出人体接受程度时，就引起了楼盖舒适度问题。

1）楼盖振动舒适度标准

国内外楼盖舒适度标准基本都是针对楼盖加速度和频率给出限值。加速度限值主要基于人体主观不舒适界限，而频率限值主要用于避免人类活动与楼盖发生共振。基于此，由于人的主观感受不同，各国研究机构给出了不同限值。图 4.2-22 为美国应用技术协会和国际标准化组织标准，其将建筑进行分类，不同类型的建筑给出了不同的舒适度标准。表 4.2-18 为美国钢结构设计协会标准，其仅对各类结构给出了加速度限值，未对频率作出限制。我国《高层建筑混凝土结构技术规程》JGJ 3—2010 要求楼盖竖向振动频率不宜小于 3Hz，且加速度不应超过表 4.2-19 的规定。我国《高层民用建筑钢结构技术规程》JGJ 99-98 规定组合板的自振频率不得小于 15Hz。我国《城市人行天桥与人行地道技术规范》CJJ 69-95 规定天桥上部结构竖向自振频率不应小于 3Hz，这与《高层建筑混凝土结构技术规程》（JGJ 3—2010）的要求相同，但没有给出加速度限值。

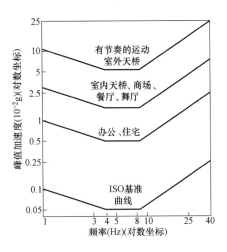

图 4.2-22 美国应用技术协会、国际标准化组织楼盖舒适度标准

美国钢结构设计协会楼盖舒适度标准　　表 4.2-18

人所处环境	办公、住宅	商场	室内天桥	室外天桥	仅有节奏性运动
楼盖加速度(g)	0.005	0.015	0.015	0.05	0.04～0.07

《高层建筑混凝土结构技术规程》JGJ 3—2010 楼盖舒适度标准　　表 4.2-19

人员活动环境	峰值加速度限值(m/s²)	
	竖向自振频率≤2Hz	竖向自振频率≥4Hz
办公、住宅	0.07	0.05
商场及室内连廊	0.22	0.15

2）舒适度振动控制与检测技术

• 舒适度控制：在结构设计阶段，通过分析楼盖结构的振动特性，如最小自振频率、振动峰值加速度，达到控制楼盖的刚度、峰值加速度在合理范围内的目的。

• 舒适度检测：在结构建成投入使用前，还可进行现场试验，检测楼盖结构的振动特性是否符合要求。

3）改善楼盖舒适度方法

对于由振动引起的不舒适问题，可以通过调整楼板的刚度、阻尼或质量的方法加以改善。但是，增加刚度和质量又会引起结构用钢量的增加、地震响应的增加，因此较合理的方法是调整结构阻尼来减振。此类案例如西安北站高架候车层，该结构尽管结构承载力和刚度满足规范要求，但因为结构共振引起的加速度振幅过大，超过了人体舒适度限值，因此需要进行舒适度调整。通过方案对比，最终通过在楼盖钢梁上安装多点调频质量阻尼器（图 4.2-23）达到了经济、有效的减振目的，较好地解决了楼盖舒适度问题。

2. 屋盖设计

（1）既有单层工业建筑屋盖概述

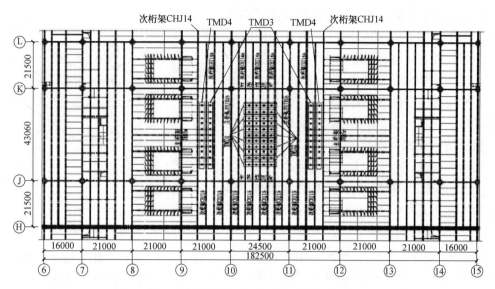

图 4.2-23　西安北站高架候车层大跨楼盖阻尼器布置

既有单层工业建筑屋盖形式，按屋架形状可以分为三角形屋架、梯形屋架、拱形屋架，按结构类型可以分为木屋架、钢筋混凝土屋架、钢屋架、预应力钢筋混凝土屋架等。它们的普遍特征是跨度大，自身高度高，粗犷而大气，是工业建筑结构的最显著特征（图4.2-24、图4.2-25）。

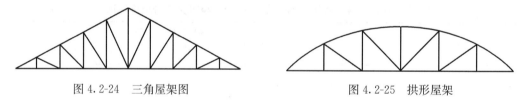

图 4.2-24　三角屋架图　　　　　　　　　　图 4.2-25　拱形屋架

在不改变屋面荷载的情况下，原有屋架通常可以继续利用，必要时可以更换屋面板，对局部的病害进行加固。

（2）基于建筑净空要求的屋盖改造

单层工业建筑改造中普遍提出室内增层要求，大量的工业建筑进行增层改造之后，底层要求的净空较大，对于原本不是特别高大的建筑，为了保证首层的空间，往往顶层的净空很小，使用功能受到很大的限制。这时就需要对屋盖进行改造，改造的思路有两种：

1）提升原屋盖

对于结构完好、利用价值高的屋架可以采用顶升的方式增加室内净空，顶升技术从20世纪80年代开始就被应用于一些既有厂房、公共场馆、桥梁的改造，是较成熟可靠的改造技术，优点是施工快、节约材料、减少拆除产生的建筑垃圾。

2）更换屋盖

在建筑密集的市区，建筑高度往往不能随意增高，这时就需要更换自身高度小的屋架，进而解决净空不足的问题。如图4.2-26中，将三角形屋架更换为人字形屋架。

4.2.5　室内结构增层改造加固方法

1.地基基础加固

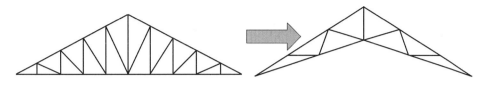

图 4.2-26　更换屋架以增加建筑净高

工业建筑室内增层改造涉及基础设计与基础加固。基础设计可以按照《建筑地基基础设计规范》GB 50007 进行；基础加固可以按照《既有建筑地基基础加固技术规范》JGJ 123 进行。这里主要介绍基础加固。基础加固的方法有很多，如扩大基础法、锚杆静压桩法、树根桩法、坑式静压桩法、注浆加固法等。对于工业建筑室内增层改造，扩大基础法、锚杆静压桩法两种方法最为常用。

（1）扩大基础法

扩大基础法主要包括增大基础底面积法、加深基础法和抬墙梁法三种，其中以增大基础底面积法和抬墙梁法较为常用。

1）增大基础底面积法

增大基础底面积法适用于原结构荷载增加、地基承载力或基础底面积不满足要求，且基础埋置较浅，具有增大条件时的情况。其特点是可以加强基础刚度与整体性；减小基底压力和基础不均匀沉降；同时经济性也较好。但需要注意的是，设计施工时，应采取有效措施，保证新、老基础的可靠连接和变形协调。

2）抬墙梁法

抬墙梁法类似于结构加固中的"托梁换柱法"，因此使用时必须了解结构的型式和荷载分布，合理设置梁下桩的位置，同时还要考虑桩与原基础的受力及变形协调。抬墙梁可采用预制的钢筋混凝土梁或钢梁，在原结构基础梁下穿过，置于基础两侧预先做好的钢筋混凝土桩上。需要注意的是，抬墙梁的平面位置应避开底层门窗洞口（图 4.2-27）。

图 4.2-27　增大基础底面积法

图 4.2-28　锚杆静压桩法

（2）锚杆静压桩法

2. 上部结构加固

（1）加大截面加固法

1) 适用性

这是通过在构件截面外围新浇混凝土，并加配受力钢筋或构造钢筋，以达到提高原构件承载力、刚度、稳定性和抗裂性之目的；对受压构件还可降低其长细比和轴压比。因此，常用于梁、柱、板和基础等的加固，可以说是对于混凝土构件包治百病的加固方法。

2) 加大截面加固法的优点：加固可靠性高，耐久性好。

3) 加大截面加固法的技术要点

采用增大截面加固法时，原构件混凝土表面应经处理；设计文件应对所采用的界面处理方法和处理质量提出要求。一般情况下，除混凝土表面应予打毛外，尚应采取涂布结构界面胶、种植剪切销钉或增设剪力键等措施，以保证新旧混凝土共同工作"。

（2）复合截面加固法

通过采用结构胶粘结或高强聚合物砂浆喷抹，将增强材料粘合于原构件表面，使之形成具有整体性的复合截面，以提高其承载力和延性的一种直接加固法。

1) 粘碳纤维加固

① 适用性

适用于加固混凝土梁、柱构件的承载力，纵向受力钢筋的补强，但不适用于素混凝土构件和纵向受力钢筋配筋率低于最小配筋率的构件加固。构件实测混凝土强度等级不能低于 C15，加固后构件承载力的提高不能超过 40%。

② 技术特点

碳纤维加固优点是施工简单快捷，无噪声、粉尘；缺点是防火性差，长期使用的环境温度不能超过 60℃，相对湿度不大于 70%。

2) 粘钢加固

① 适用性

适用于加固混凝土梁、柱构件的承载力，纵向受力钢筋的补强，但不适用于素混凝土构件和纵向受力钢筋配筋率低于最小配筋率的构件加固。构件实测混凝土强度等级不能低于 C15，加固后构件承载力的提高不能超过 40%。

② 技术特点

粘钢加固优点是施工简单快捷，无噪声、粉尘；缺点是防火性差，长期使用的环境温度不能超过 60℃。

3) 包型钢加固

① 适用性

包型钢加固法适用于需要大幅度提高截面承载力和抗震能力的混凝土构件，对混凝土强度等级没有要求，因此适用性强。

② 技术特点

包钢加固优点是施工简单快捷，受力可靠，无噪声、粉尘。

③ 技术要点与难点

梁包钢加固角钢在两端要加强锚固，柱包钢加固遇楼层梁板要贯通，如图 4.2-29。

（3）混凝土构件绕丝加固法

1) 适用性

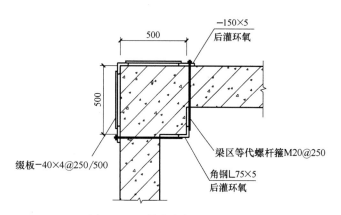

图 4.2-29 柱包钢加固梁区做法

这是通过缠绕退火钢丝使被加固的受压构件混凝土受到约束作用，从而提高其极限承载力和延性的一种加固法。还可以在柱的混凝土强度达不到要求时使用。因为它可提高原混凝土强度1～2级。

2）技术特点

优点是不占空间，不影响建筑功能，施工简单，工期短，无噪声、粉尘。缺点是对非圆柱作用不大。

（4）外加预应力加固法

这是通过施加体外预应力，使原结构、构件的受力得到改善或调整的一种间接加固法，包括无粘结钢绞线施加预应力和预应力碳纤维板加固法。

1）适用性

经常用来提高混凝土构件的承载力，减小结构变形或增大结构跨度等。外加预应力加固法适用的条件：一是施加预应力时的构件截面要能够承受较大的预压应力；二是要避免因预压应力过大而产生过大的由混凝土徐变引起的预应力损失。因此，要求混凝土强度等级，不宜高于C40，且不应低于C30。

2）技术特点

优点是施工方便，工期短，能减小结构原有变形，甚至使裂缝完全闭合；缺点是防火性差，技术要求相对高。

5. 机电设备系统改造设计研究

5.1 雨水回用系统应用

5.1.1 大屋面工业建筑改造雨水储存设置分析

1. 大屋面雨水收集池容积与收集量的关系

在设计建筑雨水收集回用系统时，雨水的储存空间主要包括储存屋面雨水原水的雨水收集池以及储存处理后雨水的雨水回用池，雨水储存池设置的关系着雨水回用工程的投资成本，根据项目统计，储存水池（包括雨水收集池和雨水回用池）容积每增加 $1m^3$ ，项目成本约增加 1100 元。此外雨水储存池容积、尺寸如果设置不当还可能带来水质的变化，从而影响用水卫生安全、增大处理难度。对于大屋面工业建筑改造项目，由于收集面积大，雨水量较大，雨水储存系统的影响显得更加突出。本章通过从雨水量和储存雨水的水质两方面进行分析，研究大屋面工业建筑改造时雨水储存系统设置应注意的问题。

对各月降雨量进行计算，对全国各个城市降雨资源丰富程度及均匀性进行分析如表5.1-1所示。

各城市降雨分析   表 5.1-1

城市	年降雨量 （mm）	平均月降雨量（mm）	最大降雨月份	最小降雨月份	最大月降雨量（mm）	最小月降雨量（mm）	月降雨量高于20mm的月数	相对标准差	相对极差
北京	645.3	53.7	8	12	212.3	2.6	6	1.306518	3.91
天津	569.8	47.5	7	1	189.8	3.1	7	1.277895	3.93
石家庄	550.1	45.8	8	1	168.5	3.2	7	1.121616	3.61
太原	459.4	38.3	7	1	118.2	3	7	0.977023	3.01
呼和浩特	417.4	35.8	8	12	126.4	1.3	5	1.110632	3.59
沈阳	735.4	61.2	7	1	192	7.2	7	0.989216	3.02
长春	593.9	49.5	7	1	183.5	3.5	7	1.109495	3.64
哈尔滨	523.3	43.6	7	1	160.7	3.7	7	1.064679	3.60
上海	1123.7	93.6	6	12	158.9	40.9	12	0.452885	1.26
南京	1029.3	85.8	7	12	183.6	29.4	12	0.561888	1.80
杭州	1398.7	116.6	6	12	196.2	54	12	0.41235	1.22
合肥	988.6	82.4	7	12	175.1	29.7	12	0.500728	1.75
福州	1343.6	112.0	6	12	230.2	31.6	12	0.576964	1.77
南昌	1596.3	133.0	5	12	301.9	47.2	12	0.665639	1.92
济南	685.2	57.1	7	1	217.2	6.3	8	1.089667	3.69

续表

城市	年降雨量（mm）	平均月降雨量（mm）	最大降雨月份	最小降雨月份	最大月降雨量（mm）	最小月降雨量（mm）	月降雨量高于20mm的月数	相对标准差	相对极差
台北	1869.7	155.8	6	1	283.3	68.2	12	0.485109	1.38
郑州	641	53.4	7	1	155.4	8.6	9	0.803745	2.73
武汉	1205.6	100.4	6	12	209.5	30.7	12	0.546116	1.78
长沙	1396	116.3	5	12	230.8	51.5	12	0.505245	1.54
广州	1695.1	141.2	5	12	293.8	25.7	12	0.688314	1.91
南宁	1300.7	108.4	6	12	232	26.9	12	0.689852	1.89
海口	1686.6	140.6	6	1	241.2	23.6	12	0.656615	1.55
成都	947	78.9	7	12	235.5	5.8	8	1.004689	2.91
重庆	1138.6	95.9	7	1	176.7	20.7	12	0.618651	1.64
贵阳	1175.7	97.9	6	1	224	19.2	11	0.695608	2.09
昆明	1006.5	83.9	7	1	212.3	11.6	8	0.897497	2.39
拉萨	445.6	37.1	8	1	138.7	0.2	4	1.333962	3.73
西安	580.2	48.4	7	12	99.4	6.7	9	0.646901	1.92
兰州	327.8	27.3	8	12	85.3	1.3	6	0.956777	3.08
西宁	368.1	30.7	8	12	81.6	0.9	7	0.958958	2.63
银川	196.7	16.4	8	12	55.9	0.7	3	1.023171	3.37
乌鲁木齐	277.6	23.1	6	1	39.3	8.7	8	0.394805	1.32

从对全国各大城市降雨量的分析来看，我国大部分城市都是夏季（6～8月）降雨较多，冬季（1月或12月）降雨较少。

从年降雨量和平均余额降雨量可以看出我国降雨在空间上的不均匀性。南方和东部沿海地区降雨量较高，年降雨基本都在1000mm以上；而北京、天津、西安、东北等地区年降雨在400～800mm；兰州、西宁、银川、乌鲁木齐等地区年降雨都在400mm以下。

对最大月降雨和最小月降雨量的对比以及月降雨的相对标准差和相对极差分析可以看出各地的降雨时间分布的差异。可以看出在北京、天津、石家庄等地区虽然年降雨量不大，但仍然有较大的最大月降雨量值，并且月降雨量的相对标准差和相对极差较大，说明这些城市的降雨在时间分布上不均匀，主要集中在夏季。而南方和东部沿海地区月降雨量相对标准差和相对极差较小，且在最小降雨月的降雨也能保持较大的数值，说明这些城市的降雨时间分布均匀。

根据以上分析可以将以上城市分为3种类型，如表5.1-2所示。

各城市降雨分类　　　　　　　　　　　　　　　表5.1-2

	类型	城市
1	雨水充足均匀	上海、南京、杭州、合肥、福州、南昌、台北、武汉、长沙、广州、南宁、海口、重庆、贵阳、昆明
2	雨水分布不均	北京、天津、石家庄、太原、呼和浩特、沈阳、长春、哈尔滨、济南、郑州、成都、拉萨、西安
3	雨水缺乏	兰州、西宁、银川、乌鲁木齐

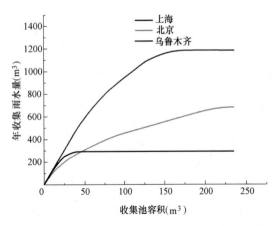

图 5.1-1　年收集雨水量和雨水收集池容积的关系

针对三类城市，雨水收集池容积与年收集雨水量的关系如图 5.1-1 所示。

从图中可以看出，随着收集池的增大，年收集雨水量呈现先增大、后不变的趋势。而从增大到不变的拐点出现时所对应的收集池容积各有不同，拐点对应横坐标数值等于最大月降雨量，对应的纵坐标数值为理论上全年总的可收集降雨量。大于等于此容积时，可收集全年的全部降雨。此案例中，上海、北京、乌鲁木齐对应的拐点容积分别为 158.93 m³、225.19 m³、41.50m³。

通常对于地埋式雨水收集池，池子造价和池子容积存在一定的线性关系。假设成正比关系，可以用获得单位雨水量所建的收集池容积来衡量其经济性，如图 3-4 所示。

从图中可以看出在上海随着收集池容积的增大，单位收集雨量所需的容积增长平缓，且在 50m³ 之前，容积/收集量的值都保持在 0.84 以下。而北京的曲线则呈现保持一定恒定斜率增长的趋势，且此斜率较上海大。乌鲁木齐的曲线先缓慢变化，至 10m³ 后就以较大的斜率增长。

2. 大屋面雨水收集池停留时间与雨水水质的关系

在雨水收集系统中，雨水的原水水质和出水水质会随时间的推移而发生变

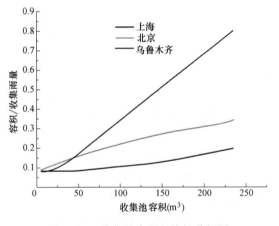

图 5.1-2　收集池容积经济性分析图

化，这种变化包括物理化学及微生物作用。一方面水中的悬浮物会逐渐沉淀，使上清液浊度降低，转而以沉淀形式留在池底；另外一方面由于微生物作用水质会发生变化，例如水中的各种形态（溶解态、悬浮态、沉淀）的有机物会分解，使水中的有机物浓度出现变化，导致 BOD_5、氨氮等变化，也会影响色度、浊度、嗅觉等感官性指标，在有光线照射的情况下，也有可能出现藻类和微生物的生长，影响处理工艺和出水水质；此外余氯挥发等化学作用也会给出水水质带来一定程度的影响。

研究雨水原水水质和出水水质会随时间推移发生的变化可以指导雨水收集池和储存池的容积设计，使雨水使用量和雨水水质同时满足要求，也能为雨水收集回用系统的运行维护提供参考。

选取某由工业建筑改造为办公建筑案例中雨水回用系统作为研究对象，研究该系统中雨水的原水和出水在静置条件下水质随时间发生的变化。该系统雨水原水不设置弃流装置，因此雨水原水为未经弃流的屋面雨水；系统采用的主要工艺为粗滤＋精滤＋NaClO

消毒的工艺。

在没有弃流条件下，雨水的原水比较浑浊，而出水除了有一定色度以外，用肉眼很难观察到悬浮物。通过测量得到相关水质指标如表5.1-3所示。

初始条件下原水及出水水质   表5.1-3

	pH 值	浊度
收集池（原水）	7.60	10.11
回用池（出水）	8.11	1.91

经过 20 天的对原水和出水水质的测量，得到 pH 值变化如图 3-5 所示，可见原水的水质变化不大，基本都维持在 7.5～7.8 之间，而出水除了出水水质在刚取回时 pH 值为 8，但在第 4 天测量时则 pH 降至 7.4 左右，并之后一直维持在 7.5～7.8 之间。说明随着时间的变化，pH 值不会有太大变化。出水的初始值碱性较强是由于余氯的残留，NaClO 呈碱性造成的，而处理出水在回用水池中停留时间的延长则会带来 NaClO 的分解，从而消毒效果也会受到影响，若不断补充消毒液 NaClO 又会带来出水中盐度的不断增加，影响 TDS 指标的达标。

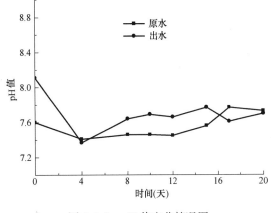

图 5.1-3   pH 值变化情况图

同时测量原水和出水的浊度变化情况，包括上清液和混合液（将水样搅拌均匀）的变化如图 5.1-4 所示。从变化情况可以看出上清液的浊度变化不大，基本都可以维持在 1NTU 以下，说明出水在回用池中的静沉作用对保证出水浊度不超标起着关键的作用。

而原水和出水随着 20 天的运行，其混合液浊度都较初始状况有所增加，其中原水混合液先是小幅下降，随后迅速增高，最终浊度增长到 15.28NTU，增加 41.25%。出水混合液浊度基本一直呈现增高的情况，从 1.91NTU 增长到 3.86NTU，增加 1.02 倍。说明由于微生物增长，会导致水中悬浮物增多，这对原水处理难度甚至出水水质的保障都会带来不利影响。

从原水和出水取回时和第 20 天的表观变化（图 5.1-5）可以看出，经过 20 天，原水和出水主要的表观变化是颗粒物的聚集和增多，原水主要是悬浮物的聚集与沉积，出水则是水样变得浑浊，底部出现细小絮体。

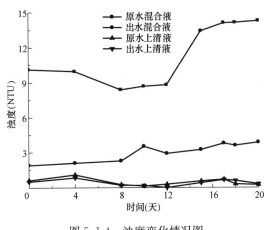

图 5.1-4   浊度变化情况图

a. 取回时

b. 20天放置

图 5.1-5　原水（右）和出水（左）的表观变化

　　由于水中上清液和混合液的浊度差别值比较大，需要对混合液的沉降特性进行研究。其中将原水混合后，沉降曲线如图 5.1-6 所示，混合液经过 5min 就迅速从 15.13NTU 降到 6.98（降低 50.6%），随后大约至 60min 从 6.98NTU 降至 2NTU 以下（降低 85.8%），一小时后浊度变化不大。出水混合后，沉降曲线如图 5.1-7 所示，前 10min 混合液浊度可以从 3.6 降至 1.71。随后缓慢降至 1 左右（其中 15min 监测点出现异常是由于取水时造成水的波动从而产生了测量误差）。

　　通过以上实验可以得到如下结论：

　　（1）雨水回用系统中，沉淀作用是水质变化的主要影响因素。通过沉淀作用可以使雨水储存池中的上清液的浊度降低。但由于沉淀，也会给系统带来不利影响，例如：沉淀物随着系统的运行会越积越多，沉淀物质在缺氧条件下会腐化变质，使水中有机物含量升高，影响 BOD5 达标，并且产生臭味。

　　暴雨时，雨水落水时产生较大的紊动，使池底的沉淀物被翻起，整个系统的出水浊度受到影响，尤其是对于大屋面建筑，由于雨水量大，这种落水作用产生的紊动会更加强烈。

　　（2）原水和出水随着放置时间的增加，浊度都会升高，体现在混合液的浊度增加，并

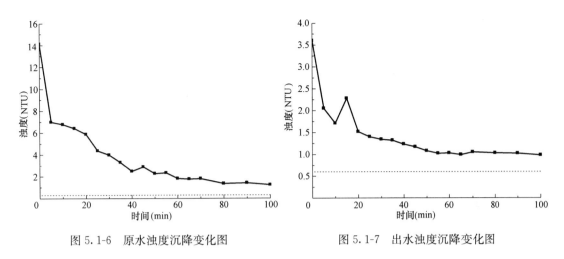

图 5.1-6　原水浊度沉降变化图　　　　　图 5.1-7　出水浊度沉降变化图

且静沉后在容器底部会有明显的絮体。

（3）pH 值不会随时间出现较大的变化，但 NaClO 的消毒作用会随着放置时间的延长而减弱。

5.1.2　适合大屋面雨水回用系统的储存设施设计

1. 大屋面雨水回用系统收集池设计

由于大屋面工业建筑改造项目的雨水收集量大，按照规范中提出的最大 24h 降雨量的计算方法，得到的雨水收集池容积较大。并且从雨水水质随着储存时停留时间增加的变化情况可以发现，雨水在收集池中的停留时间不宜过长，建议不超过 12d，否则会加大后续处理系统处理难度，增大反冲洗频率，使整个雨水回用系统的工作效率降低。雨水储存池的容积可以按照公式"容积＝停留时间×平均日用水量"的公式进行计算。因此，在进行大屋面工业建筑改造时，平均日用水量是决定雨水储存池容积的主要因素。

在大屋面雨水收集回用系统中，由于处理对象——雨水的水质较为洁净，因此在处理工艺的选取上应当力求简易，此时若能使得雨水收集池在储存调节雨水水量的同时，兼具预处理的功能，就可以减轻后续处理工艺的负担，甚至可以不用设独立的处理系统。可以采用以下两种方式：

（1）收集池兼具过滤功能

这种设计方法主要是在收集池中增加 300～500mm 的滤料层，或者直接将整个储存池中放满填料（此时又称为模块式雨水处理系统）。

前一种方式的收集池构型如图 5.1-8 所示，雨水储存池需要采用多点配水装置进行均匀配水，雨水通过滤料可以起到过滤的效果，一些大粒径的悬浮物可以被滤料截留而去除，当滤料阻力过大影响进水流量时，启动反冲洗泵对滤料进行反冲洗，冲洗废液通过废液槽自流排出。但系统要保持进水的配水的均匀，依靠屋面雨水重力作用较难实现，系统的进水需要通过集水井和恒压泵来实现。对于大屋面建筑来说，雨水量较大，要求水泵流量和集水井容积较大，因此这种储存过滤方式在大屋面工业建筑改造中使用有一定的局限性。

另外一种收集池的构型主要是通过蓄水模块将整个池体全部填充，通过检查井中水泵

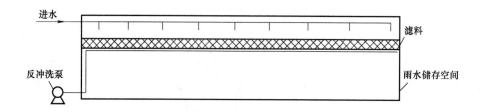

图 5.1-8　过滤式雨水收集池示意图

将储存的雨水输送到后续处理工艺（图 5.1-9）。这种雨水储存池中蓄水模块起到支撑池体的作用，同时由于模块的孔隙可以对雨水中的悬浮物起到拦截和吸附的作用。从大屋面建筑雨水量较大，对池底积泥冲击力较大的因素来看，模块还能起到分散进水、减缓冲击的作用。但是对于模块式雨水储存池来说，主要问题在于随着拦截吸附悬浮物的增多，由于污染物的填充作用，池子的有效容积会逐渐减少，池体的有效容积为有效空间体积与填充率的乘积。这种形式的雨水储存池主要问题在于沉积物会聚集在池子底部，清洗需要将模块拿出，较难通过排泥泵排出。

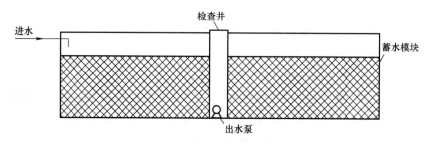

图 5.1-9　模块式雨水收集池示意图

（2）收集池兼具沉淀功能

根据雨水静沉试验，可以知道静沉自净作用可以有效降低上清液的浊度，具有沉淀功能的收集池是通过足够的沉淀时间 t 使水中的悬浮物沉积到水池底部，如图 5.1-10 所示，这种雨水储存池的设计类似于平流沉淀池的设计。在平流沉淀池设计中，沉淀池的面积由表面负荷 q 进行确定，q 越低则沉淀效果越好。对于雨水收集系统的储存池来说，其运行介于序批式和推流式之间：在长期晴天时，由于无雨水的持续补给，水池类似于序批式，此时 $q=H/t$（H 为池深，t 为沉淀时间），通过水力停留时间的延长可以降低 q 值，根据前面原水浊度沉降曲线，60min 可以去除 85.8% 的浊度，建议提升水泵开启时间为降雨结束 60min 以后，以提高收集池的沉淀效率；而在降雨时，尤其是暴雨，由于有雨水的不断进入，水池的流态接近于推流式，这时候 $q=Q/A=H/t$（Q 为提升水泵的工作流量，A 为雨水收集池沉淀区的表面积），此时需要进行校核 $t=H\times Q/A$，此时按照 50% 的浊度去除率，对应的 t 应该大于 5min。

雨水收集池的底部可以设置坡度为 0.01～0.05 的坡度，并在坡底设置储泥斗，水泵抽水由坡顶底部抽取。这样可以避免雨水中的悬浮物对后续处理系统的影响。

这种沉淀式雨水储存池与常规的沉淀池相比，由于雨水中杂质相对较少，且储泥斗的容积不作为雨水储存的有效容积，因此，储泥斗的容积不宜过大。对于大屋面建筑来说，

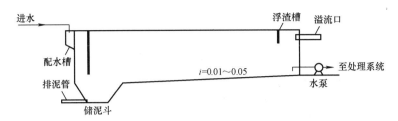

图 5.1-10　沉淀式雨水收集池示意图

由于雨水量较大，在暴雨时会产生较大的冲力，因此在暴雨前应当注意对储泥斗中积泥进行排空，避免冲力造成储泥斗内污泥的紊动，影响后续处理系统的处理效果。水泵的吸水口距离坡顶池底高度不宜小于 500mm。

在苏州高新区展示馆项目雨水回用系统（如图 5.1-11）中就采用了雨水收集池兼顾雨水沉淀的设计。其雨水收集池容积为 250m³，处理设备的处理水量为 15m³/h，沉淀区满水位有效深度为 2.8m。经过校核该系统在降雨时连续运行的水力停留时间为 $t=H\times Q/A=2.8\times15/(250/2.8)=0.47h$，对照原水浊度沉降曲线，浊度的去除率可以达到 71.7%。

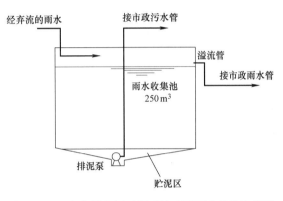

图 5.1-11　在苏州高新区展示馆项目雨水收集池设计

2. 雨水回用池储存容积与构型

根据《建筑与小区雨水利用工程技术规范》GB 50400—2006，雨水回用水池的容积可以按照雨水回用系统最高日设计用水量的 25%～35% 计算。按照这一计算方法，雨水在回用池中的停留时间大约是 6～8.4h。

雨水回用池在设计时应当注意进出水管的布置，以防止和减少死区和短流现象，从而使得部分区域的水力停留时间不断增长。在苏州某商业建筑的雨水回用设计中，在雨水回用池中，雨水处理出水、自来水补水与清水泵、反冲洗泵的取水口布置在水池两侧，这样能够有效地防止水池短流，如图 5.1-12 所示。

但是由于雨水回用系统通常情况下流动较缓且没有搅拌或者曝气，因此死区不可能完全避免，为了防止死区中可能会有污泥的存在和增长，建议底部放空阀设置在水池死角处，并且回用水池中也设有一定坡度坡向放空阀，对水池要进行定期的防空和冲洗。

5.1.3　大屋面工业建筑雨水处理工艺选取研究

1. 初期雨水弃流工艺选取研究

研究分析了浮球式、容积式、离心式、重力式、雨量感应式 5 类弃流方式的特点。其中浮球式和容积式弃流装置都是通过使雨水储存到一定量后，改变流向进入收集池。在设计中，这两种弃流方式都是根据弃流厚度和收集面积来确定弃流量。离心式和重力式弃流系统是在外力（离心力或重力）作用下，以过滤的方式将初期雨水中杂质分离出来。对于离心式弃流，杂质排除方向与雨水过滤流向垂直，这样便于杂质的排出；而重力式弃流则

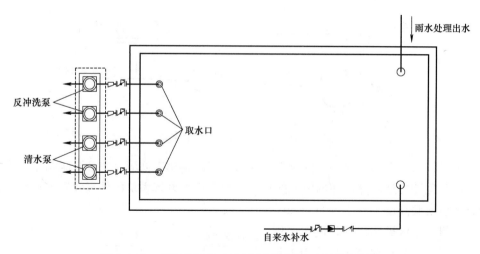

图 5.1-12　苏州某商业建筑雨水回用系统回用水池设计

是类似于死端过滤的方法，杂质会残留在过滤器上，当杂质达到一定重量时，弃流过滤管封闭，雨水通过收集管进行收集。雨量感应式弃流是通过加装降雨量感应器控制弃流阀门的开启，在降雨量达到设定数值（弃流厚度）前，弃流阀开启，雨水进入市政雨水排水管；达到设定数值后，弃流阀关闭，雨水进入收集池。这种弃流装置通常在设置弃流厚度准确的情况下可以有很好的弃流效果，并且也不需要设置专门的弃流池，只需小面积的弃流井即可，节省占地，但由于要加装降雨量感应，造价相对偏高，尤其对于分散屋面收集的情况，并且这种弃流方式还有电磁阀易堵塞的缺点。

　　针对 5 种弃流方式的特点，其在大屋面工业建筑改造时的选择应参考表 5.1-4 的优缺点进行选择。

不同弃流方式的对比　　　　　　　　　　　　　　　　　　　表 5.1-4

序号	弃流方式	工作原理	在大屋面工业建筑改造工程中的优点	在大屋面工业建筑改造工程中的缺点
1	浮球式弃流	在降雨初期，雨量较小，雨水通过低位敞口排放。雨量增大后，浮球在浮力作用下带动杠杆将排污管关闭	设备容易在既有建筑雨水管上安装	要求设备规格较大
2	容积式弃流	初期雨水通过切换井进入弃流池，当弃流池水量满后，雨水流入收集池	需要辅助设备较少；可与收集池共同设计为地埋式	需要较大容积的弃流池
3	离心式弃流	通过在雨水落水管中设置离心过滤器，利用雨水落水产生的离心力达到过滤初期雨水中杂质的目的	设备容易在既有建筑雨水管上安装；设备大小与收水面积无关；既有雨水落水流速可测，有较准确的设计参考依据	每根雨水落水管上都需要安装一个设备

序号	弃流方式	工作原理	在大屋面工业建筑改造工程中的优点	在大屋面工业建筑改造工程中的缺点
4	重力式弃流	利用雨水重力进行过滤排污；当杂质达到一定重量后雨水通过收集管进行收集	设备大小与收水面积无关	清理的频率较高
5	雨量感应式弃流	设置弃流厚度，通过实时监控降雨量，控制弃流电磁阀门的开闭，决定雨水流向	集中收水需要的感应器数量不多	价格较贵；需要开挖弃流井；电磁阀易堵塞

2. 雨水处理主体工艺选取研究

在雨水处理中常用的处理工艺有过滤处理、蓄水模块处理、生态处理几种。

采用过滤作为处理工艺，所需的设备空间较小，当有地下空间时，通常可设置在地下室机房当中。这种处理方式维护也较为方便。但是这种处理方式只能处理一定粒径以下的悬浮固体，对小粒径造成的浊度色度以及溶解性物质去除效果较差甚至无法去除，在原水水质不好或是初期弃流效果不佳时，会影响出水水质。因此采用该工艺需要有较好的初期弃流效果。

利用蓄水模块处理雨水通常将模块铺设在场地地面或道路下。模块对雨水起到储存以及处理的双重作用。采用此工艺不需要另外设置雨水收集池，且设置地点在室外场地地下，有效利用了室外的地下空间。雨水进入模块中会经过静沉作用，并且模块的网格会对雨水中的杂质起到拦截作用，从而达到了过滤的目的，模块经过运行，会产生微生物挂膜，也可以形成生物处理的作用。但蓄水模块的主要问题在于雨水中杂质会在模块池底部沉积，而由于系统是地埋式，清理较难。这样随着系统的运行会出现泥沙沉积、有效容积减少、周期性水质变差的情况。

雨水的生态处理方式是利用植物、土壤等作用，通过自然手段去除雨水中的污染物。通常这种方式会结合水体景观及水生植物景观进行设计。在去除雨水中污染物使雨水得到净化的同时，植物也利用了雨水中的污染物提供的养料生长。这种处理方式的优点在于处理过程可以不用或是少用处理设备；对污染物去除的作用明显，可以适合不同原水水质，甚至屋面雨水可以不经过初期弃流即可用此工艺处理达标；另外与景观的结合，在改善景观效果的同时也对雨水的储存起调蓄作用。但是运用这种处理方式需要的场地面积很大，通常当需要建造较大规模景观的时候才选择使用这种方法。但这种方法用能小，处理效率高，兼具雨水处理和调蓄储存的作用，是较为值得提倡的雨水处理利用方式。

3. 雨水处理组合工艺选取研究

工业建筑改造时的雨水处理组合工艺的选择应结合改造前后的场地条件进行选择，表5.1-5列出不同工艺流程的适用条件。

5.1.4 大屋面工业建筑屋顶汇水与收集分析

针对原有大屋面工业建筑的不同屋面形式应通过不同的改造手法以获得较好的汇水条件，以便于收集。

雨水处理组合工艺及适用条件 表 5.1-5

序号	工艺流程	适用条件
1	屋面雨水—景观生态水循环	①具有较大的场地用于水景 ②雨水仅用于景观水补水
2	屋面雨水—景观生态水处理—消毒—回用	①具有较大的场地用于水景 ②雨水用于景观水补水、绿化灌溉等多种用途
3	屋面雨水—离心式弃流—蓄水模块处理—消毒—回用	①可供开挖的场地较大
4	屋面雨水—离心式弃流—蓄水模块处理—过滤—消毒—回用	①具有较大的可供开挖的场地 ②回用用途对雨水水质浊度要求较高（冲厕、洗车、滴灌）
5	屋面雨水—降雨感应式弃流—景观生态水循环	①具有较大的场地用于水景 ②屋面汇水集中 ③雨水仅用于景观水补水
6	屋面雨水—降雨感应式弃流—蓄水模块处理—消毒—回用	①具有较大的场地用于水景 ②屋面汇水集中 ③雨水用于景观水补水、绿化灌溉等多种用途
7	屋面雨水—降雨感应式弃流—蓄水模块处理—过滤—消毒—回用	①具有较大的可供开挖的场地 ②屋面汇水集中 ③回用用途对雨水水质浊度要求较高（冲厕、洗车、滴灌）
8	屋面雨水—离心式弃流—过滤—消毒—回用	①具有设备机房 ②回用用途对雨水水质浊度要求较高（冲厕、洗车、滴灌）

1. 平屋面的汇水方式及收集系统改造

方形平屋面主要通过设置坡度将雨水排向一个或多个雨水口。工业建筑由于其屋面较大，通常平屋面排水大多使用多雨水口的排水方式。在设置雨水回用设施时，要注意汇水面积的划分时要考虑各雨水口的排水负荷的均匀性，并且计算达到弃流井的时间要相对接近（图 5.1-13）。

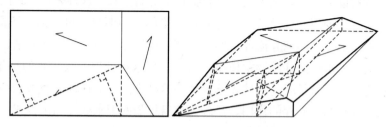

图 5.1-13 多雨水口排水方式示意图

对于有些工业建筑，如仓库，屋面为圆形或类似圆形的屋面，圆形平屋面主要分为单雨水口排水和双雨水口排水两种方式。

其中圆形单雨水口（图 5.1-14）排水类似于对角式单坡排水，是将屋面雨水汇集到屋面较低的一侧进行集中排放，这种排水方式通常在雨水口一侧设置雨水收集池和雨水处理装置，就近回用。

圆形屋面的双雨水口排水是将圆形屋面对称地分为两部分，这种排水方式，每个雨水口只能收集到屋面的一半的雨水量，因此对这种类型屋面的工业建筑进行雨水利用改造时需要通过计算回用系统的用水量，进行水量平衡选择，选择对两个雨水口的雨水均进行收集还是仅收集一个雨水口的雨水。雨水收集和处理设施应当尽量靠近雨水用水点（图5.1-15）。

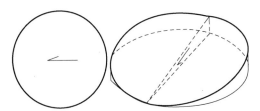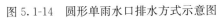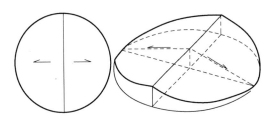

图 5.1-14　圆形单雨水口排水方式示意图　　　　图 5.1-15　圆形双雨水口排水方式示意图

扇形平面的雨水排水可以采用内侧或外侧找坡排水的方式。其中内侧找坡排水，结合建筑室内功能空间的设置，可将雨水收集装置直接设置在雨水立管下方，直接通过立管进入雨水收集回用。内外侧边缘进行排水时，需要沿着弧线设置多个雨水排水口，因此也具有雨水收集点分散、雨水排水系统安全的特点。

2. 坡屋面的汇水方式及收集系统改造

在坡屋面工业建筑改造中增设雨水回用系统难点在于对多跨屋面和锯齿形屋面的改造。这主要是由于这类屋面雨水汇流口较多较分散，在工业建筑设计时，大多是选择在建筑外立面上设置重力式雨水斗直接排放。具有这样屋面形式的工业建筑跨度较大，雨水斗很多，若通过地埋雨水管进行集中汇流，管线很长，最终末端的雨水管埋深会很大。因此对其进行雨水收集回用改造时，一方面应根据用水需求，选择收集的屋面，对雨水收集屋面进行适当的分区，对非收集屋面雨水管可以保留原有排水方式；另一方面，收集屋面对应的雨水立管采用悬吊管连接，雨水斗也改为压力式雨水斗，以加大排水流量。

3. 雨水收集系统改造

针对我国早期建设的大型工业厂房屋面排水多为重力流的特点，在进行雨水收集系统改造时应当注意将其改造为压力流以增加排水能力、便于回收，且符合现行规范的要求。

雨水口应改造为压力流雨水斗，由于在相同排水能力下，所需的压力流雨水口口径相对较小，在改造过程中应当注意对屋面口径缩小部分的填充，注意屋面防水。

对重力流雨水管系统也应进行改造，早期的工业建筑雨水排水通常是通过较多较粗的雨水管道重力排放至埋地管。而改造建筑需要对雨水管道进行更换，通过较细较短的雨水口连接管，连接至水平悬吊管进行排放。雨水管道系统应增设悬吊管，增加的悬吊管应引至雨水收集回用装置所在区域用一根总的排水立管排入收集系统。雨水埋地管的设置应当能够将屋面雨水引至雨水蓄水池中，并且重设的埋地管可以结合雨水调蓄作用，采用渗透式埋地管道。

对于无悬吊管的大屋面工业建筑，根据原有建筑的分水情况，可以保留原分水线，进行排放，也可改变屋面找坡形式，将雨水排向一侧，利用一侧的压力流雨水口对雨水进行收集（图 5.1-16）。

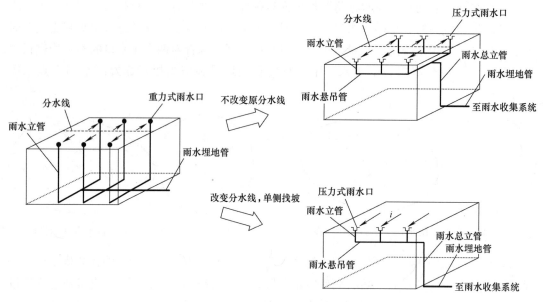

图 5.1-16 无悬吊管大屋面工业建筑改造方法

对于有悬吊管的大屋面工业建筑。其重力流悬吊管通常是具有一定坡度，且雨水总立管分别设置。因此当雨水收集系统设置位置与原市政雨水排水方向相同时，可以保留原悬吊管。若不相同时，建议对雨水悬吊管进行调整。雨水悬吊管是否调整也同时应当结合改造后建筑空间要求来进行选择（图 5.1-17）。

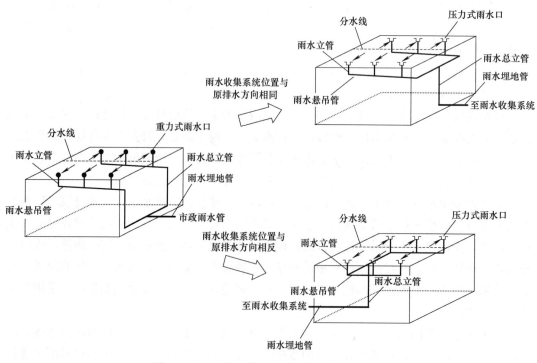

图 5.1-17 有悬吊管大屋面工业建筑改造方法

当雨水有调蓄需求时，可以将系统中雨水埋地管改为渗透式雨水埋地管，使降雨时部分雨水可以渗透至土壤中进行调蓄（图 5.1-18）。

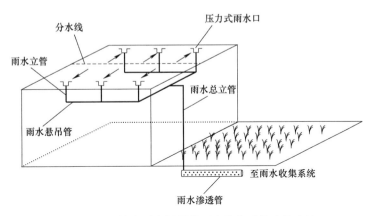

图 5.1-18　结合雨水调蓄的雨水收集系统改造方法

当没有足够空间设置雨水弃流装置时，可以在改造时采用在管道上安装离心式弃流设施实现在管道上进行弃流（图 5.1-19）。

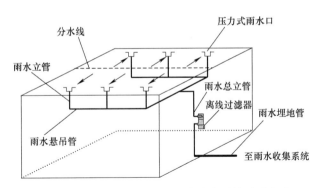

图 5.1-19　结合雨水处理的雨水收集系统改造方法

5.1.5　雨水处理储存设备空间布置选取与改造技术研究

既有工业建筑在进行民用化改造时，需要进行功能类型的转换。不同功能类型的转换会带来用水需求的变化。因此增设的雨水回用系统应注意采用不同工业建筑改造手法时回用雨水用水量需求的变化，并考虑雨水处理储存设备的布置空间的选取。

对"保留原有建筑形态"、"局部拆除"、"内部分割"、"空间拓展"4 种工业建筑的改造手法进行分析。其中"保留原有建筑形态"和"局部拆除"的方法，其雨水收集系统可收集的雨水量与冲厕和冷却塔补水的用水量具有较好的平衡关系，但由于未进行空间拓展，所以在建筑内部空间中设备空间缺少合适的设置地点。"内部分割"和"空间拓展"的手法通常会造成建筑用水需求量的上升，而雨水收集量则增长不明显或是没有增长，因此应根据水量平衡来确定雨水用途，但这种改造可以扩展或是隔开独立的雨水机房空间，便于雨水回用系统的布置。

此外，雨水储存地点及用途应结合场地条件进行选择，可根据表 5.1-6 进行选择。

雨水储存设备布置及用途选取 表 5.1-6

序号	场地条件及建筑改造方法	布置地点	雨水用途
1	有较大的人工或自然水体	雨水利用水体进行储存,处理设施建在水体附近	室内:冲厕、空调补水; 室外:绿化、冲地、洗车
2	场地中无较大的人工或自然水体,建筑采用内部分割或空间拓展的改造方式	储存与处理装置全部设置在分割或拓展空间内	仅用于室外,绿化、冲地、洗车
3	场地中无较大的人工或自然水体,建筑仅进行保留原有形态或是局部拆除的改造	方法1:在建筑外部另外搭建雨水处理设备机房	仅用于室外,绿化、冲地、洗车
		方法2:利用雨水蓄水模块方式外部建设地埋式雨水处理储存设备	室内:冲厕、空调补水; 室外:绿化、冲地、洗车

5.1.6 小结

1. 对大屋面工业建筑改造项目进行雨水收集与再利用时应结合降雨的均匀性设置雨水收集池,避免收集池过大造成占地浪费和雨水停留时间过长影响水质,并且雨水收集池的设置应兼顾处理作用,以降低后续处理的难度;

2. 雨水处理应结合常用的雨水处理工艺特点,结合建筑改造前后的场地条件进行选择;

3. 针对旧工业建筑的重力流排水特点,应进行屋面汇水的重新划分并对重力流雨水口、雨水管道进行改造,通过压力流排水系统增加排水能力并便于雨水收集;

4. 雨水收集与再利用系统应结合工业建筑的改造手法选择合适的布置地点和用途。

5.2 太阳能热水系统应用

5.2.1 既有工业建筑改造太阳能热水利用分析概述

既有工业建筑绿色化改造时,由于受限于建筑本体特点、所处场地、周边建筑环境以及改造后建筑的使用功能等因素的影响,又要考虑与周边环境的和谐统一,还得匹配与市政等诸多相关资源承载力的关系,因此改造工作难度较大。仅从太阳能利用的角度考虑,一方面太阳能利用技术虽然形式多样、灵活方便,但也受建筑所属气候区的太阳能辐射总量、太阳能设施与建筑一体化设计、建筑承载力、资金投入等的制约。

另一方面,太阳能热水系统通常由太阳能集热器、传热工质、贮热水箱、补给水箱和连接管路等组成,系统构成的设备部件较多,尤其是太阳能集热器元件的铺设需要占用较大的场地面积,且对所用场地的光照条件有较高的要求,这些特点使得太阳能热水系统在常规的既有建筑改造工程中应用受到限制;但是,在既有工业建筑改造中,由于工业建筑通常具有宽大的面积、空旷的场地、建筑上部可利用空间丰富等优势,使得太阳能热水系统可以得到较好的应用。

因此,太阳能利用技术在既有工业建筑改造中具有一定的先天条件,但也必须全面考虑并很好地解决诸如建筑承载力、与建筑一体化设计等难点才能实现高效节能、高性价比、与建筑风格的协调统一,以及与其他用能系统和谐同步的问题。

5.2.2 既有工业建筑改造太阳能热水系统案例分析

1. 案例1：上海申都大厦

申都大厦的太阳能热水系统设置以太阳能为主、电力为辅的蓄热太阳能集中热水系统供应热水。太阳能热水系统为厨房、卫生间等提供热水，热水用水量标准 5L/（人·d）（60℃）。按照太阳能保证率 45%，热水每天升温 45℃，安装太阳能集热器的面积约为 66.9m²，见图 5.2-1。

该项目太阳能光热系统 2013 年全年月平均出水温度最低约为 16.4℃，最高约为 68℃，平均每年每平方米产生 194.7kWh 的热量，即每产生 1kWh 热量需要消耗 0.09kWh 电量。由于夏季高温，系统在 8 月底至 10 月运行期间，太阳辐照值高，并且实际热水用水量小于设计值，导致水箱中水温升高较快，高温水蒸气通过水箱上部的安全阀排出。由于水箱放置在地下室的密闭空间，且缺少通风设备，过热的水蒸气导致地下室消防报警。这一问题导致系统在该期间无法正常开启而暂停运行。此外，系统在实际运行当中未开启辅助加热系统，因此在非夏季期间出水水温达不到设计水温要求（60℃）。建筑的

图 5.2-1　太阳热水系统

日平均总用水量为 3.8t，其中低区（B1—2F）、高区（3F—6F）的日均用水量分别为 2.3t 和 1.5t。

该系统集热元件采用内插式 U 形真空管集热器，安装在屋面。配合 2 台 0.75t 的立式容积式换热器（D1、H1）作为集热水箱，2 台 0.75t 的立式承压水箱（D2、H2）配置内置电加热（36kW）作为供热水箱。集热器承压运行，采用介质间间接加热从集热器内收集热量转移至容积式加热器内存储。其中 D1 容积式换热器对应低区供水系统，H1 容积式换热器对应高区供水系统。

D1、H1 容积式换热器与集热器之间采用温差循环方式收集热量，两个温差循环共用一套集热系统，之间采用三通切换阀切换，D1 容积式换热器优先级高于 H1 容积式换热器。立式承压水箱作为供热水箱，为达到太阳能高效合理的利用，水箱之间设置热循环，当集热水箱（D1、H1）温度高于供热水箱（D2、H2）时，自动启动换热循环将热量转移至供热水箱。供热水箱内置 36kW 辅助电加热，电加热安装在供热水箱上部，启动方式为定时温控。

太阳能系统供水方面设置限温措施，1 号水箱限温 80℃，2 号水箱限温 60℃。为保证太阳能集热器系统的长久高效性，在集热器循环管路上安装散热系统，当集热器温度达到 90℃时自动开启风冷散热器散热，当集热器温度回落至 85℃时停止散热。

太阳能系统供水方面设置限温措施，1 号水箱限温 80℃，2 号水箱限温 60℃。为保证太阳能集热器系统的长久高效性，在集热器循环管路上安装散热系统，当集热器温度达到 90℃时自动开启风冷散热器散热，当集热器温度回落至 85℃时停止散热。

2. 案例2：深圳市南海意库 3 号楼

图 5.2-2　太阳热水系统

该项目中，主热源为太阳能光热装置，光热板面积约为 100m²，地源热泵作为辅助能源。其工作原理是：利用地下浅层土壤温度不被扰动时常年保持在 10～20℃ 的特点。地下储热通过压缩机的作用制取生活热水，把低品位的热能转化成为高品位的热能，从而制取生活热水。日产 55℃ 热水将近 5000L，热水主要用于 400 人的员工餐厅洗涤用水以及每天 30 人次的淋浴用水（图 5.2-2）。

3. 案例 3：天津市天友建筑设计股份有限公司

改造后的办公楼，给排水系统能耗主要为生活热水系统能耗，而用于制备生活热水的热源又占其系统能耗的 80% 以上，因此生活热水系统改造是给排水系统节能改造的重点。生活热水主要用于日常盥洗，而利用太阳能制备生活热水是一项公认的比较成熟的技术，采用太阳能热水系统，春、夏、秋季热水温度基本可满足日常使用要求，冬季也可充分利用太阳能，为热水系统预热。太阳能热水系统的设置一方面解决了生活热水系统的热源问题，另一方面，针对热水供水系统进行优化，可进一步提升节能效果。

传统的太阳能热水系统一般采用集热板与水箱分离设计，太阳能集热器通过一次循环设备（热媒循环或热水循环）与水箱内的水进行换热，水箱热水通过二次循环供水设备供应各楼层用水并保持管网内热水温度。而一、二次循环设备同样是耗能大户，如能将此部分进行优化，则可进一步减少热水系统的能耗，因此本次改造时采用承压式一体化太阳能热水器。一方面，集热器与水箱一体化设计，实现集热器与水箱之间通过热媒温差自然循环，取消了热媒循环设备。另一方面，热水器采用承压设计，热水通过冷水压力顶水出水，保证了冷热水压力一致，同时省去了加压供水设备，只需要设置功率较小的循环设备保持管网水温即可。而且工厂化制作的热水箱较常规水箱保温效果更好，进一步减少了热量的散失。

为保证日照不足情况下太阳能热水系统的正常运行，系统设有电辅助加热装置，当太阳能提供的水温不能满足设定要求时，电辅助加热装置自动启动，维持水箱内热水温度。全自动化的启动方式在实现了系统操作便利的同时，也往往带来无谓的能耗，如除防冻保温外的夜间或周末的自动启动。由于本工程生活热水主要用于卫生间洗手，对于水温要求不高，可在非寒冷季节时取消电辅助加热系统的自动运行，以减少该部分能耗，利用太阳能自然热量及热水箱的良好保温性能保持热水温度。本工程设置集中热水系统，供应洗脸盆、淋浴器等，屋顶设置太阳能集热器、储热罐、循环泵及电辅助加热设备，太阳能不足部分由电辅助加热系统提供。室内热水管网采用上行下给的供水方式供水，全循环，同程式布置。

太阳能热水系统电辅助加热系统每年开启天数 120d，设计参数见表 5.2-1。

设计参数表 表 5.2-1

热水定额 (L)	用水单位	用水天数	热水温度 (℃)	太阳能面积 (m²)	循环泵功率 (kW)	太阳能 保证率	集热器 热效率	热水量 (L/d)
5	300	250	60	7.5	0.55	0.4	0.45	1500

经实际监测，采用太阳能热水系统，在电辅助开启的情况下，11月份电辅助能耗仅为热水系统能耗的25%～35%，有效降低了常规能源的消耗。

4. 案例分析小结

（1）不同类型的旧工业建筑民用化改造中可再生能源系统选择和设计，应综合考虑与建筑的风貌改造、原有特色和建筑遗产保存等影响因素。

（2）工业建筑民用化改造中太阳能利用系统通常是改善建筑物的能源供应构成（增加供能总量、改用洁净能源）和作为保证常规能源供应的稳定性的补充。其应用的主要影响因素包括：建筑的功能设计、结构安全及寿命、热工性能、景观，太阳能系统的产能、转换效率、可维护性等。

（3）旧工业建筑改造中太阳能利用技术要尽可能实现与建筑一体化设计，同时还应考虑太阳能系统的寿命问题。

5.2.3 太阳能热水系统应用条件分析

1. 太阳能资源

民用建筑引入太阳能作为生活热水热源或供热系统辅助热源是应用时间较长和较广泛的可再生能源形式。我国在世界范围内为太阳能资源较丰富地区。据住房和城乡建设部科技司统计，每年中国陆地接收的太阳辐射总量，相当于24000亿t标准煤，全国总面积2/3地区年日照时间都超过2000h，特别是西北一些地区超过3000h，这就为在建筑中利用太阳能提供了资源保障。

我国太阳能资源分布情况和等级划分 表 5.2-2

太阳能资源等级	年日照时数(h/a)	年辐射总量(MJ/m²·a)	等量热量所需标准燃煤(kg)	包括的主要地区	备注
一类	3200～3300	6680～8400	225～285	宁夏北部,甘肃北部,新疆南部,青海西部,西藏西部	最丰富地区
二类	3000～3200	5852～6680	200～225	河北西北部,山西北部,内蒙古南部,宁夏南部,甘肃中部,青海东部,西藏东南部,新疆南部	较丰富地区
三类	2200～3000	5016～5852	170～200	山东,河南,河北东南部,山西南部,新疆北部,吉林,辽宁,云南,陕西北部,甘肃东南部,广东南部	
四类	1400～2000	4180～5016	140～170	湖南,广西,江西,浙江,湖北,福建北部,广东北部,陕西南部,安徽南部	中等地区
五类	1000～1400	3344～4180	115～140	四川大部分地区,贵州	较差地区

表5.2-2为我国各气候区等级太阳能分布区的资源分布情况。可见，太阳能资源与其他可再生能源资源相比具有资源丰富性、广泛性、技术易用性、规模灵活性，但在建筑中

实际应用效果具有替代常规能源的不稳定性，主要体现为能流密度低、能源强度受各种因素（季节、地点、气候等）的影响不能维持常量。

2. 太阳能热水系统的选择

对于应用于既有工业建筑改造的太阳能热水系统，选择太阳能热水系统各主要构成部分时应考虑以下几点：

（1）在太阳能热水系统形式的选择上，要考虑是否适合既有建筑用户使用；

（2）选择合适的太阳能集热器类型，除要考虑热水供应量与温度等因素外，还必须考虑对屋面荷载的影响；

（3）选择合适的太阳能储热水箱保温材料，满足水箱保温要求；

（4）选择合适的辅助热源形式，满足在无光照情况下的水温要求；

（5）选用适合既有建筑的循环系统，尽可能利用既有建筑原循环系统，降低成本；

（6）随着城市的发展，必须考虑既有建筑与太阳能热水系统的结合问题，不能影响既有建筑的外部形象。

3. 太阳能热水系统需要解决的问题

（1）集热系统选用的形式和安置的位置

集热系统内部之间的连接，集热器采用的材料和集热系统中集热器的倾角都直接影响着能否获取足够的热量，所以集热系统的选择很重要。改造后的建筑的使用功能不同，需要的热水量也不同，因此还需计算太阳能集热系统集热板的面积。

（2）热水系统辅助热源的选择

集中供热太阳能热水系统采用太阳能作为主要的能源，但是在阴雨较多的南方，往往没有充足的日照，太阳能热水系统得不到充足的能源，这就需要选用合适的辅助热源，使得改造后的建筑获得充分的热水，同时使热水系统可以做到太阳能集热自动化，使其供水质量满足温度与即时性的要求。

（3）热水循环系统的处理

采用集中供热太阳能热水器，还要解决的问题是热水循环系统的处理，例如连接管道的设置问题。因为既有工业建筑已经使用多年，重新铺设管道将影响建筑的质量，而且既有建筑的墙体大都是承重和围护构件，位置和大小往往都不能改动，所以改造的难度相对比较大。

5.2.4 既有工业建筑改造太阳能热水系统利用技术设计要点

因既有工业建筑的特殊性，既有工业建筑民用化改造时应用太阳能热水系统的设计在参考普通民用建筑的太阳能热水系统设计规范的同时，尚需针对既有工业建筑的具体状况、改造后的使用功能、用能系统配置等，处理好以下技术问题：

1. 改造中服务对象变更的技术应用问题

工业建筑民用化改造中用能系统采用可再生能源系统，其改造技术方案与新建民用建筑规划设计可再生能源系统和既有公共建筑节能改造中增设可再生能源系统所采用的方案有相近之处。从典型项目调研结果看，工业建筑有其特有的结构特征和用能系统配置特征，因此在工业建筑民用化改造中、新建公共建筑和既有公共建筑节能改造中可再生能源系统选择、设计、应用技术条件较大差异。

（1）工业建筑尚无节能设计标准，冷热负荷确定存在难点和较大差异

工业建筑是以生产或贮存商品（产品）为主的建筑物。我国目前已由计划经济转型为市场经济，并且参加世界经济一体化活动，竞争激烈，生产必须顺应市场需求。只有抓住商机及早投产，才有竞争力；更何况生产和商品（产品）更新换代快，机遇一转即逝。这就在客观上决定了工业建筑使用周期短、建设周期短，且截至2013年底，我国尚未出台工业建筑节能设计标准、既有工业建筑改造技术标准，上述现状造成不同功能工业建筑的围护结构等建筑节能水平存在差异，实现以节能方式运行的基础尚未处在同等基准线上。

在同一气候区的不同功能工业建筑民用化改造后的冷热负荷存在巨大差异；部分工业建筑改造前为微型电子工业厂房（苏州某项目），建筑内劳动工人较多，建筑构造接近于民用建筑中大型办公类公共建筑。按照公共建筑约 $120W/m^2$ 的面积指标指导空调系统选型，基本可满足使用需求。与之对应，某工业建筑改造前为第二产业生产厂房，建筑围护结构整体节能水平明显低于同期民用建筑节能水平，若在民用化改造中可再生能源系统应用同时未同步进行必要的围护结构保温改造，空调系统则要采用约 $180W/m^2$ 的面积指标水平进行系统选型才能基本满足使用需求，造成所才能的可再生能源系统的应用技术条件存在较大差异。

（2）不同使用功能的厂房、仓库室内规模、室内环境质量要求差异悬殊，为工业建筑民用化改造中应用可再生能源系统带来复杂性。

工业建筑的室内空间规模、室内环境质量取决于合格商品（产品）的生产和贮存，并兼顾工作人员高效率工作所要求的室内环境质量的要求。这就导致工业建筑类型多，既有劳动密集型的服装加工、电子装配等生产厂房，也有以机械化生产线为主的汽车加工、饮料罐装等人流少、大空间的工业建筑；既有对室内温湿度基本无要求的常规的机加、装配等普通工业厂房，也有对室内温湿度有较严格要求的精密数控加工厂房；既有敞开生产空间的维修机库等高大空间的厂房，也有要求恒温恒湿且洁净度高的封闭的血液制品厂房；既有需要室内采暖、空调且环境质量高的理化试验厂房，也有生产过程中产生余热或废异物的铸造、锻造、热处理、电镀等可能会污染环境的工业厂房，等等。

（3）工业建筑不同部位因原生产工艺需求的设计参数不同，决定工业建筑民用化改造中应用可再生能源系统需进行整体实施改造

既有工业建筑不同室内空间规模、不同室内环境质量要求的用房，往往会根据生产工艺的要求，组织在一栋建筑物中。这就决定了工业建筑节能设计不是每栋建筑均取一个统一设计参数，而需按工艺要求，对每栋建筑中的不同房间或不同部位的设计参数取值不同。工业建筑的民用化改造中应用可再生能源系统设计，不仅要考虑外围护结构的节能措施，还要考虑采暖或空调房间（或建筑部位）内围护结构的节能措施。

夏热冬冷地区与夏热冬暖地区的典型项目均采用了多种节能技术和超过一种以上的可再生能源系统，通过技术集成和规模化应用的技术路线实现较好的应用效果。对于夏热冬冷地区、夏热冬暖地区的高大空间的工业建筑，处理好自然通风、遮阳比提高外墙的隔热性能更重要。对于单栋、单层工业建筑完全有可能充分利用可再生能源，以减少白天的人工照明、机械通风等常规用能，但工业建筑民用化改造通常是对不同室内空间规模、不同室内环境质量要求的工业建筑用房的整体改造，也包括不同功能的小型建筑群的整体改

造。因此，工业建筑的可再生能源系统设计、运营必须与其他节能技术、"减排"、环境保护等一体考虑，才能取得较好的整体效果。

（4）工业建筑改造前用能种类多样，决定工业建筑民用化改造中应用可再生能源系统需充分考虑基于原有用能系统进行优化设计

改造前工业建筑的工业生产涉及用电、用水（包括：给水、消防水、热水、蒸馏水等）、排水（包括：污水、废水、雨水等）、用油（包括：汽油、煤油等）、用气（包括：燃气、氧气、压缩空气、蒸汽等）、运输，使用资源、能源不仅种类多，而且数量比居住建筑或公共建筑多。这决定工业建筑民用化改造中应用可再生能源系统必须全方位考虑，应综合建筑、结构、给排水、暖通、电气、动力等各专业采取与节能总体目标相适应的本专业的节能措施，而不是追求孤立的本专业的最优，从而达到最佳的整体节能效果。

（5）部分工业建筑仍具有历史性，可再生能源系统的应用技术选择需考虑建筑功能商业化与文化传承的需求

目前既有工业建筑改造常见的改造方式主要有城市公共设施、创意产业、商业和办公三大方向，而这三类定位基本上均有其客观的开发规律。其中，一是文化价值很高的工业建筑政府会主导介入，建设成公共服务设施。本次调研中苏州、北京等地工业建筑改造项目基本上都是政府主导，以文化展示、创意办公为主，主要代表有桥西历史街区、LOFT49、之江文化创意园等。二是部分城郊区域工业建筑改造前闲置期相对廉价的租金、宽敞的空间、便利的交通，由艺术工作者首先作为创意产业办公区域，主要代表为深圳南海意库改造项目，北京798艺术园区项目等。该类工业建筑民用化改造中可再生能源系统选择和设计，应考虑与建筑的风貌改造、原有特色和建筑遗产保存等影响因素，部分项目设置的太阳能光热、光电系统的太阳能采集装置虽实现了太阳能资源采集的技术要求，但由于屋面上单位面积能够接收到的太阳辐射能是有限的，若要满足建筑物的采暖需求且达到一定的太阳能保证率，就必须安装足够多的太阳能集热器，对建筑原有风貌造成一定影响，部分项目为布置屋面太阳能采集装置造成屋面防水层结构破坏，部分项目外立面布置的太阳能集热器具有明显安全隐患。

2. 既有工业建筑太阳能应用效果、适宜性和经济性的主要影响因素

工业建筑民用化改造中应用太阳能利用系统通常是改善建筑物的能源供应构成（增加供能总量、改用洁净能源）和作为保证常规能源供应的稳定性的补充。太阳能系统在工业建筑上应用和民用建筑上应用的技术要求具有相似性，主要影响因素为建筑的功能设计、结构安全及寿命、热工性能、景观，太阳能系统的产能、转换效率、可维护性等，太阳能系统和工业建筑的改造设计需进行协调，综合考虑建筑原有的功能、太阳能系统的能效和建造成本。

工业建筑民用改造中除参照民用建筑根据太阳能系统的应用技术条件进行设备选择、改善建筑能源结构之外，在热工性能和景观方面还有可能进一步改善建筑功能，即太阳能系统集成于建筑时产生的外部效果，部分应用功能不必增添成本就可以实现。如何扩大这类外部效果，是工业建筑太阳能建筑集成应用的较高要求，其集成应用对工业建筑太阳能应用效果、适宜性和经济性具有决定作用，主要包括以下内容：

（1）太阳能系统的选型。

（2）集热器的形态、在建筑上的安装部位以及连接构造。

（3）平衡设施（控制器、逆变器）和蓄能设施（蓄电池、水箱）的布置场所。

（4）管井布置、孔洞预留以及维护与检修平台布置。

其中，集热器的形态、在建筑上的安装部位以及连接构造，对改造后工业建筑的影响最为明显。

3. 太阳能集热器与建筑集成程度与应用效果相关性

民用建筑应用太阳能系统的技术要点为集成化、建筑一体化。本次调研中发现，工业建筑民用化改造中应用太阳能利用系统中过分追求集成的紧密程度并不能全面缓解太阳能系统与建筑在功能上的冲突，甚至可能由于构造过于复杂导致成本过高和使用不可靠。

集热器的建筑部件化是建筑可再生能源应用的热点。但根据调研结果，典型项目中太阳能系统与建筑的集成方式中加层式、架空式、支架式、叠合式与复合式均有应用，常规的建筑材料、结构和一些经常采用的构造，已经能够很好地解决建筑荷载、防水排水、热工性能等多方面的问题，并且成本远比太阳能系统构件低廉。因此，在集成方式上应该充分应用成果，而不要盲目以太阳能构件对其进行替代。另一方面，由于集光材料价格昂贵，使用寿命相对较短，不应与便宜而使用寿命长的常规建筑材料及结构进行难以分离的集成，否则，在进行更换时，原本可以继续使用的部分将被迫废置，应根据功能必要、技术可行、经济合理的原则选择集成方式。

4. 太阳能系统对建筑屋面等结构的负载影响

目前的绝大多数工业建筑在设计之初没有明确考虑太阳能系统产生的荷载，可能导致后来安装的太阳能系统过多消耗了建筑设计承载力的余量，降低其安全系数，也可能直接对建筑产生破坏。建筑对太阳能系统的设计承载力主要考虑自重引起的恒载、人员活动和风引起的活载。应在工业建筑改造方案确定时即考虑安装太阳能系统的可行性（表5.2-3）。

太阳能系统恒负荷表   表 5.2-3

名称	单位面积自重(kg/m²)[1]	恒荷载(kN/m²)[2]
光伏电池集光器	12	0.15
真空管集光器($\phi50$)	20	0.24
平板集光器	16	0.20
集光器内水	25	0.30
支撑钢架	20	0.24
蓄电池组(2V)	0.075kg/(A·h)	0.9×10^{-3}kN/(A·h)
逆变器和控制器	30kg/kVA	0.36
水箱及箱内水(2~5T)	2600~6500kg	32~78kN(集中恒荷载)
其他	20	0.24

1) 集光器指轮廓面积，其他指在放置面上投影面积，除标明，表中单位均为 kg/m²；

2) 除标明，表中单位为 kN/m²。

太阳能系统各部分自重及产生的恒荷载如表 5.2-3 所示。其中，自重按常规产品及布置中的最大值考虑；表中面积均指各部分在布置平面上的正投影面积，其荷载在设计中要转换成斜投影面积荷载或线均布荷载；支撑钢架面积按集光器面积考虑；恒载分项系数为1.2。加层集成方式的屋面为若为上人屋面，则活荷载为 1.5kN/m²；若设计为屋面花园则为 3.0kN/m²；其余集成方式的屋面以及检修平台活荷载为 0.7kN/m²；活荷载分项系数为 1.4。

深圳、浙江等地沿海地区建筑中所用太阳能系统部件在内的屋面和墙面的附加部分容易遭到破坏。工业建筑实际应用时可参照民用建筑设置太阳能光热、光电系统的技术条件要求。民用建筑《家用太阳能光伏电源系统技术条件和试验方法》GB/T 19604—2003 中规定光伏电池方阵及支撑结构必须能够抵抗 120km/h，即约 33.3m/s 的风力而不损坏。部分项目所在地区所经历近年的几次较强台风的风速却屡次接近和超过这一数值。因此，需要根据当地的气象条件进行太阳能系统的抗风设计，且风荷载与恒载、上人活载需按最不利方式叠加计算其产生的支座反力。在对台风破坏后的调查中发现，当台风来袭时，在建筑墙面迎风面拐角处的附加部分尤其容易遭到破坏。当太阳能集光器布置在该部位时，需要重点加固。

5. 工业建筑结构与可再生能源系统构件寿命影响

民用建筑可再生能源系统应用的技术要点强调太阳能集热器等可再生能源构件与建筑同步设计、同步施工、同步验收，从而保证可再生能源系统的统一可靠性、技术合理性和使用维护的同等性。

在工业建筑民用化改造中，通常原工业建筑并未设计使用任何可再生能源系统，改造中应用太阳能系统，需要在原有建筑结构上增减结构构件，并重新布置管网和用电设备。因此，太阳能系统与建筑各个部分的寿命不同，寿命较短的部分需要及时拆除更换。表 5.2-4 给出了太阳能系统常见构件的一般使用寿命。如果考虑到功能性折旧，部分构件的寿命可能还要缩短。显然，不同构件寿命到期的更换可能导致建筑裂缝的出现，因此，系统各构件之间及系统与建筑之间的连接宜采用能够重复拆装并在此过程中不损及建筑结构的设计。

太阳能系统主要构件和设备正常使用寿命　　　　表 5.2-4

构件或设备	正常使用与维护下的寿命(a)	构件或设备	正常使用与维护下的寿命(a)
平板集光器	15	控制器	10
真空管集光器	10~15	蓄电池	2~5
晶体硅光伏电池组件	25	保温水箱(含辅助加热装置)	15
非晶硅光伏电池组件	5~10	热水管(含阀门、龙头等配件)	10
薄膜光伏电池组件	10	电力线缆	25
逆变器	10	钢构件(含连接及预埋件)	80

调研发现，部分项目因太阳能系统与建筑各个部分的寿命不同已显现的问题为屋面因增设太阳能系统的防水破坏问题，产生的原因主要包括不文明施工致重物对屋面的冲击破坏、在屋面上钻孔、日晒雨淋造成的老化以及反复的昼夜温差和季节温差的温度应力产生的疲劳等。

6. 既有工业建筑改造中太阳能系统布置技术问题

工业建筑改造中太阳能系统的管线、平衡设施、蓄能设施和检修空间的布置对系统运行效果影响较大，应根据原工业建筑的结构特征进行统一设计布置。这些设计内容包括确定与建筑水、电的连接方式，确定水管和电缆孔洞、平衡设施布置空间、水箱布置空间、检修管井及平台的尺寸和位置。调研中发现问题如下：

（1）管线过长，使得光热系统保温成本增加，或者光伏系统线路损失增加，降低太阳能系统能效。

（2）管线直接暴露于室外空气和太阳辐射之下，更容易产生机械破坏、锈蚀和保护层老化。

（3）管线布置破坏原有建筑围护结构（例如必须在已经做好的屋面、楼面及墙面上开孔），降低其保温、隔声和防水性能。

（4）维护检修空间与设施缺乏（需要固定在结构上的扶梯、挂钩、滑轮，以及清洁用水的龙头等），缺乏防止集光器在损坏后从高空坠落的挡板，不能保证检修人员与行人的方便和安全。

（5）影响已经设计好的室内布局，破坏建筑外观。

7. 太阳能系统负荷与集热器优化布置方式问题

工业建筑改造为民用建筑后，太阳能光热系统配置集热器应充分考虑冬夏负荷需求。目前绝大多数热水系统的集光器却设计为能够在夏季获得比冬季多得多的热水，民用建筑普遍的用热特点是冬季为主要的热水使用季节，并且需要更多的热量来产生同等数量的热水。热水不能及时用掉，造成温度持续上升，较高温度的热水会造成系统效率下降（从而产能闲置），会加重建筑的冷负荷，以及容易产生水垢。

由于夏季太阳高度角比较大，因此可以让太阳能光热系统的集热器采用有利于冬季工作的大倾角姿态，以减少过量热水的产生。对于冬季工作的倾角，规范推荐采用当地纬度加 $10°$，但考虑到夏季的辐射照度也比较大以及建筑墙面构件的倾角限制，可以采用加 $20°$ 以上的倾角（冬季最佳工作倾角为纬度加 $23.5°$），以使热水集光器兼顾冬季能效和美观。

8. 太阳能系统与改造后建筑的屋面、立面景观问题

工业建筑改造为民用建筑中应用太阳能系统配置主要考虑能效和性价比，从调研中的典型项目看，虽项目中太阳能系统的技术经济性较好，但与建筑风貌的结合存在一定问题。一是不能满足多样化的建筑风格；二是太阳能集光单元及其组合可代替如下关于建筑景观表现的元素：瓦、玻璃（及幕墙）、涂层、贴面、栏杆、挡板等，并通过不同的材料、质感、纹理及色彩形成特殊的景观，未对何种构件在所处的工作环境、需要担负的功能、颜色、质感以及形态方面适合太阳能系统进行系统分析，对已有的建筑构件形式进行简单的模仿则可能会降低系统性能；三是尚未形成较成熟的太阳能建筑自身的风格。部分项目，如苏州建筑设计院的可再生能源改造项目，通过在屋面上布置太阳能系统，还可以使这部分空间避免直接暴露于降水和直射辐射之下，从而使屋面具备更好的绿化条件，有利于形成空中休憩平台。这一功能，不但可使城市居民从新的视点来欣赏城市景观，而且对于在城市土地资源日益稀缺和昂贵的条件下开发足够的户外活动空间也开拓了一条途径。

在建筑改造项目中，即使是考虑了太阳能与建筑的一体化，太阳能系统的设计也通常在建筑主要的施工过程结束后才开始；稍早一些是在建筑设计基本定型后介入。在这种情况下，太阳能系统可能会对建筑景观和环境景观造成不利影响，主要问题如下：

（1）太阳能集光器、支架、外挂或者与集光器连为一体的水箱等系统构件对建筑景观的适应性处理不足，导致与建筑的融合感差。

（2）太阳能集光器颜色以灰、蓝为主，质感以玻璃为主，过于单调，即使少量多晶硅电池可加工成彩色，但又会明显降低发电效率。边框、支架颜色以银灰色为主，质感以金属为主，过于单调。

（3）集光单元的工作特性决定其形态只能以平面和多个小柱面组成的平面为主，并且多个集光单元的组合形态以锯齿阵列、平面阵列为主，很少看到曲面组合，面元素的形态不够丰富，限制了在建筑中的运用。

（4）集光器的安装部位主要集中在屋面，而对在同样具有安装潜力且景观效果更好的墙面却考虑不多。即使是考虑了，也往往受到关于阳台、窗等构件思维定势的限制，缺乏对这些构件的功能及形态的取舍和变化，造成集光器的安装部位既不够又分散，不能以足够的体量和多变的组合形成景观。

（5）城市住宅间距较小，又往往有最低绿化率的限制。改造建筑周围树木普遍为新树木，高大乔木长成后可能高达5～6层楼，树冠的展开范围也很宽。这种情况往往在太阳能系统安装时被忽视，若干年后，乔木对安装在墙面上的集光器会产生严重遮挡。

5.2.5 小结

太阳能热水系统技术作为一种成熟的可再生能源利用技术，在建筑节能领域得到了广泛的应用。既有工业建筑改造中，太阳能热水系统技术的应用有其先天的优势，工业建筑宽大的结构、开阔的周边环境、较好的建筑结构承载能力等建筑结构上的先天条件使得太阳能热水系统的诸多部件的设置拥有非常充足的可利用空间，可以按照用能需求特点和建筑结构特点进行布局。但是太阳能热水系统利用技术在旧工业建筑改造中的应用除考虑上述优势外，还需要重点关注技术的经济性与适宜性、系统负荷与集热器优化布置方式、太阳能与建筑一体化的设计等问题；其中在涉及建筑外观与所处建筑区域的风格如何保持一致方面，往往是建筑设计师所面对的最大难题。

5.3 地源热泵系统应用

5.3.1 地源热泵系统设计

地源热泵系统是利用浅层地能进行供热制冷的新型能源利用技术的环保能源利用系统。地源热泵（GSHPS）是一个广义的术语，它包括了使用土壤、地下水和地表水作为热源和热汇的系统，即地下耦合热泵系统（ground-coupled heat pump systems，GCHPS），可分为地下热交换器地源热泵系统（ground heat exchanger）、地下水热泵系统（ground water heat pumps，GWHPS）、地表水热泵系统（surface water heat pumps，SWHPS）等；其中地表水系统中的地表水是一个广义概念，包括河流、湖泊、海水、中水或达到国家排放标准的污水、废水等。只要是以岩土体、地下水或地表水为低温热源，由水源热泵机组、地热能交换系统、建筑物内系统组成的供热空调系统，就都可统称为地源热泵系统。由于地源热泵需要利用地下的冷热资源，因此勘测和开采工作就十分关键，有时地质条件会对项目成败产生决定性的影响。地源热泵系统技术的工程应用已有较多的工程案例，在国内这些工程应用案例主要集中在新建建筑方面，近年来在既有建筑改造工程当中也有部分工程应用了地源热泵系统技术，但是在既有工业建筑改造的工程案例当中，应用地源热泵系统技术的案例相对较少，这主要是与地源热泵系统的先天条件有很大关系（冷热源、地质状况、资金匹配等）；其中比较成功的案例有上海的南市电厂的改造项目和天津市天友建筑设计股份有限公司的办公楼改造项目。

5.3.2 工业建筑地源热泵系统案例分析

1. 案例1：南市电厂——江水源热泵

南市电厂所在的城市最佳实践区毗邻黄浦江，以江水源热泵技术为基础，综合考虑会中、会后的利用，建立区域供冷供热能源中心，可便于能源的集中管理，提高系统效率。同时，本项区域能源中心存在显著的先决优势：系统直接利用原南市电厂发电机组的黄浦江水冷却水系统，在原有三根 $DN1600$ 的取水管，三台流量各为 $10000m^3/h$ 的取水泵的基础上改建，仅增加了对水质进行预处理的设备取水。

能源中心系统服务半径 1.0km，覆盖浦西世博园 E、F 片区部分地块的场馆建筑，建筑面积计 14.6 万 m^2。经测算，系统设计冷负荷约为 3.2 万 kW/h，热负荷 1.3 万 kW/h。根据黄浦江历史水文资料，并综合考虑 E、F 片区会中、会后各类建筑的冷、热负荷需求，江水源机组采用大容量离心机与小容量螺杆机搭配组合方式，提供大温差的冷冻水、热媒水，既满足设计负荷要求，又能在部分负荷时节能运行；冬季热源采用江水源机组和锅炉的组合方式，确保江水出现极端低温时，辅助热源可保证满足建筑的热量需求。同时，江水源系统水源侧采用直接式系统，不设板式换热器，无换热温度能级损失，提高运行效率；江水源空调水系统设计为二级泵变流量系统，实现变负荷时节能运行，达到节能效果。结合世博园区的冬夏建筑的能源需求，根据全年逐时负荷模拟计算，江水源能源中心在供应全部 14.6 万 m^2 的情况下，每年较传统空调采暖系统可实现节能 6% 以上。

2. 案例2：天津市天友建筑设计股份有限公司——地源热泵

项目采用的可再生能源为地热能（地源热泵）供热和太阳能热水。其中所采用地源热泵供冷供热创新性地集成了多种技术，从冷热源、负荷、系统、末端、运行各个方面减低能耗。地源热泵能够满足建筑全部的冷热负荷。即地热能满足建筑热（冷）负荷的 100% 要求。全楼均采用地源热泵供冷供热，主机采用模块式地源热泵机组共 5 个模块；地源热泵主机分为两组模块运行（五个模块十个压缩机），通过压缩机增减运行，使冷热量输出与需求量接近。没有追求单一主机的高能效比，寻求部分空调负荷时的高效率，由于采用可再生能源利用技术，主机效率高于常规空调，且对环境无热污染（不向大气排冷、排热）。地埋管换热器 59 个，深 100m，双 U 地埋管，4.5m 间距。空调冷热负荷：冷负荷：295kW，冷指标：51.3W/m^2，热负荷：230kW，热指标：40.5W/m^2。按 61W/m^2 配备热泵机组。地源热泵的详细参数如表 5.3-1。

冷热源采用模块式地源热泵结合蓄冷蓄热的水蓄能系统，两组主机模块式运行，通过压缩机运行台数增减使冷热量输出与需求量接近，从源头最大化地节能。借助水蓄能系统，夜间低谷电蓄能（蓄冷、蓄热），白天高价电放能，节约空调运行费用。空调系统设计为温湿度独立控制，分别用不同的空调末端完成降温和除湿。温度控制采用地板辐射供冷供热的模式，供水温度接近室内环境温度，冬季低温水供暖，夏季高温水供热，既减少能量的输出，又由于室温与体感温差约 1~2K，有较高的热舒适性。针对各层使用功能的特点，选择的多种末端形式，使建筑成为空调系统展示性的体验馆。主动式还推敲了许多精细化的节能措施，如加班时通过网线确定人员位置，仅开启附近的低矮风机盘管，减少空调能耗（图 5.3-1）。

地源热泵详细参数 表 5.3-1

序号	设备型式	制冷量 (kW)	供热量 (kW)	冷水水温 (℃)		热水水温 (℃)		地源侧水温			
								夏季水温(℃)		冬季水温(℃)	
				进水	出水	进水	出水	进水	出水	进水	出水
01	A 模块式水水热泵机组	70	71	12	7	40	45	30	25	8	5
02	B 模块式水水热泵机组	86	72	19	14	32	37	30	25	8	5

序号	设备型式	供电要求		使用冷媒	数量 (台)	性能系数限值 夏/冬 (COP/EEP)	备注
		电量(kW)	电压(V)				
01	A 模块式水水热泵机组	13.8	380	R134A	3	≥5.0/3.9	涡旋式压缩机
02	B 模块式水水热泵机组	13.9	380	R134A	2	≥6.1/4.3	涡旋式压缩机

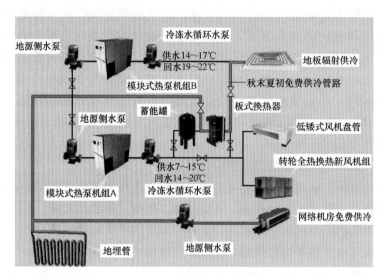

图 5.3-1 地源热泵系统

通过上述有针对性的主被动节能技术集成，天友绿色设计中心的单位建筑面积设计总能耗为 46.1kWh/(m² · a)，其中采暖空调能耗为 21.3kWh/(m² · a)，达到了国内外超低能耗建筑的水平。为了确保能耗模拟的准确性，对办公在岗率、照明开启率、电脑使用时间等按照实际工况进行统计，并对 EQUEST 能耗模拟软件中的参数按照国内特点进行了修正，以保证超低能耗指标的可靠性（表 5.3-2、表 5.3-3）。

冷热系统运行效果 表 5.3-2

总冷热负荷(kW)		冷指标(W/m²)		热指标(W/m²)	
冷负荷	热负荷	（按建筑面积）	（按空调面积）	（按建筑面积）	（按空调面积）
295	230	51.3	61.7	40.5	48.7

空调系统分类冷热负荷（kW） 表 5.3-3

新风和部分风机盘管		地板辐射供冷		余热区域	
夏季	冬季	夏季	冬季	夏季	冬季
144.6	131.4	85.4	163.6	146.2	162.3

3. 案例分析小结

从理论和能耗的角度上分析，地源热泵空调技术利用储存于地表浅层或地下的取之不尽的能源，成为可再生能源的一种形式。地源热泵空调之所以节能，是因为其将土壤、地表水或地下水作为能源，在同等工况下，只需消耗约 50％ 的能源，就可提供同等能量，比溴化锂技术节能最高可达 65％，比蒸汽压缩式节能最高达 40％；供热工程相当于燃煤锅炉的 2/3。在系统运行时，由于不使用氟利昂、天然气、汽油等冷媒和燃料，可以大大减少对臭氧层的破坏作用，减少 CO_2 的排放；此外，地源热泵系统技术还有后期维护费用极低、节能效果显著等优势，但地源热泵系统利用技术受限于建筑场地规划、换热资源、资金投入等的制约，应由设计师充分考虑与其他能源利用方式相结合。

5.3.3 既有工业建筑改造地源热泵系统利用技术分析

1. 工业建筑改造用地源热泵系统分类及应用特点分析

（1）地埋管地源热泵系统

地埋管地源热泵系统包括一个土壤祸合地热交换器，它或是水平地安装在地沟中，或是以 U 形管状垂直安装在竖井之中。不同的管沟或竖井中的热交换器并联连接，再通过不同的集管进入建筑中与建筑物内的水环路相连接，它通过循环水或以水为主要成分的防冻液在封闭地下埋管中的流动，实现系统与大地之间的传热。其优点是系统不受地下水量的影响，对地下水没有破坏或污染作用，系统运行具有高度的可靠性和稳定性。它的主要缺点是由于管壁传热温差的存在，机组冬季地源侧水温低于地下水式系统 5～10℃，机组夏季地源侧水温高于地下水式系统 10～15℃，机组运行条件相对较差，降低了运行效率埋地换热器受土壤性质影响较大连续运行时，热泵的冷凝温度或蒸发温度受土壤温度变化的影响而发生波动土壤导热系数小而使埋地换热器的持续吸热速率小，导致埋地换热器的面积较大等。

（2）地下水地源热泵系统

地下水地源热泵系统分为两种，一种通常被称为开式系统，另一种则为闭式系统。开式地下水地源热泵系统是将地下水直接供应到每台热泵机组，之后将井水回灌地下，由于可能导致管路阻塞，更重要的是可能导致腐蚀发生，通常不建议在地源热泵系统中直接应用地下水。在闭式地下水地源热泵系统中，地下水和建筑内循环水之间是用板式换热器分开的，系统包括带潜水泵的取水井和回灌井，地下水位于较深的地方，由于地层的隔热作用，其温度随季节气温的波动很小，特别是深井水的水温常年基本不变，对热泵的运行十分有利。

优点是系统简便易行，综合造价低，水井占地面积小，可以满足大面积建筑物的供暖空调的要求。缺点是地下水热泵系统需要有丰富、稳定、优质的地下水此外，即使能够全部回灌，怎样保证地下水层不受污染也是一个棘手的课题。

（3）地表水地源热泵系统

地表水地源热泵系统，由潜在水面以下的、多重并联的塑料管组成的地下水热交换器取代了土壤热交换器，与土壤热交换地源热泵一样，它们被连接到建筑物中，并且在北方地区需要进行防冻处理。地表水地源热泵系统的热源是池塘、湖泊或河溪中的地表水。

优点是系统简便易行，初投资较低。缺点是地表水地源热泵系统也受到自然条件的限制。此外，由于地表水温度受气候的影响较大，与空气源热泵类似，环境温度越低热泵的供热量越小，而且热泵的性能系数也会降低。一定的地表水体能够承担的冷热负荷与其面积、深度和温度等多种因素有关，需要根据具体情况进行计算这种热泵的换热对水体中生态环境的影响有时也需要预先加以考虑。

（4）地源热泵的经济性分析

地源热泵系统价格差别主要来自于系统使用的地区不同、建筑围护结构节能水平差别、项目类别和功能差别。根据现有实际工程测算，如采用地下水式地源热泵系统，系统初投资约为 250～420 元/m²，其中冷热源部分投资约 150～220 元/m²；如采取土壤源地源热泵系统，初投资约 300～480 元/m²，其中冷热源部分投资约为 200～270 元/m²。和目前常规单一供暖方式相比，燃煤锅炉房供暖系统投资约 150～200 元/m²，燃气分散锅炉房供暖系统投资约 100～150 元/m²，热电联产集中供热系统投资约 200 元/m²（包括增容费），地源热泵系统初投资高，但地源热泵系统提供供暖空调、生活热水多重功能，而传统集中供热基本为单一供暖功能，不可完全类比。

采用地源热泵系统作为楼宇空调系统，其运行费用可大大降低。用地源热泵系统供暖时，根据不同的地域、气候、资源、环境，其运行费用可比传统中央空调系统降低25％～50％，北京市曾对 11 个不同类型建筑地源热泵项目在 2003～2004 年冬季运行费用进行调查，结果表明，7 项工程低于燃煤集中供热的采暖价格（18.5 元/m²），所有被调查项目均低于燃油、燃气和电锅炉供暖价格用地源热泵系统制冷时，其运行费用可比传统中央空调系统降低 15％～30％。折算到一次能源，以能源利用系统总能效进行比较，现有地下水热泵系统供热总能效最高，约为 115％，土壤源热泵系统供热总能效约为 100％，燃煤集中锅炉房供热总能效为 55％左右，燃气集中锅炉房供热总能效为 65％左右，热电厂供热总能效约为 70％。

2. 地源热泵系统应用于工业建筑改造的适用性分析

所有地源热泵系统都有着突出的技术优点高效、节能、环保、无污染，地源热泵系统在冬季供暖时，不需要锅炉或增加辅助加热器，没有氮氧化物、二氧化硫和烟尘的排放，因而无污染；由于是分散供暖，大大提高了城市能源安全；运行和维护费用低，简单的系统组成，使得地源热泵系统无需专人看管，也无需经常维护；简单的控制设备，运行灵活，系统可靠性强；节省占地空间，没有冷却塔和其他室外设备，节省了空间和地皮，并改善了建筑物的外部形象；较长的使用寿命，通常机组寿命均在 50 年以上，供暖的同时，可提供生活热水。

可见，地源热泵系统是工业建筑改造中运用可再生能源的重要技术手段。中国有广泛的地域要求。中国国土面积巨大，从北到南可划分为五个主要气候区，其中对冷热量都有需求的地区占绝大部分，同时中国浅层地表能量蕴藏丰富，适宜大力发展地源热泵供暖空调系统。在适宜区域，地源热泵供暖空调系统通过吸收大地的能量，再由热泵机组向建筑物供冷供热，可广泛应用于工业建筑改造成的商业楼宇、公共建筑、住宅公寓、学校、医院等建筑物，是可再生能源在工业建筑改造中应用的重要组成部分。

1. 工业建筑改造中地源热泵系统的应用条件分析

（1）低位热源

对地埋管系统，除了要有足够埋管区域，还要有比较适合的岩土体特性。坚硬的岩土体将增加施工难度及初投资，而松软岩土体的地质变形对地埋管换热器也会产生不利影响。为此，工程勘察完成后，应对地埋管换热系统实施的可行性及经济性进行评估。

对地下水系统，首先要有持续水源的保证，同时还要具备可靠的回灌能力。地下水换热系统应根据水文地质勘察资料进行设计，并必须采取可靠回灌措施，确保置换冷量或热量后的地下水全部回灌到同一含水层，不得对地下水资源造成浪费及污染。系统投入运行后，应对抽水量、回灌量及其水质进行监测。

对地表水系统，设计前应对地表水系统运行对水环境的影响进行评估；地表水换热系统设计方案应根据水面用途，地表水深度、面积，地表水水质、水位、水温情况综合确定。

（2）资源条件不确定性

低位热源的不定因素非常多，不同的地区、不同的气象条件，甚至同一地区，不同区域，低位热源也会有很大差异，这些因素都会对地源热泵系统设计带来影响。如地埋管系统，岩土体热物性对地埋管换热器的换热效果有很大影响，单位管长换热能力差别可达3倍或更多。

（3）设计复杂性

低位热源换热系统是地源热泵系统特有的内容，也是地源热泵系统设计的关键和难点。地下换热过程是一个复杂的非稳态过程，影响因素众多，计算过程复杂，通常需要借助专用软件才能实现。

地源热泵系统设计应考虑低位热源长期运行的稳定性。方案设计时应对若干年后岩土体的温度变化；地下水水量、温度的变化，地表水体温度的变化进行预测，根据预测结果确定应采用的系统方案。

地源热泵系统与常规系统相比，增加了低位热源换热部分的投资，且投资比例较高，为了提高地源热泵系统的综合效益，或由于受客观条件限制，低位热源不能满足供热或供冷要求时，通常采用混合式地源热泵系统，即采用辅助冷热源与地源热泵系统相结合的方式。确定辅助冷热源的过程，也就是方案优化的过程，无形中提高了方案设计的难度。

（4）应用条件需求要点

1）地源热泵

建筑负荷密度低，有足够的埋管面积；

夏天的总冷量与冬天的总热量需求平衡，否则地温会逐年变化，无法满足需要。

2）地下水源热泵

有充足的地下水，且政策允许采用地下水，并保证使用时100%回灌。

3）地表水、污水源、海水源热泵

水处理、换热器防污垢可能需要很高的初投资。

2. 工业建筑改造中地源热泵系统的应用技术要求

（1）地埋管系统

由于地埋管系统通过埋管换热方式将浅层地热能资源加以利用，避免了对地下水资源的依赖，近年来得到了越来越广泛的应用。但地埋管系统的设计方法一直没有明确规定，通常设计院将地埋管换热设计交给专业工程公司完成。除少数有一定技术实力的公司，引进了国外软件，可作一些分析外，通常专业公司只是根据设计负荷，按经验估算确定埋管数量及埋深，对动态负荷的影响缺乏分析，对长期运行效果没有预测，造成地埋管区域岩土体温度持续升高或降低，从而影响地埋管换热器的换热性能，降低地埋管换热系统的运行效率。因此，保证地埋管系统长期稳定运行是地埋管换热系统设计的首要问题，在保证需求的条件下，地埋管换热系统设计应尽可能降低初投资及运行费用（表5.3-4）。

地埋管换热器出口传热介质冬季最低温度（℃）变化 　　表5.3-4

地区	吸、释热量比例	1	2	3	4	5
北京	1：2.36	5.51	6.77	7.63	8.24	8.72
上海	1：5.0	5.69	7.81	9.33	10.47	11.28
沈阳	1：1.28	6.05	6.10	6.17	6.19	6.24
齐齐哈尔	1：0.67	3.87	2.31	1.46	0.86	0.38

1）负荷计算

地埋管系统是否能够可靠运行取决于埋管区域岩土体温度是否能长期稳定。

以一栋总建筑面积为 $2100m^2$ 的小型办公建筑为例，选取了四个具有代表性的地区：北京、上海、沈阳和齐齐哈尔，利用 TRNSYS 模拟地源热泵系统连续运行五年后，地埋管换热器出口即水源热泵机组进口的传热介质温度波动情况，见表5.3-5。

地埋管换热器出口传热介质夏季最高温度（℃）变化 　　表5.3-5

地区	吸、释热量比例	1	2	3	4	5
北京	1：2.36	33.10	34.25	35.21	35.86	36.40
上海	1：5.0	36.17	38.31	39.89	41.18	42.15
沈阳	1：1.28	27.99	28.11	28.19	28.19	28.18
齐齐哈尔	1：0.67	27.88	26.57	25.66	25.01	24.52

由表5.3-4和表5.3-5可见，吸、释热量不平衡，造成岩土体温度的持续升高或降低，导致进入水源热泵机组的传热介质温度变化很大，该温度的提高或降低，都会带来水源热泵机组性能系数的降低，不仅影响地源热泵系统的供冷供热效果，也降低了地源热泵系统的整体节能性。地埋管换热系统设计应进行全年动态负荷计算，最小计算周期宜为1年。计算周期内，地源热泵系统总释热量宜与其总吸热量平衡。

2）地埋管换热器设计

地埋管换热器设计是地埋管系统设计特有的内容和核心。由于地埋管换热器换热效果不仅受岩土体导热性能及地下水流动情况等地质条件的影响，同时建筑物全年动态负荷、岩土体温度的变化、地埋管管材、地埋管形式及传热介质特性等因素都会影响地埋管换热器的换热效果。

地埋管换热器有两种主要形式，即竖直地埋管换热器（以下简称竖直埋管）和水平地埋管换热器（以下简称水平埋管）。由于水平埋管占地面积较大，目前应用以竖直埋管居多。

3）岩土体热物性的确定

岩土体热物性的确定是竖直埋管设计的关键。地埋管换热器设计计算宜根据现场实测岩土体及回填料热物性参数进行。岩土体热物性可以通过现场测试，以扰动一响应方式获得，即在拟埋管区域安装同规格同深度的竖直埋管，通过水环路，将一定热量（扰动）加给竖直埋管，记录热响应数据。通过对这些数据的分析，获得测试区域岩土体的导热系数、扩散系数及温度。分析方法主要有 3 种，即线源理论、柱源理论及数值算法。实际应用中，如有可能，应尽量采用两种以上的方法同时分析，以提高分析的可靠性。

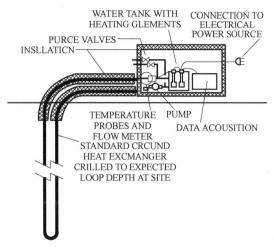

图 5.3-2　岩土体热物性测试装置图

岩土体热物性测试装置如图 5.3-2 所示：岩土体热物性测试要求测试时间为 36～48h，供热量应为 50～80W/m，流量应满足供回水温差 11～22℃ 的需要，被测竖直埋管安装完成后，根据导热系数不同，需要 3～5d 的等待期，此外对测量精度等也有具体要求。

目前测试设备有两种，一种是小型便携式，一种是大型车载系统，后者可以提供较大能量加热系统，最新设备还可以提供冷冻水测试冬季运行工况，具有更好精度及可靠性。

竖直埋管地下传热计算

地下传热模型基本是建立在线源理论或柱源理论基础上。1954 年 Ingersoll 和 Zobel 提出将柱源传热方程作为计算埋管换热器的合适方法，1985 年 Kavanaugh 考虑 U 型排列和逐时热流变化对该方法进行了改进。

实际工程设计中很少使用这种乏味的计算，20 世纪 80 年代人们更倾向于根据经验进行设计。80 年代末，瑞典开发出一套计算结果可靠且使用简单的软件，其数值模型采用的是 Eskilson（1987）提出的方法，该方法结合解析与数值模拟技术，确定钻孔周围的温度分布，在一定初始及边界条件下，对同一土质内单一钻孔建立瞬时有限差分方程，进行二维数值计算获得单孔周围的温度分布。通过对单孔温度场的附加，得到整个埋管区域相应的温度情况。为便于计算，将埋管区域的温度响应转换成一系列无因次温度响应系数，这些系数被称为 g-functions。通过 g-functions 可以计算一个时间不长的阶梯热输入引起的埋管温度的变化，有了 g-functions，任意释热源或吸热源影响都可转化成一系列阶梯热脉冲进行计算。1999 年 Yavuzturk 和 Spitler 对 Eskilson 的 g-functions 进行了改进，使该方法适用于短时间热脉冲。1984 年 Kavanaugh 使用圆柱形源项处理，利用稳态方法和有效热阻方法近似模拟逐时吸热与释热变化过程。

水平埋管由于占地问题，大多城市住宅或公建均很难采用。由于应用较少，国内外对其换热机理研究也很少，目前主要是根据经验数值进行估算。2003 年 ASHRAE 手册给出了一些推荐数据，供设计选用。主流地埋管设计软件基本上均包括水平埋管的计算。

4）设计软件

通常地埋管设计计算是由软件完成的。一方面是因为地下换热过程的复杂性，为尽可能节约埋管费用，需要对埋管数量作准确计算；另一方面地埋管设计需要预测随建筑负荷的变化埋管换热器逐时热响应情况及岩土体长期温度变换情况。加拿大国家标准（CAN/CSA-C448.1）中对地埋管系统设计软件明确提出了以下要求：

能计算或输入建筑物全年动态负荷；

能计算当地岩土体平均温度及地表温度波幅；

能模拟岩土体与换热管间的热传递及岩土体长期储热效果；

能计算岩土体、传热介质及换热管的热物性；

能对所设计系统的地埋管换热器的结构进行模拟（如钻孔直径、换热器类型、灌浆情况等）。

因此地埋管设计宜采用专用软件进行。

判断软件复杂程度的标准有两个：一是在满足埋管换热器设计要求的前提下，用户输入最少，计算时间最短；二是要求能模拟预测随建筑负荷变化，埋管换热器逐时热响应情况。

目前，在国际上比较认可的有建立在 g-functions 算法基础上瑞典隆德 Lund 大学开发的 EED 程序，美国威斯康星 Wisconsin-Madison 大学 Solar Energy 实验室（SEL）开发的 TRNSYS 程序，美国俄克拉荷马州 Oklahoma 大学开发的 GLHEPRO 程序。此外还有加拿大 NRC 开发的 GS2000，以及建立在利用稳态方法和有效热阻方法近似模拟基础上的软件 GchpCalc 等。

（2）地下水系统

地下水系统是目前地源热泵系统应用最广的一种形式，据不完全统计目前国内地下水项目已近 300 个。对于较大系统，地下水系统的投资远低于地埋管系统，这也是该系统得以广泛应用的主要原因。

1）热源井设计必须保证持续出水量需求及长期可靠回灌

不得对地下水资源造成浪费和污染，是地下水系统应用的前提。地下水属于一种地质资源，如无可靠的回灌，不仅造成水资源的浪费，同时地下水大量开采还会引起的地面沉降、地裂缝、地面塌陷等地质问题。在国内的实际使用过程中，由于地质及成井工艺的问题，回灌堵塞问题时有发生。堵塞原因与热源井设计及施工工艺密切相关，热源井的设计单位应具有水文地质勘察资质；设计时热源井井口应严格封闭并采取减少空气侵入的措施也是保障可靠回灌的必要措施。

2）水质处理

水质处理是地下水系统的另一关键。地下水水质复杂，有害成分有铁、锰、钙、镁、二氧化碳、溶解氧、氯离子、酸碱度等。为保证系统正常运行，通常根据地下水的水质不同，采用相应的处理措施，主要包括除砂、除铁等。为了保证水源热泵机组的正常运行，地下水换热系统应根据水源水质条件采用直接或间接系统。

3）地下水流量控制

抽水泵功耗过高是目前地下水系统运行存在的普遍问题。在对国内部分地下水系统的调查时发现，大多地下水系统没有调节措施，长期定流量运行，只有少数系统采用了台数控制。据相关资料介绍，在不良的设计中，井水泵的功耗可以占总能耗的 25％或更多，使系统整体性能系数降低。

根据负荷需求调节地下水流量，具有很大节能潜力。建议水系统宜采用变流量设计。常用抽水泵控制方法有设置双限温度的双位控制、变速控制和多井调节控制。在设计时应根据抽水井数、系统形式和初投资综合选用适合的控制方式。

北京市海淀区对水源热泵回灌下游水质跟踪检测三年多，未发现有污染和异常。欧洲、北美等地，已使用 20～30 年。只要严格控制凿井深度在浅表地层，严格禁止深入饮用水层以避免对饮用水的层间交叉污染，同时在设计、施工上严格把关，真正做到可靠回灌，地下水系统不会对地下水资源造成浪费和污染。

（3）地表水系统

地表水系统分开式和闭式两种，开式系统类似于地下水系统，闭式系统类似于地埋管系统。但是地表水体的热特性与地下水或地埋管系统有很大不同。

与地埋管系统相比，地表水系统的优势是没有钻孔或挖掘费用，投资相对低；缺点是设在公共水体中的换热管有被损害的危险，而且如果水体小或浅，水体温度随空气温度变化较大。

1）设计前应评估系统运行对水环境的影响

预测地表水系统长期运行对水体温度的影响，避免对水体生态环境产生影响。确定换热盘管敷设位置及方式时，应考虑对行船等水面用途的影响。

2）掌握地表水的水温动态变化规律是闭式系统设计的前提。地表水体的热传导主要有三种形式，一是太阳辐射热，二是与周围空气间的对流换热，三是与岩土体间的热传导。由于很难获得水体温度的实测数据，通常水体温度是根据室外空气温度，通过软件模拟计算获得。

3）与地埋管系统一样，闭式地表水系统设计也是借助软件进行。

4）利用 TRNSYS 建立地表水换热模型，模拟冬夏吸释热量不平衡时水体温度的变化。对地表水体进行 10 年运行期的换热模拟发现每年的温度变化基本一致。说明地表水体与外界环境换热量相对较大，一般可以消除冬夏吸释热量不平衡对水体温度的影响。

5）与地下水系统相类似，地表水系统同样面临水质处理的问题。就海水源系统来说，该问题更加突出。我国濒临渤海、黄海、东海、南海，有着很长的海岸线，海水作为热容量最大的水体，理应成为地表水系统的首选低位热源。但海水对设备的腐蚀性成为海水源热泵发展的一个瓶颈。对海水源系统，当地表水体为海水时，与海水接触的所有设备、部件及管道应具有防腐、防生物附着的能力；与海水连通的所有设备、部件及管道应具有过滤、清理的功能。

（4）建筑物内系统

1）选用适宜地源热泵系统的水源热泵机组

国家现行标准《水源热泵机组》GB/T 19409 中，对不同地源热泵系统，相应水源热泵机组正常工作的冷（热）源温度范围也是不同的，如表 5.3-6 所示，设计时应正确选用。

水源热泵机组正常工作的冷（热）源温度范围 表 5.3-6

系统形式	正常工作的冷（热）源温度范围	
水环热泵系统	20～40℃（制冷）	15～30℃（制热）
地下水热泵系统	10～25℃（制冷）	10～25℃（制热）
地埋管热泵系统	10～40℃（制冷）	−5～25℃（制热）

2）水源热泵机组及末端设备应按实际运行参数选型；

不同地区岩土体、地下水或地表水水温差别较大，设计时应按实际水温参数进行设备选型。进入机组温度不同，机组 COP 相差很大；末端设备选择时应适合水源热泵机组供、回水温度的特点，保证地源热泵系统的应用效果，提高系统节能率。

（5）地源热泵系统优化

1）冷热平衡计算及辅助冷热源优化配置

地源热泵系统较常规空调运行性能高，主要原因是地源热泵的冷热源（土壤）的温度恒定且相对于空气温度冬季较高、夏季较低，因此保持土壤温度恒定是维持地源热泵系统高性能运行的有力保证。地源热泵系统投入运行后，冬季供暖时从地下提取热量，夏季制冷时向土壤排放热量，若地下换热器的吸热和放热不平衡，多余的热量（或冷量）就会在地下积累，引起地下土壤年平均温度的变化，土壤温度的变化将导致地源热泵系统运行性能逐年下降，同时破坏土壤的生物环境，其节能环保效益下降。为满足常年使用性能，在相同的设计条件下，埋管总长度随着冷热负荷比增大和地热换热器运行时间的延长而增加，从而系统投资增加。为避免冷热量不平衡现象的发生，降低系统初投资，在设计初期需要结合工程的冷热负荷以及地源热泵系统预期全年运行情况，精确计算地源热泵系统全年的取热量和排热量，若差距较大，可采取其他辅助冷热源进行补充，投运后再根据实际情况调控地下换热器和辅助冷热源的运行情况。根据工程冷热差距的不同，采取辅助冷热源的系统设计方式可以降低地源热泵系统初投资约 10%～20%。

带辅助冷热源的混合式系统，由于它可有效减少埋管数量或地下（表）水流量或地表水换热盘管的数量，同时也是保障地埋管系统吸释热量平衡的主要手段，已成为地源热泵系统应用的主要形式。在技术经济合理时，可采用辅助热源或冷却源与地埋管换热器并用的调峰形式。

对混合式系统的优化模拟分析，以生命周期内费用最低为目标，对混合式系统运行能耗及投资情况进行模拟计算分析，优化配置辅助加热及散热设备，这也是目前国际上广泛研究与分析的热点。

与地源热泵系统设计相关的软件有两大类，一类是埋管换热器设计软件，另一类就是能够提供方案优化分析、模拟系统能耗及经济分析的软件。许多软件均具备双重功能，如TRNSYS、GS2000 等。

2）埋管形式

地下换热器的主要形式有 U 型管和套管两种形式。套管增大了介质与土壤之间的换热面积，换热效果好，但内腔与外腔内流体发生热交换会带来热损失，另外套管的密封比较困难，目前在国内应用较少。U 型管介质在管内流动，受管径限制流量小，总换热效果稍差，但 U 型管有专用的管接头，且管接头与 U 型管的连接采用热熔焊接，密封性较好。不管是 U 型管还是套管，一旦埋入地下，几乎不可维修，因而对系统安全性要求较高。因此国内地源热泵系统多采用 U 型管。根据一个地源孔中放置 U 型管的数量不同，U 型管式地下换热器又分为单 U 管和双 U 管两种形，因双 U 管与土壤的接触面积相对较大，因此无论是夏季排热工况还是冬季取热工况，均比单 U 管单位孔深换热量稍高，因此对于相同的冷热负荷，采取双 U 型管埋管方式可以减少地源孔的钻孔总深度，钻孔费用下降，但同时管材费用成倍增加，管材价格和钻孔价格共同决定采用哪种埋管方式更经济。

3）优化确定地下水流量

地下水系统设计时应以提高系统综合性能系数为目标，考虑抽水泵与水源热泵机组能耗间的平衡，确定地下水的取水量。地下水流量增加，水源热泵机组性能系数提高，但抽水泵能耗明显增加；相反，地下水流量较少，水源热泵机组性能系数较低，但抽水泵能耗明显减少，因此地下水系统设计应在两者之间寻找平衡点，同时考虑部分负荷下两者的综合性能，计算不同工况下系统的综合性能系数，优化确定地下水流量。该项工作对有效降低地下水系统运行费用至关重要。

5.3.4　小结

地源热泵系统是一项跨专业、跨学科的综合能源利用技术，需要通过相关专业技术人员的通力协作，做好勘测、设计、施工、调试等各项工作，才能使系统达到要求的节能、环保性能。制约地源热泵系统技术应用的因素较多，主要包括冷热源、地质状况和资金投入这三个方面。

在既有工业建筑改造工程中，地源热泵系统技术的应用有其先天的优势，充分利用原有建筑条件和设备设施、合理的技术方案以及适当的冷热源辅助配置可以有效降低地源热泵系统的初投资，提高系统的节能效率。

5.4　大空间空调气流组织优化

5.4.1　工业建筑民用化改造高大空间特点及气流组织设计现状

1. 工业建筑民用化改造高大空间特点

工业建筑民用化改造，不同功能类型的高大空间形式及使用功能不用，决定其采用不同的气流组织形式。

（1）办公建筑中的高大空间

•多功能厅：这部分房间空间相对于常规办公区域对室内空气品质及气流组织要求较高，同时大空间空调能耗要求较高。

•门厅、共享大厅：该部分空间要求高敞，一般会有二层及以上的高通空间。该部分空间需要有良好的通风环境。

（2）展览类建筑的高大空间

工业建筑空间与展示空间在空间结构、功能、使用方式、造型等方面都有些相似之处。展示空间（包括博物馆、艺术馆、展览空间，以及空间使用要求相似的艺术工作室等）活动的展示要求有大面积、大开敞空间，并能够根据需要分割。

- 内部展示空间
- 多功能厅，展示厅
- 展览馆大空间

（3）博物馆中的高大空间

- 门厅：空间要求高敞，对室内空间气流舒适度有一定要求。
- 报告厅：该部分空间人员密度大，对室内空气品质和使用要求较高。需要结合空间特点，设计合理的气流组织形式。
- 主展示馆：为改造后的主要展示馆，一般内部空间较大，该部分人员停留时间较短，对室内空气品质和使用要求不是很高，气流组织设计注重考虑温度。

2. 工业建筑民用化改造高大空间室内气流组织现状

工业建筑改造后高大空间室内气流组织，现有的案例中主要采用的送风形式有以下几种：层高高于5m的展览空间上送下回的送风方式（喷口单侧送风）。

- 部分层高在5m左右的空间采用顶送风形式。
- 人员密度大的小剧场等采用双侧送风方式。
- 风机盘管与辐射地板相结合空调方式。
- 布袋送风。

（1）博览馆类高大空间气流组织形式

- 上海南市电厂改造而成的上海当代艺术博物馆，主要功能为展厅、门厅、报告厅室等高大空间。大空间风口送风方式大都采用喷口单侧送风，层高5m的空间采用顶送风，跨度16m的小剧场采用双侧送风。
- 旧厂房改造而成的厦门文化艺术中心：博物馆主要功能是进行展示，高大空间采用上送下回的送风方式。
- 原国营宏明电子厂改造而成的成都东郊工业文明博物馆：是主题公园式新型博物馆，送风形式采用上送风。
- 上海8号桥时尚创意中心、上海城市雕塑艺术中心，大空间中也采用了上送风的气流组织形式（图5.4-1～图5.4-3）。

上海8号桥时尚创意中心、上海城市雕塑艺术中心，大空间采用了上送风的气流组织形式（图5.4-4）。

（2）其他工业建筑改造为高大空间气流组织设计

镇江西津渡历史文化街区（西津渡展示大厅）：展厅大厅长36m，宽16m，高度9.4m，斜屋面高度4m，建筑面积576m²。采用风机盘管与辐射地板相结合空调方式，有效地解决了辐射地板的结露问题。

内蒙古工业大学建筑馆：建筑馆改造后采用一层地板辐射采暖和二、三层散热器采暖的两种系统靠式，利用良好的空气流动，使热气上升并向四周扩散（图5.4-5）。

上海十七棉时尚创意园改造项目中，由于框架式钢结构建筑的跨度大，它的承重受到了一定限制，采用了布袋送风方式（图5.4-6）。

图 5.4-1　上海当代艺术博物馆风口布置

图 5.4-2　厦门文化艺术中心风口布置

图 5.4-3　成都东郊工业文明博物馆风口布置

图 5.4-4　上海 8 号桥时尚创意中心、上海城市雕塑艺术中心风口布置

图 5.4-5　内蒙古工 　　　　　　　　图 5.4-6　上海十七棉布袋送风管
业大学气流组织

5.4.2　工业建筑改造高大空间气流组织策略研究

对工业建筑改造高大空间采用的气流组织形式进行研究，主要分析展览馆高大空间、办公类建筑报告厅大空间、大跨度大空间室内气流组织形式。

1. 展览馆建筑高大空间分层空调气流组织

为研究分层空调气流组织形式在高大空间（展厅）中应用情况，以上海当代艺术博物馆 A2 展厅为例，对分层空调室内温度场及速度场进行分析研究。

（1）概况

2A 展厅（为 $34m \times 21m \times 15m$），沿展厅北侧长度方向布置 27 个鼓形喷口，喷口安装高度为 5.2m，侧送风（图 5.4-7）。

图 5.4-7　2A 展厅送、回风口布置

（2）室内气流组织计算

1）计算工况

比较在层高大于 10m 以上的高大空间，在设计工况下全室负荷和部分负荷（70%）的室内温度场和速度场的变化，用来指导分层空气气流组织设计。计算工况见表 5.4-1。

设计工况下不同负荷比例计算工况　　　　　　　　　表 5.4-1

工况	送风温差及送风温度	总送风量	送风口	回风口
	℃	（m³/h）		
工况 1:全室负荷	8/18	30240	20 个鼓形喷口,喷口尺寸为 1.0m×0.35m,送风口高度为 5.2m。送风速度 1.2m/s,送风量为 1512m³/h	2 个回风口,尺寸为 2.6m×2.6m,回风离地高度为 0.5m。每个风口的回风量为 15120m³/h
工况 2:70%负荷	8/18	21168	20 个鼓形喷口,喷口尺寸为 1.0m×0.35m,送风口高度为 5.2m。送风速度 0.84m/s,送风量为 1058.4m³/h	2 个回风口,尺寸为 2.6m×2.6m,回风离地高度为 0.5m。每个风口的回风量为 10584m³/h

2）计算结果（图 5.4-8、图 5.4-9）

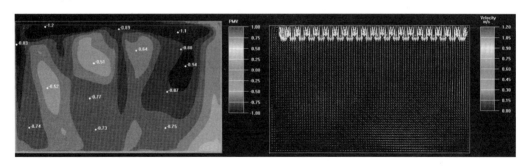

图 5.4-8　1.7m 高度 PMV 分布图（工况 1）送风口断面速度分布（工况 1）

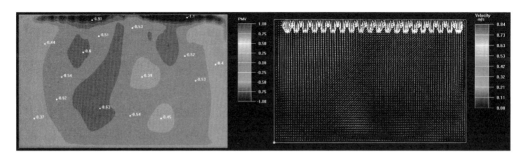

图 5.4-9　1.7m 高度 PMV 分布图（工况 2）送风口断面速度分布（工况 2）

（3）结论

层高大于 10m 以上的高大空间，室内负荷取全室计算负荷的 70％可满足室内舒适度要求，分层空调可以达到节能 30％以上的效果；送风口布置高度适合在 5m 左右（表 5.4-2）。

不同工况下 1.7m 高度处（工作区）温度、速度、PMV 值			表 5. 4-2
工况	1.7m 处温度（平均值）	1.7m 处速度（平均值）	1.7mPMV（平均值）
全室负荷设计风口	24	0.179	−0.736
70％负荷设计风口	25.6	0.168	−0.509

• 对于展览空间，考虑到人员处于走动状态、短时间停留，对风速要求相对较低，可采用增加送风温差、减小送风量的措施降低空调系统运行能耗或者采用增大送风量提高送风温度的措施降低空调系统运行能耗。

2. 喷口侧送风对气流组织的影响-报告厅大空间

以上海财经大学大学生创业实训基地报告厅为例，分析喷口侧送风对气流组织的影响。

（1）概况

报告厅长 27.4m，宽 15m，总面积为 412m²，层高 10m，为高大空间（图 5.4-10、图 5.4-11）。

采用侧送下回的气流组织方式。送风口沿两侧布置，每侧布置 10 个回风口，离地高度为 3m。送风口尺寸为 $\phi290$，每个风口送风量为 750m³/h。回风口沿两侧布置，每侧布置 5 个回风

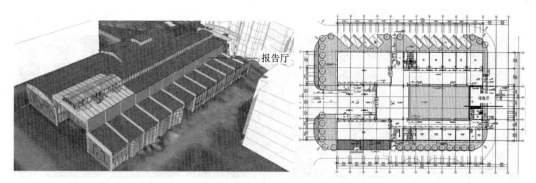

图 5.4-10　财大实训基地平面图（报告厅所在平面布置图）

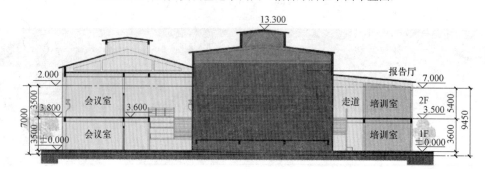

图 5.4-11　报告厅剖面图

口，离地高度为 0.3m，回风口尺寸为 0.9×0.3，每个风口送风量为 1500m³/h。

（2）室内气流组织计算

1）计算工况

选择 4m、5m、6m、7m 和 8m 四种喷口送风口高度，送风方式的送风温度、送风量、送风速度均相同的条件。

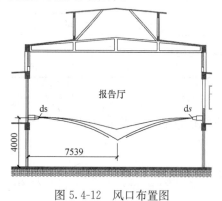

图 5.4-12　风口布置图

不同送风高度气流组织计算工况

表 5.4-3

工况	送风口高度
工况 1	4m
工况 2	5m
工况 3	6m
工况 4	7m
工况 5	8m

2）计算结果（图 5.4-13～图 5.4-16，表 5.4-4）

（3）小结

•在送风量一定的情况下，改变送风口高度可以适当提供工作区的舒适度，如 1.7m 高度处的送风速度随着送风口高度的增加而减小。PMV 不是随着送风高度变化而呈现一定的规律分布，需要从温度分布和速度分布两者考虑。

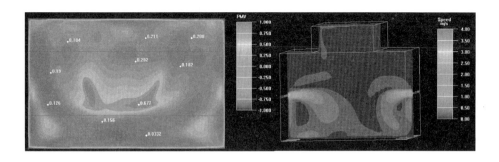

图 5.4-13　1.7m 高度 PMV 分布图及送风口断面速度分布（工况 2）

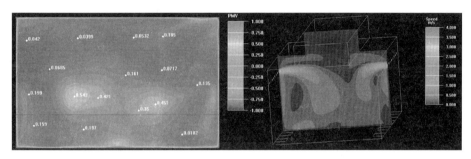

图 5.4-14　1.7m 高度 PMV 分布图及送风口断面速度分布（工况 5）

不同工况下 1.7m 高度处（工作区）温度、速度、PMV 值　　　　表 5.4-4

工况	1.7m 处的温度（平均值）	1.7m 处速度（平均值）	1.7mPMV（平均值）
工况 1：	24.3	0.239	0.289
工况 2：	24.3	0.235	0.271
工况 3：	24.5	0.224	0.317
工况 4：	24.5	0.225	0.306
工况 5：	24.1	0.220	0.177

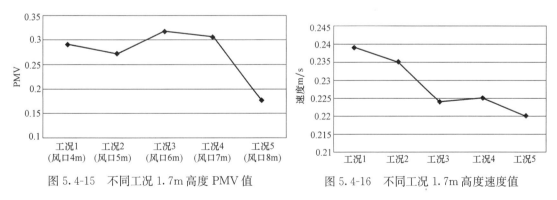

图 5.4-15　不同工况 1.7 高度 PMV 值　　　　图 5.4-16　不同工况 1.7 高度速度值

• 若同时从工作区的 PMV 分布图来看，随着送风口高的增加，工作区高度内可以获得更加稳定的温度场和速度场。

• 考虑到节能性，可以通过减少送风量降低送风口高度获得较为理想的室内气流

239

分布。

3. 大跨空间的不同气流组织方式优化

以上海动力机厂一号厂房改造的哈塞尔（HASSELL）设计师事务所为例，分析改造后为跨度大的高大空间适合的气流组织形式。

（1）项目概况

由上海动力机厂一号厂房改造的哈塞尔（HASSELL）设计师事务所上海办公室，建筑面积 19400m²，占地面积 17800m²。进深两跨（约 32m），层高 5～10m，为单向延展大空间（图 5.4-17）。

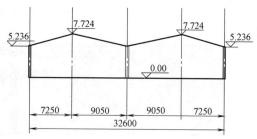

图 5.4-17　改造后内部空间布置

（2）室内气流组织计算

1）计算工况

分析大跨度条件下侧送风和顶送风方式对气流组织的影响（图 5.4-18～图 5.4-20，表 5.4-5）。

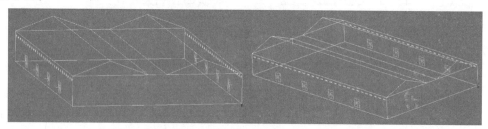

图 5.4-18　工况 1 和工况 2（侧送风）

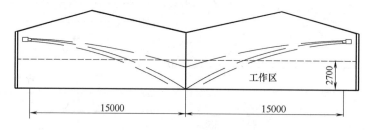

图 5.4-19　喷口布置位置示意图

分析工况　　　　　　　　　　　　　　　　　　　　表 5.4-5

计算工况	送风口个数	送风风口形式	回风口
工况 1	每侧 30 个	球形风口，直径为 0.42m，送风高度 4.5m	每侧 4 个，回风口大小为 2m×2m
工况 2	每侧 30 个	条形喷口；0.9m×0.16m，送风高度 4.5m	每侧 4 个，回风口大小为 2m×2m
工况 3	60 个送风口	顶送风，送风高度 4.5m	每侧 4 个，回风口大小为 2m×2m

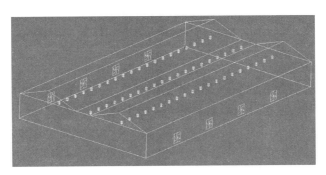

图 5.4-20　工况 3（顶送风）

2）计算结果

■工况 1 和工况 2 对比（图 5.4-21～图 5.4-26）

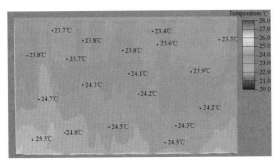

图 5.4-21　工况 1 1.7m 高度的温度场

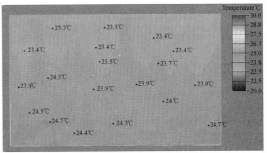

图 5.4-22　工况 2 1.7m 高度温度场

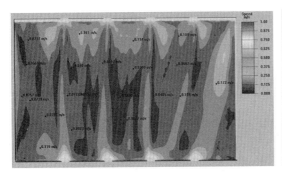

图 5.4-23　工况 1 1.7m 高度的速度场

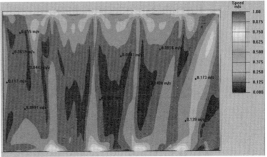

图 5.4-24　工况 2 1.7m 高度温速度场

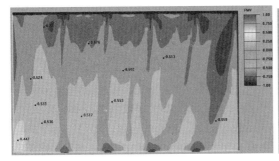

图 5.4-25　工况 1 1.7m 高度的 PMV 分布

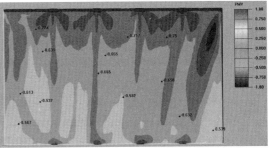

图 5.4-26　工况 2 1.7m 高度的 PMV 分布

计算结果分析可以看出：

• 双侧跨度为30m以上的大跨度高大空间采用双侧送风可以满足舒适度要求，工作高度1.7m处的平均送风速度在0.1m/s左右，室内平均温度在24℃左右；

• 大跨度空间采用双侧送风在工作区高度（1.7m）温度场分布比较均匀，而速度场在中间区域在0.04m/s左右，送风效果较弱，建议在跨度大于35m以上不易采用双侧送风；

• 工况1和工况2采用不同的送风口形式，从温度场和速度场分布来看，两者之间的差别不大，可以看出在大跨度空间上，采用的送风口形式对气流组织影响不大，根据实际情况采用不同的送风口形式。

■工况1和工况3对比（图5.4-27、图5.4-28）

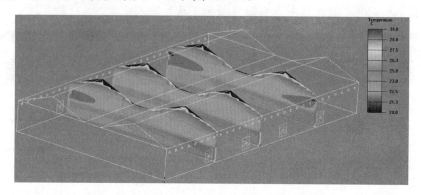

图5.4-27　工况1不同送风口断面的温度场分布

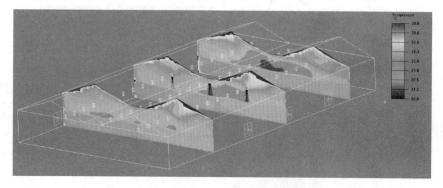

图5.4-28　工况3不同送风口断面速度场分布

• 从温度场部分来看，采用顶送风（工况3）温度部分比较均匀，且送风口下侧2m左右发生明显的温度分层。

• 跨度在30m左右的大空间，采取顶送风和侧送风都可以实现满足室内舒适度要求（图5.4-29、图5.4-30）。

• 从速度场部分来看，采用顶送风比采用侧送风可以形成比较稳定的速度场。

• 采用顶部送风中间区域速度场分布较侧送风效果好。

• 在跨度大于30m的高大空间，层高在5m左右的高大空间，在条件允许的情况下尽可能地采用顶送风的方式（图5.4-30、图5.4-31）。

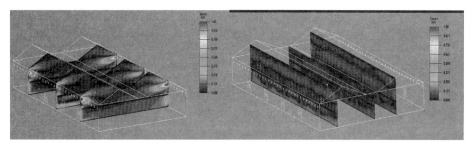

图 5.4-29　工况 1 不同送风口断面的速度场分布

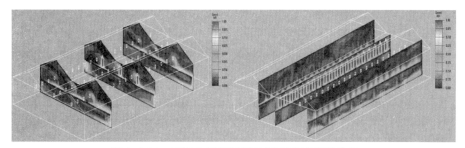

图 5.4-30　工况 3 不同送风口断面的速度场分布

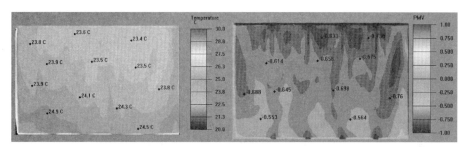

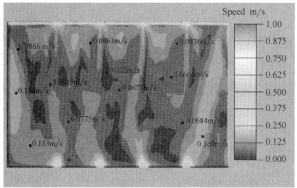

图 5.4-31　工况 3 1.7m 工作区高度的温度场、速度场、PMV 分布

• 顶送风在 1.7m 工作区高度的温度场和速度场较侧送风均匀，中间区域的平均送风速度为 0.1m/s，最大值在 0.133m/s，速度场相对较均匀。

• 大跨度的高大空间侧送风和顶送风的方式主要影响速度场的部分，温度场影响相对较弱。

• 在跨度为 30 左右，层高为在 5m 左右的高大空间，送风方式可以采用侧送风和顶送风，且在相同的送风条件下，顶送风较侧送风效果要好，特别是速度场分部相对较为均匀。

（3）对称面上的温度速度和温度分布（图 5.4-32）

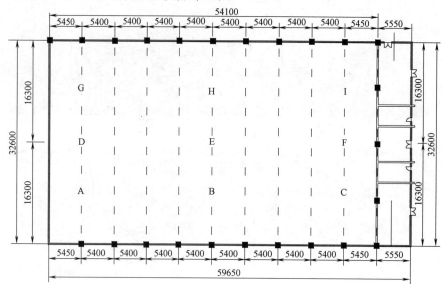

图 5.4-32　测点位置布置

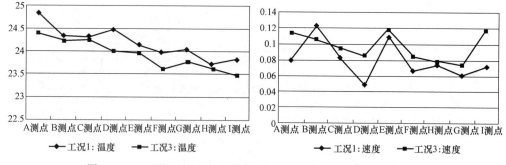

图 5.4-33　工况 1 和工况 3 不同测点温度、速度分布（1.7m 高度）

• 顶送风（工况 3）工作区（1.7m）高度的温度比侧送风（工况 1）工作区（1.7m）高度的温度低 0.5℃左右。采用顶部送风可通过减少送风量或提供送风温度的方式实现节能。

• 工作区高度内顶送风（工况 3）的温度分布相对工况 2 较为均匀，特别是在中间测点的分布也相对均匀（D、E、F）。

（4）小结

• 双侧跨度为 30m 左右的大跨度高大空间采用双侧送风可以满足舒适度要求。对于跨度大于 35m 以上的不建议采用双侧送风，需要在中间增加其他送风形式。

• 在跨度大于 30m 的高大空间，层高在 5m 左右的高大空间，在条件允许的情况下尽可能的采用顶送风的方式（比侧送风效果好）。

• 顶送风工作区（1.7m）高度的温度要比侧送风工作区（1.7m）高度的温度低 0.5℃左右。采用顶部送风可以通过减少送风量或提供送风温度的方式实现节能。

4. 带有夹层高大空间的气流组织分析

分析带有跑马廊夹层空间大空间气流组织，分别对上送下回和上下分区的气流组织对比。

（1）计算工况（表5.4-6）

计算工况   表5.4-6

计算工况	送风口个数	送风风口形式	回风口
工况1:上送下回,不分区	每侧20个	球形风口,直径为0.29m,送风高度8m	每侧5个,回风口大小为0.2m×0.9m,回风口高度为0.3m
工况2:上下分区,分别送风	每侧40个	球形风口:直径为0.29m,上部送风口高度为8m,下部送风高度4.7m	每侧10个,回风口大小为0.2m×0.9m,上部回风口高度为5.3m,下部回风口高度为0.3m

（2）计算结果

• 采用上下不分区（工况1）的送风方式比采用上下分区（工况2）PMV值低，但分布相对不均匀（图5.4-34～图5.4-37）。

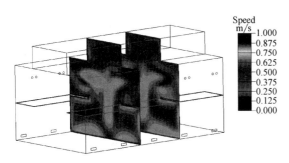

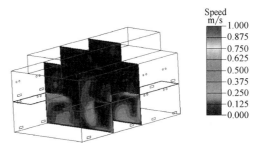

图5.4-34 带跑马廊上送下回不分区速度场　　　图5.4-35 带跑马廊上下分区分别送风速度场

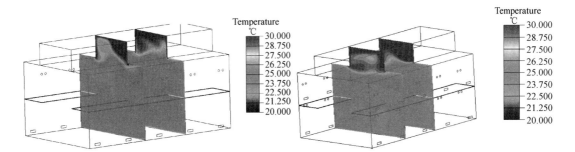

图5.4-36 带跑马廊上送下回不分区温度场　　　图5.4-37 带跑马廊上下分区分别送风温度场

• 从不同截面速度场部分来看，上下不分区中间区域速度场部分相对上下分区分不够均匀。从不同截面的温度场部分来看，中间区域温度分布工况2同样比工况1要均匀。

• 考虑到室内温度和速度场的分别，对于带有跑马廊的高大空间采用上下分区的送风方式相对上下不分区的送风方式要好。

（3）小结

• 对于带有跑马廊的高大空间采用上下分区的送风方式相对上下不分区的送风方式要好。

5.4.3　高大空间喷口送风夏季试验研究

通过试验方法对高大空间喷口送风夏季不同工况下的气流组织测试，主要对喷口高度、喷口大小、喷口送风二次接力进行测试与对比，得到夏季工况下喷口送风室内气流组织分布规律。

1. 喷口送风高度对气流组织影响

试验分析夏季工况 5.5m 和 8.2m 送风口高度、3 种不同送风量下室内温度场、速度场等试验结果。试验结果表明：送风口高度增加时，分层高度增加导致空调冷负荷增加。在送风量不变的情况下，送风口高度对室内工作内的平均温度影响较大；送风口高度越高，室内风速分布越均匀。

（1）试验基地概况

试验基地建筑总建筑面积为 500m²，建筑高度 14.5m，长 20m，宽 14.8m。内有喷嘴送风和柱状送风等多种气流组织，喷嘴送风形式有两种不同安装高度，分别是 5.5m 和 8.2m，且每层高度均安装有 8 个尺寸相同、间距为 1.5m、型号均为 DUK-630 的喷嘴，喷嘴内径为 0.373m（图 5.4-38）。

图 5.4-38　试验室内景图

（2）测试工况

主要针对 5.5m 和 8.2m 送风高度喷口送风两种不同送风高度下夏季室内气流组织分布情况，为对比分析，每种送风口高度均测三种送风量，进行对比分析，不同测试工况下室内内扰尽量保持一致，测试工况见表 5.4-7。

测试工况　　　　　　　　　　　　　　　　　　　表 5.4-7

工况	风口高度	送风量	送风温度
	m	m³/h	℃
工况 1	5.5	25000	21.64
工况 2	5.5	20000	21.19
工况 3	5.5	10000	14.69
工况 4	8.2	25000	21.64
工况 5	8.2	20000	21.19
工况 6	8.2	10000	14.69

（3）测试结果分析

1）测试条件介绍（图 5.4-39、图 5.4-40）

工况 1 测试室外平均干球温度为 36.4℃，工况 2 测试室外平均干球温度为 37.5℃，工况 3 测试室外平均干球温度为 31.2℃，工况 4 测试室外平均干球温度为 35.5℃，工况 5

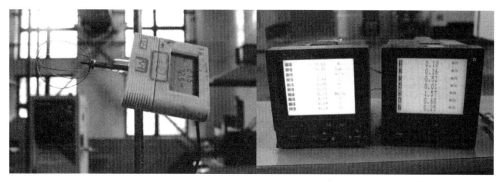

a.室内温度、湿度、速度测试仪　　　　　　　b.配万象风速仪的无纸记录仪

图 5.4-39　主要测试仪器

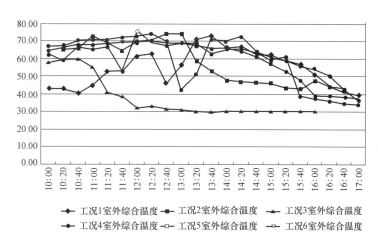

图 5.4-40　不同测试条件下的测试期间室外综合温度对比

测试室外平均干球温度为 34.8℃，工况 6 测试室外平均干球温度为 34.1℃。

考虑到室外温度对室内温度分布的影响，选择工况 1 和工况 4 对比室内温度和风速的变化规律，工况 2 和工况 5 仅比较室内速度变化情况。

2）送风高度对室内舒适度影响分析

① 室内温度场对比

工况 1 和工况 4 不同测点各时刻 1.7m 高度（人员活动区）温度分布见图 5.4-41～图 5.4-47，可以看出工况 1（5.5m 送风）工作区室内平均温度为 27.6℃，工况 4（8.2m 送风）工作区室内平均温度为 29.6℃，两者温差相差 2.0℃。工况 2 和工况 5 以及工况 3 和工况 6 由于室外平均温度相差较大。工况 2 室内平均温度比室外平均温度低 9℃，而工况 5 室内平均温度比室外平均温度低 5.2℃；工况 3 室内平均温度比室外平均温度低 5℃，而工况 6 室内平均温度比室外平均温度低 4.7℃。从另一个方面可以看出，安装高度对室内平均温度影响较大。

可以看出当喷口送风口高度在 5.5m 时，在 7m 高度左右就发生明显的温度分层，在 8m 以下 10 点时刻的室内平均温度在 26.8℃，8m 以上室内平均温度在 28℃以上。当喷口送风口高度在 8.2m 时，房间内温度分层不是很明显（图 5.4-48～图 5.4-53）。

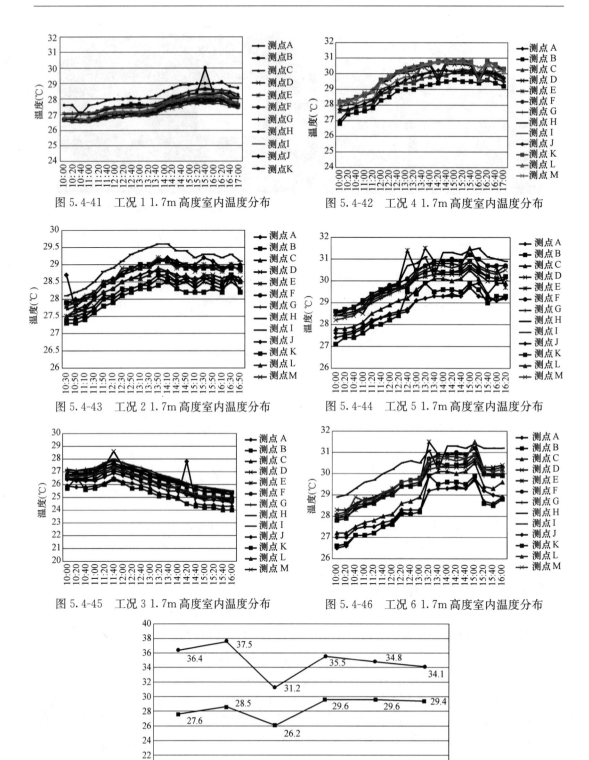

图 5.4-41　工况 1 1.7m 高度室内温度分布

图 5.4-42　工况 4 1.7m 高度室内温度分布

图 5.4-43　工况 2 1.7m 高度室内温度分布

图 5.4-44　工况 5 1.7m 高度室内温度分布

图 5.4-45　工况 3 1.7m 高度室内温度分布

图 5.4-46　工况 6 1.7m 高度室内温度分布

图 5.4-47　不同测试工况下室内平均风速对比

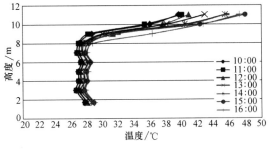

图 5.4-48　工况 1N 点垂直方向温度分布

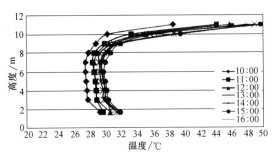

图 5.4-49　工况 4N 点垂直方向温度分布

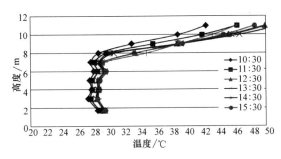

图 5.4-50　工况 2N 点垂直方向温度分布

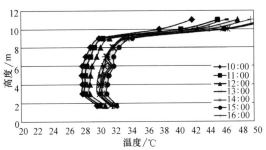

图 5.4-51　工况 5N 点垂直方向温度分布

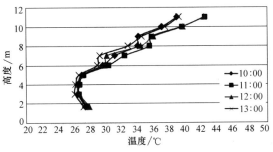

图 5.4-52　工况 3N 点垂直方向温度分布

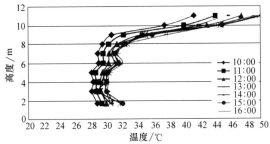

图 5.4-53　工况 6N 点垂直方向温度分布

从温度分布来看，当喷口安装高度增加时，分层高度增加导致空调冷负荷增加，在相同送风量不变的情况下，安装高度对室内工作内的平均温度影响较大。

② 室内速度场对比

工况 1（喷口安装高度为 5.5m、送风量为 25000m³/h 时），工作区内的平均风速为 0.64m/s，中轴线上测点的平均风速为 0.90m/s；工况 2（喷口安装高度为 5.5m、送风量为 20000m³/h 时），工作区内的平均风速为 0.51m/s，中轴线上测点的平均风速为 0.73m/s；工况 3（喷口安装高度为 5.5m、送风量为 20000m³/h 时），工作区内的平均风速为 0.29m/s，中轴线上测点的平均风速为 0.42m/s。可以看出，送风口高度在 5.5m 时，中轴线上测点平均风速是室内测点的平均风速 1.4 倍左右。工况 4（喷口安装高度为 8.2m、送风量为 25000m³/h 时），工作区内的平均风速为 0.45m/s，中轴线测点平均风速为 0.46m/s；工况 5（喷口安装高度为 8.2m、送风量为 25000m³/h 时），工作区内的平均风速为 0.39m/s，中轴线测点平均风速为 0.40m/s；工况 6（喷口安装高度为 8.2m、送风量为 25000m³/h 时），工作区内的平均风速为 0.28m/s，中轴线测点平均风速为 0.34m/s。可以看出送风口高度在 8.2m 时，中轴线测点平均风速与工作区内的平均风速基本相等（图 5.4-54、图 5.4-55）。

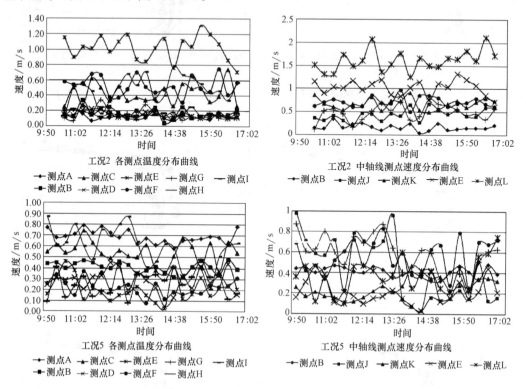

图 5.4-54　不同测点室内风速分布及中轴线上不同测点室内风速分布

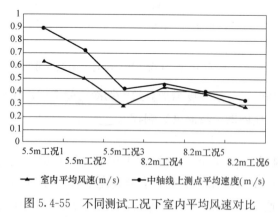

图 5.4-55　不同测试工况下室内平均风速对比

通过对不同安装高度的喷口、不同喷口送风量下的对比，发现喷口安装高度越高，室内风速分布越是均匀，同时喷口送风量减少时室内工作区内的平均风速也逐渐降低。

3）小结

• 从温度场分布来看，当喷口安装高度增加时，分层高度增加导致空调冷负荷增加，在送风冷量不变的情况下，安装高度对室内工作空间内的平均温度影响较大。那么对于高大空间可以通过降低送风口高度减少空调能耗。

• 相同送风参数条件下 5.5m 送风比 8.2m 送风室内平均温度低 2.0℃。对于高大空间可以通过降低送风口高度减少空调能耗。

• 从速度场分布来看，通过对不同安装高度的喷口、不同喷口送风量下的对比，喷口安装高度越高室内风速分布越是均匀，同时喷口送风量减少时室内工作区内的平均风速也逐渐降低。

• 通过风口高度对室内舒适度的影响分析，设计气流组织应当从室内气流分布均匀性和节能量两方面综合考虑，对室内气流分布均匀性要求不高的大型展览馆、体育场等可以采用降低送风口高度减少空调系统运行能耗。而对于室内气流组织要求较高的房间，可以采用适当提高送风口高度，同时增大送风量、减少送风温差的措施提高室内气流组织分布的均匀性。

图 5.4-56　实验室外景

2. 喷口送风大小对气流组织影响

针对两种送风口大小的夏季工况下的气流组织进行试验研究，比较喷口侧送风气流组织不同送风口大小下的室内速度场和温度场。

（1）试验基地概况

该试验基地最高处 8.75m，东西长 20m，分为 5 跨，南北总跨度 14.8m（图 5.4-56）。

（2）测试工况

风口个数 10 个，送风高度 4m。该工况下共计 3 个工况，具体参数见下表。

工况	风口高度(m)	送风量(m³/h)	风口个数	喷口角度
工况 1-1	4	6000	10	水平
工况 1-2	4	8000	10	水平
工况 1-3	4	12500	10	水平

风口个数 5 个，送风高度 5m。该工况下共计 3 个工况，具体参数见下表。

工况	风口高度(m)	送风量(m³/h)	风口个数	喷口角度
工况 2-1	5	7000	5	水平
工况 2-2	5	9000	5	水平
工况 2-3	5	10000	5	水平

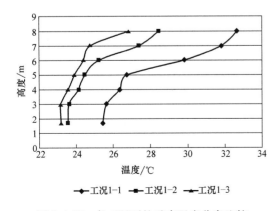

图 5.4-57　各工况下的垂直温度分布比较

（3）测试结果分析

风口个数为 10 个（图 5.4-57、图 5.4-58）。

可以看出 1.7m 高度工况 1-1 不同测点平均温度在 26℃左右，最高温度和最低温度差值在 1.24℃左右；工况 1-2 不同测点平均温度在 24℃左右，最高温度和最低温度差值在 1.34℃左右；工况 1-3 不同测点平均温度在 23.5℃左右，最高温度和最低温度差值在 1.31℃左右（图 5.4-59）。

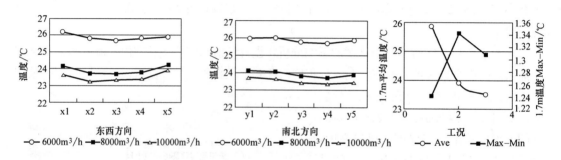

图 5.4-58　1.7m 高度不同测点温度分布

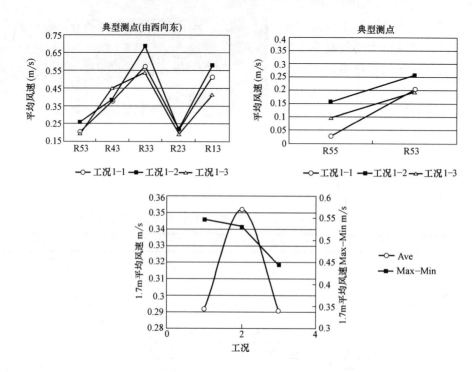

图 5.4-59　不同工况速度分布

可以看出工况 1-1 和工况 1-3 中间测点的室内平均速度相当，在 0.58m/s；工况 1-2 中间测点的室内速度在 0.7m/s 左右。工况 1-1 和工况 1-3 在 1.7m 高度的平均速度 0.29m/s，工况 1-2 在 1.7m 高度的平均速度 0.35m/s。工况 1-1 在 1.7m 高度的室内最高速度和最大速度之间的差值为 0.55m/s，工况 1-2 在 1.7m 高度的室内最高速度和最大速度之间的差值为 0.53m/s，工况 1-3 在 1.7m 高度的室内最高

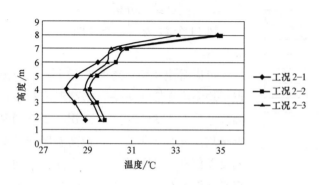

图 5.4-60　各工况下的垂直温度分布比较

速度和最大速度之间的差值为 0.45m/s。可以看出随着送风量的增大室内速度场均匀性越好，但应兼顾能耗的影响（图 5.4-60、图 5.4-61）。

风口个数 5 个时

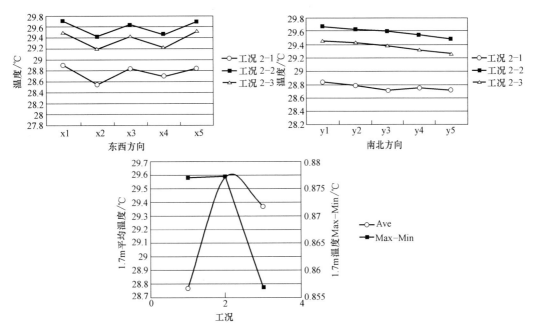

图 5.4-61　不同工况下 1.7m 高度的室内温度分布

可以看出 1.7m 高度工况 2-1 不同测点平均温度在 28.7℃左右，最高温度和最低温度差值在 0.87℃左右；工况 2-2 不同测点平均温度在 29.6℃左右，最高温度和最低温度差值在 0.875℃左右；工况 2-3 不同测点平均温度在 29.4℃左右，最高温度和最低温度差值在 0.856℃左右（图 5.4-61～图 5.4-63）。

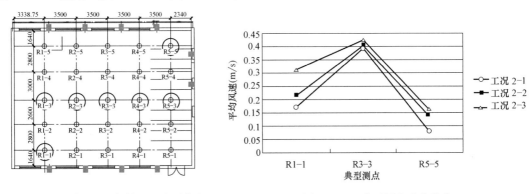

图 5.4-62　不同送风量条件下风速测点布置　　　图 5.4-63　典型测点速度分布

从图中可以看出，在 5 个喷口的情况下，中间测点不同送风量条件下中间测点的平均风速均在 0.4m/s 左右；工况 2-1 在 1.7m 高度的平均速度在 0.28m/s 左右，最大值和最小值差值为 0.5m/s；工况 2-2 在 1.7m 高度的平均速度在 0.305m/s 左右，最大值和最小值差值为 0.5m/s；工况 2-3 在 1.7m 高度的平均速度在 0.3m/s 左右，最大值和最小值差

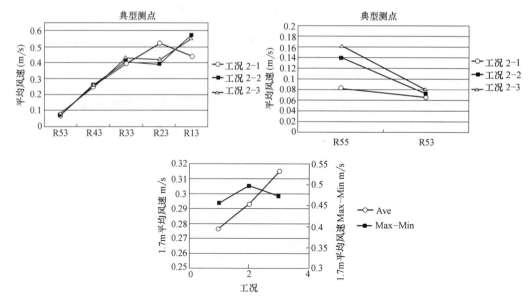

图 5.4-64　典型测点速度分布

值为 0.5m/s。

（4）小结

·相同送风口数量的条件下，送风量小的温度分层易产生温度分层（4m），送风量大的在不易产生温度分层（6m），在相同送风参数下，送风量大会增加上部非空调区域对下部空调区域影响。送风口个数大时，增大送风量对室内温度和速度场的影响较大，同时速度场和温度场更加均匀。

·实际应用时对于高大空间可以通过增加喷口个数、增大送风速度、减少送风温度的措施提高室内舒适度并减少建筑运行能。

3. 喷口送风二次接力试验测试

主要测试在单侧送风+二次接力下的室内气流组织形式，包括三种送风量进行测试，测试结果可以用来指导大跨度的高大空间气流组织设计（图 5.4-65）。

图 5.4-65　二次接力测试现状安装

为对比增加二次接力设备后室内风速以及温度场的分布情况，特选择三种送风量条件下，有二次接力设备和无二次接力设备的室内气流组织变化情况（表 5.4-8）。

测试工况　　　　　　　　　　　　　　　　　表 5.4-8

工况	送风量	送风口高度	室外均温	送风温度	二次接力送风量	风机转速
	m³/h	m	℃	℃	m³/h	rpm
工况 1-1	25000	5.5	34.06	22.23	1300	550
工况 1-2	25000	5.5	36.43	21.64	/	/
工况 2-1	20000	5.5	35.59	20.29	2700	1000
工况 2-2	20000	5.5	37.47	21.19	/	/
工况 3-1	10000	5.5	31.81	15.30	3600	1250
工况 3-2	10000	5.5	31.24	14.69	/	/

（1）速度场分布对比（图 5.4-66～图 5.4-68）

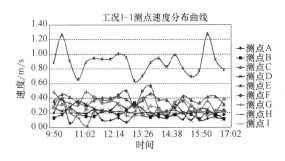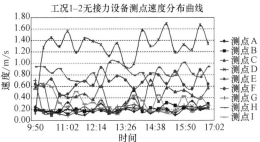

图 5.4-66　工况 1 室内典型测点 1.7m 高度速度场分布

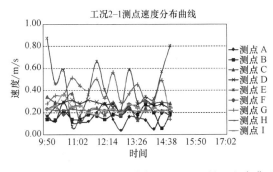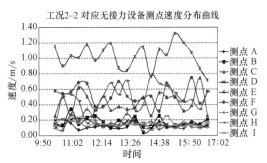

图 5.4-67　工况 2 室内典型测点 1.7m 高度速度场分布

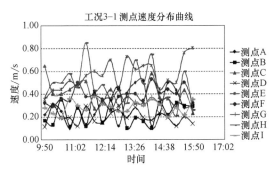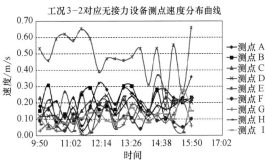

图 5.4-68　工况 3 室内典型测点 1.7m 高度速度场分布

• 有二次接力设备不同送风量条件室内速度场的分布情况，工况 1 有二次接力设备除 A 点外，室内各测点速度在 0.2～0.4m/s 之间，工况 1 对应的无二次接力设备除 A 点外，室内各测点速度在 0.2～1.0m/s 之间，且有二次接力设备室内速度场分布较无接力设备均匀。

• 工况 2 有二次接力设备除 A 点外，室内各测点速度在 0.15～0.4m/s 之间，工况 2 对应的无二次接力设备除 A 点外，室内各测点速度在 0.15～0.7m/s 之间，且有二次接力设备室内速度场分布较无接力设备均匀。

• 工况 3 有二次接力设备除 A 点外，室内各测点速度在 0.15～0.8m/s 之间，工况 2 对应的无二次接力设备除 A 点外，室内各测点速度在 0.2～0.3m/s 之间。

• 采用二次接力设备后可以增加室内速度场的均匀性，同时在送风量大的情况下效果较为明显，送风量小的时候不易增加二次接力设备（图 5.4-69）。

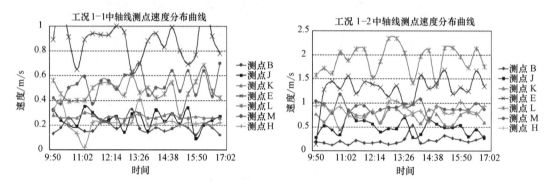

图 5.4-69　工况 1 中轴线上的速度分布

• 由图 5.4-69 可以看出工况 1 有二次接力设备的情况下，沿喷口送风方向，除 E 点外其中轴线的上速度 0.2～0.6m/s；工况 1 无二次接力设备的情况下，沿喷口送风方向，除 L 点外其中轴线的上速度 0.2～1.5m/s；

（2）温度场分布对比

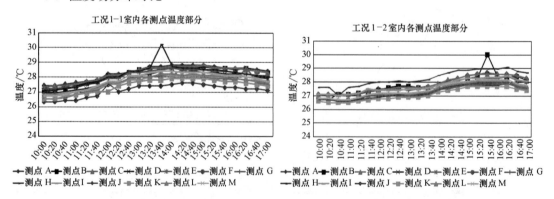

图 5.4-70　工况 1 室内典型测点 1.7m 高度温度场分布

• 从温度场分布来看（图 5.4-70），有无二次接力设备对温度场的分布影响不大，同时有二次接力设备室内各点温度影响不大。

256

（3）小结

• 增加二次接力设备可以提供高大空间室内的速度场均匀性。

• 对于送风量大的高大空间，增加二次接力设备对提供室内速度场的均匀性比较明显。

• 采用二次接力设备后可以增加室内速度场部分的均匀性，对于跨度大于 30m 以上的大跨度空间，可以采用单侧送风＋二次接力设备的方式减少送风口数量。

5.4.4 小结

通过对工业建筑改造为大空间气流组织策略研究，采用理论计算与试验测试相结合的方法，主要研究结论如下：

1. 层高大于 10m 以上的高大空间，室内负荷取全室计算负荷的 70％可满足室内舒适度要求，分层空调可以达到节能 30％以上的效果；送风口布置高度适合在 5m 左右。

2. 对于展览空间，考虑到人员处于走动状态、短时间停留，对风速要求相对较低，可采用增加送风温差、减小送风量的措施减少空调系统运行能耗或者采用增大送风量提高送风温度的措施减少空调系统运行能耗。

3. 双侧跨度为 30m 左右的大跨度高大空间采用双侧送风可以满足舒适度要求。对于跨度大于 35m 以上的不建议采用双侧送风，需要在中间增加其他送风形式。

4. 在跨度大于 30m 的高大空间，层高在 5m 左右的高大空间，在条件允许的情况下尽可能采用顶送风的方式（比侧送风效果好）。

5. 对于带有跑马廊的高大空间采用上下分区的送风方式相对上下不分区的送风方式要好。

6. 相同送风口数量的条件下，送风量小的温度分层易产生温度分层（4m），送风量大的不易产生温度分层（6m）。在相同送风参数下，送风量大会增加上部非空调区域对下部空调区域影响。实际应用时对于高大空间可以通过增加喷口个数、增大送风速度、减少送风温度的措施提高室内舒适度并减少建筑运行能耗。

7. 相同送风参数条件下 5.5m 送风比 8.2m 送风室内平均温度低 2.0℃。对于高大空间可以通过降低送风口高度减少空调能耗。

8. 喷口安装高度越高室内风速分布越是均匀，同时喷口送风量减少时室内工作区内的平均风速也逐渐降低。

9. 对于对室内气流分布均匀性要求不高的大型展览馆、体育场等可以采用降低送风口高度减少空调系统运行能耗。而对于室内气流组织要求较高的房间，可以采用适当提高送风口高度，同时增大送风量减少送风温差的措施提高室内气流组织分布的均匀性。

10. 喷口大小对气流组织影响。相同送风口数量的条件下，送风量小的温度分层易产生温度分层（4m），送风量大的在不易产生温度分层（6m），在相同送风参数下，送风量大会增加上部非空调区域的对下部空调区域的影响。送风口个数大时，增大送风量对室内温度和速度场的影响较大，同时速度场和温度场更加均匀。

11. 采用二次接力设备后可以增加室内速度场部分的均匀性，对于跨度大于 30m 的大跨度空间，可以采用单侧送风＋二次接力设备的方式减少送风口数量。

12. 侧送风一般选择球形喷口或鼓形喷口。风口应具有夏季工况、冬季工况和过渡季节三种不同的送风方向的要求。

13. 喷口侧向送风的风速一般 4～8m/s，风速太小不能满足射程要求，风速过大在喷口处产生较大的噪声。当空调区对噪声控制要求不十分严格时，风速最大值可取 10m/s。

5.5 照明与变配电改造

5.5.1 既有工业建筑供配电与照明系统特点

既有工业建筑的供配电系统有别于民用建筑供配电系统，一般由总降变电所、高压配电所、配电线路、车间变电所和用电设备所组成，具体组成部分与该工业建筑的规模大小、消防等级、生产方式等因素密切相关。①工业建筑一般单层架构较高、单间面积较大、建筑内工业动力负荷较多，大多含有动力设备配电线路、明敷设线路等，因此工业建筑供配电系统具有用电负荷高度集中、密度大的特点；②工业建筑用电设备一般多为高电压、高功率的生产性设备，因此工业建筑供配电系统具有用电设备安全要求较高的特点；③工业建筑用电设备一般含有非线性元器件，与其他设备、系统的接口及联系较多，并且生产工艺有流水化、批量次、标准化要求，因此工业建筑供配电系统具有供电质量稳定良好的特点；④工业建筑结线方式应力求灵活简单、操作安全、维护方便，并能适应负荷的变化和系统自身长远发展，因此工业建筑供配电系统应具有便于维护及可扩展的特点。

既有工业建筑的照明系统有明显不同于民用建筑照明系统的特点。调研发现，工业建筑通常借助于建筑的窗墙比大、透光性好和普通的白炽灯解决照明问题，控制模式为手动或声控，如天津木箱一厂、北京手表厂、北广电子集团酒仙桥园区、北京鼓风机分厂和定兴县兴河机械制造有限公司等。照明系统很少采用智能的照明控制系统，主要靠人工管理，有时会因为未及时关闭照明或延时关闭照明，造成不必要的电耗，造成资源的浪费和增加单位的额外支出费用。

5.5.2 既有工业建筑供配电与照明系统改造设计

既有工业建筑经过绿色化改造成民用建筑，从改造后建筑使用功能发生变化的角度，国内既有工业建筑改造可总结归纳为主要有以下四种类型：一是改造为绿色办公建筑，如办公楼、写字楼；二是改造为商场建筑，如百货楼、中餐厅等；三是改造为宾馆建筑，如连锁酒店、主题宾馆等；四是改造为文博会展建筑，如博物馆、展览厅等。既有工业建筑供配电与照明系统改造设计应充分考虑改造后建筑使用功能的特点，应满足改造后的建筑功能要求。

1. 目标民用功能的供配电与照明系统改造需求分析

（1）办公功能建筑的供配电与照明系统改造需求分析

办公功能建筑主要是指供机关、团体和企事业单位办理行政事务和从事各类业务活动的建筑物，办公功能建筑供配电系统需求分析主要包括：①办公功能建筑用电设备包括办公照明、电话、计算机、打印机、复印机、空调、热水器、微波炉等，具有工作期间办公类用电设备正常使用，非工作期间办公类用电设备很少使用或不用的特点。应根据实际情况合理计算负荷，确定负荷等级，根据负荷等级确定供电级别，对特殊的重要设备及部位如计算机中心、消防控制中心还需加装 UPS。②办公功能建筑的电源进线处应设置明显的切

图 5.5-1　办公大楼照明效果图

断装置和计费装置，供电部门无法用低压供电方式供电的办公建筑，应设置用户供配电所。③办公功能建筑电气管线应暗敷，管材及线槽应采用非燃烧材料。④办公功能建筑配电回路应将照明回路和插座回路分开，插座回路应有防漏电保护措施，以保证室内工作人员的人身安全。

办公室良好的照明可提供一个简洁明亮的环境，满足员工办公、沟通、思考、会议等工作上的需要；保持区域之间的统一性和舒适性，提高员工的工作效率。同时还可以通过办公空间向来访游客传播良好的形象。图 5.5-1 所示为办公大楼照明效果图。

办公场所对照明的需求一般有以下几个方面：

① 具有合适的光源色温及显色指数，一般选择＞4000K 色温，显色指数选择 $Ra \geqslant$ 75。办公的不同环境、不同场所，对灯光的要求各不相同；

② 照度应满足使用要求，一般为 500～1000lx。合理布置灯具，使照度均匀，使办公室最大、最小照度与平均照度之差小于平均照度的 1/3，使照明均匀。

③ 舒适度和炫光控制：在视野内有过高亮度或过大亮度比时，就会是人们感到刺眼的眩光；防止炫光的措施主要是限制光源亮度，合理布置光源；如使光源在视线 45° 范围以上，形成遮光角或用不透明材料遮挡光源。

④ 安全性：主要考虑灯具结构安全性，电器的安全性，灯具是否符合国家标准、是否通过 3C 认证等。

⑤ 节能和环保：选用高光效光源，高效率、长寿命、配光合理灯具，高性能、长寿命附件等；配光一般选择蝙蝠翼配光，使光强能均匀而分布较宽。

（2）商业功能建筑的供配电与照明系统改造需求分析

商业功能建筑主要是指为人们进行商业活动提供空间场所的建筑类型之统称，通常由营业厅和辅助用房组成。商业功能建筑供配电系统需求分析主要包括：①商业功能建筑主要用电设备包括商场照明、空调、商场广告用电、商场餐饮设备用电等，具有营业期间用电设备密集使用、非营业期间用电设备很少使用或不用的特点。应根据实际情况合理计算负荷，确定负荷等级，根据负荷等级确定供电级别。消防用电设备应采用专用的供电回路，其配电设备应有明显标志，配电线路和控制回路宜按防火区划分。②商业功能建筑由于人流量大，其配电线路须严格满足消防用电相关要求，例如应采用阻燃或耐火电缆，明敷导线应采用低烟无卤型，消防用电设备的配电线路应满足火灾时连续供电的需要。③商业功能建筑的供配电房位置的选择要综合考虑各方面因素，特别是要求深入或接近负荷中心，进出线方便，接近电源侧，设备吊装运输方便，不应设在剧烈震动或有爆炸危险介质的场所。

既有工业建筑改造成商场、超市后，其功能发生了变化，照明系统也要随之变化以满足商场、超市的照明需求。商场、超市照明设计，应该从顾客浏览、选择、选购商品的过程中，根据顾客的视觉要求以及各种不同商品的特性、每种商品所处的空间，进行科学、合理的设计，以让顾客感到舒适的视觉功效、合理的照度（俗称亮度）、良好的显色性。通过合理的照明设计，可以把顾客的注意力吸引到商品上，在创造舒适的购物环境中，刺激顾客购买欲望。如图 5.5-2 所示为商场、超市的照明效果图。不同商品对照明的要求详见表 5.5-1 所示。

（3）宾馆功能建筑的供配电与照明系统改造需求分析

图 5.5-2　商场、超市 LED 绿色照明效果图

商品对照明的需求　　　　　　　　　　　　　　　表 5.5-1

商品分类	照 明 要 求
纺织品	均匀的垂直照度、水平照度、显色性好、注意褪色
皮革	垂直照度与水平照度相接近，能表现出其外形凹凸感、立体感、表面质地
小商品	垂直照度与水平照度相平衡、均匀，光源的色温与使用环境色温相近，防止炫光
玩具	用定向照明把背景中突出形成一定的对比，突出表面的光泽及立体感
珠宝、钟表	用窄光束透射，背景暗，对比度达 1∶50，注重效果
陶瓷及半透明器皿	用定向照明突出其质地、半透明感、必须避免强烈的对比和阴影，也可用环境照明烘托其飘逸的感觉
植物花卉	合适的照度来表现生长感、新鲜感、好的显色性
糖果糕点	要表现出新鲜感，引起食欲、温暖、和谐、轻松、愉快的背景，可用接近肤色的浅色光来增加自然地暖色
瓜果蔬菜	背景要暗，红色、黄色灯深色食物用 3300K 左右的暖色光，绿色等浅色物品用 4500～5500K 的冷白色光

宾馆功能建筑是指为旅客提供住宿、饮食服务和娱乐活动的公共建筑。宾馆功能建筑供配电系统需求分析主要包括：①宾馆功能建筑主要用电设备包括宾馆照明、空调、24h生活热水、客房电话等。用电设备的使用状态随入住率的高低、季节变化而变化。②宾馆功能建筑应按照宾馆的规模大小确定用电负荷分级，设应急发电机组，其发电及容量应能满足宾馆消防用电设备及事故照明的使用负荷。③宾馆功能建筑每间客房应设置电话、闭路电视系统，敷设设计电路时应纳入考虑范围。

宾馆、酒店的每一个区域都应考虑客户的利益而进行细致的设计，照明正因为其多方面的作用而在宾馆、酒店中显得非常重要。同时灯光也是建造高档

图 5.5-3　宾馆、酒店-大堂照明效果图

次宾馆、酒店的重要因素。宾馆、酒店为宾客提供多种多样的住宿经历，仔细选择设备与服务以强化其形象。图 5.5-3 所示为宾馆、酒店大堂的照明效果图。

服务总台区的照明在整个大堂中要求相对明亮，达到醒目的效果，照度水平要高于其他区域。

休息区常会融入一些特有的元素，如人文元素、主题元素、装饰元素等。照明应用不仅要考虑功能性，也要兼顾艺术性，亮度适中。

电梯厅照明采用功能性与装饰性相结合的照明方式，并给顾客带来安全感。走廊和楼梯照明设计要具有安全性及指示、引导作用。

客房照明应该像家一样，宁静、安逸和亲切。

中餐厅常用于商务的或其他方面的正式宴请，所以照明的整体气氛应该是正式的、友好的。西式餐厅常用于非正式的商务聚餐，或者是就餐人的关系较熟悉和密切的用餐场所，所以它照明的整体气氛应该是温馨而富有情调的。

多功能厅常用于大型的商务聚会或其他方面的正式宴请，同样照明的气氛应该是正式的、友好的，照度应该是均匀的，降低亮度对比所带来的情绪波动。

（4）文博功能建筑的供配电与照明系统改造需求分析

文博功能建筑主要是博物馆、展览馆等供收集、报关、研究和陈列、展览有关自然、历史、文化、艺术、科学、技术方面的实物或标本用途的公共建筑。文博功能建筑供配电系统的需求分析包括：①文博会展建筑主要用电设备包括照明、空调、监控等，用电设备的使用状态受会展建筑举办时间、举办规模、举办频率等因素的影响。应根据实际情况确定供配电系统负荷的分级。②监视与报警电气线路应与照明和动力电气线路分开设置，并敷设隐蔽。③藏品库房和陈列室的电气照明线路应有防火功能。④陈列室内应设置使用电化教育设施的电气线路和插座，方便讲解员的讲解。⑤供配电系统应满足某些特殊藏品展览品等的要求。

展览照明对突出展品和增强空间气氛起着重要的作用。展览会的采光设计包括天然采光、人工光源采光及两者综合采光照明 3 种形式。但就商业性展览而言，因其展期短、照度水平要求高，所以大都采用人工照明或天然光与人工光源结合两种照明形式（室外陈列除外）。图 5.5-4 所示为展厅照明效果图。

现代展厅对照明的需求表现在照度、亮度分布、反射与炫光、光源的颜色、灵活性和安全性几个方面。①展品的不同，要求的照度值也不同。比如食品、杂品、书籍和鲜花等需要 $100\sim500$lx；暗色纺织品、珠宝首饰和皮革等需要 $200\sim1000$lx；美术品需要 $300\sim500$lx；机器家电需要 $100\sim200$lx。②亮度分布方面，在展览会上，展出的内容主题应是视野中最亮的部分。光源、灯具不要引人注目，以利于观众将注意力放在观赏展品上。需重点突出的展品，应采用局部照明以加强它同周围环境的亮度对

图 5.5-4　展厅照明效果图

比。展品背景亮度和色彩不要喧宾夺主。③在展览空间中避免反射与眩光对观众的干扰。④光源的颜色要保持展品的固有色彩。⑤根据商业性展览活动性比较强、周期短的特点，采用灵活的光导轨和点射灯与一般照明形式配合。⑥在安全性方面，要注意光源的散热，用电量不得超出供电负荷，以确保展览如期顺利、安全地进行。

2. 既有工业建筑功能转换供配电与照明系统改造案例分析

（1）案例 1：供配电系统改造——北京北广电子集团有限责任公司酒仙桥园区生产用车间改造成办公楼

1）原有厂房供配电系统

北京北广电子集团有限责任公司酒仙桥园区成立于 20 世纪 50 年代初，占地面积为 1.8 万 m²，建筑面积 35640.18m²，在北京市东北方向四五环之间的北京市电子城东区核心地带，处于北京市中关村科技园区内。原是生产用厂房，现已改为办公建筑，是两栋连体的 5 层 U 型建筑，分为南楼和北楼（图 5.5-5）。

图 5.5-5　改造工程南楼和北楼

改造前配电现状：南楼、北楼配有各自独立的配电室，分别设有 800kVA 和 630kVA 两台变压器负责各自区域的供电。800kVA 变压器工作时间段（8h）负荷电流 1000A 左右，8h 之外负荷很小；630kVA 变压器工作时间段（8h）负荷电流 350A 左右，8h 之外 100A 左右。月均耗电量为 139969.6 kWh，年用电量为 1679635.2 kWh，平均功率因数为 0.85。

配电室的布局如图 5.5-6。

图 5.5-6　改造工程配电室

2）供配电系统改造需求分析

本案例中建筑由生产性建筑改造成办公楼，两个变压器应合理分配负荷，功率因数为0.85，可适当进行补偿。

3）供配电系统改造措施

原电容补偿柜在20世纪80年代末期投运，当初设计安装采用传统接触器作为投切开关，集中三相共补，且为手动控制模式，经常导致要么过补偿、要么欠补偿的现象发生。改造后该建筑属于办公建筑，用电负荷类型属于办公类用电负荷，即大量使用的负荷为单相负荷，这类用电负荷，往往三相不平衡，中性线上电流偏大，三相无功功率不等，如果按照某一相无功功率为标准进行三相补偿，其他两相很有可能出现过补或欠补现象，无法对无功功率做到就地平衡，同时，不论过补（无功功率倒送）还是欠补（无功功率过低），都将造成功率因数过低，若不符合供电部门考核要求，将带来不必要的经济损失。建议采用混合补偿方案，三相共补与分相补偿共同组网，有效控制系统无功三相平衡，大大提高系统补偿效率，精确控制系统功率因数，避免系统出现过补、欠补和投切震荡。同时，作为智能电网的终端配电环节，新一代低压无功补偿柜除了拥有相比传统无功补偿柜更先进、更可靠的智能投切控制功能外，还需要在保护、测量、显示等方面全面超越传统无功补偿柜。

综上所述，考虑到经济效益、节约空间，本案例设计补偿方案为集中智能混合补偿模式，设计补偿容量按照变压器容量1/3设计为260kVar。

配置单如表5.5-2。

改造工程无功补偿系统配置明细表　　　　　　　　　　　　表5.5-2

无功补偿系统配置明细表			
产品名称	产品规格（台）	数量（台）	备注
630kVA变压器补偿容量：200kVar			
智能电容器	NA-758A1RS/450-20.20	4	三相共补40kVar/台
智能电容器	NA-758A1RF/250-20	2	分相共补20kVar/台
智能无功控制器	NA-752B	1	
800kVA变压器补偿容量：240kVar			
智能电容器	NA-758A1RS/450-20.10	6	三相共补30kVar/台
智能电容器	NA-758A1RF/250-20	3	分相共补20kVar/台
智能无功控制器	NA-752B	1	

智能无功补偿装置由若干台低压智能补偿组件在柜内积木式组装而成。低压智能补偿组件包含微型断路器、CPU测控单元、同步投切开关、电流取样CT和两台（△型）或一台（Y型）低压干式自愈式电力电容器等部件。屏（柜）集中补偿，产品标准化、网络化，取代了传统的控制器、熔断器、交流接触器、热继电器等，只保留刀熔开关，装置在安装的时候采用积木组合方式。

4）案例改造特点

本案例是由成产用厂房改造成办公建筑。其特点主要是：根据办公建筑新的办公类用电设备，进行了负荷计算和无功功率补偿，舍弃了旧有的传统电容无功补偿柜，采用了新一代低压智能无功补偿柜，改善了三相不平衡状况，三相共补和分相补偿混合补偿技术为动态无功补偿和功率因数达到地区供电局要求提供了有效保障。

（2）案例2：照明系统改造——原上海第十七棉纺织总厂改造成上海国际时尚中心

1）原有厂房照明系统

亚洲规模最大的时尚中心——上海国际时尚中心位于杨树浦路 2866 号，是原十七棉改建项目，占地 12.08 万 m²，建筑面积约 13 万 m²。上海第十七棉纺织总厂厂址位于杨浦区东外滩板块的杨树浦路与黄浦江之间，东望黄浦江内唯一的封闭式内陆岛——复兴岛，西临上海最早的发电厂——杨浦发电厂，南依上海市的母亲河——黄浦江，北至蜜蜂毛衣厂原址，拥有得天独厚的地理优势。厂房屋顶采用整齐的锯齿形设计，传递出别具风味的建筑形态。该项目一期于 2010 年底竣工；二期于 2011 年竣工；整体项目计划于2013 年竣工。

2）照明系统改造需求分析

改造后的上海国际时尚中心。其功能需求主要有时尚多功能秀场、时尚接待会所、时尚创意办公、时尚精品仓、时尚公寓酒店和时尚餐饮娱乐等六大功能区域。照明系统的改造六大功能区域的特点进行设计。

3）照明系统改造措施

上海国际时尚中心 4 号楼改造后的功能为商业和辅助办公，照明系统部分对照度和功率密度的要求为：商业 300lx，10W/m²；设备机房及走廊 100lx，5W/m²。照明部分设有 3 个商业照明配电箱、3 个公共照明配电箱和 3 个应急照明配电箱满足本建筑的照明需求，其中商业照明配电箱用于商铺的照明；公共照明配电箱用于新风机房的照明、插座等；应急照明配电箱用于疏散照明、应急照明和商铺应急照明等。建筑内的走廊灯具选用节能灯，并采用智能照明系统进行控制；其控制系统的拓扑图如图 5.5-7 所示。

4）案例改造特点

本案例照明系统改造的特点为网络智能化控制模式。

3. 既有工业建筑供配电与照明系统改造方案设计

（1）供配电系统改造方案

1）方案

根据既有工业建筑绿色化改造成民用建筑前后使用功能发生变化的程度以及原有供配电系统机电设备的可利用程度，供配电系统改造模式可以简单分成两类：第一类：新增供配电设备全面改造，第二类：沿用原工业建筑设备并进行局部改造。

第一类：新增供配电设备全面改造。北京市北广电子集团有限责任公司酒仙桥园区对南北配电室的无功补偿系统进行改造，按集中智能混合补偿模式进行改造，建立智能化的无功补偿系统。同时对集团的用电情况进行分项计量的改造，在值班室建立后台监管平台，完成对南北配电室无功补偿系统的监管，从而达到对集团用电情况统计与分析的目的。

第二类：沿用原工业建筑设备并进行局部改造。天津市天友建筑设计股份有限公司在改造工程中供配电方面沿用了原建筑的供配电设备，对馈线的回路进行了调整，调整后共

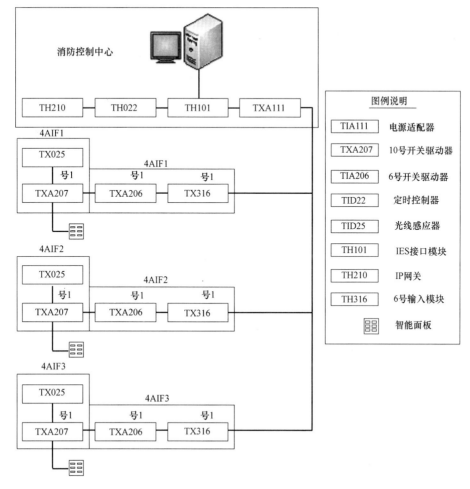

图 5.5-7　Tebis 智能照明控制系统拓扑图

计 16 条馈线，其中三条作为备用线路，仍然沿用原有的 630kV 红号箱式变电站，一方面由于年代久远变电站功能比较单一，并且老化现象存在，长期使用下去有安全隐患，供电可靠性有待提高；另一方面天津市天友建筑设计股份有限公司目前改造成整栋楼使用功能为绿色办公建筑，用电容量在春夏和秋冬只有几十 kV，而变电站容量为 630kV，典型的"大马拉小车"，不符合变压器的使用建议方式，不节能。从进一步优化节能的角度，天津市天友供配电系统改造仍然有下一步进行优化的可行性。

2）步骤

在既有工业建筑民用化改造过程中，设计供配电系统改造方案主要从民用建筑类别、负荷等级、供配电电源电压及主结线、有关电负荷的计算问题、变压器的选择、供配电所位置的选择和机房与机电设备的配置七个步骤进行论述。

流程图如图 5.5-8。

具体改造工程设计供配电系统改造方案时可参考下列步骤。

步骤一：民用建筑分类

既有工业建筑民用化改造项目中，首先要确认改造后的民用建筑类别。

民用建筑按使用功能可分为居住建筑和公共建筑两大类。

① 居住建筑

住宅建筑：住宅、公寓、别墅等

宿舍建筑：单身宿舍、学生宿舍、职工宿舍等

② 公共建筑

教育建筑：托儿所、幼儿园、小学、中学、高等院校、职业学校、特殊教育学校等

办公建筑：各级立法、司法、党委、政府办公楼，商务、企业、事业、团体、社区办公楼等

科研建筑：实验楼、科研楼、设计楼等

文化建筑：剧院、电影院、图书馆、博物馆、档案馆、文化馆、展览馆、音乐厅、礼堂等

商业建筑：百货公司、超级市场、菜市场、旅馆、饮食店、银行、邮局等

体育建筑：体育场、体育馆、游泳馆、健身房等

医疗建筑：综合医院、专科医院、康复中心、急救中心、疗养院等

交通建筑：汽车客运站、港口客运站、铁路旅客站、空港航站楼、地铁站等

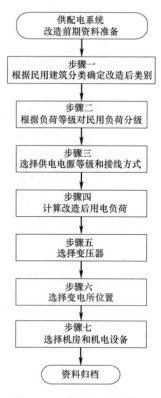

图 5.5-8 供配电系统改造设计步骤流程图

司法建筑：法院、看守所、监狱等

纪念建筑：纪念碑、纪念馆、纪念塔、故居等

园林建筑：动物园、植物园、游乐场、旅游景点建筑、城市建筑小品等

综合建筑：多功能综合大楼、商住楼、商务中心等

既有工业建筑改造成绿色化民用建筑，根据工业建筑的特点，一般主要改造成办公建筑、商业建筑、宾馆建筑和文博会展建筑。

步骤二：负荷等级

电力负荷根据供电可靠性及中断供电所造成的损失或影响的程度，分为一级负荷、二级负荷及三级负荷。

一级负荷：（1）中断供电将造成人身伤亡者。（2）中断供电将造成重大政治影响者。（3）中断供电将造成重大经济损失者。（4）中断供电将造成公共场所秩序严重混乱者。对于某些特等建筑，如中断供电后将发生爆炸、火灾以及严重中毒的一级负荷为特别重要负荷。

二级负荷：（1）中断供电将造成较大政治影响者。（2）中断供电将造成较大经济损失者。（3）中断供电将造成公共场所秩序混乱者。

三级负荷：不属于一级和二级的电力负荷。

民用建筑中一级负荷包括：（1）消防用电设备：消防电梯、消防泵、喷淋泵、消防风机、消防中心电源、应急照明。（2）弱电设备：电信机房、保安监控系统、楼宇自控系统

等弱电机房。(3) 客梯、主要通道照明等。

二级负荷：(1) 工作生活区照明、插座。(2) 生活水泵、排水泵。(3) 通风设备等。

三级负荷：空调、制冷设备、普通用房（如库房等）照明等。

一级负荷由两路电源供电，末端互投，二级负荷由独立的单回路供电，三级负荷无特殊要求。

供配电系统改造方案应根据改造后建筑内涵盖的所有用电负荷制作负荷分级表，确定负荷分级，才能确定相应负荷供电等级及供电结线。

步骤三：供电电源电压及主结线

电力等系统不发生故障是不可能的，为了保证在电力系统中断供电时，能保证对特别重要的负荷供电，按民用建筑用电负荷重要性，需设计双回路供电以满足要求，除此以外还可设置自备柴油发电机组，发电机组的容量一般可按下述因素考虑：1) 按变压器容量的 10%～30% 选择；2) 按一级负荷选择；3) 保证消防水泵等的正常启动和运转。

为了在火灾及地震等特殊情况下，电力供电系统被破坏，自备柴油发电机电源都不能供电时，保证高层楼内人员能够及时安全的疏散，各楼层还应设置带电池的应急灯照明，以保证安全疏散。

步骤四：电负荷的计算

在建筑工程设计中，导线和电气设备的选择是根据发热条件以计算负荷为依据。电器和导线电缆的选择是否经济合理与计算负荷确定的是否合理有直接关系，如果计算负荷容量确定的过大，将使电器和导线电缆选得过大，造成投资和有色金属的浪费，而变压器负荷率较低运行时，也将造成长期低效率运行。如果计算负荷容量确定的过小，又将使电器和导线处于过负荷运行，增加电能损耗，产生过热，导致绝缘过早老化甚至产生火灾，造成更大的经济损失。因此，正确确定计算负荷具有很大的意义。

负荷计算有多种方法，应用比较广泛的是需要系数法。这种方法比较简单而且适用，尤其是适用于低压配电网络的负荷计算。既有工业建筑民用化改造项目中一般是 380/220V，可以用需要系数法计算用电负荷。

步骤五：变压器的选择

大部分变压器常年接入电网运行，变压器的长期累积损耗相当可观，因此，认真而合理地选择变压器的额定容量、运行方式和变压器的型号是供配电设计中的一个重要课题。

目前，民用建筑中的变压器一般广泛采用环氧树脂浇注型干式变压器，其防火、防爆、耐热以及体积小、噪声低、损耗少等优点特别适合在民用建筑中采用。

一般来说根据空调设备的分组来设置专用的变压器是比较合适的，这样就可按照空调机组的投切来投切相应的变压器，从而取得良好的经济效益。

步骤六：变电所位置的选择

一般来说，变电所的选址有以下几种：1) 将变电所设在地下室或相邻的辅助建筑内；2) 在地下室和最高层设变电站；3) 分别在地下室、最高层和中间层设变电站；4) 仅在中间层设变电站。

步骤七：机房与机电设备的配置

任何一栋民用建筑，都有特定的功能要求，因此，必须要有一定的机电服务设备与之配合，这些设备也要占一定的建筑面积，该部分建筑面积称为设备机房。

在进行方案设计或初步设计时，设计人员可以根据建筑的功能，按国家规范及主管部门的要求设计出各种设施设备用房平面图。在规划这些设备用房时，最重要的是解决配电设备用房的位置、面积要求层高，并与建筑师及结构工程师密切合作方能设计出合理、实用、经济的机房平面布局。

3）关键技术

既有工业建筑供配电系统改造时主要设计的关键技术主要包括解决三相不平衡技术、分相无功补偿技术和谐波治理技术。

① 解决三相不平衡技术

工业建筑变配电系统中负荷大多为三相工业负荷，根据调研现场测试电能质量结果表明三相工业负荷在运转时仍会出现三相不平衡现象，进行绿色化改造后，民用建筑变配电系统中负荷大多替换为电灯照明等单相民用负荷，相比三相工业负荷，系统运转时更易发生三相不平衡现象。

三相不平衡将会对电力系统运行的经济性和安全性带来不利影响，可采取相关措施改变这种现象。

a. 静态平衡。根据改造后的绿色化民用建筑实际运转负荷进行负荷计算，合理分配给三相，尽可能做到三相所带的负荷总和相近，达到三相平衡，即达到三相负荷静态平衡。

b. 动态平衡。采取人工合理分配三相负荷后，又因为民用负荷的启用、运转、停用都无明显的规律性，导致整个系统为动态系统并且运行时会出现三相不平衡现象，此时就需要对绿色化民用建筑变配电系统整体运行时的三相不平衡负荷进行动态无功补偿，即达到三相负荷动态平衡。

② 分相无功补偿技术

既有工业建筑绿色化改造项目中，变配电系统改造时应进行无功补偿。要点如下：

a. 变配电设计应通过正确选择电动机，变压器的容量以及照明灯具启动器，降低线路感抗等措施，提高用电单位的自然功率因数。

b. 当采用提高自然功率因数措施后，仍达不到电网合理运行要求时，应采用并联电力电容器作为无功补偿装置。如经过技术经济论证，确认采用同步电动机作为无功功率补偿装置合理时，也可采用同步电动机。

c. 高压电气设备的无功功率宜由高压电容器补偿，低压电器设备的无功功率宜由低压电容器补偿。

d. 当采用高（中）、低压自动补偿装置效果相同时，宜采用低压自动补偿装置。

e. 补偿基本无功功率的高压或低压电容器组，宜在配变电所内集中补偿。

f. 容量较大、负载稳定且长期运行的用电设备的无功功率宜单独就地补偿。

g. 当补偿电容器所在线路谐波比较严重时，高压电容器应串联适当参数的电抗器，低压电容器宜串联适当参数的电抗器。

h. 当配电系统中谐波电流较严重时，无功功率补偿容量的计算应考虑谐波的影响。

i. 电容器分组时，应满足下列要求：①分组电容器投切时，不应产生谐振。②适当减少分组组数和加大分组容量，必要时应设置不同容量的电容器组，以适应负载的变化。

③应与配套设备的技术参数相适应。④应在电压偏差的允许范围内。

j. 用户端的功率因数值应符合当地供电部门的有关规定。

k. 无功补偿容量宜按无功功率曲线或无功补偿计算方法确定。

l. 三相动态不平衡时，可进行分相无功补偿。

③ 谐波治理技术

a. 变配电系统中的波动负荷产生的电压变动和闪变在电网公共连接点的限值，应符合现行国家标准《电能质量电压波动和闪变》GB 12326—2008 的规定。

b. 变配电系统中的谐波电压和在公共连接点注入的谐波电流允许限值应符合现行国家标准《电能质量公用电网谐波》GB/T 14549—1993 的规定。

c. 变配电系统中在公共连接点的三相电压不平衡度允许限值应符合现行国家标准《电能质量·三相电压允许不平衡度》GB/T 15543—2008 的规定。

d. 谐波的预防。控制各类非线性用电设备所产生的谐波引起的电网电压正弦波形畸变率，宜采取下列措施：各类大功率非线性用电设备变压器由短路容量较大的电网供电；对大功率静止整流器，采用增加整流变压器二次侧的相数和整流器的整流脉冲数，或采用多台相数相同的整流装置，并使整流变压器的二次侧有适当的相角差，或按谐波次数装设分流滤波器；选用 D，yn11 结线组别的三相配电变压器。

e. 谐波的治理。常用谐波治理装置有以下几种：无源吸收谐波装置、有源吸收滤波装置、无源有源复合滤波吸收装置。

（2）照明系统改造方案

1）方案

照明系统改造方案的设计从节能、环保、舒适度方面考虑，设计了智能照明控制系统，根据既有工业建筑层高较高、窗墙比大的特点，在改造方案中运用了窗户的透光性和导光管采光系统，在建筑的顶层利用导光管采光系统将自然光引到房间内作为照明的主要光源。在控制方面，系统选用了智能控制器和人体感应控制器及照度传感器，智能照明控制系统对监管系统中的控制器参数进行设置，控制器通过照度传感器采集工作区域的照度并与其照度的设定值进行比较，根据比较的结果控制该区域的照明设备的照度；人体感应控制器监测工作区域的人员情况，当监测到工作区域有人在工作时，根据设置的照度决定照明的开启和关闭；当监测到工作区域无人的情况，人体感应控制器延时关闭其所控制的照明区域的照明设备。

2）结构

改造方案本着节能、低碳、环保的原则，利用自然光照明与电力照明相结合，优先考虑利用自然光照明，其系统具有如下功能：

利用导光管采光系统和电力照明解决单层建筑和多层建筑顶层的照明问题。根据设定的照度值调整导光管的导光量；根据区域对照度的要求实现实时监控控制功能（区域内照度情况的监测，照明设备的开启/关闭控制和照度的调节控制）；公共照明区域工作日根据照度值和定时进行控制，非工作日照明设备处于关闭状态；远程监控各区域的照明状态和设置照度的上下限值，远程强制各区域照明设备的开启和关闭；实时监控功能，实时监测区域内的人员情况，有人时照明开启，无人时照明延时关闭；本地设置该区域照度的上下限值；单路开启和关闭功能；全部开启和关闭功能。

3）关键技术

系统采用分布式结构，其由三部分组成。分别为照明监控系统管理单元（工作站）、区域照明监控单元（控制终端）和受控设备［照度传感器、照明设备（灯具和导光管）］。控制终端的数量根据受控设备的数量确定，其结构见图5.5-9所示。

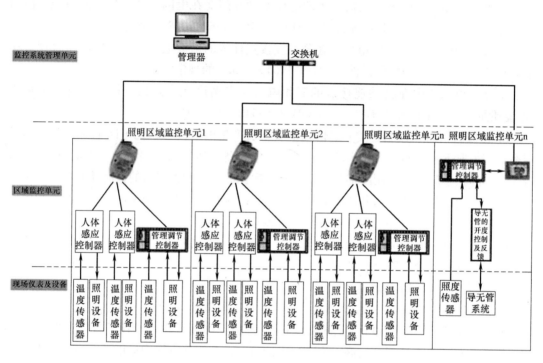

图 5.5-9　多能源智能照明控制系统逻辑框图

a. 照明监控系统管理单元（工作站）

本单元完成对照明监控系统中所有照明设备工况的实时监控。远程强制各区域照明设备的开启和关闭或对任意区域的任意回路进行开启和关闭的控制。与控制终端进行数据交换，画面显示各设备的工况；并可远程设置每个区域的运行参数（照度值、开启和关闭时间等），并将调整的系统运行控制策略通知各个区域照明监控单元（控制终端）。

b. 区域照明监控单元（控制终端）

该单元分为两部分，第一部分是对电力照明的监控（照明区域监控单元 1～n）；第二部分是对导光管采光系统的监控（照明区域监控单元 m）。

照明区域监控单元 1～n 完成区域内设备的状态和照度信息的采集且上传至监控管理单元，并接收监控管理单元的运行控制策略和遥控命令实现远程运行参数的设置和控制；参数也可本地设置。根据预先设置的照度值或管理单元下发的运行控制策略对照明设备进行控制和调节。从经济实用和降低成本角度考虑，设计了两种模式，其一：当被控区域对照度的要求不苛刻时，采用人体感应控制器对照明回路进行控制，当人体感应控制器检测到控制范围内有人且未达到设定的照度值时启动照明设备；当达到设定照度的上限时关闭照明设备；当人体感应控制器检测到控制范围内无人时，系统延时关闭电力照明设备；

其二：当被控制区域对照度的要求较高时，采用智能调节控制器进行控制，控制器设有数据采集和模拟量调节输出模块和通讯模块、数据采集模块对照明的状态和照度信息数据进行采集，控制器将采集的信息与预先设定顶照度值进行比较，根据比较的结果控制模拟量调节输出模块的信号输出，对被控区域的照度进行连续调节，保证该区域的照度在设定的范围内变化。通信模块负责与上级单元进行数据信息的交换。

照明区域监控单元 m 通过本地的触摸屏显示该区域设备的工况画面；参数设置（照度值、开启和关闭时间等）和设备的开启和关闭的操作；根据设置的参数自动运行；完成与管理单元（工作站）的数据交换，接收下行的遥控命令，实现远程参数设置，将采集区域内的照度信息和设备的状态信息上传给照明系统监控管理单元，根据采集信息的情况对调光装置设备进行开启和关闭或调节控制。

c. 受控设备［照度传感器、照明设备（灯具和导光管）］

照度传感器将将区域的照度信息提供给区域照明监控单元（控制终端），为控制终端提供最优化控制的理论依据。照明设备在控制终端的控制下完成区域的照明要求。

5.5.3 小结

既有工业建筑改造成绿色化民用建筑，主要包括办公建筑、商场建筑、宾馆建筑、文博会展建筑。改造过程中建筑供配电与照明系统也应做出相应改造，以下分别给出供配电系统改造和照明系统改造方法。

通过对建筑供配电系统特点的分析，从既有工业建筑改造后建筑使用功能发生改变的角度分为改造为绿色办公建筑、商场建筑、宾馆建筑、文博会展建筑四种民用建筑类型，改造后的四类绿色大量使用的负荷为单相负荷，这类用电负荷，往往三相不平衡，中性线上电流偏大，三相无功功率不等，如何解决这个问题是改造的关键。供配电系统的改造要根据改造后绿色建筑的实际需求，进行增加或在系统基础上进行局部改造两种改造模式，改造时可参照民用建筑类别、负荷等级、供配电电源电压及主结线、有关电负荷的计算问题、变压器的选择、供配电所位置的选择和机房与机电设备的配置七个步骤进行设计，汇总供配电系统改造方案中主要涉及的三项关键技术：解决三相不平衡技术、分相无功补偿技术和谐波治理技术。

通过对绿色建筑照明的需求分析，将建筑按功能分成了四大类：办公场地、展厅、宾馆酒店和商场超市。按这四大分类对照明提出了不同的要求，通过改造案例对具体的功能需求部分使用了不同的改造方法；对建筑层高较高、窗墙比大的建筑，运用窗户的透光性和导光管采光系统，在建筑的顶层利用导光管采光系统将自然光引到房间内作为照明的主要光源电力照明作为辅助照明进行改造。在对照度要求不高的场合采用人体感应控制器，实现工作区有人时照明开启，无人时延时关闭照明；对照度要求较高的区域，根据照度的要求实时监测和调整照度值，使区域的照度始终保持在设定的范围内。

5.6 能耗监控平台设置

5.6.1 平台开发原因及特点

解决能源消耗问题是工业建筑改造工程中的重头戏，因而研究工业建筑绿色化节能改造的有效方法和能耗指标意义重大。工业建筑改造不同于新建建筑，原有建筑的类型及功能的改变，对于能耗分析、能耗量化管理、效果评估等方面应该有一套相对专业的手段进行研究和分析。因此，工业建筑改造中建立能耗管控一体化的能源综合监控信息化平台势在必行。系统平台将采用先进的在线监测技术、云计算、物联网等技术的综合应用实现供能设备与耗能设备的直接对话，传感器和执行器、监测和检测间环环相扣，为业主提供广泛的能源管理解决方案，从而实现智能楼宇的智慧化管理。

5.6.2 基于工业建筑绿色化改造的平台设计

工业建筑功能转化改造中，在能源布局改造合理的情况下，估算各能源计量表的数量，评估系统平台在运行后的数据量；根据数据量级，选定更加合适的数据库、平台架构以及将采用何种数据处理方式；同时，由于工业建筑改造，在嵌入式计算机和通信方式上也要保证其适用范围的广泛和环境的复杂多变性，因此，嵌入式计算机要求具有安装配置灵活，成本低、可靠性高的特点。

1. 工业建筑绿色化改造能源监控平台需求分析

建筑能耗检测系统，从硬件大致可分为三部分：计量表、采集器、平台服务器，在工业建筑改造中，由于建筑结构等限制，数据传输方式的选择就存在很多局限性，因此计量表、采集器、服务器之间的通信将成为一个研究重点。通信方式的多变性与建筑改造现场的局限性，使得设计一款安装简单、配置灵活的嵌入式计算机控制器势在必行。解决了硬件问题以后，能耗平台才能发挥其最大的作用。

（1）无线数据通信模块及通信方法

该设备可应用于能耗管理服务平台的数据采集，对供热中心和换热站的供回水压力、温度和运行设备的工况进行监控，对用水、用电的能源消耗进行数据采集。由于系统要适应建筑改造项目，因此要求具有安装配置灵活、成本低、可靠性高的特点。

收集、分析、对比国内外实现数据无线通信的各种方法，进行包括通信距离、可靠性、稳定性、辐射程度、无线管理控制以及成本在内的综合评价，确定一种适合于国内节能项目应用的无线数据传输方式及系统。

系统采用基于网络通信的分布式数据采集控制系统。系统采用积木式结构，具有简单、灵活的特点。通信模块和各种数据采集控制模块可自由组合，成为一套可应用于系统监控的节能控制系统。在数据通信接口和数据通信协议上，系统采用 WIMIN 通信技术，同时兼容其他通信协议。

（2）嵌入式计算机控制器设计

对目前国内的现有嵌入式计算机包括运算速度、容量、接口方式和数量以及成本在内的性能指标进行归纳及综合分析，确定一款与系统需求相适应或接近的设备。

软件结构设计确定操作系统、数据结构和数据库、总体流程功能及采用的编程语言。

软件设计包括各功能模块的功能及传输参数、配置文件数量及相关约束、认证文件的格式与内容、通信协议数量和种类等。

根据结构及功能的设计结合选定的嵌入式计算机的硬件特点和操作系统特性，选定软件所需要的编程语言及所需的组件。按照软件结构设计及设计任务书进行软件的编制。其中包括各模块的软件编程、调试，主控程序的编程和调试，配置文件的制定等。

系统调试，编制调试模拟软件，其中包括现场设备的模拟模块、通信协议的模拟模块、数据接收和修改配置模拟模块等，对控制软件进行模拟调试和修改，最终完成控制软件定型。

（3）平台的建立及软件系统设计

首先对系统进行需求分析，其中包括系统所能容纳的用能系统数量、各用能系统需要收集的数据量，服务系统设计承受的用户访问量、访问方式等，根据分析结果进行系统规划设计，主要包括系统功能设计，确定系统硬件结构、系统设备，确定系统数据结构、数据库，确定系统通信方式、通信协议，确定系统安全方式、加密方法，确定系统主要功能块，进行系统模拟测试规划、系统调试方法、系统设计流程等。

系统功能设计是在广泛调研、收集系统需求的基础上实现的，对调研的需求进行分类，分专业进行分析，最终确定整体的系统功能设计。

系统硬件结构和设备的确定是对目前国内外现有的服务器、存储阵列、安全防范、接入等设备的指标、参数等进行包括运算速度、容量、吞吐速度、并发数以及成本在内等指标的综合分析，确定一套能满足要求的系统硬件设备。

根据需求分析，对节能工程的所需数据形式、容量、响应时间、冗余、并发数量、稳定性、接口形式等进行综合分析，最终确定数据结构和选择相应的数据库。

为了确保平台系统的安全以及客户信息的安全，特别是系统不仅要与专用设备进行数据交换，还要允许客户通过平台访问获得相应的节能服务，为此，必须建立一套确保有效的安全措施，除采用目前 Web 应用系统有关的安全手段外，对嵌入式控制器与平台通信时，采用证书认证的方式，每个嵌入式控制器具有唯一有效的证书，在证书有效期内可与平台进行数据交互，失效或无效的证书均不能访问，同时在数据传输过程中采用非对称加密方式，而对访问的客户采用多级分类设置。

系统流程设计是软件系统设计的必要过程，是用于系统搭建、软件设计、程序编制的指导性文件。系统设计流程将按照需求列举所有的工作内容，进行细化和安排，组织专业人员进行充分的研究，最终确定系统设计流程。在完成系统规划后，将按照规划要求进行系统搭建、软件设计、软件编制等并最终完成软件的调试测试工作，形成 Beta 版，并在示范项目上应用。

2. 同类产品分析

（1）产品 1：某建筑能源管理系统 A

一、调研概况

该建筑能源管理系统的研发公司是面向建筑楼控、安防、消防、管理等领域，集产品开发、工程实施、规划设计、运行服务于一体的综合公司。

1. 关于产品集成应用方面的情况

① 各系统间的通信统一采用 OPC 协议，其他协议设备需要统一转换为 OPC 协议

② 组态图形采用 SVG 格式的图片，然后在组态软件中进行设置

③ 组态图形由实习生绘制，工程师负责把关和修改

④ 每个项目的工期为图形绘制 1 个月，接口开发 1 个月，系统调试 0.5 个月

⑤ 系统一般采用局域网或专网 VPN，不使用外网，因为不安全，但是具有远程访问

的功能，在调试时会用到

⑥ 楼控中有故障报警功能，采用页面显示、声音报警、短信提示（一般不用）相结合的方式

⑦ 所有用户在 1 个超级管理员的管理下，超级管理员是同方的人员

⑧ 系统软件采用网页访问的模式，基于 Java 开发，支持 IE 浏览器

⑨ 系统有对外接口，ODBC 和 websevers

2. 关于产品的情况

① 产品为节能管理软件，主要用于建筑能源的计量、统计分析和节能效果评价

② 产品与节能改造的关系是：为节能改造提供分析数据，节能改造的效果可以通过 EMS 来验证

③ 节能改造的模式为：诊断—方案—改造—评价的常规模式

④ 节能控制算法是由清华大学节能研究中心开发，并在一些项目上应用

⑤ 节能技术包括更换光源、工业余热余压回收、空调系统节能改造

⑥ 优势之一是技术和市场资源有二十多年的积累

⑦ 产品的功能目前就是分项计量，总体和住建部的要求一致，细微的功能有一些值得借鉴

二、能源管理系统

能源管理系统调研对象 表 5.6-1

序号	调研内容	调研结果
1	系统名称	能源管理系统
2	开发单位负责人	NA
3	系统开发时间	2010
4	系统当前版本	2.0
5	系统的应用范围	实施分项计量的公共建筑
6	系统开发平台	NA
7	系统体系结构	SaaS
8	系统实现业务描述	基于分类分项计量系统的能耗信息展示、统计、分析、对比、报表汇总，为节能改造效果评估和合同能源管理服务
9	系统功能组成	(1)建筑总能耗展示图(电+热+冷，并折算到标煤)； (2)建筑总能耗对比趋势图(总能耗、总能耗费、单位平方米能耗的同比趋势)； (3)建筑总水量展示图； (4)建筑总水量对比趋势图； (5)区域、支路、分项电能参数查看； (6)区域、支路冷热量参数查看； (7)区域、支路水量参数查看； (8)分项能耗报表查看及邮件发送； (9)建筑、区域及计量仪表、采集器配置管理； (10)用户权限管理
10	系统用户分类	普通用户、超级用户
11	系统不同用户的功能及权限	NA
12	系统最大用户数(用户总数/不同用户分类的用户数)	NA

序号	调研内容	调研结果
13	系统最大并发用户数	NA
14	系统最大承载数据量(在系统正常运行的标准硬件环境配置下,不影响系统响应时间为标准)	NA
15	系统响应时间	NA
16	系统特点	既按照国家分项计量导则的要求进行分项能源统计,又为用户提供了按照区域进行能耗统计分析的功能
17	与其他同类产品相比具有的特色	(1)提供了总能耗计算功能(折算到标煤); (2)提供了基于峰谷平分时电价的电费计算功能(峰谷平电价用户可编辑)
18	产品的检测/测试报告(检测机构/测试机构)	NA
19	产品是否取得过荣誉	第七届精瑞科学技术奖——建筑低碳技术创新奖("精瑞奖"是 2003 年 9 月经国家科技部批准、由北京精瑞住宅科技基金会、全国工商联房地产商会发起设立,面向建筑领域的第一个国家级科学技术奖)
20	产品价格	NA
21	产品的模块化程度评估	模块功能拆分较细,电能分析、热量分析、冷量分析、水量分析拆分为四个模块;电能分析模块中功能区分较细
22	产品的易用性评估	功能较直观,易上手,符合物业管理人员技术水平现状
23	产品的可管理性评估	NA
24	产品的功能及功能完善性评估	基本满足目前节能改造工程前期诊断和后期效果评估需要。为保证数据质量,产品有基本的补数算法
25	产品的界面美观、友好性评估	界面导航清晰、布局色彩基本得当
26	产品提供的服务	节能诊断、节能改造效果评估
27	成功案例	(1)清华同方科技广场 (2)北京航天中心医院 (3)北京世纪金源大饭店 (4)中国船舶永丰科研基地 (5)重庆市工商行政管理局 (6)重庆市中医院 (7)重庆市医科大学附属医院 (8)重庆市审计局 (9)重庆市环保局 (10)重庆市文化广播电视局

(2) 产品 2:能源管理系统 B

1. 产品功能

节能监测、节能考核、实时监测、区域能耗、分项能耗、能耗分析、系统配置。

2. 产品特点

• 专业美观的界面设计,风格独特的基本功能设计;

• 信息量大且高度整合;

• 各功能界面风格统一;

• 基本功能利用本地数据库,增值服务利用远程数据库。

3. 产品市场情况

该软件由于界面美观，功能全面，对比数据多，所以市场较容易开拓。其客户主要是集成商、政府等大用户，可以大大加快推广效率。

4. 特点优势

- 聘请了专业的界面设计专家进行软件总体设计；
- 有清华大学节能中心作为技术开发和项目应用的支持团队；
- 有 90 多位分工明确的软件、硬件开发人员；
- 业务目标明确：建筑节能管理解决方案的提供者。

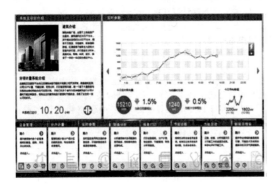

图 5.6-1　软件界面

图 5.6-2　逐时用电峰值记录

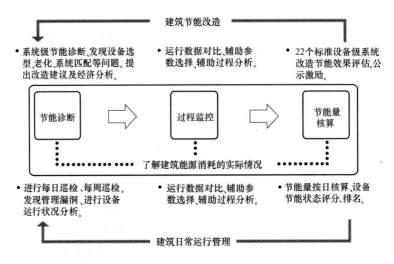

图 5.6-3　系统运行管理示意图

（3）产品 3：能源管理系统 C

一、厂家概况

能源管理系统的软件模型与其公司研发的自控平台几乎一致，近两年该公司对软件进行界面、功能、策略应用等完善和修改，并应用到项目中。现阶段，该公司在北京有销售子公司，在上海有硬件研发子公司（采集器等），杭州总部主要做软件研发和技术支持。

二、系统特点

1. 主要特点

（1）以该公司原自控能源计量软件为基础，对界面、功能进行完善，并加入策略算法应用。

（2）功能特点：类似谷歌模式，引入能源搜索引擎，可方便地搜出某一类能源数据；常用界面功能简洁化，增加功能可通过下拉菜单很方便地操作，该系统第二版正在完善中，主要走功能点击时尚化为主，具有现代、炫彩的元素。

（3）策略算法：该软件具有部分控制策略算法应用，由于其公司各节能专业配备不全，其控制策略是与清华、浙大、浙江建科院等院所合作的。在实际项目中，控制策略算法几乎没有发挥作用。

2. 其他特点

（1）平台主要包括三种业务：节能监管平台（符合住建部分项计量系统建设导则的要求）、域用能实时监测平台（用于高校校区各楼宇用能的监测，符合节约型校园能源监管系统建设导则的要求）、能源管理平台（主要用于医院等实行水电经费分科室核算考核）。

（2）在系统架构上，出于安全性考虑，对于管理类操作（如建立建筑信息模型）采用CS架构而不是BS架构。

（3）在平台技术上，具有多源异构数据接口，用户可以用Excel自行设计报表页面后上传至平台，地图采用谷歌和E都市的地图。

（4）应用方面，监测平台除用于能耗监测以外，还用于管网漏水检测。配电监测方面，以该公司目前的项目经验来看，实测功率因数大多较好，问题不大。

（5）主要给其他工程商或能源服务公司提供平台的OEM。

（6）产品主要以分项计量作为核心。

（7）硬件产品有采集器，采集器可以通过有线或无线的方式进行连接。

（8）基本功能有分项计量分析、历史数据查询、数据报表导出。

（9）案例3的公司在北京、上海、浙江有三个分公司，上海公司在精神卫生中心等医院开展了一些合同能源管理示范项目。

- 产品市场情况

1. 宣传模式

该公司能源管理系统宣传由北京子公司负责，宣传手段为手册、网络等常规模式。

2. 推广模式

以医院、学校等行业为重点，走纵向深入的模式，目前在浙江、上海的部分大型医疗机构有成功的应用，同时通过网络推广本地化软件以及自主研发的数据采集设备。

（4）产品分析小结

根据同类企业产品调研情况，总结出以下特点和问题：

① 系统开发企业主要分为纯软件开发企业、自控产品公司和节能服务公司三类，不同类型企业的产品特点差异较大，但同类企业的产品相似度极高，说明在系统设计上各单位的产品特点不鲜明，应用范围不明确；

② 多数产品的功能局限于能耗数据的监测和数据统计，用能系统运行的指导和节能控制功能不足，造成实际项目的应用效果差，业主的使用程度有限；

③ 个别产品在思路设计和功能实线上有亮点，如山东科技大学在系统硬件设备上的

实用性强，博锐尚格在数据分析的能力上较突出，非常值得借鉴；

④ 系统开发，应用到成熟需要一定的周期，调研能发现这一规律，所以完全独立开发的可行性需要考虑；

⑤ 信息化技术更新快，在项目设计时，一方面要考虑产品的先进性、稳定性和经济性；另一方面要考虑技术的可持续性；

⑥ 不同项目的特点都不尽相同，在系统设计时应充分考虑系统特点，量体裁衣，突出个性，所以系统应具备灵活的可配置性或可定制性；

3. 工业建筑能耗监控平台设计要点

由于能耗平台长期运行，数据的传输、存储、处理量较大，因此平台架构的选择、数据传输处理上的优化将成为研究重点，不仅如此，数据安全性同样是不能忽略的关键部分。以下将详细阐述平台架构、数据加密、数据处理的设计方案。

（1）面向服务体系架构的建设（SOA）和云计算的应用

因为节能服务平台是一个从无到有的过程，而且随着对节能技术和方法的研究的深入，节能的服务内容是不断充实和深入，因此在进行平台的设计及规划时，有意识地进行这方面的考虑，即如何能够保证随着服务内容的不断增加和服务项的不断深入，整个系统的扩展能力和耦合程度始终保持在一个合理的限度内。因此在结构设计时，平台设计成基于面向服务体系架构（SOA）的一个低耦合度的松散平台。

基于SOA的特点，在设计并搭建平台自主的SOA体系结构时，按照图5.6-4的结构进行了各部分的设计，其中的6、7、8、9层均为SOA体系中的基础结构层，由它们构成了平台基础结构，其中包括信息集成（消息送达机制、消息通告机制等）、质量安全管理监测（公共质量控制、安全加密机制等）、建筑数据信息总线（构建统一数据标准、数据总线机制等），并在此基础上包括有定制的操作系统（自定义的程序）、自主组件（信息交互、认证许可）、综合服务（提供组件与业务流程之间的通道）、业务流程（各类业务服务项）。

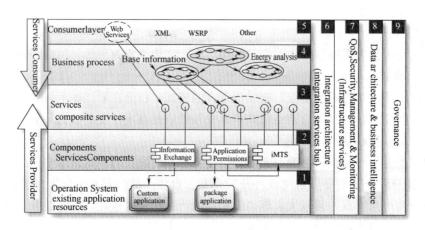

图 5.6-4　面向服务体系的系统架构图

在设计并构建了SOA体系之后，又结合SOA本身充分利用Web Services的特性及XML HTML5等技术的综合应用情况，在平台的设计中结合云计算技术，利用云计算实现分布式计算处理、故障诊断云处理引擎、策略算法云计算引擎等。

为了在云计算处理过程同时实现分布式计算处理过程，平台设计并实现了一套大规模数据处理的编程规范 Data/Reduce 系统。这样，非分布式专业的程序编写人员也能够为大规模的集群编写应用程序而不用去顾虑集群的可靠性、可扩展性等问题。应用程序编写人员只需要将精力放在应用程序本身，而关于集群的处理问题则交由平台来处理。

（2）多体系结合的安全处理机制及加密算法

由于平台是一个一对多的两层结构的系统，存在有一个数据中心，同时不同的供热实体中有多个控制终端（嵌入式计算机）向该数据中心实时的进行数据通信，这样就需要有一个安全机制来保证进行数据通信以及用户进行操作时的数据安全。

在控制终端进行数据通信时，针对控制终端采用证书认证机制及数据加密的综合处理办法，一定程度上有效保证数据通信环节的安全。

其中对于证书认证机制，我们定制了一套证书体系，该体系包括证书的发放、证书的审核、证书的重新认证等几项内容。证书的发放是根据每个控制终端的 CPUID 和 HDID 以及一套特定的算法程序来自动生成针对该控制终端的唯一证书，该证书安装在控制终端的电子硬盘（CF 卡）中。在控制终端与数据中心进行数据交互时，数据中心首先对控制终端的证书进行有效性校验，只有持有合法证书的控制终端才可与数据中心进行数据交互，这样就避免了非法用户的垃圾连接，达到了保护合法用户的目的，同时因为证书具备唯一性，保证了证书重复复制的可行性。同时证书在过期或失效之后可通过证书重新发放来使之变为有效证书（图 5.6-5）。

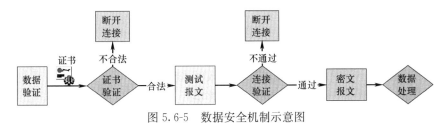

图 5.6-5　数据安全机制示意图

在数据加密环节，采用了非对称加密算法和循环移位算法混合的方式进行数据加密。我们采用 RSA 算法，对极大整数做因数分解的难度决定了 RSA 算法的可靠性。换言之，对一极大整数做因数分解愈困难，RSA 算法愈可靠。

由于 RSA 算法在加密和解密过程中相对于对称加密算法速度上要慢一些，因此在 RSA 算法中，其中的最大质数采用了 64 位长而不是目前流行的 256 位长，因为采用 256 位长会降低 10 倍的处理速度。但 64 位长又不能有效保证数据的安全，因为可以通过截获数据进行长时间的逆向工程处理还是有办法获得密钥的值，因为我们采用了 RSA 算法和循环移位算法混合的办法，这样就完全保证了数据加密后的安全性，同时，大大提高了数据加密解密的处理速度。

（3）优化的数据处理负载平衡机制

为了有效避免数据中心进行大数据量的计算、处理、存储等过程，同时保证较多用户进行直接操作使用的时效响应，平台设计部署了一套负载平衡机制，从服务器负载、硬件配套、数据库负载多角度入手，综合解决负载平衡的问题。

图 5.6-6 是数据库负载平衡的机制图，针对数据负载平衡，首先是由外部硬件设备进行负载自动平衡计算以及自动进行负载的均衡分配，保证在服务器集群中每台服务器的访问负载平衡。

通过增加服务器群组的 CPU 数量和单台服务器的内存分页容量，有效提高单台服务器的负载处理能力，提高大数据量的处理、计算能力。

提升 Oracle 数据库的序列方式，同时建立表分区，建立表索引，将每日数据建成一单独数据表，自动创建该数据表对应的表索引，按照创建时间建立该数据表的表分区结构，通过该方法大大提升 Oracle 数据库的大数据量存储、查询的速度和响应时间。

通过优化的 SQL 查询方法，建立与表分区、表索引相对应的最优化 SQL 查询方法，同时建立数据排队机制，根据最大并发数量排队进行 SQL 操作，保证在数据查询、处理、操作时是最快捷、有效的操作方法和过程。

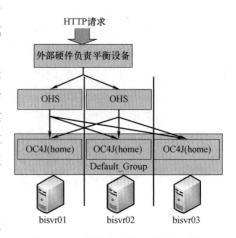

图 5.6-6 数据库负载平衡的机制图

确保最优的索引使用：对于改善查询的速度，这是特别重要的。有时 Oracle 可以选择多个索引来进行查询，调优专家必须检查每个索引并且确保 Oracle 使用正确的索引。它还包括 bitmap 和基于函数的索引的使用。

通过以上硬件负载分流、SQL 语句优化、表分区和表分页处理等几个工作，建立了一套针对大数据量（千万次/日）的负载优化平衡的综合处理机制，通过这些机制可以从多个环节对访问负载、计算处理负载等进行有效的平衡处理，保证每台服务器都工作在正常处理范围之内，而且每台服务器的处理量几乎相同。

（4）多数据源的调度处理机制

在平台的设计和构架过程中，将数据层分为一次采集数据、二次处理数据和录入数据三大类，其中一次采集数据具有数据量大、数据采样周期短的特点。为了提高系统的水平伸缩性，并且具备一定的灵活性，我们进行了数据切分工作，即允许存在有多个数据源，且该数据源可以是一次数据、二次数据或者是录入数据。

为了实现多数据源的整合处理，让每个"服务"均能自主的适应不同的数据源（不是不同的数据库），平台采用数据库代理（Proxy）模式，在架构中设计并实现一个虚拟的数据源，并且用它来封装数据源选择逻辑，这样就可以有效地将数据源选择逻辑从 Client 中分离出来。Client 提供选择所需的上下文（因为这是 Client 所知道的），由虚拟的 Data Source 根据 Client 提供的上下文来实现数据源的选择（图 5.6-7）。

（5）海量数据存储、统计计算方法优化与研究

嵌入式计算机控制终端，主要负责收集建筑用能系统运行参数、用能信息以及环境信息，并将所收集的信息传送到中心服务器。与此同时接受中心服务器发送的各种控制命令并传送到智能化系统、DCS 系统等来实现综合节能控制和区域节能控制。

中心服务器通过控制终端收集各个建筑的信息来实现各种节能服务功能，用户可通过互联网来进行能源审计申报、能耗分析、节能诊断等工作。

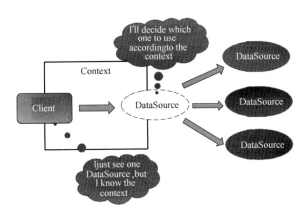

图 5.6-7 多数据源的调度处理机制原理图

在平台的开发过程中，遇到了大数据量存储、统计的问题，如此大的数据量在进行查询处理时将会消耗很多资源，同时进行统计处理的速度也会降低很多，为客户的使用带来极大的不便。因此，我们需要通过一些方案来对数据库进行优化设计和处理，以提高应用系统性能、简化数据管理，从而达到更好地为客户服务的目的。

对于 Oracle 大数据量的处理和优化，常见的解决方案有两类：一类是通过对表进行分区处理来实现；还有一类则是通过分表处理来达到优化的目的。当表的数据量很大，对数据的管理、存储、建立索引及进行查询统计都很困难时，采用分区处理、分表处理都可以适当地解决相应的问题。分区表的优点是整个数据表是一个整体，在对数据进行查询统计时无需进行多表联合，没有额外的损耗，方便管理，节省资源；缺点是投资过大，不适合所有的企业应用。分表的优点在于按条件建表，逻辑清晰明了，按最小条件进行查询快捷方便，投资小；缺点是多表联合查询时损耗大，且不方便管理。分表处理方法已经在能效综合服务平台中使用，并且对平台系统运行效率的提高起到了很大的作用。

（6）能耗数据动态分析以及能耗数据预处理技术

平台运行过程中会产生大量问题数据，管理人员难以有效地发现和处理这些问题数据，最终可能导致能耗监测数据与建筑真实能耗相差甚远。数据质量差的平台非但不能促进建筑节能工作的开展，还会干扰、误导建筑节能工作的正常进行。因此，如何及时发现和处理这些问题数据，提高能耗监测平台数据质量是一个亟待解决的问题（图 5.6-8）。

针对公共建筑能耗监管平台的数据现状，提出一套分层次处理数据的方法。具体步骤如下：

1）数据分类：通过对建筑能耗计量曲线的图形分析和现场调研对能耗监管平台数据存在的问题、产生的原因进行分析分类；

2）问题数据识别：根据各类问题数据的特点，建立问题数据识别方法；

3）数据处理：制定问题数据处理方案，对不同类型的问题数据作删除、标识处理，根据数据发掘得到的规律对删除的问题数据进行补充；

4）数据发掘：通过算法找到数据规律，它包括问题数据识别的数学方法、建筑（设备）用能模式分类、建立建筑（设备）用能模式特征数据集等内容。数据发掘贯穿整个建筑能耗监管平台数据处理方法体系之中，是问题数据识别和处理的方法依据。

5.6.3 工业建筑改造中能耗监控平台的设计分析

在工业建筑改造实际应用中，前期的评估设计仍然是不可忽略的重点，下面以天友绿

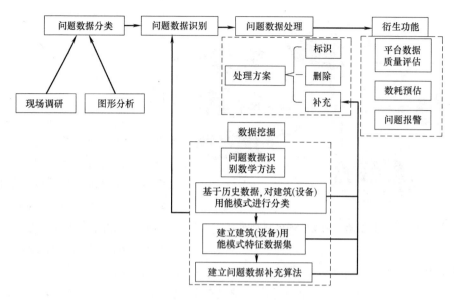

图 5.6-8　公共建筑能耗监管平台数据发掘处理方案

建设计中心办公楼为例，详细介绍能耗监控平台在改造中的设计和应用。

1. 现场评估

天友绿建设计中心办公楼采用被动节能优先，主动节能为辅的设计方针，从而减少了空调主机的装配容量和运行能耗。

空调冷热源系统采用地源热泵加水蓄能，而末端形式较多，以为地板辐射供冷、供热加新风的主流方式，并与 12 种空调末端结合。另外，系统具有完善的自控和能耗分析功能。除能实现无人值守全自动启停外，还可在线显示建筑物各时段的能耗值，从而发现无效能耗的来源并进行管控和治理，使建筑物的能耗始终保持在超低水平。

办公楼采用分户计量的方式，总计配装 52 块电表（26 块空调用电表）。监测范围包括：插座、照明、网络机房、室外气象站、室内空气温度/湿度/二氧化碳浓度、地板温度、储能罐。

2. 自控系统与设备

楼宇自控和能耗监测系统，对空调系统进行能耗检测下的严格控制。自控和检测系统主要设备和功能见表 5.6-2，监控设备和元件图如图 5.6-9 所示，空调设备远传控制界面和新风远传控制界面，分别如图 5.6-10 和图 5.6-11 所示。

自控和监测系统主要设备和功能　　　　　　　　　　　　　　　　表 5.6-2

DDC 控制器	全系统设置 600 个点控制
新风机组控制	可根据设定的室内的湿度、CO_2 浓度和送风温度值进行控制,被通过对室内外空气熔值的比较来控制转轮式热回收新风机组的启停,以及风机转数和水阀的开启度
VAV 空调控制	可根据设定的室内温度、CO_2 浓度值与检测送回风管道上的温度值和 CO_2 浓度值进行比较,计算出每个受控房间的送风量,并同已有的送风量再进行比较来调整 BOX 的开度,从而调整总的送风量(变频)。与此同时调整供水阀门的开度,以及新、回风的比例
网络温控器	所有风机盘管温控器、南侧及小房间的地板采暖温控器,均可在电脑屏幕上远传并定时启停

DDC 控制器	全系统设置 600 个点控制
机房电动蝶阀	能源机房的水管道上设有 35 个电动蝶阀,可实现 11 种运行工况的全自动
室内电动蝶阀	设于每层地板辐射采暖的供回水支管上的电动蝶阀共 10 个,可根据室内温度高低及变化启闭每层地暖供回水
室外气象站	可采集室外的温度、湿度、太阳辐射强度、风向、风速、大气压力、CO_2 浓度等众多数值并远传至自控系统
室内参数传感器	就地显示和远传各层室内的温度、湿度和 CO_2 浓度数值
地面温度传感器	远传各层地表面温度
地埋管测温电缆	可收集 100m 深及各深度段的土壤温度场,每 500mm 设一个测温点,供埋设两根测温电缆共 100 个测温点
蓄能罐测温电缆	可收集蓄能罐温度场的变化,沿蓄能罐高度每 200mm 设一个测温点,共 30 个测温点
新风机组的温湿度传感器	可监测新风机组送排风温度、湿度,作为计算室内外焓值及转轮换热效率的重要参数

室外气象站(U.S 美国)(检测室外空气的温度、湿度、大气压力、风向、太阳辐射强度、CO_2 浓度) | 远大生命手机(检测空气温度、CO_2 浓度、粉尘浓度、PM2.5 和 PM10) | 地埋管土壤测温电缆检测 100 米深土壤温度梯度的变化(间隔 500mm 设测温点) | 蓄能罐测温电缆蓄能罐竖向各层水的温度(间隔 200mm 设测温点)检测罐的蓄、放能力 | 温度传感器 检测各类水管道的温度

地板温度传感器(检测地板表面温度) | 室内传感器(西门子)(检测室内空气温度、湿度、CO_2 浓度) | 温度传感器 检测送、回风管道的温度 | 湿度传感器 检测送、回风管道的湿度 | 压差传感器 检测各类供、回水管道的压差值

图 5.6-9　监控设备和元件图

自控平面图　　　　　　　　　　　　新风系统自控

1 层　　　2 层　　　3 层　　　2 层 VAV 系统　　2 层新风系统　　2F 总工办

4 层　　　5 层　　　6 层　　　3F 新风系统　　4 层新风系统　　5 层新风系统

图 5.6-10　空调末端远程控制界面　　　图 5.6-11　空调新风远程控制界面

3. 空调能耗采集

以示范项目天友绿建设计中心办公楼为例,其主要能耗监控与采集设备见表 C2-1,而能量检测设备图和能耗检测图标如图 5.6-12 和图 5.6-13 所示。

主要能耗监控设备一览表　　　　　　　　　　　　　　　　　　表 5.6-3

种类和数量	仪表设置区域及数量	仪表设置点
热能表 34 块	能源机房 8 块	高、低温热泵机组出水管各 1 块;蓄、放能管路各 1 块;过渡季节新风 1 块;地板辐射侧 1 块;水源 VRV 地源侧 1 块;热泵机组地源侧 1 块
	空调系统支管路 13 块	1~6 层地板辐射各 1 块,共 6 块;1~5 层风机盘管各 1 块,共 5 块;6 层风机盘管 2 块
	新风机组 4 块	4 台新风机组,各台设 1 块
	不同空调末端 9 块	1 层地板对流、2 层毛细管、2 层 VAV、2 层网络机房免费供冷 2 块、2 层西侧风机盘管、2 层被动梁各 1 块;2 层主动梁 2 块
电表 52 块(其中空调系统 26 块)	能源机房 12 块	高、低温热泵主机各 1 块,共 2 块;高、低温热泵主机地源侧水泵各 1 块,共 2 块;高、低温热泵主机空调侧水泵各 1 块,共 2 块;蓄、放能水泵各 1 块,共 2 块;免费供冷水泵、水源 VRV 主机、水源 VRV 水泵、软化水泵各 1 块,共 4 块
	新风机房 6 块	2~5 层新风机各 1 块,共 4 块;2 层总工办毛细管新风 1 块;2 层 VAV 变风量空调箱 1 块
	空调末端 8 块	2~5 层风机盘管各 1 块,共 4 块;1 层地板对流空调、1 层远大空调末端、1 层变频风机盘管、VAV 空调末端各 1 块,共 4 块
水表 5 块	地板辐射、风机盘管和新风、地源侧、蓄能罐补水各 1 块,共 4 块;空调系统总补水管 1 块

注:空调以外的 26 块电表设置于各层的照明、插座、饮水机等设备的耗电检测。

大孔径热能表　　　　热能表　　　　水表　　　　电表

图 5.6-12　能量检测设备图

4. 建筑物能耗和空调系统能效的检测与图表

能耗检测系统包括所有设备的用分项电量和用水量的统计,空调系统各部分能效的统计和分析,制作出所需的各种图形和表格,其分类如表 5.6-4、表 5.6-5。

室内设备用电量和用水量统计和显示　　　　　　　　　　　　　表 5.6-4

按类分	照明	1~6 层每层照明设备用电量统计	制作饼图或直方图和数据表格表示
	插座	1~6 层每层插座设备用电量统计	
	饮水机	1~5 层每层饮水机设备用电量统计	
	空调末端	1~6 层每层空调末端设备用电量统计	
	网络机房	2 层网络机房设备和分体空调用电量统计	
	生活用水	1~6 层生活用水总用水量统计	
按层分	1~6 照明、插座、饮水机设备用电量统计		
	1~6 照明、插座、饮水机、空调末端设备用电量统计		

空调设备用电量、能效和用水量统计和显示　　　　　　　　　　表 5.6-5

热泵机组	A 和 B 机组用电量统计	机组输出的冷量和热量的统计	主机能效计算
水泵	机组开启时 4 类泵用电量统计		水泵能效计算
新风机组	2~5 层带表冷器的新风机组用电量统计	输入的冷量和热量的统计	新风机组能效计算
	1~2 层新风机组用电量统计	—	
	为 1~5 卫生间热回收的 1 台机组用电量统计	—	
VAV 空调	机组用电量统计	输入的冷量和热量的统计	VAV 机组能效计算

风机盘管	1～6层每层风机盘管用电量统计	每层输入的冷量和热量的统计	每层和全部风机盘管能效计算
毛细管	2层总工办新风机组的用电量统计	毛细管和新风表冷输入的冷量和热量的统计	毛细管空调系统能效计算
VRV空调	VRV空调和对应水泵的用电量统计	—	VRV空调能效计算
空调免费冷源	能源机房免费冷源水泵开启时用电量统计	向地板辐射输入冷量的统计	空调免费供冷能效计算
网络机房免费冷源	能源机房免费冷源水泵开启时用电量统计	输入冷量的统计	网络机房免费供冷能效计算
远大末端	1层远大末端用电量统计	输入冷量的统计	远大末端能效计算
地板对流空调	1层地板对流空调用电量统计	输入冷量的统计	板对流空调能效计算
地板辐射	地板辐射系统补水量统计		
新风和风盘	新风和风盘系统补水量统计		
地源侧	地源侧补水量统计		
水蓄能	水蓄能补水量统计		

注：4类泵分别为A和B机组的地源侧和空调侧的水泵。

建筑物能耗和空调能效综合统计和显示　　　　　　　　表5.6-6

项目	统计方法	内容	表现方式
能耗统计	建筑物各季节	按照明、插座、空调电能耗和用水能耗	kWh/m^2 季
	建筑物全年		$kWh/m^2 \cdot a$
用电量统计	各季节用电量	按照明、插座、空调用电量	饼图和直方图
	全年用电量		
能效统计	各季节空调设备	按主机、水泵、新风、空调末端	数字
	全年调设备		
	空调系统的综合能效	用总能量(冷量和热量)除空调总用电量	

5. 空调能耗数据发布

- 参数储存——对风、水、电、室内外空气参数等进行10年的数据储存；
- 能耗分析——对空调系统进行分项、分区域的能耗计算，绘制趋势图；
- 实时发布——对空调的能耗、节能率、CO_2排放量实时进行播放（图5.6-13）。

目前衡量建筑物的建筑物节能指标的是能耗值 $[kWh/(m^2 \cdot a)]$ 的大小，但该值受建筑物使用率（入住使用率）、人员密度、使用时间等因素的影响，有可能同类建筑的能耗值偏差较大。在正常状态下，空调系统的能耗占总能耗的50％左右，而其他能耗（如照明和插座）的能耗只需要采取简单的人走关灯和设备的方式解决，而空调的节能需要引进设备能效的概念来完善空调系统，使之不断地提高各设备的运行能效，最终达到节能的目的。空调能效是向系统输出的能量（冷量和热量）与各设备运行电耗的比值，数值越高代表着设备用了较小的能耗输出了较大的冷、热量。

现阶段由于空调末端的用电量接入值照明用电，很难统计水系统空调的综合能效，一般只统计到能源机房的能效，由于设计、安装、调试、运行等因素水系统的能效国内均较

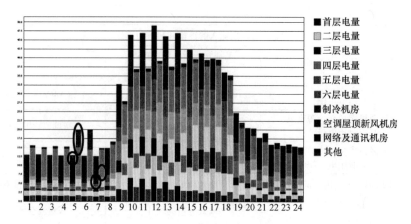

图 5.6-13　能耗监测图表

低，其能效普遍低于 3，还不及风冷多联机的能效。本项目引进了能效的概念，试图将通过调大空调系统的供回水温差和减少送风量（保证室内 CO_2 浓度下）来降低空调系统的输送能耗，提高空调系统的整体能效。

5.6.4　小结

在工业建筑改造的能耗监测管理平台建设与控制技术研究中，充分进行了前期调研、技术论证等工作。通过对不同建筑使用类型及建筑使用中多种能耗的采集进行研究，并取得了一定的成绩。平台中运用大量先进技术，对运行监测、数据分析、节能技术、运行管理等工作环节进行优化集成。

从天友绿建空调系统的整个搭建过程来看，问题在于整个实施过程的主导性控制，加之各相关单位的利益驱使和技术水平限制，使结果偏离原始方向，或者虽用高额的投资达到了设计要求，又受制于自控的施工和调试，以及物业公司的专业化的管理和监测，最终自控变手动，数据无法上传或上传数据不可采用，节能建筑降为一般或高能耗建筑。

6. 绿色化改造施工

6.1 绿色拆除

6.1.1 拆除技术概况

1. 建筑拆除技术

国内外常用的建筑拆除方法有数十种，大致可分为机械拆除法、控制爆破拆除法、热熔切割拆除法、膨胀破碎拆除法、静力切割拆除法、压力破碎拆除法六类。

（1）机械拆除法

机械拆除法（图6.1-1）是以机械为主、人工为辅的拆除方法，是目前最为常用的拆除方法。其适用性很广，基本不受时间、空间、环境、结构类型等因素的影响，可以单独作为一种拆除方法使用，也可以作为其他拆除方法的补充，辅助使用。几乎可以绝对地说，凡是涉及建筑物拆除的，无论使用什么方法，都离不开机械拆除法。机械拆除法的优点很多，如适用性广、施工效率高、费用低、材料回收方便等；缺点为环境污染严重，易发生施工事故。

（2）控制爆破拆除法

控制爆破拆除法（图6.1-2）是指通过一定的技术措施严格控制爆炸能量和爆破规模，使爆破的声响、震动、飞石、倾倒方向、破坏区域以及破碎物的散坍范围在规定限度以内的爆破拆除方法。控制爆破拆除法技术要求极高，因此仅在特殊情况下使用。控制爆破拆除法的优点为成本低、工期短、效果好，对现浇钢筋混凝土结构效果尤为显著；缺点是噪声及粉尘污染严重，且具有较大的危险性。

图6.1-1 机械拆除法

图6.1-2 控制爆破拆除法

（3）热熔切割拆除法

热熔切割拆除法（图6.1-3）是通过火焰或弧焰烧熔对象物的拆除方法。热熔切割法最适用于切割各种金属物件或外露钢筋，也可用于切割钢筋混凝土板、梁、柱等小尺寸构件，因此，适用范围较为广泛。热熔切割法的优点有施工速度快、效率高，缺点是有一定污染，且防火问题突出，因此较少采用。

（4）膨胀破碎拆除法

膨胀破碎拆除法（图6.1-4）是指利用安放在建筑物中的膨胀破碎剂的膨胀破碎作用促使结构构件裂解的拆除方法。膨胀破碎法特别适用于大体积混凝土的拆除。其优点为施工方便，安全，无噪声，无振动，属于绿色拆除法；缺点是对受有压力的结构破碎难度大，且费用高。

图6.1-3　热熔切割拆除法

图6.1-4　膨胀破碎拆除法

（5）静力切割拆除法

静力切割法（图6.1-5）是指通过金刚石工具（锯片、索、钻头）的高速运动，对结构构件进行磨削切割的方法。静力切割法适用范围非常广泛，基本可以实现任意构件的切割。静力切割法的优点是施工效率高、无粉尘、低噪声，设备轻巧灵活，属于绿色拆除法；缺点是费用高。

（6）压力破碎拆除法

压力破碎法（图6.1-6）是指通过在混凝土内部产生液压或气压膨胀力，促使混凝土受拉破碎的方法。压力破碎法适用于破碎配筋量小的混凝土构件。压力破碎法的优点是无噪声、无振动、费用低；缺点是准确性差，破碎时构件会发生一定位移。

图6.1-5　静力切割拆除法

图6.1-6　压力破碎拆除法

2. 建筑拆除技术对比

针对上述几种拆除方法进行列表对比（表6.1-1）。由表可得，目前使用较多的拆除方法有机械拆除法、静力切割法、压力破碎法，其中以机械拆除法最为常用，但由于其存在噪声、粉尘等污染问题，因此不符合绿色拆除的要求。综合各方面情况，得出静力切割法、压力破碎法可作为目前主要的绿色拆除方法。在具体工程中，可以将两者结合起来使用，先用静力切割法将结构切割成大尺寸构件或块体，然后再用压力破碎法将这些大尺寸块体破碎成小尺寸碎块，最后用人工或机械方法将钢筋、混凝土等材料分离再利用。

拆除方法对比 表6.1-1

拆除方法	优点	缺点
机械拆除法	应用最广；技术成熟；效率高；费用低；材料易回收	噪声、粉尘污染严重；易发生坍塌，高空坠落等事故；对场地有一定要求
控制爆破拆除法	效率最高；费用低；效果好	噪声、粉尘污染严重；危险系数高；技术要求极高
热熔切割拆除法	施工速度快；效率高；技术要求低；使用灵活	有一定污染；防火问题突出；仅适用于小型构件
膨胀破碎拆除法	污染小；施工方便、安全；无噪声；无振动；技术要求低	效率低；费用高；可控性差
静力切割拆除法	使用灵活；效率高；效果好；污染少	费用高
压力破碎拆除法	无噪声；无振动；费用低	可控性差；仅适用于小配筋构件

6.1.2 绿色切割技术

1. 绿色切割技术

如前所述，静力切割法和压力破碎法都属于绿色拆除法，但如果要使拆除区域精确可控，则仅为静力切割法满足要求。实际工程中，静力切割法主要有金刚石钢丝索切割法、金刚石锯片切割法、超高压水射流切割法。

（1）金刚石钢丝索切割法

金刚石钢丝索切割法（图6.1-7）的工作原理为通过钢丝索围绕被切割物体的高速滑动进行切割。工作时，钢丝索可根据需要任意调节方向和长度，因此其切割深度也是任意的。金刚石钢丝索切割法适用范围广泛，实际工程中一般用于超大型混凝土结构和特殊环境下混凝土结构的切割。

图6.1-7 金刚石钢丝索切割

（2）金刚石锯片切割法

金刚石锯片切割法通过金刚石锯片的高速旋转切割物体（图6.1-8）。锯片直径在200～1800mm，最大切深可达800mm以上。金刚石锯片切割的典型应用是墙和楼板的精确开洞。

（3）超高压水射流切割法

超高压水射流切割（图6.1-9）是将普通水加压至300MPa，产生一道约3倍音速的水射流，在计算机控制下切割物体的技术。超高压水射流切割具有很多优点，可切割任意材料任意方向；没有热变形；无需二次加工；切割速度快，效率高，成本低；切割不产生裂痕，精度高；切割过程没有粉尘。

图 6.1-8　金刚石锯片切割

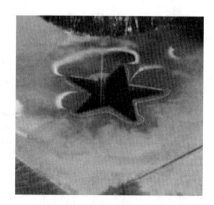

图 6.1-9　超高压水射流切割

以上介绍了三种绿色切割技术，从中可以看出，绿色切割技术较传统拆除技术优势明显。表 6.1-2 给出了具体对比结果。由表可得，绿色切割技术在施工效率、安全性、结构影响、后期修补以及环境影响等方面，都较传统工艺有很大优势。此外，具体对比三种拆除技术，可以看出，金刚石钢丝索切割应用范围更为广泛。因为金刚石锯片切割受锯片直径的限制，切割深度有限；而超高压水射流切割受设备所限，目前还不能用于施工现场，且其切割深度也远小于金刚石钢丝索切割。因此，金刚石钢丝索切割为目前最好的绿色切割技术。

绿色切割技术与传统拆除技术对比　　　　　　　　　　　　表 6.1-2

工艺比较	无损切割	传统的敲、凿、砸、破	金刚石薄壁钻排孔切割
施工速度	速度快，1 台专业切割机至少相当于 15 台薄壁钻排孔切割的速度	速度慢，完全依靠人力，劳动强度大	速度快于传统工艺，但远低于无损切割
安全性	基本没有安全隐患	有碎块飞溅、掉落现象，有较大安全隐患	钻头贯穿后内芯有混凝土掉落，有较大安全隐患
结构影响	无损、无振动切割，对结构没有任何破坏	敲击使结构产生隐性损伤或裂缝，对结构造成长期影响	钻孔时无振动，但后期需要平整敲凿，对结构有影响
后期修补	无需后期修补，直接成型	后期钢筋需要剥离和平整	后期需要大量平整工作
环境影响	基本无粉尘、无噪声	振动大、噪声大、粉尘多	后期平整噪声大、振动大、粉尘多

2. 其他相关绿色拆除技术

绿色拆除要求施工全过程低噪声、低振动、低尘，因此需要采用全方位措施予以保证。下面介绍两个绿色拆除的技术装置：建筑垃圾落料装置和防护隔声屏。前者用于控制建筑垃圾运输过程中的粉尘；后者用于施工现场的防护。

（1）建筑垃圾落料装置

目前，对于建筑垃圾的现场运输，通常是不经任何处理随意抛洒，尽管目前在建筑外围都基本设置了安全网，但这种做法仍然具有相当大的危险和污染。此外，散落的建筑垃圾在收集、搬运的过程中也很不方便，且施工效率很低。

鉴于此，一种用于建筑垃圾的落料装置被提出。如图 6.1-10 所示，该装置主要由一系列相互串联的锥形漏斗组成。使用时，只需将建筑垃圾扔进顶部或侧边的进料口，建筑垃圾即可顺着通道下落至底部收集器，整个过程能有效避免粉尘扩散和噪声污染。

（2）用于施工现场的防护隔声屏

拆除工程现场存在各种机械，其给人们带来便利的同时，也带来了噪声污染和伤害事故。

鉴于此，一种用于施工现场的防护隔声屏被提出。如图 6.1-11 所示，该隔声屏主要由一块工程塑料防护屏和一块隔声板组合而成，因此既能防护又能隔声。使用时，只需将隔声板插入防护屏的卡槽中即可完成组装。

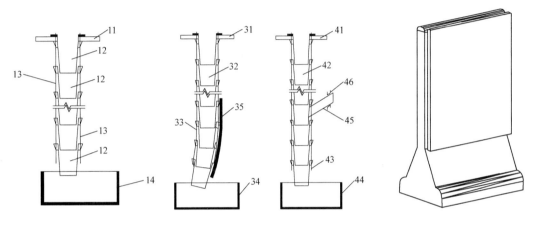

图 6.1-10　用于建筑结构拆除的落料装置　　　　图 6.1-11　用于施工现场的防护隔声屏

6.2　可再循环材料使用

6.2.1　建筑垃圾的减量与再利用

建筑垃圾增长速度飞快，身处城市边缘的垃圾场，不仅破坏生态环境，还严重阻碍城市的开发，即使采取填埋方式处理，垃圾中的建筑用胶、涂料、油漆、重金属元素等有害物质，长时间经过雨水冲刷，也会造成土壤污染、水环境质量恶化，威胁周边居民身体健康。同时对建筑材料的巨大需求造成自然资源的过量开采和能源消耗的紧张，建筑垃圾减量与再利用是解决以上问题的最好途径。

为减少建筑垃圾，主要可以从源头、施工过程、回收再利用三个方面采取综合措施。

1. 源头控制

（1）科学合理规划。包括城市整体规划和项目规划，避免重复建设。改革开放以来，由于缺乏统一科学的规划，造成重复建设资源浪费的例子在全国各地不胜枚举，城市建设快速但混乱，一些建筑使用十几年就被拆除，甚至刚建好就拆，根据欧洲发达国家的统计资料，建筑垃圾中的施工垃圾所占比重约为 1/3，拆除垃圾约占 2/3。在我国，由于拆除所形成的建筑垃圾所占比重会更大。所以作好城市规划是重中之重，管理部门要尊重城市规划学科的权威性，做出科学的决策。使得城市的发展在时间和空间上都有延续性。

也有很多项目，在项目规划阶段没有经过充分的论证，或者目标不明确，导致边施工变返工，或者刚投入使用就加固改建，造成建筑材料不必要的浪费，产生多余的建筑垃圾。

（2）优化结构设计，节材设计。优化结构体系，尽量避免不利布置。尽量采用高强钢筋、高强混凝土等材料，减少构件的截面尺寸，保证结构构件充分发挥其承载能力。设计还可以促进推广使用新技术，例如使用钢筋接头和锚固板技术，减少钢筋的搭接和锚固耗材。

（3）加大环境保护宣传力度，提高民众的环保意识，自觉减少以家庭为单位的装修。

（4）开发老旧建筑的加固改造再利用价值。增加既有建筑的生命周期，做到少拆甚至不拆。

2. 施工过程控制

（1）建筑管理人员要加强对技术人员、建筑施工人员以及材料员等人员的管理，健全施工场地的相关制度。首先，技术人员需要熟悉图纸和施工工序，做好建筑材料的预算，预防建筑材料过剩；施工人员需要意识到浪费建筑材料对于业主以及社会的危害性；材料员需要严把建筑材料的质量关，密切注意材料供求；仓管员需要注意各种建筑材料的保管条件，预防建筑材料由于环境原因而失效。另外建设单位要加强对承包商的选择，减少返工等因素带来的建筑垃圾，同时要求承包商制定建筑垃圾管理计划纳入对承包商的选择标准中。

（2）绿色化施工。施工过程中采取绿色技术减少建筑垃圾，如采用商品砂浆取代现场拌制，就可以减少建筑垃圾产生以及粉尘的污染；将钢筋制作交给专业的钢筋加工厂，就能大幅降低废钢筋量的产生；采用钢模板代替木模板，就能减少废模板的产生；采用装配式建筑构件代替现场制作，也可以减少建筑垃圾的产生；将建筑物构件生产采用产业化的形式推广，在工厂批量生产，这样就减少了传统施工现场的各种不稳定因素，可以节约建筑材料，也可以减少建筑垃圾。对不可避免的建筑垃圾，进行分类堆放回收（图6.2-1）。

图 6.2-1　施工现场垃圾分类堆放

（3）质量监督部门加强施工质量监督。由于部分施工企业缺乏责任心甚至故意偷工减料，质量监督部门应加强施工质量监督，避免因施工质量不合格需现返工或者加固的情况。

（4）提高现场建筑垃圾的分类。在施工过程中，特别是施工单位应该要对建筑垃圾实施分类，对不同种类的建筑垃圾设置不同的地方堆放，防止建筑垃圾相互污染，提高其回收率。目前我国建筑工地实行安全文明施工管理标准，对建筑垃圾的分类有一定影响力。

3. 再生利用

除了以上措施，最终减少甚至消灭建筑垃圾的方法还要依靠再生利用。几乎所有的垃圾都可以再利用（图 6.2-2、图 6.2-3，表 6.2-1）。

图 6.2-2　硫酸纸筒制作的隔断

图 6.2-3　工厂废旧设备做成的茶几

不同建筑垃圾的再利用途径　　　　　　　　　　　表 6.2-1

垃圾成分	再生利用方法
开挖泥土	堆山造景、回填、绿化
砖碎瓦	砌块、路基垫层
混凝土块	再生混凝土骨料、路基垫层、碎石桩、砌块
砂浆	砌块、填料
钢材	再次使用、回炉
木材、纸板	复合板材、燃烧发电
塑料	粉碎、热分解、填埋
沥青	再生沥青混凝土
玻璃	高温熔化、路基垫层

6.2.2　钢筋混凝土垃圾的破碎、分选及再利用

建筑垃圾中钢筋混凝土的占比很大，而且由于体积重量大，给垃圾处理带来很大困难。因此应该大力推广废弃混凝土的破碎再利用技术。

目前一些废弃混凝土回收破碎厂分布在大中城市的周边，但是普遍存在技术比较落后、规模比较小的问题，其处理能力远不能满足城市建筑垃圾的产量。企业从事建筑垃圾回收需要较大面积的土地，经过实地调研，土地租赁难、价格高的问题是制约建筑垃圾回收规模的主要原因之一（图 6.2-4）。

为提高废弃混凝土的利用率，政府有必要从土地、资金、税收等方面给予企业支持，

图 6.2-4　上海宝山某建材回收厂破碎、分选设备

另外推广移动破碎设备，鼓励施工现场就地破碎利用也是一个很好的选择。建议采用二破二筛工艺，如图 6.2-5，采用小型号的颚式破碎机和反击式破碎机组合，并搭振动配筛分机。

6.2.3　循环再生骨料混凝土

再生骨料混凝土（Recycled Aggregate Concrete，RAC）简称再生混凝土（Recycled Concrete），它是指将废弃混凝土块、砖石经过破碎、清洗与分级后，按一定的比例与级配混合形成再生混凝土骨料（Recycled Concrete Aggregate，RC1. 简称再生骨料（Recycled Aggregate）；部分或全部代替砂石等天然骨料配制而成新的混凝土。

我国每年消耗巨量的混凝土，混凝土生产需要大量的粗细骨料——砂石，

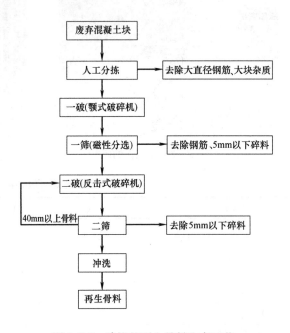

图 6.2-5　建议的再生骨料生产工艺

而随着对砂石的不断开采，天然骨料亦趋于枯竭，对自然生态环境的破坏也十分严重。同时又产生巨量的废弃混凝土，采用露天堆放或填埋的方式进行处理严重浪费资源污染环境。因此再生混凝土正是符合当今时代要求的绿色建材。

1. 再生骨料混凝土的材料性能

（1）不确定性

再生骨料表面还包裹着相当数量的水泥砂浆，表面粗糙，棱角较多，再生骨料级配、孔隙率、密度、吸水率等物理特性，与原生混凝土的强度等级、配比、使用时间、使用环境及地域等因素有关，每批产品性能都有一定的随机性、不确定性，相应的再生混凝土的性能指标也较难控制。这是制约再生混凝土大范围推广使用的重要因素。

（2）工作性能较差

因再生骨料的孔隙率大，吸水性强，导致再生骨料混凝土的流动性、可塑性、稳定性、易密性较差。但这个问题通过调整配合比基本可以克服。

（3）强度降低

再生骨料母材强度较低，天然骨料混凝土受压破坏时一般是在骨料和水泥石结合面产生微细裂纹，裂纹互相连通扩大后，将导致混凝土破坏。

（4）物理性能

① 密度：再生骨料内部缺陷多，空隙率大，导致再生混凝土的密度小于普通混凝土。

② 弹性模量：再生混凝土弹性模量比普通混凝土有所降低。

（5）耐久性

再生混凝土的耐久性比普通混凝土要差，可通过改善配制工艺和优化配合比等方法得到改善。

2. 再生骨料混凝土的配制

（1）再生混凝土配比

考虑到再生骨料的高吸水率特性，再生混凝土的用水量必然大于普通混凝土的用水量。基于自由水灰比的再生混凝土配合比设计方法，将拌制混凝土的用水量分别按骨料吸水的附加用水量 W2 和扣除骨料吸水消耗的净用水量 W1。另外通常加入少量减水剂可以显著提高再生骨料混凝土的强度。

（2）再生混凝土搅拌工艺

再生混凝土制备宜采用二次搅拌工艺，利用物料投料量、搅拌顺序对混凝土内部结构形成的影响，综合提高混凝土性能，较成熟的有预拌水泥浆法、预拌水泥砂浆法、水泥裹砂法、水泥裹石法等。

试验研究表明，利用预吸水法（使再生粗骨料预先达到饱和面干状态）配制再生混凝土可行；粉煤灰可改善再生混凝土的工作和力学性能；再生混凝土的强度小于普通混凝土，且随着再生粗骨料的增加而减小，但总体差异不大；再生混凝土的轴心抗压强度约为立方体抗压强度的 0.8 倍，劈裂抗拉强度约为立方体抗压强度的 1/14～1/10。

3. 再生骨料混凝土的应用

再生混凝土的研究很多，但国内一直没有展开再生混凝土的应用，一方面是由于再生混凝土本身性能不稳定，另一方面再生混凝土没有产业化生产，个别项目想尝试运用再生混凝土材料也难以实施。

6.2.4 废旧木材、金属、高分子等材料的再利用

1. 废旧木材再利用

废旧木材大致可以分为大件废弃木材和散碎废木料。大件废弃木材主要包括大件实木家具构件、大件实木制品构件、大件实木建筑构件、实木端头、制材边角料等，比较成型、干净易于回收，只需进行简单物理加工即可再利用；散碎木料如废木片、刨花、木质纤维、粗木屑等，杂质较多，较难回收。

（1）大件木材制作工业木片

直接用作中密度纤维板（刨花板）的原料，是大件木材回收利用的主要途径，能产生很好的经济效益。采用人工除杂后即可进入削片系统。

（2）再生木塑复合材料

散碎木料难于回收利用导致我国木材回收利用率低下，加强散碎木料的回收首先依赖于细致的垃圾分类处理，然后是将其加工再生为有利用价值的材料。木塑复合材料 WPC 是一种主要由木材或者纤维素为基础材料与塑料（也可以是多种塑料）制成的复合材料。WPC 兼有木材和塑料的优点，其机械性能与硬木相当，可钉、锯、刨，吸水量小，不易受潮，不易变形，价格便宜，不被任何虫蛀，不长真菌，抗酸碱，耐冲击，稳定性强，有类似木材的外观，具有热塑性塑料的加工性，用一般的塑料加工设备或稍加改造便可进行成型加工；WPC 的主要原料为废弃塑料、废弃木材或植物纤维、偶联剂，因此 WPC 的生产可同时解决塑料、木材两种垃圾的再利用，极高的资源利用率使得产品的制造成本较低，极具市场价值。其本身也可回收再利用（图 6.2-6）。

2. 废旧金属材料再利用

我国矿产资源消耗和进口大国，每年约有 50 万 t 废钢铁、20 多万吨废旧有色金属。改革开放以来废旧金属资源的回收利用得到了广泛的重视，并且以投资少、消耗低、成本低等特点在国内得到了迅速发展，在我国各类废旧材料回收中，金属材料回收利用产业是比较成熟的，利用率也是最高的。可以采取以下措施进一步提高废旧金属材料的利用率：

图 6.2-6　木塑复合材料的应用

（1）加强废金属回收网络建设，提高废金属分拣水平，鼓励大公司进入金属回收行业。

（2）采用先进的生产工艺，提高技术水平。采取回收率高、烧损少、节约能源、污染小、产品质量好的先进的再生工艺。

3. 废旧高分子材料回收利用途径

（1）简单再生法

指不经改性将废旧塑料经过分选、清洗、破碎、熔融、造粒后直接用于成型加工的回收方法。简单再生技术工艺简单，成本低，投资少，生产过程耗能少、污染少。但是简单再生法不适合制作高档次的塑料制品，用在建材上则较为合适。

例如以聚苯泡沫材料填充条为现浇混凝土空心楼盖的成孔材料，在现场直接铺设，并将混凝土与填充条浇筑为一体，形成空腔且不取出的物体，变成类似若干小工字梁的现浇混凝土多孔空心板或以密肋形式受力的现浇混凝土空心板（图 6.2-7）。

采用聚苯泡沫填充现浇空心楼盖技术，不但可以大幅度减轻楼盖自重，而且继承了预制空心盖和现浇板无梁楼盖的优点，既具有整体性能好、底面平整、节省吊顶、增加楼层净高的优点，又具备保温、隔热、隔声的效果。加之缩短施工工期、节约工程成本等方

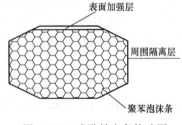

图 6.2-7　成孔填充条构造图

面具有独特的优势而被广泛应用于大跨度、大空间的地下车库、商场、多层与高层工业与民用建筑中。

（2）改性再生技术

包括物理改性和化学改性，可以做档次较高的再生制品，包括复合材料，如玻璃与塑料复合而成的砖，但是成本较高、工艺较为复杂，在建筑行业没有优势。

6.2.5 基于再生材料的绿色化评价体系研究

建筑行业绿色化首要的任务就是建筑材料的绿色化和建筑垃圾的减量化，利用建筑垃圾再生建筑材料是解决问题的很好途径。理论上，几乎所有的建筑材料都可以用再生材料替代。我国建筑垃圾回收利用产业发展迟缓，一个很重要的原因是再生建材的种类繁多，且各有其优缺点，选择应用有一定困难。再生建筑材料根据使用部位及功能差异，可划分为建筑结构材料、建筑围护材料、装饰装修材料三大类。

本评价体系采用分层分析法，一级权重指标主要包括基本性能指标、生产指标、功能性指标、环保指标和文化艺术指标，其中基本性能指标不计入权重，作为首要判定指标，如不满足基本性能，直接否决不予进一步评价，如表 6.2-2。由于是针对再生绿色材料，而给予绿色化生产和环保性能更大的权重。二级指标则因材料类别不同而不同。

再生材料绿色化评价一级指标 表 6.2-2

序号	一级指标	权重
1	基本性能	/
2	绿色化生产	0.45
3	材料附加功能	0.2
4	环保性能	0.25
5	文化艺术价值	0.1
6	总计	1.0

1. 再生结构材料绿色化评价体系

目前可供选择的再生结构材料主要有再生骨料混凝土、聚苯乙烯轻质混凝土、再生玻璃混凝土、再生钢材、再生水泥、再生砖、再生碳纤维复合材料等。

（1）再生结构材料绿色化评价指标

1）基本使用性能：按照被替代材料的相应产品标准，对再生结构材料进行检测，产品所有性能都必须满足标准要求，例如再生碳纤维复合材料应符合国家标准《混凝土结构加固设计规范》GB 50367—2006 4.4 节的要求。

2）绿色化生产（表 6.2-3）

再生结构材料绿色化生产二级指标 表 6.2-3

序号	二级指标	总分数 100
1	废旧材料利用率	25
2	生产工艺先进性	15
3	单位产品能耗	15
4	单位产品废气排放	10
5	单位产品废水排放	10
6	经济成本	25

• 废旧材料利用率：利用率 80% 以上，得分为 25 分，60%～80% 得分为 20 分，30%～60% 得分为 15 分，30% 以下得分为 10 分。

• 生产工艺先进性：生产技术工艺国际领先得分为 15 分，国内领先得分 10 分，一般得 5 分，近淘汰工艺 0 分。

• 单位产品能耗：单位产品能耗与同类普通大宗材料相比，比普通大宗材料能耗低 15% 以上得 15 分，比普通大宗材料能耗高 15% 以上得 0 分，否则得 10 分。

• 单位产品废气排放：单位产品废气排放与同类普通大宗材料相比，比普通大宗材料排放量低 15% 以上得 10 分，比普通大宗材料排放量高 15% 以上得 0 分，否则得 5 分。

• 单位产品废水排放：单位产品废水排放与同类普通大宗材料相比，比普通大宗材料排放量低 15% 以上得 10 分，比普通大宗材料排放量高 15% 以上得 0 分，否则得 5 分。

• 经济成本：与同类普通大宗材料相比，比普通大宗材料价格低 10% 以上得 25 分，比普通大宗材料价格高 10%～20% 以上得 5 分，比普通大宗材料价格高 20% 以上得 0 分，否则得 15 分。

3）材料附加功能（表 6.2-4）

再生结构材料附加功能二级指标   表 6.2-4

序号	二级指标	总分数 100
1	高强节材	20
2	轻质	20
3	防火	20
4	快速施工	40

• 高强节材：如属于高强高性能材料，利于节约材料的得 20 分，否则得 10 分。

• 轻质：如属于轻质材料得 20 分，否则得 10 分。

• 防火：不燃、难燃材料，且耐高温时间长不需另进行防火防护的，得 20 分，否则得 0 分。

• 快速施工：有利于加快施工、缩短工期的得分 40 分，不能加快施工得 20 分，对工期产生不利影响得 0 分。

4）环保性能（表 6.2-5）

再生结构材料环保性能二级指标   表 6.2-5

序号	二级指标	总分数 100
1	可循环利用性	40
2	清洁施工	60

• 可循环利用性：适于多次循环利用的得 40 分，可再循环利用但再利用后材料性能明显变差的得 25 分，不可再利用的得 10 分。

• 清洁施工：施工时不产生垃圾、粉尘得 60 分，产生少量垃圾、粉尘得 30 分，产生较多垃圾、粉尘得 0 分。

5）文化艺术价值（表 6.2-6）

再生结构材料文化艺术价值二级指标 表6.2-6

序号	二级指标	总分数100
1	美学价值	50
2	历史价值	50

- 美学价值：美学价值高得50分，一般得35分，无美学价值得25分。
- 历史价值：适于用于古建筑加固修复、仿古建筑的得50分，否则得25分。

（2）再生结构材料绿色化评价体系（图6.2-8）

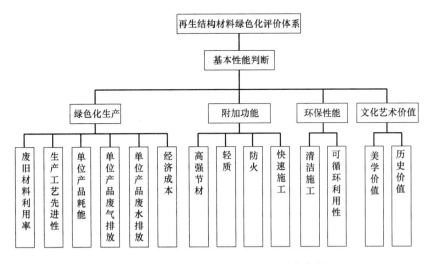

图6.2-8 再生结构材料绿色化评价指标树

最终评分为各项一级指标得分乘以权重系数求和。得分60分以下不推荐应用，60～80分为推荐推广应用，80分以上为特别推荐推广应用。

2. 再生围护材料绿色化评价体系

常见的再生维护材料主要有再生混凝土空心砌块、工业脱硫石膏板、再生玻璃、废旧塑料和粉煤灰再生瓦、再生铝合金等、废旧彩钢夹心板等。

（1）再生建筑围护材料绿色化评价指标

1）基本使用性能：按照被替代材料的相应产品标准，对再生建筑围护材料进行检测，产品所有性能都必须满足标准要求。

2）绿色化生产（表6.2-7）

再生建筑围护材料绿色化生产二级指标 表6.2-7

序号	二级指标	总分数100
1	废旧材料利用率	25
2	生产工艺先进性	15
3	单位产品能耗	15
4	单位产品废气排放	10
5	单位产品废水排放	10
6	经济成本	25

- 废旧材料利用率：利用率 80% 以上，得分为 25 分，60%～80% 得分为 20 分，30%～60% 得分为 15 分，30% 以下得分为 10 分。
- 生产工艺先进性：生产技术工艺国际领先得分为 15 分，国内领先得分 10 分，一般得 5 分，近淘汰工艺 0 分。
- 单位产品能耗：单位产品能耗与同类普通大宗材料相比，比普通大宗材料能耗低 15% 以上得 15 分，比普通大宗材料能耗高 15% 以上得 0 分，否则得 10 分。
- 单位产品废气排放：单位产品废气排放与同类普通大宗材料相比，比普通大宗材料排放量低 15% 以上得 10 分，比普通大宗材料排放量高 15% 以上得 0 分，否则得 10 分。
- 单位产品废水排放：单位产品废水排放与同类普通大宗材料相比，比普通大宗材料排放量低 15% 以上得 10 分，比普通大宗材料排放量高 15% 以上得 0 分，否则得 5 分。
- 经济成本：与同类普通大宗材料相比，比普通大宗材料价格低 10% 以上得 25 分，比普通大宗材料价格高 10%～20% 以上得 5 分，比普通大宗材料价格高 20% 以上得 0 分，否则得 15 分。

3）材料附加功能（表 6.2-8）

再生建筑围护材料附加功能二级指标　　　　　　　　　　表 6.2-8

序号	二级指标	总分数 100
1	轻质	40
2	保温	20
3	防火	20
4	快速施工	20

- 轻质：如属于轻质材料得 40 分，否则得 0 分。
- 保温：如材料导热系数在 $0.05\ W/(m \cdot K)$ 以下的得 20 分，材料导热系数不大于 $0.12W/(m \cdot K)$ 得 10 分，否则得 0 分。
- 防火：不燃材料得 20 分，难燃材料得 10 分，否则得 0 分。
- 快速施工：有利于加快施工、缩短工期的得分 40 分，不能加快施工得 20 分，对工期产生不利影响得 0 分。

4）环保性能（表 6.2-9）

再生建筑围护材料环保性能二级指标　　　　　　　　　　表 6.2-9

序号	二级指标	总分数 100
1	可循环利用性	40
2	清洁施工	60

- 可循环利用性：适于多次循环利用的得 40 分，可再循环利用但再利用后材料性能明显变差的得 25 分，不可再利用的得 10 分。
- 清洁施工：施工时不产生垃圾、粉尘得 60 分，产生少量垃圾、粉尘得 30 分，产生较多垃圾、粉尘得 0 分。

5）文化艺术价值（表 6.2-10）

再生建筑围护材料文化艺术价值二级指标　　　　　表 6.2-10

序号	二级指标	总分数 100
1	美学价值	50
2	历史价值	50

- 美学价值：美学价值高得 50 分，一般得 35 分，无美学价值得 25 分。
- 历史价值：适于用于古建筑加固修复、仿古建筑的得 50 分，否则得 0 分。

（2）再生围护材料绿色化评价体系

最终评分为各项一级指标得分乘以权重系数求和。得分 60 分以下不推荐应用，60～80 分为推荐推广应用，80 分以上为特别推荐推广应用（图 6.2-9）。

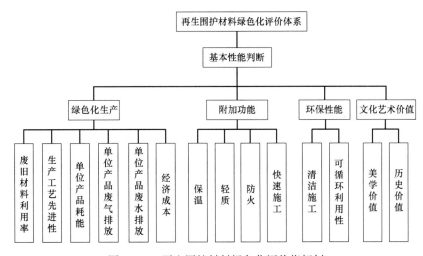

图 6.2-9　再生围护材料绿色化评价指标树

3. 再生装饰装修材料绿色化评价体系

再生装饰装修材料更为广泛，比如，木塑复合材料、旧木板拼接的地板、碎木料再生刨花板、有美学价值或文化价值的拆解材料、塑料再生木材等。

（1）再生装饰装修材料绿色化评价指标

1）基本使用性能：按照被替代材料的相应产品标准，对再生建筑围护材料进行检测，产品所有性能都必须满足标准要求。

2）绿色化生产（表 6.2-11）

再生建筑围护材料绿色化生产二级指标　　　　　表 6.2-11

序号	二级指标	总分数 100
1	废旧材料利用率	25
2	生产工艺先进性	15
3	单位产品能耗	15
4	单位产品废气排放	10
5	单位产品废水排放	10
6	经济成本	25

●废旧材料利用率：利用率 80% 以上，得分为 25 分，60%～80% 得分为 20 分，30%～60% 得分为 15 分，30% 以下得分为 10 分。

●生产工艺先进性：生产技术工艺国际领先得分为 15 分，国内领先得分 10 分，一般得 5 分。

●单位产品能耗：单位产品能耗与同类普通大宗材料相比，比普通大宗材料能耗低 15% 以上得 10 分，比普通大宗材料能耗高 15% 以上得 0 分，否则得 5 分。

●单位产品废气排放：单位产品废气排放与同类普通大宗材料相比，比普通大宗材料排放量低 15% 以上得 10 分，比普通大宗材料排放量高 15% 以上得 0 分，否则得 5 分。

●单位产品废水排放：单位产品废水排放与同类普通大宗材料相比，比普通大宗材料排放量低 15% 以上得 10 分，比普通大宗材料排放量高 15% 以上得 0 分，否则得 5 分。

●经济成本：与同类普通大宗材料相比，比普通大宗材料价格低 10% 以上得 25 分，比普通大宗材料价格高 10%～20% 以上得 5 分，比普通大宗材料价格高 20% 以上得 0 分，否则得 15 分。

3）材料附加功能（表 6.2-12）

再生建筑围护材料附加功能二级指标　　　　　　　　表 6.2-12

序号	二级指标	总分数 100	序号	二级指标	总分数 100
1	耐污	25	3	其他附加功能	20
2	防霉	25	4	快速施工	30

●耐污：材料易清洁、易擦洗得 25 分，可清洁得 15 分，难清洁得 0 分。

●防霉：材料在潮湿环境下抵抗霉菌侵染的能力，强防霉 25 分，防霉 15 分，否则 0 分。

●快速施工：有利于加快施工、缩短工期的得分 30 分，不能加快施工得 15 分，对工期产生不利影响得 0 分。

●其他附加功能：材料有其他特殊功能，如调节湿度或净化空气等，得 20 分，否则得 0 分。

4）环保性能（表 6.2-13）

再生建筑围护材料环保性能二级指标　　　　　　　　表 6.2-13

序号	二级指标	总分数 100	序号	二级指标	总分数 100
1	可循环利用性	30	3	清洁施工	20
2	有害物质释放	50			

●可循环利用性：适于多次循环利用的得 30 分，可再循环利用但再利用后材料性能明显变差的得 20 分，不可再利用的得 0 分。

●有害物质释放：未检出得 50 分，检出但在国家标准规定范围内的，得 30 分，超过国家标准规定范围的得 0 分。

●清洁施工：施工时不产生垃圾、粉尘得 20 分，产生垃圾、粉尘得 0 分。

5）文化艺术价值（表 6.2-14）

再生建筑围护材料文化艺术价值二级指标　　　　表 6.2-14

序号	二级指标	总分数 100	序号	二级指标	总分数 100
1	美学价值	50	2	历史价值	50

- 美学价值：美学价值高得 50 分，一般得 35 分，无美学价值得 0 分。
- 历史价值：适于用于古建筑加固修复、仿古建筑的得 50 分，否则得 0 分。

（2）再生装饰装修材料绿色化评价体系（图 6.2-10）

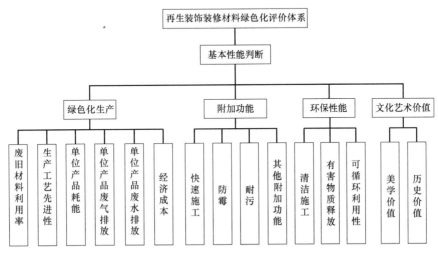

图 6.2-10　再生装饰装修材料绿色化评价指标树

最终评分为各项一级指标得分乘以权重系数求和。得分 60 分以下不推荐应用，60～80 分为推荐推广应用，80 分以上为特别推荐推广应用。

4. 产品评价示例——免煅烧脱硫石膏干混砂浆

免煅烧脱硫石膏干混砂浆是由煤电厂脱硫工艺后的废弃物——脱硫石膏、水泥、人工砂（钢渣、炉渣、石灰石废料等）和助剂制成的抹灰砂浆，属于再生装饰装修材料。先进行基本性能评价，根据行业标准《预拌砂浆》JG/T 230—2007 判定，如表 6.2-15。

基本性能指标判定表　　　　表 6.2-15

指标	经济性	放射性	释放有害物	抗压强度 MPa	保水性％	粘结强度 MPa	判定
描述	240～260/t	无	无	7.1＞5.0	94＞88	0.17＞0.15	符合要求

绿色化生产评价，该产品是由脱硫石膏、水泥、人工砂和助剂按一定配比直接搅拌而成，因此无二次污染，不产生废水废气，详见表 6.2-16。

绿色化生产评价表　　　　表 6.2-16

指标	单位产品耗能	生产工艺先进性	单位产品产生废水	单位产品产生废气	原材料固废利用率	经济成本	总分
描述	很少	国内先进	无	无	70%左右	245/t	/
得分	15	10	10	10	20	15	80

附加功能评价，如表 6.2-17。

附加功能评价表　　　　　　　　　　　　　表 6.2-17

指标	耐污	防霉	快速施工	其他附加功能	总分
描述	普通	普通	一般	调节湿度	/
得分	15	15	15	20	65

环保性能评价得 50 分，其中清洁施工和可循环利用性均为 0 分，有害物质释放得50 分。

文化艺术价值评价得 35 分，其中美学价值 35 分，历史价值 0 分。

四项分值加权得到的最终评分 $0.45 \times 80 + 0.2 \times 65 + 0.25 \times 50 + 0.1 \times 35 = 65$，免煅烧脱硫石膏干混砂浆的评价结果为推荐推广。

6.2.6　结论

再生建筑材料选用应该遵守几项原则："直接利用优先"原则，如果建筑废弃材料有直接利用价值，则直接利用是绿色低碳的最优选择；先进行控制性指标评价，控制指标不达标则不需进一步考虑；在以上原则基础上就近选择的原则，减少运输环节也是节约能源的有效方式。

科学合理地选用再生材料，才能提高整个建筑行业再生材料利用率，降低对资源的依赖程度，改变建筑行业高能耗、高污染的现状。

6.3　拆除、改造、新建一体化施工

6.3.1　拆除、改造和新建一体化设计施工模式

1. 现有总承包模式

业主为降低风险、简化自身管理机构、加强工程管理的专业性、充分整合有利资源、提高项目的实施效率、平衡工程投资从而提升最终产品的性价比、实现最大的经济收益，会优先选择总承包管理模式。根据业主的管理需求、项目的组成特点、项目的实施特点，表现为多种形式，较为典型的有 EPC、DB、EPCM 等典型的总承包管理模式。

（1）EPC 模式

即设计（Engineering）、采购（Procurement）、建造（Construction）模式，又被业内称为设计、采购、施工总承包。EPC 承包商负责从项目的设计、采购到施工进行全面的严格管理，在总价固定的前提下，投资人基本不参与项目的管理过程，业主重点只在竣工验收、成品交付使用，EPC 承包商承担项目建设的大部分风险。一些大型的、涉及多个专业的项目多采用 EPC 模式，如机场项目（包括跑道、航站楼、机场设施设备、物流设计、电气工程等）。

（2）EPCM 模式

EPCM 即设计（Engineering）、采购（Procurement）、建造（Construction）管理模式，EPCM 承包商与其他工程承包单位并不具有合同关系或连带关系。在此模式的合同关系当中，业主能有针对性地通过 EPCM 承包商的支持，共同行使项目过程控制职能，EPCM 承包商承担一个主动替业主发现问题、处理问题的角色，同时也是为业主分担管

理风险的一个担保人，适用于大型的、综合的而且复杂的工程建设项目。

（3）DB 模式

即设计、建造（Design and Built）模式。DB 模式和 EPC 模式在总包的目的和方式上有总承包模式的共同特点，即设计施工一体化、总价固定、交付成品。一般中型的、功能单一、涉及专业较少的项目多采用 DB 模式。

2. 拆除、改造和新建一体化设计施工的特殊性

工业建筑民用化改造项目体量一般较小，较适用 DB 模式。但改造项目还有一些特殊性：

（1）纯新开发项目是从无到有的过程，改造项目是从有到有的过程，其流程更为复杂，即使原结构的图纸资料齐全，也应对其现状进行检测鉴定，并将结构的损伤、材料强度、功能变化、使用中是否有局部改造等信息全面反馈给设计，设计过程中如果需要更多的信息，可与检测沟通再次进场进行有针对性的检测，甚至在施工过程中发现与图纸不符等新问题，检测也应及时跟进。提供准确全面的原结构信息是后续加固改造设计、施工的必要保障，因此，检测常常要贯穿加固改造过程的始终，加固改造的一体化是检测鉴定、设计和施工的一体化。如果一体化中分离了检测鉴定，设计和施工质量难以保证。

（2）与纯新开发项目不同，改造项目中设计是一体化的中间环节，对设计的协调工作有更高的要求。根据原结构的变化程度不同，设计也会面临不同程度的变化，对于一些年代久远的甚至经过多次改造的建筑，加固改造全过程中需要设计投入更多精力应对一些意想不到的问题。

（3）改造项目中施工环节的风险更大，检测不可能检查到每个构件，施工中发现问题应及时通知设计，必要时请设计到现场查看，甚至请检测人员进行特别补测。

因此我们提出了 TDB（Test，Design and Built）模式（图 6.3-1），在项目实施过程检测、设计、施工配合紧密，可以最大程度避免设计、施工的返工。

6.3.2 BIM 在既有建筑检测、设计、施工一体化中的应用

1. BIM 简介

建筑信息模型（Building Information Modeling，BIM）是一种创建并利用数字模型对项目进行设计、建造及运营管理的过程。由欧特克（Autodesk，Inc.）在 2002 年提出。它以三维数字技术为基础，集成了建筑工程项目等各种相关信息的工程数据模型，是数字技术在建

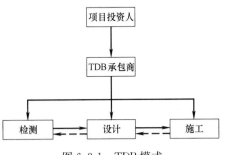

图 6.3-1　TDB 模式

筑工程中的直接应用。该模型是对工程项目相关信息详尽、真实的表达。这样的平台不但加强了设计的协调性、施工的可行性，而且把协调和整体的目标贯穿于建筑工程的整个周期。作为协同工作坚实的基础，可以帮助工程建筑项目提高效率、降低风险，并且可以减少工程对环境的影响，实现绿色设计与可持续设计。现代化、工业化、信息化是我国建筑业发展的三个方向，预计 BIM 将成为中国建筑业信息化未来十年的主旋律。

根据研究统计，BIM 的应用会消除 40% 的投资更改。目前设计与施工的协调性问题

如设计中建筑、结构、设备的内部协调，设计深度不够，施工过程中设计变更频繁，设计、施工、住房要求的割裂和协调性差等，在应用 BIM 后都能得到有效解决。

2. BIM 应用于既有建筑改造检测、设计、施工一体化

在既有建筑检测阶段即建立原始的 BIM 模型，提高对既有结构检测内容、深度的要求，避免检测工作草草了事，给改造设计提供足够的依据。在初步设计阶段，结构加固改造设计人员由检测人员陪同进行现场勘查，将存在的疑问反馈给检测人员进行补测，并修正 BIM 模型。以 BIM 模型为基础，可以实现以下功能。

（1）碰撞检查。各专业之间的碰撞检查，发现问题所在，快速定位、调整碰撞点，消灭碰撞点，避免施工过程中的变更导致工期延误和费用增加。

（2）施工进度模拟。通过将 BIM 模型与施工进度计划关联，对场地状况进行 4D 动态模拟，4D 动态模拟形象地反映了施工过程中施工现场状况以及各项数据的变化。通过对日期、工序的选择，更可直观展示当日、当前工序工程进展情况以及工程量变化情况。

（3）施工成本控制。从事后核算，向事前控制、过程控制转化。运用 BIM 模型对材料的采购、发放进行精确管控，施工员可以从模型中精确提取施工用料，材料计划审批者也可以借助 BIM 模型审核，确保材料申报准确，降低材料采购数量误差。

竣工结算阶段，BIM 模型能够准确计算到构件，确保竣工结算量的准确。

（4）能耗分析。例如运用 Ecotect Analysis 技术性能分析辅助设计软件，在三维模型输入经纬度、海拔高度，选择时区，确定建筑材料的技术参数，即可在该软件中完成对模型的太阳辐射、热、光学、声学、建筑投资等综合的技术分析。计算、分析过程简单快捷，结果直观。

3. BIM 应用于既有建筑改造检测、设计、施工一体化的问题

（1）由于 BIM 软件与结构计算软件之间数据交互的障碍，结构设计中 BIM 应用还不像其他专业那么理想。

（2）虽然 BIM 技术可以提高设计施工的效率，但 BIM 模型的建立本身需要较长的时间，对建设周期较短的中小型项目，提高效率就不太明显。有一些项目只把 BIM 当作华丽的外衣，项目快结束了 BIM 模型还没建好。

（3）BIM 技术贯穿整个建设过程，对总包方的技术素质要求很高，要对 BIM 模型不断的扩展更新。国内普通承包商都缺乏技术实力。

（4）目前中国应用 BIM 的成本较高，多应用于一些大型复杂项目，属于建筑行业的奢侈品。而加固改造项目一般都是中小型项目，应用 BIM 的性价比不太高，因此 BIM 在既有工业建筑改造工程中的应用有赖于 BIM 技术的普及。

因此在目前条件下，建议在加固改造项目中根据实际需要，有针对性地应用 BIM 技术，性价比高，效果好。例如在北京王府井大饭店改造施工中，根据项目特点，选择性地应用 BIM 技术于结构和机电专业设计与施工。

6.3.3　工业建筑一体化改造中绿色施工技术及评价指标

1. 绿色施工技术

狭义的"绿色施工"是指工程建设中，在保证质量、安全等基本要求的前提下。通过科学管理和技术进步，最大限度地节约资源与减少对环境负面影响的施工活动，实现环境

保护、节能与能源利用、节材与材料资源利用、节水与水资源利用、节地与土地资源保护实现四节一环保。建设部已于2007年颁布《绿色施工导则》，给出一些绿色施工的基本要求和措施，用于指导绿色施工。广义的绿色施工技术还应包括有利于节约劳动力、节约工期的技术、工艺，如施工垃圾垂直运输技术、钢筋桁架楼承板工艺、钢板机械弯折等特别适用于工业建筑一体化改造施工。

（1）垃圾垂直运输技术

施工中产生的垃圾，通常是在建筑结构拆除过程中将其抛落至地面或任其自由坠落，虽然有些建筑结构的拆除过程中在外围设置有安全网，但是这种抛落或任其坠落的建筑垃圾处置方式依然非常危险，而且会产生大量的粉尘、噪声影响环境，落至地面的建筑垃圾的收集、搬运也很不方便，导致施工效率很低，施工工期延误。

垃圾垂直运输技术，即利用如6.1节中介绍的垃圾落料装置，使建筑垃圾顺着相对封闭的落料通道下落至废料收集容器中，有效避免建筑垃圾中的粉尘散落至落料通道外部，有利于保持施工现场的整洁有序，有利于收集、搬运。

（2）钢筋桁架楼承板施工工艺

钢筋桁架楼承板是将现浇混凝土楼板中的上、下层纵向钢筋作为上、下弦杆，弯折成型的小直径钢筋作为腹杆，将它们焊接组成具有一定刚度且能够承受荷载的小桁架，再将该小桁架的弯脚与肋高仅为2mm、板厚为0.4～0.6mm的压型钢板焊接，钢筋桁架楼承板如图6.3-2所示，其优势很多。

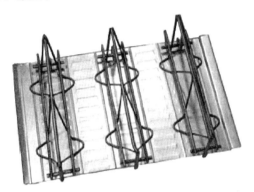

图6.3-2 单块钢筋桁架楼承板

1）制作工艺成熟，全自动化生产线集原料放线、钢筋矫直、弯曲成型、自动焊接、定尺切断及成品数控输送于一体，如图6.3-3。我国建筑行业要走出高污染、高耗能的困境，工厂化生产是极其重要的渠道，高度的产业化可以使我们的工地整洁有序，建造过程高效节能，如图6.3-4。

图6.3-3 钢筋桁架楼承板自动化生产线

图6.3-4 施工现场

2）大量减少现场钢筋下料、绑扎工作，因此材料损耗极少，更有利于施工质量控制，还可以加快工期。

3）板双向刚度相同，抗震性能好。

4）板底平整、可拆除底模，达到普通现浇混凝土楼板的视觉效果。

5）施工无需支撑，无支撑跨度可达 3.5m，更适合大跨度楼板。

6）质量可控，生产工艺精确先进，上下层及相邻钢筋间距、混凝土保护层厚度、楼板厚度皆可得到有效控制。

（3）钢板机械弯折

粘钢加固是最常见的加固方法之一，施工现场常常涉及薄钢板的弯折问题。目前，常采用两种方法解决：第一种是在工厂进行专业制作；第二种是在现场进行手工制作。前者加工质量可靠，效率高，但不能适应现场实际尺寸的变化；后者可以较好地满足现场情况，但质量不稳定，工作强度大，影响施工速度。

可以用小型薄钢板弯折机械现场加工钢板，既能适应施工现场尺寸变化，又能保证成品质量，且操作方便，节省人工。

2. 绿色施工技术评价

随着科学技术的不断发展，各种新技术新工艺不断涌现出来，针对单项施工技术、工艺是否有绿色价值，则可以根据以下因素评价：

（1）基础条件：对土壤、水无污染，这是绿色施工技术、工艺应具备的先决条件；同时施工噪声不应超过 70dB。

（2）评价指标：包括节水、节地、节材、节省工期、减少扬尘、降噪、节能、利用清洁能源。

在满足基础条件的基础上，评价指标中能符合一项为一级绿色施工技术，符合两项可评价为二级，符合三项以上为三级绿色施工技术（表 6.3-1）。

绿色施工评价体系指标   表 6.3-1

基础条件		评价指标							
无土壤、水污染	施工噪声不超过 70dB	节水	节材	节地	节约能源	利用清洁能源	节省工期	减少扬尘	降低噪声

7. 综合应用案例

7.1 上海申都大厦

7.1.1 项目概况

1. 地理位置

上海申都大厦改造项目位于上海市西藏南路 1368 号,用地面积 2038m²,建筑占地面积 1106m²,距离 2010 年上海世博会宁波馆不到 800m。随着世博园区建设,西藏南路马路拓宽工程,东面居民楼被拆除,该房屋成为西藏南路的沿街建筑。该建筑距离西藏南路路边 19m,距离南侧居民楼 10m,距离西侧居民楼 9m,距离北侧卫生中心约 10m,朝向为南偏东 10°(图 7.1-1)。

图 7.1-1　申都大厦地理位置

2. 改造前状况

该建筑原建于 1975 年,为围巾五厂漂染车间,结构为三层带半夹层钢筋混凝土框架结构,1995 年上海建筑设计研究院将其初步改造,经过多年的使用,建筑损坏严重,现代集团最终决定对其进行整体绿色化改造(图 7.1-2)。

3. 改造后现状

改造后的项目地下 1 层,地上 6 层,地上面积 6231.22m²,地下面积 1069.92m²,

图 7.1-2　改造前状况

建筑高度 23.75m。地下一层主要功能空间包括车库、空调机房、雨水机房、水机房、信息机房、空调机房等辅助设备用房，地上一层主要功能空间包括大堂、餐厅、展厅、厨房以及监控室等辅助用房，地上二层至六层主要为办公空间以及空调机房等辅助空间，改造后的实景如图 7.1-3。

图 7.1-3　申都大厦实景

4. 绿色建筑标识

项目于 2013 年获得国家绿色建筑三星级设计评价标识，2014 年获得国家绿色建筑三星级运营评价标识，2015 年获得全国绿色建筑创新奖一等奖。

7.1.2　改造内容概述

1. 规划与建筑改造

拆除东、南立面原有的填充墙体，替换成 Low-E 双层夹胶钢化玻璃，西向则考虑日晒问题基本保持原窗墙比不变，北向在保留原立面的基础上更换了老式钢窗，安装断热铝合金节能窗。在首层东南角设置一系列通高的 180° 中轴旋转门，作为东南主导风向的导风进口。在南向和东向设置模块式垂直绿化，在屋面设置屋顶绿化，营造建筑立体绿化空间。

老建筑中部公共空间没有采光，没有共享空间，上下层被楼板完全分隔。改造时切除了局部的混凝土楼板，紧临电梯厅设置首层到屋顶通高的玻璃采光中庭，天井的最上部设有联动式侧向电动可开启扇。在南侧 2 层以上设置层间错落的开敞边庭，增加南侧的通风导入口，可以有效扩大自然通风的影响范围。

2. 结构改造

原有混凝土柱采用加大截面加固，浇筑材料包括灌浆料和聚合物砂浆；原有混凝土板和梁采用碳纤维加固；原有屋面钢结构进行加固，采用翼缘加焊钢板后再与原有楼板形成组合梁，局部楼层区域新增部分钢结构。为了提升项目的抗震性能，在层间变形较大的两个混凝土楼层（3 层、4 层）采用了软钢阻尼器的消能减震加固方案。

3. 给排水改造

在常规给排水系统之外，设置雨水回收系统，收集屋面雨水，经处理后用于屋顶菜园浇灌、水景循环用水、绿化喷灌、道路冲洗等用水点。新增集中太阳能热水系统，充分利用太阳能。为节约用水，整个建筑均采用节水型卫生器具。同时项目按照不同用途，分别设置高精度远传智能水表。

4. 暖通改造

该建筑改造后使用单位为上海现代设计集团旗下企业，为适应设计院的功能使用特征，项目空调系统经多次方案调整后，采用多联机加新风的形式，以便于时间和空间上的灵活调节。同时为降低空调能耗，新风系统采用了带全热回收装置的直接蒸发式分体新风机。室外机均设置于屋面。

5. 电气系统改造

项目设置 1 台 500kVA 节能变压器，照明系统全部采用节能灯具，主要包括 T5 荧光灯、LED 灯，照明功率密度达到国家标准目标值要求；公共区域采用智能照明控制，会议室设置了场景照明控制措施；配置完善的建筑智能化系统，包括建筑设备管理系统；在屋面新增 12.87kWp 太阳能光伏发电系统，另外配置一套建筑能效监管平台，对建筑内各耗能相关信息进行采集分析。

7.1.3 绿色化改造技术示范

1. 自然通风

申都大厦位于市区密集建筑中，与周围建筑间距较小，虽然申都大厦存在众多不利的自然条件，但建筑设计从方案伊始即提出了多种利于自然通风的设计措施，如中庭设计、开窗设计、天窗设计、室外垂直遮阳倾斜角度等措施。

中庭设计：设置中庭，直通六层屋顶天窗，中庭总高度 29.4m，开洞面积为 23m²，通风竖井高出屋面 1.8m，即高出屋面的高度与中庭开口面积当量直径比为 0.33（图 7.1-4）。

开窗设计：采取移动玻璃门等措施，增加东立面、南立面的可开启面积，因为上海地区的过渡季主导风向多为东南风向范围，增大两侧的开窗面积有利于风压通风效果。外窗可开启面积比例为 39.35%。

天窗设计：天窗挑高设计，增加热压拔风，开窗位置朝北，处于负压区利于拔风，开窗面积为 12m²，开启方式为上旋窗（图 7.1-5）。

图 7.1-4　中庭实景图　　　　　　　　图 7.1-5　天窗实景图

室外垂直遮阳设计：东向遮阳板（为垂直绿化遮阳板）向外倾斜，倾斜角度为 30°，起到导风作用。

2. 自然采光

改造既有建筑门窗洞口形式：既有建筑窗口为传统外墙开窗形式，本次绿色改造一改传统开窗形式，在建筑主要功能空间外侧开启落地窗，而仅在建筑的机房、卫生间以及既有建筑北侧设置传统门窗。改造后的建筑结合改造功能定位，恰当地将室外光线引入室内，调节建筑室内主要空间的采光强度，减少室内人工照明灯具的设置需求（图 7.1-6）。

增设建筑穿层大堂空间与界面可开启空间：既有建筑改造过程中，建筑首层与二层层高相对较低，建筑主要出入口为建筑的东偏北侧，建筑室内空间进深较大，直射光线无法影响至进深深处，同时在建筑主入口处无法形成宽敞的建筑入口厅堂空间。因此，在改造设计中，将建筑首层局部顶板取消，形成上下穿层空间，既解决了首层开敞厅堂空间的需求，同时，也通过同层的主入口空间的外部开启窗，很好地将自然光线引入局部室内，较好地改善东北部区域的内部功能空间的室内自然采光现状。建筑东南角结合室内休闲展示功能空间，采用中轴旋转落地窗，拓展既有建筑的开窗面积与开启形式，很好地解决建筑东南局部室内自然光线的引入（图 7.1-7）。

图 7.1-6　大空间办公空间（南侧）

图 7.1-7　东侧入口大厅实景图

增设建筑边庭空间：既有建筑平面呈"L"形，建筑整体开间与进深较大，因此，建筑由二层至六层空间开始，在建筑南侧设置边庭空间，边庭逐层扩大，上下贯通，形成良好的半室外空间，不但在建筑南侧形成必要的视线过渡空间，同时也缩减了建筑进深大而引起的直射光线的照射深度的不利影响（图 7.1-8）。

增设建筑中庭空间：既有建筑从三层空间开始，在电梯厅前部增设上下贯通的中庭空

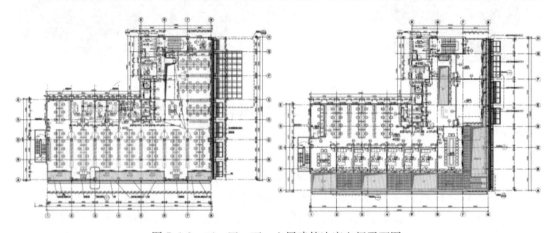

图 7.1-8　三、四、五、六层建筑边庭空间平面图

间，并结合室内功能的交通联系，恰当地将建筑增设中庭空间一分为二，在保证最大限度使用功能需求的同时，增设自然光线与通风引入性设计来改善建筑深度部位的室内物理环境。

增设建筑顶部下沉庭院空间：建筑五、六两层东南角内退形成下沉式空中庭院空间，庭院空间同样以缩减建筑进深与开间的方式，有效地将自然光线引入室内，增强室内有效空间的自然采光效果，同时，也增加了既有建筑的空间情趣感。

3. 屋顶绿化

申都大厦屋面设有屋顶绿化，主要包括固定蔬菜种植区 145m²，爬藤类种植区 7.5m²，水生植物种植区 20m²，草坪 2.6m²，移动温室种植 4.5m²，树箱种植区 4m²，果树种植 4 棵（图 7.1-9）。

图 7.1-9　屋顶绿化实景图

蔬菜种类包括丝瓜、大番茄、茄子、玉米、黄瓜、荠菜、花生等 15 种。屋顶花园所设的植物分别为胡柚、芦苇、马鞭草、常春藤等本土植物。

蔬菜种植土深度不小于 25cm，果树土壤深度不小于 60cm。蔬菜种植土壤采用轻质营养土。蔬菜种植区采用渗灌及微喷两种浇灌方式，果树种植区采用涌泉式灌溉，绿化灌溉均采用收集来的雨水。

4. 垂直绿化

申都大厦改造项目的垂直绿化分设于建筑临近南侧居住区南立面区域、建筑沿主干道东立面区域，布置面积分别为东立面绿化面积为 346.08m²，南立面绿化面积为 319.2m²，共计 665.28m²（图 7.1-10）。

东南二立面结合建筑多功能复合立面设置标准单元满屏复合绿化。通过对独立单元开间与逐层设置标准单元垂直绿化体系，整合建筑南立面边庭空间、建筑东南角的顶层下沉庭院空间以及建筑东侧沿街

图 7.1-10　垂直绿化布置图

立面，将建筑界面的围合、节能、绿化、遮阳、通风以及防噪功能整合。垂直绿化采用两种爬藤植物（一种落叶爬藤，五叶地锦；一种常绿爬藤，常春藤）为主，点缀地被植物，结合建筑室内比邻空间功能需求，实现夏季绿化满屏并零星点缀小瓣粉化，对建筑东南两向进行直射光线遮挡，以及建筑主体南向较差视觉界面的屏障；冬季，通过落叶藤本植物的设置，加大直射阳光的引入，并留有一定的常绿藤本保持界面的绿色形态。

灌溉方式采用滴灌系统灌溉，即循环利用自然雨水对植物进行灌溉，以达到低碳环保的要求。进水管道总管管径为 3.2cm，每一层分管管径为 2.5cm，流到每只花箱再分出支管管径为 1.2cm，每个支管连接 24 个滴箭，双排平行布局在花箱中间偏两侧位置。每一套滴灌系统由一个电控箱控制，电控箱放置于四楼弱电室中。

5. 节能照明

照明光源主要采用高光效 T5 荧光灯，LED 灯，其中 LED 灯主要用于公共区域。灯具形式主要采用高反射率格栅灯具，既满足了眩光要求，又提高了出光效率。公共区域采用了智能照明控制系统可实现光感、红外、场景、时间、远程等控制方式（表 7.1-1，图 7.1-11）。

<table>
<tr><td align="center" colspan="7">申都大厦 LED 照明灯具使用说明</td><td align="center">表 7.1-1</td></tr>
<tr><td align="center" colspan="8">申都大厦 LED 照明灯具</td></tr>
<tr><td align="center">序号</td><td align="center">名称</td><td align="center">图　片</td><td align="center">描述</td><td align="center">主要技术参数</td><td align="center">安装区域</td><td align="center">申都大厦
使用数量</td><td align="center">备　注</td></tr>
<tr><td align="center">1</td><td align="center">2.5W/7.5W
0.8W/5W
吸顶灯</td><td></td><td align="center">LED 声光
控双亮度
6000K</td><td>1. 功率:2.5/7.5W
2. 光通量:770lm
3. 灯具效率:95%
4. LED 光效:110lm/W</td><td align="center">楼梯间</td><td align="center">14</td><td align="center">双亮度,白天不
亮,夜晚没声音微
亮,有声音大亮</td></tr>
<tr><td align="center">2</td><td align="center">4 寸 8W
筒灯</td><td></td><td align="center">LED 筒灯
8W
4000K</td><td>1. 功率:8W
2. 光通量:823lm
3. 灯具效率:95%
4. LED 光效:110lm/W</td><td align="center">各楼层走
道等公共
区域</td><td align="center">255</td><td align="center">本工程中实现智
能及 BA 控制</td></tr>
<tr><td align="center">3</td><td align="center">5W
灯泡</td><td></td><td align="center">LED 灯泡
5W
4000K</td><td>1. 功率:5W
2. 光通量:515lm
3. 灯具效率:95%
4. LED 光效:110lm/W</td><td align="center">餐厅</td><td align="center">33</td><td align="center">E27</td></tr>
<tr><td align="center">4</td><td align="center">6W
扩散罩灯管</td><td></td><td align="center">LED 灯管
T8 标准尺寸
常亮
4000K</td><td>1. 功率:6W
2. 光通量:618lm
3. 灯具效率:95%
4. LED 光效:110lm/W</td><td align="center">6 层办公室</td><td align="center">14</td><td align="center">无需镇流器</td></tr>
<tr><td align="center">5</td><td align="center">12W
扩散罩灯管</td><td></td><td align="center">LED 灯管
T8 标准尺寸
常亮
4000K</td><td>1. 功率:12W
2. 光通量:1260lm
3. 灯具效率:95%
4. LED 光效:110lm/W</td><td align="center">6 层办公室</td><td align="center">70</td><td align="center">无需镇流器</td></tr>
<tr><td align="center">6</td><td align="center">10W
常亮灯管</td><td></td><td align="center">LED 灯管
T8 标准尺寸
常亮
6000K</td><td>1. 功率:10W
2. 光通量:1030lm
3. 灯具效率:95%
4. LED 光效:110lm/W</td><td align="center">车库</td><td align="center">34</td><td align="center">无需镇流器</td></tr>
</table>

续表

序号	名称	图片	描述	主要技术参数	安装区域	申都大厦使用数量	备注
7	2.5W/10W双亮度灯管		LED灯管T8标准尺寸双亮度6000K	1. 功率:10W 2. 光通量:1025lm 3. 灯具效率:95% 4. LED光效:110lm/W	车库	62	无需镇流器,双亮度,没有声音微亮,有声音大亮

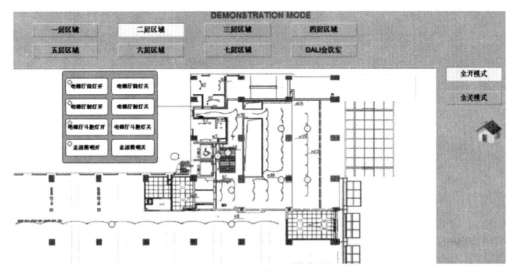

图 7.1-11　智能照明控制系统远程界面

6. 能效监管系统

建筑能效监管系统平台的基础为电表分项计量系统、水表分水质计量系统、太阳能光伏光热等在线监测系统。电表分项计量系统共安装电表约 200 个,计量的分项原则为一级分类包括空调、动力、插座、照明、特殊用电和饮用热水器六类,二级分类包括 VRF 室内机、VRF 室外机、新风空调箱、新风室外机、一般照明、应急照明、泛光照明、雨水回用、太阳能热水、电梯等,分区原则为每个楼层按照公共区域、工作区域进行分类;水表分水质计量系统共安装水表 20 个,主要分类包括生活给水、太阳能热水、中水补水、喷雾降温用水等。

能效监管系统平台主要包括八大模块,分别为主界面、绿色建筑、区域管理、能耗模型、节能分析、设备跟踪等,见图 7.1-12。主界面主要功能可以显示整个大楼的用电、用水信息,此外还可以显示包括室外气象、太阳能光伏光热、雨水回用的实时概要信息;区域管理主要功能用于不同区域的用电信息管理,可以实时显示不同楼层、不同功能区的用电量、分析饼图以利于不同楼层用电管理;能耗模型主要功能是在线监测包括太阳能热水、空调热回收等的运行参数,并进行能效管理;节能分析主要功能是制作能效报表以及能耗模型的节能分析报告,用于优化系统运行提供分析依据;设备跟踪主要用于不同监测设备的跟踪管理,用于分析记录仪表的实时状态。

7. 光伏发电系统

申都大厦太阳能光伏发电系统总装机功率约 12.87kWp,太阳电池组件安装面积约

图 7.1-12 能效监管系统平台

200m²。太阳电池组件安装在申都大厦屋面层顶部，铝质直立锁边屋面之上。太阳电池组件向南倾斜，与水平面成 22°倾角安装，见图 7.1-13。

光伏阵列每 2 串汇为 1 路，共 3 路，每路配置 1 只汇流箱，共配置 3 只汇流箱。每只汇流箱对应 1 台逆变器的直流输入。

3 台并网逆变器分别输出 AC220V、50 Hz、ABC 不同相位的单相交流电，共同组合为一路 380/220VAC 三相交流电，通过并网接入点柜并入低压电网。光伏系统所发电力全部为本地负载所消耗。

8. 太阳能热水系统

申都大厦太阳能热水系统设置以太阳能为主、电力为辅的蓄热太阳能集中热水系统供应热水。太阳能热水系统为厨房、卫生间等提供热水，热水用水量标准 5L/人·d(60℃)。按太阳能保证率 45%，热水每天温升 45°，安装太阳能集热面积约 66.9m²，见图 7.1-14。

图 7.1-13 太阳能光伏发电系统

图 7.1-14 太阳能热水系统实景图

采用内插式 U 型真空管集热器作为系统集热元件，安装在屋面。配置 2 台 0.75t 的立式容积式换热器（D1、H1）作为集热水箱，2 台 0.75t 的立式承压水箱（D2、H2）配置内置电加热（36kW）作为供热水箱。集热器承压运行，采用介质间接加热从集热器内收集热量转移至容积式加热器内储存。其中 D1 容积式换热器对应低区供水系统，H1 容积式换热器对应高区供水系统。

D1、H1 容积式换热器与集热器之间采用温差循环方式收集热量，两个温差循环共用一套集热系统，之间采用三通切换阀切换，D1 容积式换热器优先级高于 H1 容积式换热器。立式承压水箱作为供热水箱，为达到太阳能高效合理的利用，水箱之间设置换热循环，当集热水箱（D1、H1）温度高于供热水箱（D2、H2）时，自动启动换热循环将热量转移至供热水箱。供热水箱内置 36kW 辅助电加热，电加热安装在供热水箱上部，启动方式为定时温控。

太阳能系统供水方面设置限温措施，1 号水箱限温 80℃、2 号水箱限温 60℃。为保证太阳能集热系统的长久高效性，在集热循环管路上安装散热系统，当集热器温度达到 90℃时自动开启风冷散热器散热，当集热器温度回落至 85℃时停止散热。

太阳能系统设置回水功能，配置管道循环泵，将用水管道内的低温水抽入集热水箱，保证热水供水管道内水温恒定，既保证了用水舒适度也减少了水资源的浪费。

9. 雨水回用系统

申都大厦雨水回用系统按照最大雨水处理量 25m³/h 进行设计，收集屋面雨水，屋面雨水按不同高度的屋面、不同的划分区间设置汇水面积，设置重力式屋面雨水收集系统。屋面雨水经重力式屋面雨水收集系统收集后，注入总体雨水收水池（4.6×2.5×2.5）；该雨水回用处理以物化处理方法为主要工艺。雨水经过屋面雨水排水管网汇集到雨水收集井 1，经过过滤格栅进入雨水收集井 2。雨水量超出雨水收水池承载后，可以通过渗透方式回补浅层地下水或直接溢流排放。雨水量不够，可以用浅层地下水或自来水补充。室外红线内场地、人行道等尽可能通过绿地和透水铺装地面等进行雨水的自然蓄渗回灌。

系统用提升水泵打入中水至自清洗过滤设备进行处理，处理后的清水经过氯消毒后进入中水水箱（1×2×1.5）。系统将雨水处理后主要用于室外道路冲洗、绿化微灌系统、水景、楼顶菜园浇灌，因此水质应当同时满足《城市污水再生利用城市杂用水水质标准》GB/T 18920—2002 对道路清扫、城市绿化的要求和《城市污水再生利用景观环境用水的再生水水质标准》GB/T 18921—2002 对水景类观赏类景观环境用水的水质要求（图 7.1-15）。

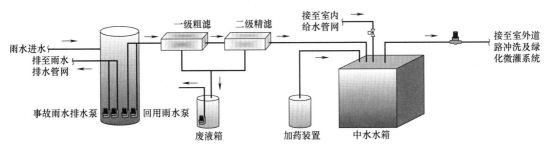

图 7.1-15 雨水回用系统原理图

系统安装了美国 HACH 电子水质监测仪，自动监测余氯含量、浊度 NTU，根据测量值与设定值的差异控制相应的设备。

10. 阻尼器消能减震加固措施

申都大厦工程属于既有建筑结构的二次改造加固，根据新的建筑功能原结构不能满足现行规范的基本要求，需对结构进行加固。结构加固应遵从的原则为满足安全要求（相关规范规定承载力、变形等基本要求）前提下，达到资源消耗和环境影响小，尽可能减少加固量。制定如下加固思路：首先对原结构进行现有功能下的竖向荷载计算，若不满足则进行第一阶段的竖向加固，采用增大截面方法；在满足竖向基本要求后再次进行水平抗震验算，若不满足，则进行第二阶段加固，可采用传统增大截面法或消能减震方法，其中消能减震方案又有软钢阻尼器和屈曲支撑两种供比较选择；第二阶段的加固满足之后，再根据前一阶段采用的加固方法确定需要进行局部构件和节点加固的范围，进行局部加固设计。

申都大厦的消能减震措施采用了软钢阻尼器的消能减震加固方案，阻尼器的个数为12组，主要布置在层间变形较大的两个混凝土楼层（三、四层）。阻尼器参数为：弹性刚度 $K=7.35×104kN/m$；屈服力=143kN，屈服位移约 1.94mm。

阻尼器加固主要从两个方面减少传统加固工程量：

图 7.1-16　阻尼器消能减震加固措施实景图

（1）减少柱截面增大量，节约混凝土用量约 85m³，相应配筋 6.6t；

（2）减少主要框架梁的加固工程量，减少总量约 4t。阻尼器加固较传统加固法节约混凝土约 85m³，折合每层增加净面积约 4.7m²（图 7.1-16）。

7.1.4　绿色化改造效果

1. 节能效果

2013 年全年总用电量为 435889kWh（已扣除太阳能光伏系统发电量），单位面积（包括地下室面积）用电量为 59.7kWh/m²，人均用电量为 1141.1kWh/人。

空调、照明、插座用电量最大，分别占到 60%、17% 和 11%。空调单位面积能耗为 36.5kWh/(m²·a)，其中 VRF 系统室内循环风的室外机所占能耗最高，约为 VRF 系统室内循环风的室内机的 10 倍，空调用电量与室外平均温度呈现了较为密切的相关性，最高能耗出现在七、八两个月，最低能耗出现在 4 月和 10 月，最高值与最低值相差约 7 倍，照明单位面积能耗 10.5kWh/(m²·a)，主要为一般照明所产生的能耗，约占其用电的 97%，插座单位面积能耗 6.9kWh/(m²·a)，其他能耗较高的部分主要为厨房用电、电梯和给排水系统的水泵等动力能耗（图 7.1-17）。

太阳能光伏发电系统全年发电量为 12233kWh，单位装机容量发电量 0.96kWh/Wp，接近设计值 1.04 kWh/Wp。光伏发电系统全年发电量占总用电量的比例达到 3%。经实际运行数据分析，太阳能光伏发电系统的年平均光伏转换效率为 15%。

2. 节水效果

2013 年总用水量为 4647kWh（包括雨水利用），按照 382 人、230 个工作日计算，人均用水量为 54.26m³。

生活用水、厨房用水、雨水回用水量用量较多，分别占到 66%、17% 和 15%。其中雨水利用主要用于楼顶屋顶菜园、垂直绿化和道路冲洗、水景补水等，用水比率略低于设计值 20% 的要求，分别占到雨水利用总量的 83%、8% 和 9%。换算至用水量指标为楼顶

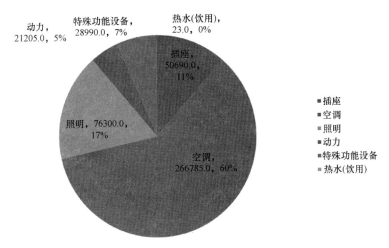

图 7.1-17　2013 年分项用电量特征（单位：kWh）

屋顶菜园为每年每个平方为 4.13m³/(m² · a)，垂直绿化 0.86m³/(m² · a)，远高于设计指标 0.56m³/(m² · a)（图 7.1-18）。

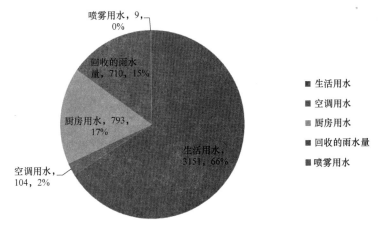

图 7.1-18　2013 年分项用水量特征（单位：m³）

3. 室内环境质量

项目于 2013 年 11 月 4 日上午 9：40 至 11 月 6 日上午 9：45，请重庆大学就过渡季节（非空调时期）室内（二层、六层）的热湿环境进行了测试，测试结果表明二、六层的 APMV 分别为 -0.33、-0.29，根据《民用建筑室内热湿环境评价标准》GB/T 50785—2012 的非人工冷热源热湿环境评价等级表可知该办公建筑的室内热湿环境等级为 I 级。根据大样本问卷调查的结果也可以看出二、六层的实际热感觉 AMV 分别为 0.06、0.15，也说明室内热湿环境属于 I 级。综合来看，该办公建筑的室内热湿环境属于I级（表 7.1-2）。

室内环境参数及 APMV

表 7.1-2

测试楼层	空气温度（℃）	风速（m/s）	相对湿度（%）	平均辐射温度（℃）	PMV	APMV	AMV	等级
二层	22.6	0.04	46.6	21.8	-0.41	-0.33	0.06	I 级
六层	22.8	0.04	45.6	22.5	-0.35	-0.29	0.15	I 级

7.2 天友绿色设计中心

7.2.1 项目概况

天友绿色设计中心坐落于天津市南开区华苑高新技术产业园区，改造前为5层电子厂房（局部6层），无地下室，建筑主体结构为框架结构，无外保温，外窗为带形窗及幕墙形式，开启面积较小，不利于自然通风。改造前的天友绿色设计中心如图7.2-1所示。

图 7.2-1　改造前沿街立面效果及室内照片

天友绿色设计中心改造后作为天津市天友建筑设计股份有限公司的办公楼，工程总用地面积为3376m²，建筑面积为5756m²。建筑首层为接待大厅，二层为行政办公，三层及四层为工程设计中心，五层为方案设计中心，局部加建六层作为员工活动中心。改造后的天友绿色设计中心如图7.2-2所示。

天友绿色设计中心改造以超低能耗为目标，并在运营的两年中实现了国际水准的超低能耗绿色建筑目标，项目荣获亚洲可持续建筑金奖。

7.2.2 改造目标

1. 项目改造思路

天友绿色设计中心在改造过程中的技术选择采用了以问题导向为基础的技术集成型的绿色化改造理念，即技术的选择因问题而来，具有明确的指向性。天友绿色设计中心工程改造首先考虑绿色办公建筑应具备舒适、高效、节能的特点；其次结合建筑设计公司加班较多，设备能耗较大的特点；最后提出绿色化改造的核心技术策略集中在超低能耗、绿色技术集成、创新型绿色技术应用及绿色技术可视化与艺术化几个方面，如图7.2-3所示。

2. 项目改造目标

（1）超低能耗

天友绿色设计中心以"超低能耗"为设计目标，并参照现有国内外超低能耗示范建筑的能耗水平，天友绿色设计中心将超低能耗目标设定为运营阶段的单位建筑面积总能耗小于$50kWh/(m^2 \cdot a)$。

同时，为保证天友绿色设计中心在后期运营过程中的能耗控制与研究，在建筑中设置

图 7.2-2　改造后沿街立面效果及室内照片

绿色办公楼关注什么？　　　　建筑设计的工作特点需要什么？

图 7.2-3　特定指向的绿色办公楼

了完善的能耗监测与展示系统，对工程运营期间全楼各功能空间及系统的用电、用能情况进行数据监测、收集与记录，并及时调整空调系统运行策略，实现超低能耗运行。

（2）绿色技术集成

天友绿色设计中心秉承"被动技术优先，主动技术优化"的设计原则，综合性应用成熟型绿色技术,包括最大限度利用原建筑结构体系通过加法原则进行立面改造,优化围护结构热工性能增加保温体系,增加室内自然采光与自然通风面积比例,合理选择地源热泵作为空调冷热源,设置能耗监测与展示系统,设置排风热回收及室内空气质量检测系统等。本工程建筑形体生成过程如图 7.2-4 所示。

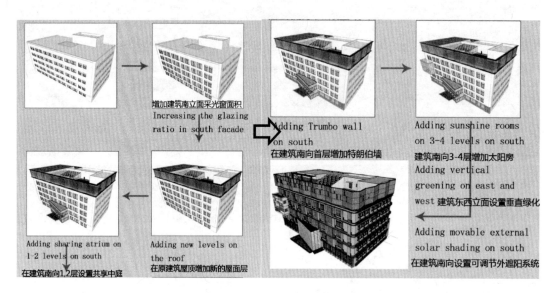

图 7.2-4　形体生成—加法原则

(3) 创新型绿色技术试验

作为既有工业建筑绿色化改造的示范,天友绿色设计中心在改造过程中,对大量实验性的绿色技术进行尝试和应用,为多种实验性技术提供了应用平台和可靠数据。其中,被动式节能技术主要包括聚碳酸酯幕墙、活动隔热墙、特朗博墙、水蓄热墙、分层拉丝垂直绿化系统,主动式节能技术包括模块式地源热泵、免费冷源、地板辐射供冷供热、能源监测与自控系统等。同时,天友绿色设计中心还将屋顶农业及垂直农业引入办公建筑。项目暖通空调系统设置如图 7.2-5 所示。

(4) 绿色技术艺术化

在绿色技术艺术化方面,天友绿色设计中心主要在废弃建材艺术化、环保材料艺术化以及绿色理念艺术化三大方面作了尝试,将废弃材料的艺术化应用与室内空间的营造有机结合。作为既有工业建筑改造项目,废弃物的艺术化再利用诠释了点石成金、变废为美的原则,如图 7.2-6 所示。

7.2.3　绿色化改造技术示范

1. 绿色技术集成

(1) 气候适应性的综合外围护体系

原电子厂房围护结构热工性能较差,且无保温层,对建筑节能不利,综合考虑建筑单位面积能耗及围护结构造价,本工程在外墙表面增设 100 厚复合酚醛外保温,墙体传热系数 $K=0.30\mathrm{W/(m^2 \cdot K)}$;在建筑北立面增设半透明聚碳酸酯挡风幕墙结构(如图 7.2-7 所示),降低冬季风的冷风渗透;增大南立面外窗面积,同时在建筑南立面设置可调节卷

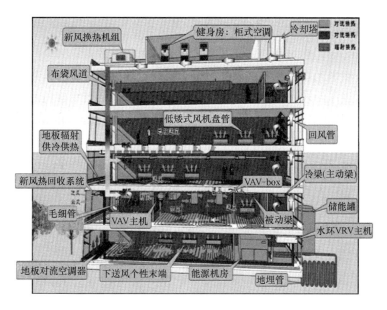

图 7.2-5　天友绿色设计中心空调末端展示

图 7.2-6　废弃材料艺术化再利用

帘外遮阳系统，一方面保证冬季阳光照射，另一方面可以有效阻止夏季太阳辐射，据统计

图 7.2-7　聚碳酸酯保温幕墙

通过优化围护结构热工性能天友绿色设计中心工程降低了12%的空调负荷。

（2）室内自然采光及通风优化设计

原建筑进深24.7m，建筑室内采光及室内自然通风效果较差。

为改善室内自然采光，天友绿色设计中心主要通过加大南向外窗采光面积，设置采光中庭改善建筑较大进深处采光效果；设置反光板，采用室内暴露结构白色喷涂等方式改善室内采光均匀度（如图7.2-8所示）；同时将采光要求不高的房间布置在光线较弱区域，主要办公空间沿外窗布置，基本实现昼间主要房间的自然采光。

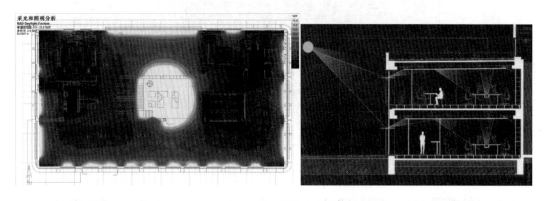

图7.2-8　室内自然采光优化

在改善室内自然通风方面，天友绿色设计中心在顶层中庭合理设置开启扇，利用热压通风原理促进中庭部位空气流动。

（3）模块化地源热泵＋水蓄能的冷热源

原建筑采用市政热网及分体空调作为建筑冷热源，为充分利用可再生能源，降低空调系统运行费用，天友绿色设计中心在改造过程中选择采用模块式地源热泵机组＋水蓄冷系统作为空调系统冷热源。地源热泵主机分为两组模块运行（五个模块十个压缩机），通过压缩机增减运行，使冷热量输出与需求量接近；同时利用国家的能源政策削峰填谷，设置水蓄能，并实现放能，夏季$\Delta t = 15℃$，冬季$\Delta t = 30℃$，蓄能罐容量60m³（图7.2-9）。

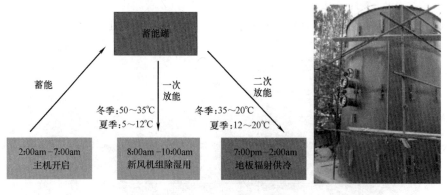

图7.2-9　水蓄冷系统工作模式

（4）温湿度独立控制及地板辐射供冷供热的空调系统

在空调系统末端选择方面，主要空间采用地板辐射供热供冷末端和独立热回收型新风系统，同时可以实现末端的温湿度独立控制。新风换热机组的换热器，利用高温水降温（消除室内显热），以提高主机的能效（*COP* 值），用低温水除湿（空气中的潜热）。温湿度独立控制流程图如图 7.2-10 所示。

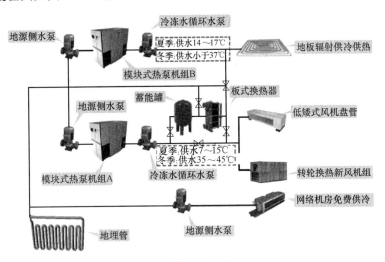

图 7.2-10 温湿度独立控制流程图

（5）风热回收系统

项目二～五层每层设有带表冷器的转轮全热回收新风机组，新、排风机均为变频调速。每层有 CO_2 传感器，可通过自控界面设定 CO_2 浓度值来自动改变新、排风的风量，减少空气的输送能耗和冷热源的能耗。机组内设有粗效过滤器、蜂窝式静电过滤器、表冷器、变频送排风机。

（6）能耗监测与空调自控系统

天友绿色设计中心设置有完善的分项计量系统，同时在屋顶设置有小型气象监测站，在此基础上设置有能耗监控与展示系统，并可以进行远程控制。在空调运行策略方面，该工程以天津当地气候为基础，针对初夏、夏季、冬季及春季制订了 15 种运行工况，并可以根据实时气候情况完成空调系统的远程控制，及时调整空调系统运行状态，有效缩短空调系统运行时间，达到良好的降低空调运行能耗的效果。

2. 创新型绿色技术试验

（1）中庭气候核与活动隔热墙

为营造丰富的室内空间，天友绿色设计中心在改造过程中分别于建筑首层及三层设置两层高建筑中庭空间。为改善玻璃中庭冬季过冷、夏季过热的现象，本工程一方面选择采用保温性能良好的半透明聚碳酸酯材料替代常规玻璃幕墙，另一方面为了成为真正可调节光热环境的气候核，在中庭内侧设计了活动隔热墙，在冬季夜晚及夏季白天关闭隔热墙，冬季白天及夏季夜晚开启隔热墙，解决了天津气候中冬夏季太阳利用的矛盾，成为真正可调节的腔体空间（如图 7.2-11 所示）。

（2）水蓄热墙

建筑顶层根据剖面"天窗采光＋水墙蓄热"的模式原理，将原有的小中庭设计为自然采光的图书馆，聚碳酸酯代替玻璃作为天窗材料，既提供半透明的漫射光线，又保温节

图 7.2-11　气候核与中庭隔热墙

能。水墙采用艺术化的方式——以玻璃格中的水生植物"滴水观音"提供蓄热水体的同时，还蕴含绿色的植物景观。

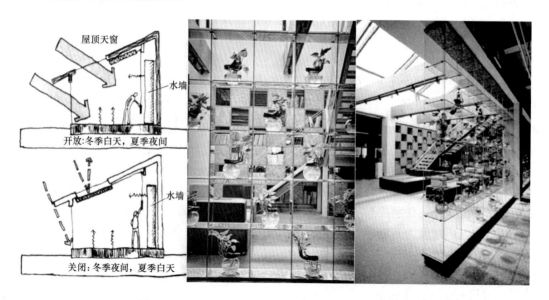

图 7.2-12　"天窗采光＋水墙蓄热"模式的中庭图书馆

（3）免费空调冷源

春末夏初和秋季利用地源侧免费冷源供冷。春末夏初地源侧提供 13℃一次冷水经板换置换成 20℃的二次冷水，通过地板辐射的方式向房间提供免费冷源。秋季由于夏季热泵机组的冷凝热排入地下储存，本应地源侧水温高于 20℃，不能作为免费冷源，但实际在热泵机组停机几天后地源侧水温为 18℃，在湿度不高的秋季仍可使用免费供冷方式。经统计，实际运营一个供冷季可减少三分之一的空调主机开启时间。

（4）慢速吊扇与空调系统的耦合

在天友绿色设计中心工程的二～五层各房间均设有吊扇，增加对流换热手段，用以节省空调运行能耗，达到既节能又舒适的目的。通过一个春末初夏、夏季、夏末秋初的慢速吊扇的开启，达到设计节能运行的要求，还发现了吊扇有满足人员对温度不同需求的功能，为提高室内温度的节能方式创造了条件（表7.2-1）。

吊扇使用时间 表 7.2-1

节能方式	缩短热泵主机开启时间		提高供冷时段的室内温度
节能手段（运行策略）	开窗自然通风＋吊扇	开窗自然通风＋地板辐射供冷＋吊扇	开热泵机组制冷＋吊扇
使用时段	6～7月份		8月份

（5）空调体验馆设计

天友绿色设计中心办公楼空调末端模式多种多样，除采用地板辐射供冷、供热＋新风的主流空调方式外，同时与12种节能空调设备有机组合，从而形成了空调末端体验馆。为不同类型的建筑物和不同业主的不同需求提供了多种选择机遇。表7.2-2为多种展示性空调末端形式及特点。

多种展示性空调末端形式及特点 表 7.2-2

序号	空调末端形式	特 点
1	毛细管	敷设于墙、顶、地面，以辐射方式供冷、供热；并通以新风用以除湿
2	变风量(VAV)	通过变风量空调箱、送风BOX、自控模块组成的高端空调系统
3	地源水环VRV	地埋管与VRV组合的一种自控、节能性极强的水环式多联机空调系统
4	地板对流空调	用于玻璃幕墙下的高效空调末端，既可供冷又可供热
5	工位送风	用于办公桌上直接送入人体口鼻处的节能送风口，与传统方式相比可减少50%的新风量
6	主动冷梁	一种基于以新风为动力的除热、除湿的空调末端
7	被动冷梁	一种无动力的气流可自成循环的除热空调末端
8	远大个性化空调	具有变风量、除尘、除菌、除味功能的高端空调末端
9	低矮风机盘管	一种当前使用较少的空调末端，可实现空间下部供冷、供热，具有高效节能特点
10	地板辐射供冷、供热	人员体感温度可达到与室内实际温度相差2℃效果，可实现冬季供热和初春、初秋供冷的经济节能效果突出的末端形式
11	变频风机盘管	可随室内温度变化而改变送风量的空调末端，具有节能、低噪声的效果
12	常规风机盘管	暗装卧式、立式及明装卧式、立式风机盘管

（6）直饮水系统

办公楼改造时，为满足员工对于饮用水水质的要求，在每个楼层均设置了直饮水装置，为大家提供高品质的生活饮用水，在配置直饮水装置的同时，将反渗透及反冲洗排水口通过集水管道连接至调节水箱，收集后用于景观补水、物业保洁清洗等增加水资源利用率。

（7）分层拉丝垂直绿化

天友绿色设计中心自己研发了艺术型分层拉丝垂直绿化系统，实现生态景观和提供东西向植物外遮阳的同时成为建筑艺术的造型要素。分层拉丝的垂直绿化使得每层绿化只需要生长3m左右，在春季可以迅速实现绿色景观效果。将分层拉丝进行扭转形成直纹曲面，使拉丝模块自身成为冬季建筑立面的一种装饰要素。缠绕型攀缘植物结合不锈钢拉丝构成了简单实用的垂直绿化系统，在低成本的同时能在天津冬季没有绿色的条件下成为立面的一体化建筑要素（图 7.2-13）。

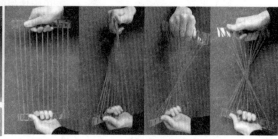

图 7.2-13　垂直拉丝绿化

（8）垂直农业及屋顶农业

作为实验性的绿色技术，天友绿色设计中心在改造过程中将垂直农业、屋顶农业这一新型产业也引入了建筑，以立体水培蔬菜的方式，利用自然采光生长，每 15 天即可成熟一茬生菜。绿化空间既为员工提供了交流场所和农耕的乐趣，也在建筑中形成了独特的微气候空间，起到了降低热岛效应的作用（图 7.2-14）。

图 7.2-14　垂直农业及屋顶农业

3. 绿色技术艺术化

（1）废弃建筑材料的艺术化设计

为增加材料的利用率，天友绿色设计中心将废弃物进行了艺术化的再利用，大量由废弃材料制作的艺术品散落在建筑中，体现着设计企业的艺术气质。例如将废弃的硫酸纸筒变成了轻质的室内隔断；每层电梯厅的主题墙面也都由废弃物组成——废弃的汽车轮毂、建筑模型、原有建筑拆下的风机盘管，都经过设计成为艺术（图 7.2-15）。

（2）健康环保建材的艺术化设计

天友设计中心室内大量应用轻质廉价的麦秸板作为隔墙，作为零甲醛释放的健康板材，不仅提供了健康的室内环境，还在工业建筑冷冰冰的整体气氛中增加了温暖的质感，在自由的建筑空间中希望能让建筑师思如泉涌（图 7.2-16）。

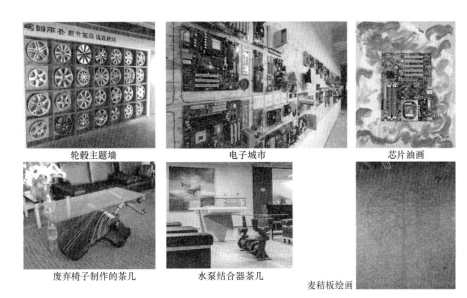

轮毂主题墙　　　　　　　　电子城市　　　　　　　　芯片油画

废弃椅子制作的茶几　　　　水泵结合器茶几

麦秸板绘画

图 7.2-15　废弃材料制作的家具和艺术

图 7.2-16　麦秸板制作的设计工位单元及书墙

7.2.4　绿色化改造效果

1. 节水效果

办公楼投入运行以来，经测算，室内生活用水量约 8L/人·d，生活杂用水量约 12L/人·d，分别较国家标准节水约 33%、50%，节水效果非常明显。

2. 节材效果

结构方面：①充分利用原结构设计的楼面活荷载 5.0kN/m^2 与当前设计活荷载 2.0kN/m^2 的差值，将原结构楼面面层做法保留，直接在既有面层上增加地板采暖埋管面层，减少地面面层拆改工作量 500 多吨；②新增外跨楼梯和局部出屋面房间采用轻质高强、可回收的钢结构和轻钢结构体系，减少结构钢筋混凝土材料用量 50 多吨；③新增局部屋面采用轻质高强、可回收的轻质彩钢压型复合板材屋面结构，减少屋面结构钢筋混凝土材料用量 80 多吨。

建筑材料：天友绿色设计中心在改造过程中主要利用钢材、木材、铝合金、石膏及玻璃等可再循环材料，经统计可再循环材料的用量为 149t，占建筑材料总质量 1273t 的

11.7％。同时，该工程大量采用废弃材料作为室内装修装饰材料，既创造出个性办公空间，又达到节约建筑材料、合理利用可再利用材料的目的。

3. 节能效果

天津天友绿色设计中心以建筑能耗检测与展示系统为依托，通过对运营期间全年室外环境与室内环境参数检测与分析，优化空调系统运行策略，实时控制空调系统运行状态。经统计自 2013 年 8 月 15 日至 2014 年 8 月 14 日的全年运行数据，天友绿色设计中心单位建筑面积总能耗为 47.5kWh/(m² · a)（全天 24h 运行工况下实测数据，包括网络机房能耗）。若按照建筑物能耗标准不含网络机房，则总能耗仅为 40kWh/(m² · a)，远远低于普通办公建筑能耗。（表 7.2-3、表 7.2-4）

不同统计方法下天友绿色中心运行能耗（实测） 表 7.2-3

项 目	参照对比内容	天友运行能耗(kWh/(m² · a))
24h 建筑物全部能耗	运营总能耗	47.5
24h 建筑物能耗(不含网络机房能耗)	建筑物能耗标准	40

全年 24h 建筑物与空调系统运行能耗（实测） 表 7.2-4

项目	全建筑物能耗		空调系统能耗	
	单位面积能耗 （kWh/m² · a）	单位面积电费 （元/m² · a）	单位面积能耗 （kWh/m² · a）	单位面积电费 （元/m² · a）
夏季	15.89	10.4	5.93	4.2
冬季	24.65	14.5	13.22	7.0
过渡季	6.97	5.3	0.42	0.03
全年合计	47.5	30.1	19.57	11.2

注：1. 上表全建筑物能耗包含网络机房、插座、照明、空调、吊扇等建筑物内全部用电设备，即电费缴费单的用电量和费用。电费执行峰谷电价。

2. 插座包含全部电脑（每人至少一台）、复印机、打印设备、个人电热水壶、直饮水机、微波炉等。

4. 室内环境

室内 CO_2 浓度：天友绿色设计中心开放办公区内的 CO_2 浓度较私人办公和会议室更为稳定集中，会议室的 CO_2 浓度依其具体使用情况变化较大，整体上开放办公、私人办公和会议室内的平均 CO_2 浓度分别为 830ppm、827ppm 和 895ppm，均低于 1000ppm 的要求。

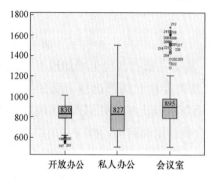 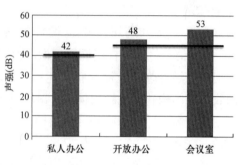

图 7.2-17 各功能空间室内 CO_2 浓度及室内背景噪声分析

室内声环境：对天友绿色设计中心办公楼各测点的声环境进行测试后发现，私人办公室、开放办公空间和会议室的室内环境噪声平均声强达到 42dB、48dB 和 53dB，均略高于标准中的相关要求。

7.3 世博城市最佳实践区 B1～B2 馆

7.3.1 项目概况

1. 地理位置

世博城市最佳实践区位于上海世博园浦西园区内，由南北两个街坊组成，东至南车站路和花园港路，西邻保屯路和望达路，南至苗江路，北至中山南路（部分至北侧居民小区用地边界），中间有城市次干道半淞园路穿过，总用地面积为 15.08hm^2。绿色化改造示范建筑为北街坊的 2 栋建筑 B1、B2 馆（图 7.3-1）。

2. 改造前状况

城市最佳实践区是 2010 年世博会的宝贵财产，曾经被誉为"上海世博会的灵魂"，它紧扣主题和面向实践的展示内容、优美舒适和低碳生态的街区环境，获得大众媒体和国际社会的广泛好评（图 7.3-2）。

B1～B2 展馆是在上海世博会前由一群老厂房建筑改造而成，均为单层排架厂房，基础为钢筋混凝土独立基础，前身为上海电力修造厂厂房。世

图 7.3-1 城市最佳实践区地理位置

博会前对厂房结构进行了加固处理，而改造仅限于建筑设备和室外环境方面。

图 7.3-2 城市最佳实践区室内情况

3. 改造后状况

世博会后，为了满足会后发展需求，在保留大部分建筑的基础上，需要进行相应的改造和新建。根据《世博会地区结构规划》和《城市最佳实践区会后发展修建性详细规划》，城市最佳实践区规划定位为集创意设计、交流展示、产品体验等为一体，具有世博特征和

上海特色的文化创意街区。

改造后的 B1、B2 为办公及商业建筑，B1、B2 馆均保留原排架结构，利用了工业厂房内部的高大空间，进行室内增层改造。改造后 B1 总建筑面积 7089m²，B2 总建筑面积 9800m²（图 7.3-3～图 7.3-5）。

图 7.3-3　改造后的城市最佳实践区 B1 馆　　　　图 7.3-4　改造后的城市最佳实践区 B2 馆

图 7.3-5　上海世博最佳实践区改造后的室内空间

4. 绿色建筑标识

世博城市最佳实践区 B1、B2 馆按照上海市绿色建筑二星级要求进行改造设计，于 2015 年获得上海市绿色建筑二星级设计标识认证。

7.3.2　改造内容概述

1. 规划

打造国际一流的文化艺术创意街区和滨江城市花园。

项目基地北临社区，南面亲水，城市最佳实践区后续开发将采用由静到动的业态布局和"两片两带"的总体规划，形成集文化交流、展览展示、创意创新、娱乐体验于一体的开放式街区。

2. 建筑

建筑形体基本保持世博会展馆的风貌，并刻意保留一些高大的排架柱、屋架等有显著工业建筑特色的构件，保留其工业历史记忆。

通过建筑空间设计和结构改造，共增加了使用面积一万多平方米，节约了上海市中心宝贵的土地资源。

3. 结构改造

（1）独立式钢结构室内增层

B1、B2馆均采用独立式钢结构室内增层技术，楼面采用压型钢板—混凝土组合楼板，室内增层钢框架结构与原厂房留设足够宽度的抗震缝，地震情况下保证新老结构不会发生碰撞（图7.3-6）。

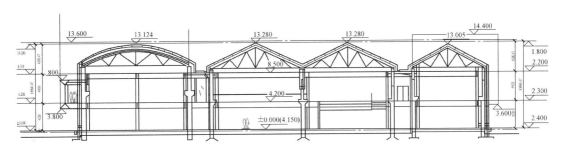

图7.3-6　排架厂房室内增层剖面

（2）基础（表7.3-1）

B1馆增层桩基础信息　　　　　　　　　　　　　　　　表7.3-1

基础型式	持力层	有效桩长	单桩竖向承载力特征值估算(kN)/天然地基时，为承载力特征值(kPa)
300×300锚杆静压桩	黏质粉	23m	500（抗压）

4. 给排水改造

场馆水源取建筑周围基地市政自来水管网，由半淞园路和保屯路分别接入一路市政DN300供水管，并在基地内成环，管网压力0.20MPa。

除变配电间、卫生间、消控中心、服务器间及不宜用水扑救的场所外，其余各单体建筑均设自动喷淋灭火系统。采用临时高压制，泵房内设消防泵二台，一用一备。所有喷头均采用快速响应喷头，厨房、设备机房喷头采用感温93℃，其余均采用感温68℃，喷淋泵的控制系统应保证火警后30s内启动。

生活用水节水改造：给水水嘴采用节水型，小便器选用感应式冲洗阀，坐便器采用节水型，洗脸盆采用陶瓷阀芯、自动感应式龙头。

5. 暖通改造

空调系统冷热源由浦西世博园区域能源中心提供，夏季空调冷冻水供、回水温度6℃/12℃，冬季空调热水供、回水温度50℃/43.5℃。

空调冷温水系统采用机械循环二管制异程式系统。同时空调冷温水系统采用二级泵变流量系统，此系统根据最不利环路的压差控制变频泵的转速以达到节能的目的。末端空调箱回水管上设置动态平衡电动调节阀，末端风机盘管回水管上设置动态平衡电动两通阀，以保证空调系统运行时的水力工况平衡。

6. 电气系统改造

低压配电采用放射式与树干式相结合的方式，对于单台容量较大的负荷或重要负荷如水泵房、电梯机房、消防控制室等设备采用放射式供电；对于一般负荷采用树干式与放射式相结合的供电方式。单相负荷分配尽量做到三相平衡，减少中性点偏移。

走廊、楼梯间、门厅等公共场所的照明等场所的非节能自熄开关控制的灯具采用紧凑型荧光灯（CFL）。采用智能照明控制系统，按照对各功能区的不同要求，在照明控制上采用定时、光感、人员移动探测等不同的控制方式（表7.3-2）。

荧光灯效率要求   表7.3-2

灯具出光口形式	持力层	保护罩		格栅
		透明	磨砂、棱镜	
灯具效率	75%	65%	55%	60%

7.3.3 绿色化改造技术示范

1. 建筑空间利用

改造中对原有建筑空间进行重组和整合。在建筑入口位置利用原厂房的大空间设置中庭，并在南侧设置大型报告厅；同时针对原空间跨度和进深大的问题，改造设置内庭院，改善周边各功能空间的自然环境（图7.3-7、图7.3-8）。

图7.3-7 利用原有建筑空间设置入口中庭及报告厅

图7.3-8 设置内庭院

2. 自然采光

为了改善内部空间的自然采光效果，改造中在中部部分坡屋面设置玻璃平天窗，下部中庭和临近功能空间的自然采光效果得到有效改善（图 7.3-9）。

图 7.3-9　入口中庭天窗设置

同时结合内庭院的设置，可以有效改善周边功能空间采光效果（图 7.3-10）。

图 7.3-10　内庭院对周边功能空间采光的改善

经综合改造，室内实现了良好的自然效果，自然采光系数达标区域比例达到 97％以上（表 7.3-3）。

B1 馆改造后天然采光面积　　　　　　　　　　　表 7.3-3

房间类型	侧面采光			
	标准值		面积(m²)	
	采光系数标准值（％）	室内天然光照度标准值(lx)	总面积	达标面积
办公室	3.3	445.5	395.63	395.63
商业、门厅、中庭、展厅、多功能厅	2.2	297.0	3000.43	3000.43
休息室、物业	2.2	297.0	74.58	0.00
办公室	3.3	445.5	707.95	707.95
会议室	3.3	445.5	31.39	0.00
商业、洽谈室	2.2	297.0	768.73	768.73
会议室	3.3	445.5	70.85	70.85
B1 号楼			5049.56	4943.59

3. 自然通风

建筑周围立面的通风口开启较多，基本呈对称分布且分布均匀，易形成"穿堂风"，有利于室内自然通风。内庭院侧的幕墙上均设置开启扇，有利于各功能空间的自然通风。

4. 室内增层

（1）室内增层方案

工业建筑室内增层型式定性对比 表 7.3-4

室内增层型式	独 立 式	依 托 式
抗侧能力	新老结构相互脱开，抗侧能力较弱	新老结构协调变形，抗侧能力较强
使用年限	新老结构分别设定	新老结构统一考虑，一般为 30 年
基础设计	老基础基本不需要加固，但需要考虑新老基础的避让问题	完全依托式基础投资较少；部分依托式需要考虑新老基础避让问题
施工条件	新老结构可同时施工，彼此不受影响	必须在老结构加固施工完成并达到设计强度后，才能进行新结构的施工
使用功能	新老竖向构件较多且间距较小，使用功能受限	充分利用原有竖向构件，新增竖向构件较少，使用功能较好
可逆性	新老结构相互独立，新结构对老结构的影响很小	新结构依托于老结构，对老结构影响较大
材料用量	新增竖向构件较多，材料用量稍大	新增竖向构件较少，且原结构加固量较小，材料用量稍小

因业主更注重改造的可逆性、使用功能和工期因素，牺牲了一定的经济利益，选择了钢结构独立式增层方案。

（2）室内增层效果：通过结构增层改造，共增加了使用面积一万多平方米，节约了上海市中心宝贵的土地资源（表 7.3-5、表 7.3-6）。

世博 B2 馆改造方案结构性能参数 表 7.3-5

周期 （s）	周期比	底层位移比	二层位移比	底层层间位移角	二层层间位移角	基底剪力 （kN）
0.767	0.760	1.57	1.38	1/554	1/405	1045.4

世博 B2 馆改造方案使用功能参数 表 7.3-6

有效使用面积（m²）	非有效使用面积（m²）	总使用面积（m²）	有效使用率（%）
1780.8	80.4	1861.2	96%

5. 建筑垃圾回收及废旧材料利用

3R 原理（Reduce—减量化、Reuse—再使用、Recycling—再循环），最大程度降低废弃物的产生，由于施工过程中产生的垃圾材料种类复杂，施工中对各种材料分类回收，专门辟出场地进行分类堆放，称重后运走，如图 7.3-11。

统计 B2 馆由于废旧材料利用共产生经济效益 18.1 万元，更加产生巨大的环境效益（表 7.3-7）。

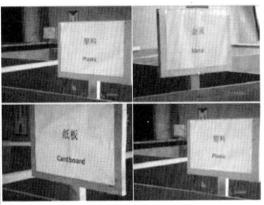

图 7.3-11　施工现场垃圾分类堆放

B2 馆废旧材料利用情况统计　　　　　　　　　　　　　　　表 7.3-7

材料	单位价格	使用量	废旧材料利用	回收成分总造价	回收来源	经济效益/节约资金
隔墙龙骨	100	6000	26.0%	¥96,000	铝合金废料	¥60,000
吊顶龙骨	45	6000	26.0%	¥43,200	铝合金废料	¥27,000
0.4mm 白灰彩钢板	43	788	25.0%	¥5,930	废钢材	¥2,541
40×60×3 钢管	16460	11	30.0%	¥36,212	废钢材	¥18,106
80×80×3 钢管	14615	7	30.0%	¥20,461	废钢材	¥10230.5
玻璃棉毡	40	6000	35.0%	¥54,000	废棉	¥30,000
矿棉板	126	3500	30.0%	¥99,225	废渣	¥33075
瓷砖	145	1602	30.0%	¥34,844	废渣	¥34,843
门	2000	134	35.0%	¥53,600	废木料	¥40,200
多玛自动门	60000	4	75.0%	¥144,000	废玻璃	¥36,000
细木工板	170	800	65.0%	¥74,800	废木料	¥13,600
烤漆玻璃	2000	276	75.0%	¥331,200	废玻璃	¥82,800
南方松防腐木	20	1000	65.0%	¥11,000	废木料	¥2,000
人造石	1000	400	75.0%	¥240,000		¥60,000
普通纸面石膏板	20	13000	20.0%	¥39,000	废纸	¥13,000
实木复合地板	250	20	45.0%	¥1,625	废木料	¥625

6. 空气质量改善、监管

风机盘管出风口处均安装 FP 系列专用净化杀菌末端设备，纳米光等离子功能和负离子净化功能。新风空调机组新风出口安装 FD 系列空气处理机组，配备静电除尘功能段和纳米光催化功能段，降低室内空气中的可吸入颗粒物浓度，消除新风机组中滋生的病毒病菌。组合式空气处理器安装 ZK 系列空气处理机组，降低可吸入颗粒物以及吸附在可吸入颗粒物上的细菌病毒，纳米光催化功能杀灭游离细菌病毒和降解有机污染物。

空气质量监管系统是采用集配电、控制、电能、能耗量及分析、安全报警、现场总线通信于一体的智能化成套设备，对建筑的新风机、空调机组进行高效的监控和管理。空调系统回风管道设置二氧化碳探头，监测回风中 CO_2 浓度。空调新风机组系统，检测机组实际电功率、送/回风温湿度、室外温湿度，自动调节冷/热水阀、新/回风阀开度，使机组在不同季节、不同工况下，对系统的新/回风比、新/回风总量、冷/热水流量、风机效率实施有效控制，在最大满足室内制冷/热及空气质量的前提下，实现高效节能。

7.4　上海财经大学大学生创业实训基地

7.4.1　项目概况

1. 地理位置

项目位于上海市杨浦区上海财经大学武川校区内部，西侧临校园主干道，东侧临会计学院楼，北侧为住宅小区，西侧为校内游泳馆（图 7.4-1）。

图 7.4-1　项目地理位置

2. 改造前状况

该项目原为上海凤凰自行车三厂的一个热轧车间，始建于 20 世纪 70 年代。原建筑共三跨，前后分多次建造完成，各部分结构体系不同，主要为排架结构和砖混结构两种，现已废弃。该建筑外墙开裂严重，且无保温层；外窗玻璃大都已缺失破损，屋面也多处出现破损；内部平面布局杂乱，机电设施缺失，无空调设备（图 7.4-2）；改造前堆放杂物。结构鉴定结果显示，中部排架结构体系状况较好，具备再利用价值。

图 7.4-2　改造前状况

3. 改造后现状

结合新的大学生创业实训基地培训、会议、办公等功能需求，对原厂房从建筑外型、各层平面功能、消防以及机电系统等方面进行了全面改造。改造后的项目地上1层，局部2层，总建筑面积3753m²，建筑高度为13.3m，地上一层建筑面积2323m²，主要功能空间包括就业宣讲厅、门厅、会议室、培训室、创训茶歇室以及纪念品服务中心；地上二层建筑面积

图 7.4-3 改造后实景

1430m²，主要功能空间为培训室和会议室（图 7.4-3）。

4. 绿色建筑标识

项目于 2015 年获得上海市绿色建筑二星级设计评价标识。

7.4.2 改造内容概述

1. 规划与建筑改造

保留并加固原有厂房中间一跨带有桁车的典型空间，利用空间原有的高度，设置为共享大厅及创业宣讲报告厅；拆除原厂房两翼的砖混结构，利用原有的结构基础部分，加建二层轻钢框架结构，作为创业培训室、会议室等功能。屋面更新为轻质双层压型夹芯钢板。原厂房北侧拆除两跨围护墙体及屋面，仅保留结构框架，不影响居民住宅的日照要求。

改造设计充分利用原有工业厂房的天窗特征，保留原有的矩形天窗设计方案，并在屋面增设天窗；由于原屋面已破损，此次改造整体更换采用双层压型钢板夹芯屋面。

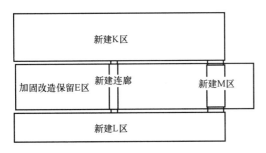

图 7.4-4 房屋平面分区示意

2. 结构改造

原中部一跨为改造加固部分，原结构体系为单层钢筋混凝土排架结构，现拆除原有房屋的大型槽型屋面板，将屋面改为有檩体系，檩条上铺设轻型彩钢屋面板。檩条之间设置横向拉条，房屋檐口和屋脊处设斜拉条。新建部分包括 K 区、L 区、M 区均为两层钢框架结构体系（图 7.4-4）。

3. 给排水改造

原厂内给水排水管道已不能使用，本项目重新设计给水系统、排水系统、雨水系统、消火栓系统以及喷淋系统。选用节水型卫生洁具，公共卫生间采用感应式水嘴和感应式蹲便器、座便器、小便器冲洗阀。利用既有工业建筑的大屋面特性，对屋面雨水进行收集回用。屋面雨水汇集经初期弃流（弃流至校园原有雨水井）后排至雨水储水池，雨水储水池设有溢流口，雨水经处理后供卫生间冲厕及室外喷灌用水。

4. 暖通改造

考虑项目的特点，大学生创业实训基地的日常办公、会议、接待室及实习培训室采用风冷热泵多联机中央空调系统，室内空间采用顶棚吸顶式机组（四面出风、两面出风、暗藏风管

机），各层相应的区域设置独立的新风空调系统，并采用直膨式独立新风机组的形式补充部分新风，便于以后日常运行集中管理及维修。多联机空调室外机统一就近设于屋顶。报告厅设置独立空调与新风系统，采用上送下回的气流组织方式，以保证报告厅的室内温度均匀。

5. 电气系统改造

项目于一层设置配电间一座，作为整个实训大楼的供电中心。其进线由校区变电所引来两路低压 380/220V 电源，采用电缆由室外埋地引入设在一层的配电间。照明灯具按照《建筑照明设计标准》目标值要求进行设计，并配置一套能耗监测系统。

7.4.3 绿色化改造技术示范

1. 自然采光

项目改造设计充分利用原有工业厂房的天窗特征，保留原有的矩形天窗设计方案，并在屋面增设天窗。

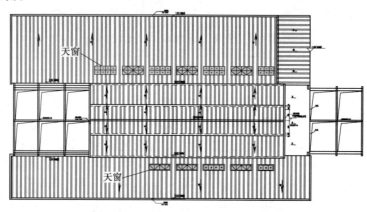

图 7.4-5　屋面采光天窗布置

图 7.4-6　屋面增设天窗实景

（1）增设屋面天窗

为改善室内采光，项目在东西两跨的走廊上方屋面设置采光天窗，其中东侧采光天窗主体尺寸在为 1400mm×4800mm，西侧采光天窗主体尺寸为 2000mm×4800mm，屋面采光天窗总面积为 96.72m² （图 7.4-5、图 7.4-6）。

由于一层和二层在采光天窗下方的挑空设计，在增设屋顶采光天窗后，一层和二层北侧走道部位的采光得到显著的提升，而南侧走廊则依靠外窗进行采光，整体上公共区域采光良好。

（2）保留改造矩形天窗

项目原建筑为自行车生产车间，与同时代的大部分工业厂房类似，该厂房顶部设置有矩形天窗，主要为采光考虑，兼具通风功能。改造设计时，原有的矩形天窗为建筑内部的采光和通风提供了良好的条件，因此在改造中保留了原有的矩形天窗构造形式，更换为节能窗，并调整了天窗面积（图 7.4-7）。

改造后的矩形天窗共两排，上层矩形天窗基本尺寸 900mm×4800mm，东西两个立面对称布置，每个立面天窗窗面积为 25.92m²；下层矩形天窗基本尺寸为 600mm×4800mm，仍是东西两个立面对称布置，每个立面天窗窗面积为 17.28m²（图 7.4-8、图 7.4-9）。

（3）整体采光效果

表 7-4-1 为各主要功能空间的采光系数分析结果统计表。

图 7.4-7 厂房改造前矩形天窗

图 7.4-8 立面矩形天窗图示

图 7.4-9 矩形天窗实景

地上空间的采光系数统计表 表 7.4-1

编号	主要功能区域	采光等级	最低采光系数要求（%）	面积（m²）	计算点数	满足比例（%）
1F-1	纪念品服务中心	Ⅳ	1.1	340.8	865	100
1F-2	创训茶歇室	Ⅳ	1.1	210.8	762	100
1F-3	门厅	Ⅳ	1.1	228.9	564	100
1F-4	就业宣讲厅	Ⅲ	2.2	412	1032	97.8
1F-5	会议室	Ⅲ	2.2	198	998	100

续表

编号	主要功能区域	采光等级	最低采光系数要求（%）	面积(m²)	计算点数	满足比例（%）
1F-6	贵宾接待室、实习培训室	Ⅲ	2.2	113.4	966	100
2F-1	实习培训室	Ⅲ	2.2	555.8	5780	100
2F-2	会议室	Ⅲ	2.2	150.2	1580	100
2F-3	控制室	Ⅲ	2.2	54.5	994	100

由上表可知，本项目地上部分的主要功能空间大部分的采光系数都100%达到《建筑采光设计标准》GB 50033—2001的相关要求；最不利的区域（就业宣讲厅）也有97.8%的面积达到要求。

2. 自然通风

利用厂房高大空间的矩形天窗，设置电动可开启扇，通过热压形成的拔风作用来促进建筑内部的自然通风（图7.4-10）。

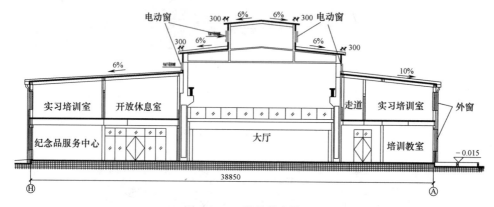

图7.4-10 通风外窗设置

矩形天窗从消防排烟角度考虑，基本均设置为全开启扇，开启方式为下悬外开，有利于排风。+8.5m标高矩形天窗面积相对较小，+11.2m标高矩形天窗面积较大，总体可开启率约为85%。

一层和二层的临外墙房间外窗均设置可开启扇，为铝合金外开平开窗，便于实现室内自然通风（图7.4-11、图7.4-12）。

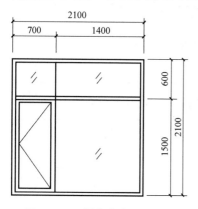

图7.4-11 低位外窗基本形式

图7.4-12 建筑外窗开启实景

经过数值模拟件，过渡季和夏季典型工况条件下，一层各房间室内通风换气次数均在4次/h以上，达到《绿色建筑评价标准》要求的自然通风2次/h的换气要求。由于过渡季和夏季偏东南风，项目东侧的多个房间在窗户全开的状态下室内换气次数可达到50次/h以上，仅西侧中部的临近卫生间的小会议室室内换气次数相对较小，但也可达4次/h以上（图7.4-13）。

图 7.4-13　一层房间室内风速分布

二层房间普遍室内通风效果良好，各房间最低换气次数接近10次/h，仍然是东侧房间普遍通风效果极好，西侧房间略弱。总体上来看，由于该建筑矩形天窗和低位外窗的结合设置，使得室内呈现良好的通风效果，为室内人员的使用提供极佳的舒适度（图7.4-14）。

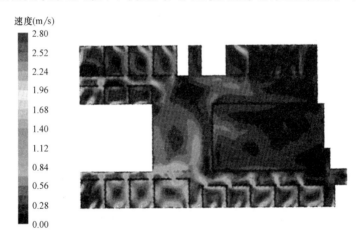

图 7.4-14　二层房间室内风速分布

3. 建筑空间利用

对应建筑入口的位置，将中间跨端头的外墙拆除内移，在入口处形成半室外广场，恰好对应朝向为东南向，半室外空间的设置可引导夏季风进入室内。同时入口处半室外空间的设置也减少了两侧跨的进深，改善其内部的采光通风环境（图7.4-15）。

保留厂房中间一排具有代表性的钢筋混凝土排架结构，利用空间原有的高度，在入口门厅位置对应中部高起高侧窗位置预留较大的挑空空间，形成宽敞的中庭。同时利用原有建筑空间设置400人的大报告厅（图7.4-16、图7.4-17）。

图 7.4-15　入口半室外广场

图 7.4-16　入口大厅

图 7.4-17　报告厅

4. 围护结构热工性能提升

（1）屋面

由于原屋面已破损，此次改造整体更换采用双层压型钢板夹芯屋面，其构造形式为"≥0.6mm 厚上层压型钢板＋防水透汽层＋玻璃棉毡（110.0mm）＋0.2mm 厚隔热反射膜＋镀锌冷弯型钢附加檩条＋≥0.5mm 厚底层压型钢板"，其中保温材料采用 110mm 玻璃棉毡，压型钢板屋面的传热系数可以达到 0.49W/(m² · K)（图 7.4-18）。

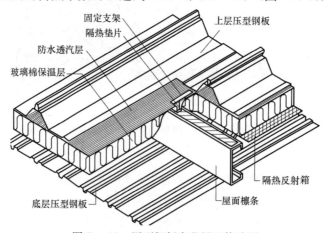

图 7.4-18　压型钢板夹芯屋面构造图

此外，项目北侧设置设备平台屋面，该部分采用混凝土屋面，构造如下：采用细石混凝土（内配筋）（40.0mm）＋水泥砂浆（10.0mm）＋水泥砂浆（20.0mm）＋泡沫玻璃保温板（100.0mm）＋轻集料混凝土（陶粒混凝土）（30.0mm）＋钢筋混凝土（120.0mm）＋压型钢板。屋面传热系数为 0.60W/（m² · K）（图 7.4-19）。

（2）外墙

外墙遵循修旧如旧的原则，面层采用与原有红砖色彩、肌理相近的面砖，同时设置膨胀聚苯板的外保温措施。工程外墙主体材料采用 MU7.5 混凝土空心砌块，外保温材料选用 STT 改性膨胀聚苯板，该材料质轻、保温性能良好，燃烧性能为

图 7.4-19 压型钢板夹芯屋面实景

A2 级。外墙外保温系统保温板厚度为 40mm，门窗洞口侧面保温板厚度为 20mm，外墙传热系数可以达到 0.75（图 7.4-20）。

图 7.4-20 外墙实景

（3）门窗

由于原有门窗大部分已损坏，且不符合当前的节能设计要求，因此门窗整体更换为节能门窗。其中外窗采用隔热金属型材多腔密封窗框，框面积小于 20%，玻璃采用 Low-E 中空玻璃（6＋12＋6），传热系数 2.4W/（m² · K），玻璃遮阳系数 0.50，气密性为 6 级，可见光透射比 0.62。

5. 雨水回用系统

（1）系统流程

利用既有工业建筑的大屋面特性，对屋面雨水进行收集回用。屋面雨水汇集经初期弃流（弃流至校园原有雨水井）后排至雨水储水池，雨水储水池设有溢流口，雨水经处理后供卫生间冲厕及室外喷灌用水（图 7.4-21）。

雨水回用系统采用"过滤＋消毒"的工艺：屋面雨水收集后进入雨水储存池，用提升水泵打入中水至自清洗过滤设备、砂缸过滤器进行处理进入清水箱，清水经过循环检测氯消毒。清水箱中的水通过变频泵输送至室外绿化、冲厕用水等用水点。雨水回用系统全过程可自动运行，所有雨水处理设备均联动控制（图 7.4-22）。

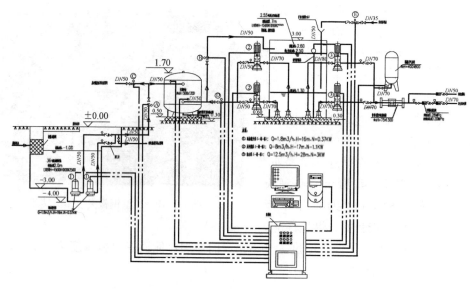

图 7.4-21　雨水回用系统图

图 7.4-22　雨水处理系统实景

（2）设计参数

1）雨水用水点的最高日用水量确定

办公用水的最高日用水定额可以取 30L/人·d，计算办公用水的最高日用水量为 12m³/d，其中冲厕用水占 60%，为 7.2m³/d。

会议按照最高日用水定额 6L/人次，计算会议最高日 4.2m³/d，其中冲厕用水占 60%，为 2.52m³/d。

绿化灌溉最高日用水定额可以取 1L/（m²·d），最高日用水量为 0.258m³/d。

因此雨水用水点总最大日用水量为 9.978m³/d。

2）雨水储存池

设置 36m³ 雨水储存池，尺寸 4500mm×4000mm×2500mm，有效水深 2.0m。泵房室内可利用有效空间为 5.5m×3.5m，若把储存池放置在水泵房位置不够，因此将储存池设置在水泵房外部，放置在建筑北侧靠近水泵房的位置（图 7.4-23）。

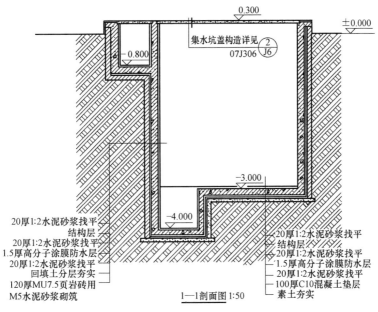

图 7.4-23 雨水储存池

3）雨水回用水箱

按照最高日用水量的 25%～35% 计算，雨水清水池容积为 2.5～3.5m³。

采用 2.55t 雨水回用水箱，尺寸 1500mm×1000mm×2200mm，有效水深 1.7m，并设置溢流、放空设施。

6. 大空间气流组织

项目中的报告厅为高大空间，设置独立的空调与新风系统，采用上送下回的气流组织方式，以保证报告厅的室内温度均匀。其中送风口为喷口形式，喷口中心离地 3m，沿报告厅两侧长轴方向布置 20 个，口径 290mm，送风量 750m³/h；回风口采用格栅风口，尺寸 900mm×300mm，共布置 10 个，高度离地 0.3m（图 7.4-24）。

图 7.4-24 报告厅送风喷口布置

气流组织模拟优化分析显示，所选择的喷口送风方式和参数满足了内部空间的热舒适需求（图 7.4-25）。

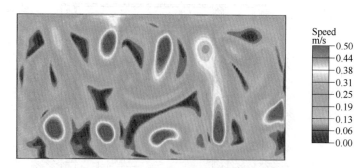

图 7.4-25　报告厅气流组织模拟分析

7. 能耗监测系统

增设了能耗监测系统，在全楼设置 26 块电表和 7 块水表，对建筑能耗和水耗实现了全方位的监测和管理（图 7.4-26）。

图 7.4-26　建筑能耗监测系统

电表的计量可实现对建筑物内照明插座、空调用电、动力用电、特殊用电等分项计量及后台数据分析。电表设置于总配电柜和各层的配电箱内，实现对空调室外机、空调室内机、新风机、房间照明插座、公共区域照明插座、雨水泵等的详细计量。

水表的计量可以实现对卫生间洗手、冲厕、室外灌溉、雨水补水、茶歇室等的分项计量，根据这些数据可以分析全楼的用水状况。

项目同时设置可视化终端，可对建筑内建筑运营能耗状态进行实时显示，并提供分析功能，便于发现运行中的问题，及时纠正运营策略。

参 考 文 献

[1] 黄琪. 上海近代工业建筑保护和再利用 [D]. 同济大学，2007.

[2] 鞠叶辛，梅洪元，费腾. 从旧厂房到博物馆——工业遗产保护与再生的新途径 [J]. 建筑科学，2010，26（6）：14～17.

[3] 王建国. 后工业时代产业建筑遗产保护更新 [M]. 北京：中国建筑工业出版社，2008. 136～137.

[4] 马航，苏妮娅. 德国工业遗产保护和开发再利用的政策和策略分析 [J]. 南方建筑，2012（1）：28～32.

[5] 卫东风，孙毓. 从奥塞车站到奥塞博物馆的启示——旧建筑改造的成功案例解析.

[6] 田燕，黄焕. 城市滨水工业地带复兴——巴黎左岸计划与武汉龟北区规划之对比.

[7] 刘伯英，李匡. 北京工业建筑遗产保护与再利用研究 [A]. 2010 年中国首届工业建筑遗产学术研讨会论文集 [C]. 2010.

[8] 沈实现，韩炳越. 旧工业建筑的自我更新——798 工厂的改造 [J]. 工业建筑，2005，35（8）：45～47.

[9] 张永和，吴雪涛. 远洋艺术中心 [J]. 时代建筑，2001（4）：30～33.

[10] 龚恺，黄玲玲，张嘉琦等. 南京工业建筑遗产现状分析与保护再利用研究 [J]. 北京规划建设，2011（1）：43～48.

[11] 周文. 2010 年上海世博会工业遗产保护与利用 [J]. 中国建设信息，2012（11）：60～62.

[12] 上海市文物管理委员会. 上海工业遗产实录 [M]. 上海：上海交通大学出版社，2009.

[13] 陈剑飞，费腾. 工业元素的时尚表达——辰能溪树庭院接待中心改造 [J]. 建筑学报，2012（1）：82-85.

[14] 刘广，刘黎慧，王建芯. 面向展览建筑的旧工业建筑内部空间更新模式研究 [J]. 福建建筑，2011，4（V154）：20～25.

[15] 查金荣，蔡爽，吴树馨. 本土化的绿色建筑改造探析 [J]. 建筑技艺，2010，22：190～197.

[16] 林武生，董瑾，吴远航. 宜将新绿付老枝——蛇口南海意库 3 号楼改造设计 IJ. 建筑学报，2010（1）：20～25.

[17] 王宁. 重庆地区工业厂房天窗采光与能耗研究 [D]. 重庆大学，2011.

[18] 张艳锋，陈伯超，张明皓. 国外旧工业建筑的再利用与再创造 [J]. 建筑设计管理，2004（1）：45～47.

[19] 曹毅然. 模拟技术在工业建筑节能改造方案中的应用研究 [J]. 工业建筑，2013，43（1）：28～31.

[20] 叶雁冰. 旧工业建筑改造利用的优势及其制约因素分析 [J]. 工业建筑，2005，35（6）：35～38.

[21] 刘炜，张剑芳. 中国旧工业建筑改造的生态设计策略 [J]. 建筑热能通风空调，2008，27（1）：81～82.

[22] 查金荣，黄春. 旧厂房改造中的绿色实践探索——以苏州市建筑设计研究院生态办公楼改造为例 [J]. 建筑学报，2011（7）：104～110.

[23] 石红梅. 上海十七棉创意园的改造与设计理念 [J]. 建筑，2012（24）：56～57.

［24］ 唐汝宁，马卿. 高校旧厂房改造工程中的自然通风设计［J］. 暖通空调，2011，41（4）：42～45.

［25］ 范存养. 大空间建筑空调设计及工程实录［M］. 北京：中国建筑工业出版社，2001.

［26］ 谭良才，陈沛霖. 高大空间恒温空调气流组织设计方法研究［J］. 暖通空调，2002，32（2）：1～4

［27］ 任艳莉. 高大空间气流组织的数值模拟与实验研究［D］. 天津大学，2008.

［28］ 杨刚. 高大空间气流组织方式的节能潜力研究［D］. 长安大学，2008.

［29］ 陈露，郝学军，任毅. 高大空间建筑不同送风形式气流组织研究［J］. 北京建筑工程学院学报，2010，26（4）：25～28.

［30］ Symans M D, etc. Energy dissipation systems for seismic applications：Current practice and recent developments［J］. Jounal of Structural Engineering，2008，134（1）：3-21.

［31］ 夏麟，田炜. 既有建筑绿色化改造实践与分析［C］. 2012 既有建筑绿色化改造关键技术研究与示范项目交流会论文集，2012：17～22.

［32］ Park Y J，Ang A H S. Mechanistic seismic damage model for reinforced concrete［J］. Journal of structural engineering，1985，111（4）：722-739.

［33］ 李钦锐. 既有建筑增层改造时地基基础的再设计试验研究［D］. 中国建筑科学研究院，2008.

［34］ 张永钧等. 既有建筑地基基础加固工程实例手册［M］. 北京：中国建筑工业出版社，2002.

［35］ 黄祥忠. 独立柱基础托换与结构加固技术研究［D］. 西安建筑科技大学，2004.

［36］ 张有才等. 建筑物的检测、鉴定、加固与改造［M］. 北京：冶金工业出版社，1997.

［37］ 张熙光等. 建筑抗震鉴定加固手册［M］. 北京：中国建筑工业出版社，2001.

［38］ 李功满. 工业及民用建筑拆除施工中的几点技术措施［J］. 建筑技术，2003，34（6）：438～439.

［39］ 白凡玉，邱国江. 静力切割技术在奥体中心体育场改造工程中的应用［J］. 建筑结构，2007（S1）：589～591.

［40］ 殷惠君，王玉岭，亓立冈等. 中国国家博物馆加固改造工程保护性拆除施工［J］. 施工技术，2009，38（2）：55～57.